JN040856

完全マスター 電験三種受験テキスト

伊佐治圭介
吉山総志 [共著]

機械

改訂4版

OHM
Ohmsha

事業用電気工作物の安全で効率的な運用を行うため，その工事と維持，運用に関する保安と監督を担うのが電気主任技術者です．社会の生産活動の多くは電気に依存しており，また，その需要は増加傾向にあります．

このような中にあって電気設備の保安を確立し，安全・安心な事業を営むために電気主任技術者の役割はますます重要になってきており，その社会的ニーズも高いことから，人気のある国家資格となっています．

「完全マスター　電験三種　受験テキストシリーズ」は，電気主任技術者の区分のうち，第三種，いわゆる「電験三種」の4科目（理論，電力，機械，法規）に対応した受験対策書として，2008年に発行し，改訂を重ねています．

本シリーズは以下のような点に留意した内容となっています．

①　多くの図を取り入れ，初学者や独学者でも理解しやすいよう工夫

②　各テーマともポイントを絞って丁寧に解説

③　各テーマの例題には適宜「Point」を設け，解説を充実

④　豊富な練習問題（過去問）を掲載

今回の改訂では，2023年度から導入されたCBT方式を考慮した内容にしています．また，各テーマを出題頻度や重要度によって3段階（★★★〜★）に分けています．合格ラインを目指す方は，★★★や★★までをしっかり学習しましょう．★の出題頻度は低いですが，出題される可能性は十分にありますので，一通り学習することをお勧めします．

電験三種の試験は，範囲も広く難易度が高いと言われていますが，ポイントを絞った丁寧な解説と実践力を養う多くの問題を掲載した本シリーズでの学習が試験合格に大いに役立つものと考えています．

最後に本シリーズ企画の立上げから出版に至るまでお世話になった，オーム社編集局の方々に厚く御礼申し上げます．

2023年10月

著者らしるす

Use Method 本シリーズの活用法

1. 本シリーズは,「完全マスター」という名が示すとおり,過去の問題を綿密に分析し,「学習の穴をなくすこと」を主眼に,本シリーズのみの学習で合格に必要な実力の養成が図れるよう編集しています.

2. また,図や表を多く取り入れ,「理解しやすいこと」「イメージできること」を念頭に構成していますので,効果的な学習ができます.

3. 具体的な使用方法としては,まず,各 Chapter のはじめに「学習のポイント」を記しています.ここで学習すべき概要をしっかりとおさえてください.

4. 章内は節(テーマ)で分かれています.それぞれのテーマは読み切りスタイルで構成していますので,どこから読み始めても構いません.理解できないテーマに関しては,印などを付して繰り返し学習し,不得意分野をなくすようにしてください.また,出題頻度や重要度によって★★★ ～ ★の3段階に分類していますので,学習の目安にご活用ください.

5. それぞれのテーマの学習の成果を各節の最後にある問題でまずは試してください.また,各章末にも練習問題を配していますので,さらに実践力を養ってください(解答・解説は巻末に掲載しています).

6. 本シリーズに挿入されている図は,先に示したように物理的にイメージしやすいよう工夫されているほか,コメントを配しており理解の一助をなしています.試験直前にそれを見るだけでも確認に役立ちます.

目　次　Contents

目　次

Contents

目 次

Chapter

1

変 圧 器

　変圧器関係は，毎年 2 問程度が出題されており，以下のような出題傾向となっているので，これに対応した学習がポイントである．出題形式でみると計算問題が約 6 割を占めており，それぞれのテーマごとに公式の使い方や結線方式を習得しておく必要がある．

　特に，短絡インピーダンスと電圧変動率，銅損の関係を理解しておくことが重要である．また，各種三相結線の特徴と角変位を確実に覚えておこう．

(1)　等価回路（一次側換算係数）と巻数比に関する問題

(2)　百分率短絡インピーダンスと電圧変動率に関する計算

(3)　変圧器の試験（短絡試験，無負荷試験，極性試験等）

(4)　鉄損と銅損，負荷率に応じた効率に関する計算

(5)　結線方式に関する問題

　　・各種三相結線の特徴（Υ 結線，△ 結線，∨ 結線）

　　・Υ-△ 結線の角変位，相電圧と線間電圧

　　・単巻変圧器

(6)　並行運転に関する問題

(7)　遮断器，避雷器，調相機器に関する問題

変圧器の構造と等価回路

[★★]

変圧器は，電磁誘導作用により交流電圧の大きさを変化させる静止型機器である．電力系統では，発電所で発生した電力を数十万 V の電圧に昇圧し，電流を小さくすることで送電損失を低減して長距離送電を行い，需要地で用途に応じて適当な電圧に降圧して使用する．

1 変圧器の構造

◀1▶ 鉄心と巻線

変圧器は，**鉄心**および複数の**巻線**で構成される．図 1・1 は油入変圧器の一例を示したものである．

変圧器の鉄心には，飽和磁束密度と比透磁率が大きく，鉄損の少ない材料が用いられる．圧延方向の磁気特性が優れた**方向性けい素鋼板（電磁鋼板）**は，数 % のけい素を含むことで比透磁率が向上し，かつ，電気抵抗が大きくなるため，うず電流損やヒステリシス損が低減できる．また，表面を**絶縁被膜**で覆った薄い鋼板（厚さ 0.35 mm 程度）を**積層**することで，うず電流が流れにくくなる．

巻線には，軟銅線が用いられ，小型の変圧器では絶縁された鉄心に直接巻き付ける方法もあるが，一般的には円筒巻線や板状巻線など巻線を型の上に巻いて絶

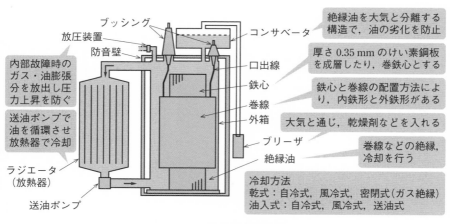

●図 1・1　油入変圧器の構造例

Chap
1

縁処理してから組み立てる型巻が用いられる.

【2】 冷却方式

　変圧器は，鉄損や銅損により温度が上昇するため，**放熱**を行う必要があり，冷却媒体によって，油入式，ガス絶縁式，乾式などがある.

　油入変圧器では，**絶縁油**により**巻線の冷却**とともに**絶縁耐力を高めている**. 絶縁油は，引火点が高く，化学変化を起こさないこと，自由に流動して冷却作用が良いことが求められる. また，温度の変化に伴い油の体積が変化し，タンク内外の圧力差により外気が出入りするため，コンサベータやブリーザにより油の吸湿や酸化を防ぐ.

【3】 変圧器保護

　変圧器内部の故障に対する保護として，一次と二次の変流器の**二次側差電流**で動作する**比率差動継電器**や，変圧器内部の油圧変化率やガス圧変化率，油流変化率で動作する**機械的継電器**がある. また，変圧器内部故障時の短絡・アーク等による異常圧力を緩和するために**放圧装置**が取り付けられている.

2 誘導起電力と変圧比

　巻線を通る**磁束（鎖交磁束）が変化**すると**電磁誘導により起電力が発生**する. 誘導する起電力の方向は，その起電力によって流れる電流が巻線内の磁束の変化を妨げる向きに生じる（**レンツの法則**）. また，起電力の大きさは，巻線の鎖交磁束が時間的に変化する割合に比例する（**ファラデーの電磁誘導の法則**）.

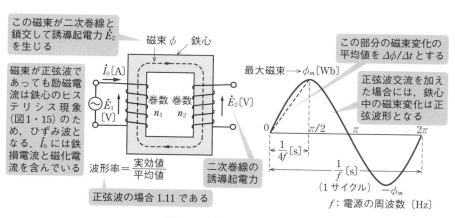

●図1・2　鉄心中の磁束変化

図1・2のように，鉄心上に一次巻線（巻数 n_1）と二次巻線（巻数 n_2）を巻き，一次側に交流電圧を加えると，励磁電流 I_0 が流れ鉄心中に磁束を生じる.

磁束の時間的変化の平均値（$\Delta\phi/\Delta t$）は，図1・2の磁束変化より

$$\frac{\Delta\phi}{\Delta t} = \frac{\phi_m}{1/4f} = 4f\phi_m$$

この磁束による一次・二次巻線の誘導起電力（平均値）E_{av1}，E_{av2} は，ファラデーの電磁誘導の法則により次式で表せる.

$$E_{av1} = n_1\frac{\Delta\phi}{\Delta t} = 4fn_1\phi_m \,[\text{V}], \quad E_{av2} = n_2\frac{\Delta\phi}{\Delta t} = 4fn_2\phi_m \,[\text{V}]$$

実効値は，平均値と波形率（$\pi/2\sqrt{2} \fallingdotseq 1.11$）の積であることから

$$\left.\begin{array}{l} \boldsymbol{E_1 = 4.44\,fn_1\,\phi_m\,[\text{V}]}\,（一次巻線の誘導起電力） \\ \boldsymbol{E_2 = 4.44\,fn_2\,\phi_m\,[\text{V}]}\,（二次巻線の誘導起電力） \end{array}\right\} \qquad (1\cdot1)$$

巻数比（n_1/n_2）を a とすると，変圧比（電圧比）との関係は式（1・1）より

$$\frac{\boldsymbol{E_1}}{\boldsymbol{E_2}} = \frac{4.44\,fn_1\phi_m}{4.44\,fn_2\phi_m} = \frac{\boldsymbol{n_1}}{\boldsymbol{n_2}} = \boldsymbol{a} \qquad (1\cdot2)$$

すなわち，**一次・二次の誘導電圧の比は巻数比 a に等しい.**

3 変 流 比

二次側回路に負荷を接続した場合，変圧器の内部磁束には，図1・3のように巻線電圧を誘導する主磁束 Φ と，巻線に流れる負荷電流によってつくられる漏れ磁束 Φ_1，Φ_2 がある. 主磁束は鉄心内を通り各巻線に鎖交するが，漏れ磁束は各自の巻線のみと鎖交する.

理想変圧器の二次巻線に電流 I_2 が流れると，n_2I_2 の起磁力を生じて主磁束 Φ を変えようとする. しかし，Φ は巻線の誘導起電力と平衡している必要があり，

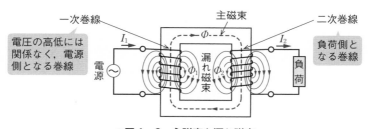

●図1・3　主磁束と漏れ磁束

電圧が一定ならば Φ は一定でなければならない．そこで，一次巻線には電流 I_1 が流入して起磁力 $n_1 I_1$ が生じ，$n_2 I_2$ を打ち消すこととなる．

$$n_1 \dot{I_1} + n_2 \dot{I_2} = 0 \qquad \therefore \quad -\frac{\dot{I_1}}{\dot{I_2}} = \frac{n_2}{n_1} = \frac{1}{a} \tag{1・3}$$

すなわち，**一次・二次の電流比は巻数比 a の逆数**になる．なお，理想変圧器の一次側と二次側の変圧器容量（皮相電力）P_1，P_2 [V・A] は等しくなる．

$$P_1 = E_1 I_1 = a E_2 \times \frac{I_2}{a} = E_2 I_2 = P_2 \tag{1・4}$$

この漏れ磁束 Φ_1 は一次巻線に対し，Φ_2 は二次巻線に対しリアクタンスとして作用するので，このリアクタンスを**漏れリアクタンス**という．

Φ_1，Φ_2 は空間を通り，鉄を通る部分が少なく磁気飽和の影響を無視できるので，漏れリアクタンスは電流の大きさに無関係に一定として扱っている．なお，漏れ磁束は漂遊負荷損や電磁機械力（振動）を発生させる．

4 等価回路

(1) 一次側換算

変圧器を図 1・4 のように電気回路で表したものを等価回路という．なお，三相変圧器の場合は等価的な星形（Ｙ結線）1 相分を表す．

図 1・4 (a) では，変圧器の一次・二次各巻線のインピーダンスを点 abcd の外に出し，また，励磁電流 $I_0 = I_e - j I_\phi$（I_e：鉄損電流，I_ϕ：主磁束の磁化電流）については励磁アドミタンス $Y_0 = g_0 - j b_0$ として点 a-b 間に並列に結ぶ．こうすれば，一次・二次両巻線は単に変圧作用のみの理想変圧器（点線枠内）となる．

次に図 1・4 (b) では，$\dot{E_2}' = \dot{E_1} = a\dot{E_2}$，$I_2' = I_1 = I_2/a$ とし，二次巻線のインピーダンス（$r_2 + jx_2$）および負荷のインピーダンス（$R + jX$）を a^2 倍する．

$$Z_2' = \frac{\dot{E_2}'}{\dot{I_2}'} = \frac{\dot{E_1}}{\dot{I_1}} = \frac{a\dot{E_2}}{\dot{I_2}/a} = a^2 \frac{\dot{E_2}}{\dot{I_2}} = a^2 Z_2 \tag{1・5}$$

このように，**二次側のインピーダンスをすべて a^2 倍**することを，**二次を一次に換算**するという．点 a-b，c-d 間では，同一起電力 E_1，同一電流 I_1（方向は反対）となるので，理想変圧器は取り除くことができる．これを**一次側に換算した等価回路**という（′ 付きの記号は，二次側諸量を一次側に換算したもの）．

ちなみに，二次巻線と負荷の抵抗内の消費電力は

$$I_1^2(a^2r_2+a^2R) = \left(\frac{I_2}{a}\right)^2(a^2r_2+a^2R) = I_2^2r_2+I_2^2R$$

同様に，二次側のリアクタンス内の無効電力は

$$I_1^2(a^2x_2+a^2X) = \left(\frac{I_2}{a}\right)^2(a^2x_2+a^2X) = I_2^2x_2+I_2^2X$$

となって，同図 (a) における二次側の消費電力および無効電力と等しくなる．

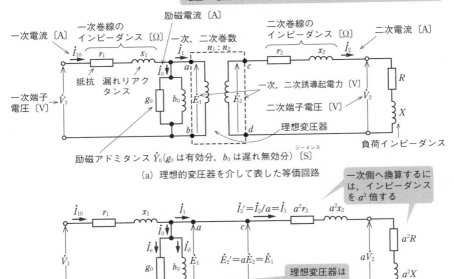

(a) 理想的変圧器を介して表した等価回路

(b) 一次側に換算した等価回路　$(a=n_1/n_2 : 巻数比)$

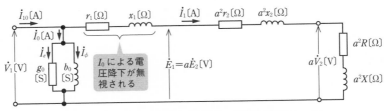

(c) 励磁回路を一次端子側に移した等価回路（簡易等価回路という）

●図 1・4　等価回路の表し方

さらに，励磁電流 I_0 は全負荷電流に比べてかなり小さいので，これによる一次巻線内の電圧降下や損失を無視すれば，同図（c）のように励磁アドミタンス Y_0 を一次端子側に移すことができ，取扱いが簡単になる．これを**簡易等価回路**といい，一般に使用される．

〔2〕二次側換算

図1・5（a）は，**二次側に換算した等価回路**である．この場合は，一次側の電圧を V_1/a，電流を aI_1 とし，**巻線抵抗 r_1 および漏れリアクタンス x_1 を $1/a^2$ 倍，励磁アドミタンス $Y_0 = g_0 - jb_0$ を a^2 倍**する．励磁電流は，一次電圧 $\dot{V}_1$ と励磁アドミタンスの積であることから

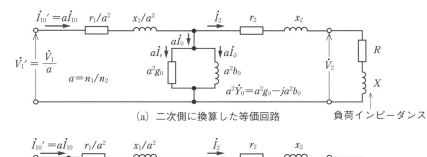

(a) 二次側に換算した等価回路

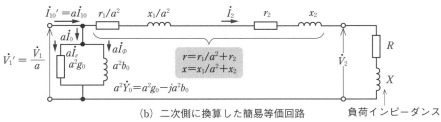

(b) 二次側に換算した簡易等価回路

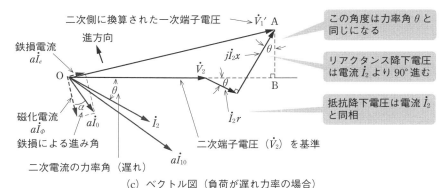

（c）ベクトル図（負荷が遅れ力率の場合）

●図1・5 二次側に換算した等価回路とベクトル図

$$\dot{I_0}' = \dot{V_1}' \times \dot{Y_0}' = \frac{\dot{V_1}}{a} \times a^2 \dot{Y_0} = a\dot{I_0}$$

となる（'付きの記号は，一次側諸量を二次側に換算したもの）．

これらの一次側および二次側に換算する式を表1・1に示す．

●表1・1　一次・二次の換算式

	電圧	電流	インピーダンス	アドミタンス	励磁電流
二次→一次	$\dot{E_2}' = a\dot{E_2}$	$\dot{I_2}' = \dfrac{1}{a}\dot{I_2}$	$\dot{Z_2}' = a^2 Z_2$	－	－
一次→二次	$\dot{E_1}' = \dfrac{\dot{E_1}}{a}$	$\dot{I_1}' = a\dot{I_1}$	$\dot{Z_1}' = \dfrac{\dot{Z_1}}{a^2}$	$\dot{Y_0}' = a^2 \dot{Y_0}$	$\dot{I_0}' = a\dot{I_0}$

ちなみに，励磁回路についてみると

$$\left(\frac{E_1}{a}\right)^2 \times a^2 g_0 = E_1^2 g_0 \ 〔鉄損〕 \quad \left(\frac{E_1}{a}\right)^2 \times a^2 b_0 = E_1^2 b_0 \ 〔無効電力〕$$

となり，図1・4（a）における励磁回路の鉄損および無効電力と等しくなる．

また，一次側の巻線抵抗内の消費電力は $(aI_1)^2 \times r_1/a^2 = I_1^2 r_1$，漏れリアクタンス内の無効電力は $(aI_1)^2 \times x_1/a^2 = I_1^2 x_1$ となって，図1・4（a）における一次側の消費電力および無効電力と等しくなる．

〔3〕　簡易等価回路のベクトル図

図1・5（b）の二次側に換算した簡易等価回路におけるベクトル図を，同図（c）に示す．このベクトル図から一次側の端子電圧 V_1'（二次換算値）を求めると

$$V_1' = \overline{\mathrm{OA}} = \sqrt{\overline{\mathrm{OB}}^2 + \overline{\mathrm{AB}}^2}$$
$$= \sqrt{(V_2 + I_2 r \cos\theta + I_2 x \sin\theta)^2 + (I_2 x \cos\theta - I_2 r \sin\theta)^2}$$

第2項は小さいので省略すると，次式のように簡単な近似式で表せる．

$$V_1' \fallingdotseq \overline{\mathrm{OB}} = V_2 + I_2 r \cos\theta + I_2 x \sin\theta \ 〔\mathrm{V}〕 \tag{1・6}$$

問題❶　　✓✓✓　　　　　　　　　　R2　A-8

変圧器の構造に関する記述として，誤っているものを次の（1）～（5）のうちから一つ選べ．

(1) 変圧器の巻線には軟銅線が用いられる．巻線の方法としては，鉄心に絶縁を施し，その上に巻線を直接巻きつける方法，円筒巻線や板状巻線としてこれを鉄心にはめ込む方法などがある．

(2) 変圧器の鉄心には，飽和磁束密度と比透磁率が大きい電磁鋼板が用いら

れる. この鋼板は, 過電流損を低減するためケイ素が数 % 含有され, さらにヒステリシス損を低減するために表面が絶縁被膜で覆われている.

(3) 変圧器の冷却方式には用いる冷媒によって, 絶縁油を使用する油入式と空気を使用する乾式, さらにガス冷却式などがある.

(4) 変圧器油は, 変圧器本体を浸し, 巻線の絶縁耐力を高めるとともに, 冷却によって本体の温度上昇を防ぐために用いられる. また, 化学的に安定で, 引火点が高く, 流動性に富み比熱が大きくて冷却効果が大きいなどの性質を備えることが必要となる.

(5) 大型の油入変圧器では, 負荷変動に伴い油の温度が変動し, 油が膨張・収縮を繰り返すため, 外気が変圧器内部に出入りを繰り返す. これを変圧器の呼吸作用といい, 油の劣化の原因となる. この劣化を防止するために, 本体の外にコンサベータやブリーザを設ける.

解説 (1) ○ 巻線には軟銅線が用いられ, 絶縁を施した鉄心に直接巻線を巻き付ける方法や, 型の上に巻線を巻いた円筒巻線や板状巻線を鉄心にはめる方法がある.

(2) × 変圧器の鉄心には, 透磁率が高く, 鉄損が小さい材料が求められ, 電磁鋼板が用いられる. ケイ素を数 % 含有し, 圧延方向に結晶の磁化方向を揃え, 磁気ひずみを小さくすることで, ヒステリシス損が小さくなる. また, ケイ素の含有により抵抗率が上昇し, 鉄心の板厚を薄くすることでうず電流が流れにくくなる. 表面を絶縁被膜で覆うのは, 積層した鋼板間でうず電流が流れないようにするためである.

(3) ○ 巻線などの絶縁物は熱に弱く, 許容温度以下で使用するよう, 絶縁油, SF_6 ガス, 空気などの冷媒で放熱を行う必要がある.

(4) ○ 変圧器油は, 絶縁と冷却の 2 つの役割を持ち, 絶縁耐力が高いこと, 自由に流動し, 放熱性が良い (比熱, 熱伝導率大) ことが求められる. また, 絶縁材料に化学変化を起こさないこと, 引火点が高く安全であることも必要である.

(5) ○ 油は負荷変動による温度変化で膨張収縮し, タンク内気圧と外気圧の差で空気が出入りする. 呼吸作用による油の吸湿や酸化を防ぐため, 乾燥剤を入れたブリーザを設けたり, コンサベータにより油と外気との接触を防いでいる.

解答 ▶ (2)

問題❷ ✔ ✔ ✔

一次巻線抵抗，二次巻線抵抗，漏れリアクタンスや鉄損を無視した磁気飽和のない理想的な単相変圧器を考える．この変圧器の鉄心中の磁束の最大値を Φ_m〔Wb〕，一次巻線の巻数を N_1，この変圧器に印加される正弦波電圧の $\boxed{(\text{ア})}$ を V_1〔V〕，周波数を f〔Hz〕とすると，Φ_m は次式から求められる．

$$\Phi_m = \boxed{(\text{イ})} \cdot \frac{V_1}{fN_1} \text{〔Wb〕}$$

この磁束により変圧器の二次端子に二次誘導起電力 V_2〔V〕が生じる．

一次巻線の巻数 N_1，二次巻線の巻数 N_2 がそれぞれ 2550，85 の場合，この変圧器の一次側に 6300 V の電圧を印加すると，二次側に誘起される電圧は $\boxed{(\text{ウ})}$〔V〕となる．

変圧器二次端子に $7\,\Omega$ の抵抗負荷を接続した場合の一次電流 I_1，二次電流 I_2 は，励磁電流を無視できるものとすると，それぞれ $I_1 = \boxed{(\text{エ})}$〔A〕，$I_2 = \boxed{(\text{オ})}$〔A〕である．

上記の記述中の空白箇所（ア），（イ），（ウ），（エ）および（オ）に当てはまる語句または数値の組合せとして，正しいものを次のうちから一つ選べ．

	（ア）	（イ）	（ウ）	（エ）	（オ）
(1)	実効値	$\sqrt{2}/2\pi$	210	30	1.0
(2)	最大値	$2\pi/\sqrt{2}$	105	1.0	0.25
(3)	実効値	$\sqrt{2}/2\pi$	210	1.0	30
(4)	最大値	$1/2\pi$	105	15	30
(5)	実効値	$2\pi/\sqrt{2}$	105	1.0	0.25

（注） $\dfrac{\sqrt{2}}{2\pi} \fallingdotseq \dfrac{1}{4.44}$，$\dfrac{2\pi}{\sqrt{2}} \fallingdotseq 4.44$，$\dfrac{1}{2\pi} \fallingdotseq 0.159$ として計算する場合が多い．

励磁電流を無視した理想変圧器の誘導起電力の式 (1・1)，変圧比の式 (1・2)，電流比の式 (1・3) を使って求める．

誘導起電力 $V_1 = 4.44 fN_1\Phi_m$

変圧比 $\dfrac{E_1}{E_2} = \dfrac{n_1}{n_2} = a$

電流比 $\dfrac{I_1}{I_2} = \dfrac{n_2}{n_1} = \dfrac{1}{a}$

解説 二次巻線の誘導起電力（平均値）E_{av}〔V〕は，巻数 N_1 と磁束変化の平均値（$1/4f$ の間に 0 から Φ_m まで変化）の積であり，また，誘導起電力（実効値）V_1〔V〕は平均値と波形率（$\pi/2\sqrt{2} \fallingdotseq 1.11$）の積であることから

$$V_1 = \frac{\pi}{2\sqrt{2}} N_1 \frac{\Phi_m}{1/4f} \quad \rightarrow \quad \Phi_m = \frac{\sqrt{2}}{2\pi} \frac{V_1}{fN_1}$$

変圧比 $V_1/V_2 = a$ より

$$V_2 = V_1 \frac{1}{a} = V_1 \frac{N_2}{N_1} = 6300 \times \frac{85}{2550} = \mathbf{210\,V}$$

抵抗負荷に流れる二次電流 I_2〔A〕は

$$I_2 = \frac{V_2}{R} = \frac{210}{7} = \mathbf{30\,A}$$

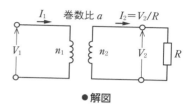

電流比 $I_1/I_2 = 1/a$ より

$$I_1 = I_2 \frac{1}{a} = I_2 \frac{N_2}{N_1} = 30 \times \frac{85}{2550} = \mathbf{1\,A}$$

●解図

解答 ▶ (3)

問題3 ✓ ✓ ✓　　　　　　　　　　　　　　　　　　　　　　H26 A-7

単相変圧器の簡易等価回路において，一次巻線の巻数を N_1，二次巻線の巻数を N_2 とすると，巻数比 a は $a = N_1/N_2$ で表され，この a を使用すると二次側諸量の一次側への換算は以下のように表される．

$\dot{V_2}'$：二次電圧 $\dot{V_2}$ を一次側に換算したもの　　$\dot{V_2}' = \boxed{（ア）} \cdot \dot{V_2}$

$\dot{I_2}'$：二次電圧 $\dot{I_2}$ を一次側に換算したもの　　$\dot{I_2}' = \boxed{（イ）} \cdot \dot{I_2}$

r_2'：二次抵抗 r_2 を一次側に換算したもの　　$r_2' = \boxed{（ウ）} \cdot r_2$

x_2'：二次漏れリアクタンス x_2 を一次側に換算したもの　　$x_2' = \boxed{（エ）} \cdot x_2$

$\dot{Z_L}'$：負荷インピーダンス $\dot{Z_L}$ を一次側に換算したもの　　$\dot{Z_L}' = \boxed{（オ）} \cdot \dot{Z_L}$

上記の記述中の空白箇所（ア），（イ），（ウ），（エ）および（オ）に当てはまる組合せとして，正しいものを次の（1）〜（5）のうちから一つ選べ．

	（ア）	（イ）	（ウ）	（エ）	（オ）
(1)	a	$1/a$	a^2	a^2	a^2
(2)	$1/a$	a	a^2	a^2	a^2
(3)	a	$1/a$	$1/a^2$	$1/a^2$	$1/a^2$
(4)	$1/a$	a	$1/a^2$	$1/a^2$	a^2
(5)	$1/a$	a	$1/a^2$	$1/a^2$	$1/a^2$

解説 表 1・1 の一次側への換算式の通り，$\dot{V_2}' = \dot{V_1}$，$\dot{I_2}' = \dot{I_1}$ として換算するため，式 (1・2)，(1・3) より $\dot{V_2}' = a\dot{V_2}$，$\dot{I_2}' = \dot{I_2}/a$ となる．二次巻線および負荷のインピーダンスは，式 (1・5) よりすべて a^2 倍する．

解答 ▶ (1)

問題❹ ✓ ✓ ✓ 　　　　　　　　　　　　　　　　　　　　　　H30 B-15

　　無負荷で一次電圧 6 600 V，二次電圧 200 V の単相変圧器がある．一次巻線抵抗 $r_1 = 0.6\,\Omega$，一次巻線漏れリアクタンス $x_1 = 3\,\Omega$，二次巻線抵抗 $r_2 = 0.5\,\text{m}\Omega$，二次巻線漏れリアクタンス $x_2 = 3\,\text{m}\Omega$である．計算に当たっては，二次側の諸量を一次側に換算した簡易等価回路を用い，励磁回路は無視するものとして，次の (a) 及び (b) の問に答えよ．

(a) この変圧器の一次側に換算したインピーダンスの大きさ〔Ω〕として，最も近いものを次の (1) ～ (5) のうちから一つ選べ．

　(1)　1.15　　(2)　3.60　　(3)　6.27　　(4)　6.37　　(5)　7.40

(b) この変圧器の二次側を 200 V に保ち，容量 200 kV・A，力率 0.8（漏れ）の負荷を接続した．このときの一次電圧の値〔V〕として，最も近いものを次の (1) ～ (5) のうちから一つ選べ．

　(1)　6 600　　(2)　6 700　　(3)　6 740　　(4)　6 800　　(5)　6 840

　　(b) 　負荷の容量 P_L と電圧 V_2 が与えられているため，二次電流 I_2 は $P_L = V_2 I_2$ から求める（P_L は皮相電力 kV・A であるため力率を使わずに電流が計算できる）．与えられた諸元から求める値が整理できるように簡易等価回路を書けるようにしておこう．式 (1・6) は一次側に換算しても成り立つ．

$$V_1 = V_2' + I_1 r \cos\theta + I_1 x \sin\theta \quad (V_2',\ r,\ x \text{ は一次側換算値})$$

解説 　(a) 二次側の巻線抵抗 r_2 および漏れリアクタンス x_2 を一次側に換算するには，それぞれ巻数比 a の 2 乗倍する．一次側からみた抵抗 r およびリアクタンス x は，それぞれ一次側の値（r_1，x_1）と二次側の値の一次側換算値（$a^2 r_2$，$a^2 x_2$）の合計であり

$$a = 6600/200 = 33$$
$$r = r_1 + a^2 r_2 = 0.6 + 33^2 \times 0.5 \times 10^{-3} = 1.1445\,\Omega$$
$$x = x_1 + a^2 x_2 = 3 + 33^2 \times 3 \times 10^{-3} = 6.267\,\Omega$$

一次側に換算したインピーダンス $z = r + jx$ の大きさは次式となる．

$$z = \sqrt{r^2 + x^2} = \sqrt{1.1445^2 + 6.267^2} \fallingdotseq \mathbf{6.37\ \Omega}$$

(b) 二次電流 I_2 は，負荷容量 P と二次側電圧 V_2 から $I_2 = P/V_2$ で求まり，一次電流 I_1 は巻数比 a から $I_1 = I_2/a$ で求まる．

$$I_1 = \frac{I_2}{a} = \frac{P}{aV_2} = \frac{200 \times 10^3}{33 \times 200} \fallingdotseq 30.3\,\text{A}$$

一次側から見た等価回路およびベクトル図は解図のようになる．変圧器の一次電圧 OA は，$V_2{}'$ が $I_1(r+jx)$ に比べて十分大きいことから，次の近似式（OA′）で表される．

力率 $\cos\theta = 0.8$ → $\sin\theta = \sqrt{1 - \cos\theta^2} = 0.6$

$$V_1 = aV_2 + I_1 r \cos\theta + I_1 x \sin\theta$$
$$= 33 \times 200 + 30.3 \times 1.1445 \times 0.8 + 30.3 \times 6.267 \times 0.6 \fallingdotseq 6\,742\,\text{V} \quad → \quad \mathbf{6\,740\,V}$$

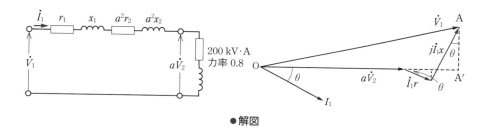

● 解図

解答 ▶ (a)-(4)，(b)-(3)

1-2

短絡インピーダンスと電圧変動率

[★★★]

1 短絡インピーダンス

(1) 短絡試験

図 1·6 のように変圧器の**二次側端子を短絡**し，**一次電流が定格値 I_{1n} に達する**まで上昇させる．定格値になったときの一次電圧 V_{1s} を**インピーダンス電圧**，電力 W_s を**インピーダンスワット**という．このとき，励磁電流 I_0 は短絡電流に比べて非常に小さく無視できることから，W_s は負荷損（銅損）となる．

この試験で得られる V_{1s} [V]，I_{1n} [A]，W_s [W] により，図 1·7 の等価回路の一次側に換算した全巻線抵抗 r'，および全漏れリアクタンス x'，インピーダンス z' が求められる（二次側に換算したインピーダンスを z とする）．

$$z' = \frac{V_{1s}}{I_{1n}} \ [\Omega] \tag{1・7}$$

$$r' = r_1 + a^2 r_2 = \frac{W_s}{I_{1n}^2} \ [\Omega] \tag{1・8}$$

$$x' = x_1 + a^2 x_2 = \sqrt{z'^2 - r'^2} = \sqrt{\left(\frac{V_{1s}}{I_{1n}}\right)^2 - \left(\frac{W_s}{I_{1n}^2}\right)^2} \ [\Omega] \tag{1・9}$$

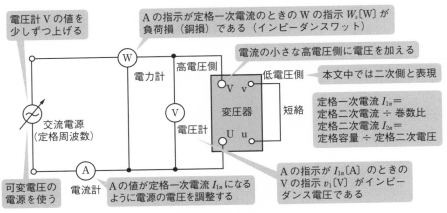

●図 1・6　短絡試験の試験回路と方法

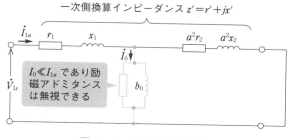

●図1・7　短絡試験の等価回路

【2】短絡インピーダンス

　短絡インピーダンスは，**電圧インピーダンス V_{1s} の定格電圧 V_{1n} に対する比**で計算され，**百分率短絡インピーダンス**（%Z）という，インピーダンス z' の基準インピーダンス z_n（＝定格電圧〔V〕/定格電流〔A〕）に対する比にもなる．

$$\%Z = \frac{V_{1s}}{V_{1n}} \times 100 = \frac{I_{1n}z'}{V_{1n}} \times 100 = \frac{z'}{z_{1n}} \times 100 \text{〔\%〕} \qquad (1 \cdot 10)$$

　この値は，一次側を短絡して二次側に定格二次電流 I_{2n} が流れるように二次側に加える電圧 V_{2s} から計算しても同じ値になる．

$$\%Z = \frac{V_{2s}}{V_{2n}} \times 100 = \frac{I_{2n}z}{V_{2n}} \times 100 = \frac{z}{z_{2n}} \times 100 \text{〔\%〕} \qquad (1 \cdot 11)$$

　電力系統では複数の電圧階級がつながっていて計算が複雑となるが，基準インピーダンスで割った %Z を用いることで，一次・二次換算を行う必要がなくなる．

　同一定格の変圧器では，**%Z の小さいほうが銅損（負荷損）が小，鉄損（無負荷損）が大で，銅量に比べ鉄心量が多く重量が大**である．

【3】短絡電流と %Z

　単相変圧器の一次側の電圧が定格一次電圧 V_{1n} 〔V〕のとき二次側を短絡すると，図1・7では V_{1s} に替えて V_{1n} となる．このとき，一次側に流れる電流 I_{1s} 〔A〕は式（1・10）から次式となり，**短絡電流は %Z に反比例**する．

$$I_{1s} = \frac{V_{1n}}{z'} = V_{1n} \times \frac{100 I_{1n}}{\%Z\, V_{1n}}$$

$$\therefore \quad I_{1s} = I_{1n} \times \frac{100}{\%Z} \text{〔A〕} \qquad (1 \cdot 12)$$

2 電圧変動率

(1) 電圧変動率の定義

　変圧器が定格力率 $\cos\theta$（特に指示のないときは 100 ％）において，**定格二次電圧 V_{2n}** のとき，定格二次電流 I_{2n} が流れるような負荷を接続する．その後，一次電圧 V_1 を変えないで**変圧器を無負荷**にし，**二次端子電圧が V_{20} になったとき**，**電圧変動率 ε [％]** は次式のように表される．

$$\varepsilon = \frac{V_{20}-V_{2n}}{V_{2n}}\times100 \ [\%] \tag{1・13}$$

これを測定回路で説明すると，図 1・8 のようになる．

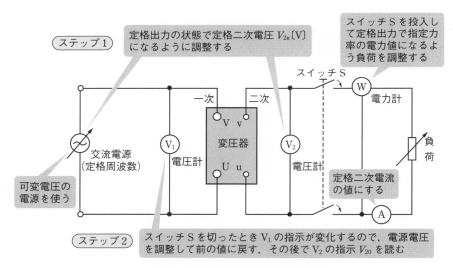

●図 1・8　実負荷による電圧変動率の測定回路と方法

(2) 電圧変動率の簡易式

　図 1・5 (b) の二次側換算の簡易等価回路で定格二次電圧を V_{2n}，定格二次電流を I_{2n}，負荷力率を $\cos\theta$ として，電圧変動率を求めるベクトル図を描くと図 1・9 のようになる．この図から，電圧変動率 ε [％] は式（1・13）より次式となる．

$$\varepsilon = \frac{V_{20}-V_{2n}}{V_{2n}}\times100 = \frac{\overline{\mathrm{OA}}-V_{2n}}{V_{2n}}\times100$$

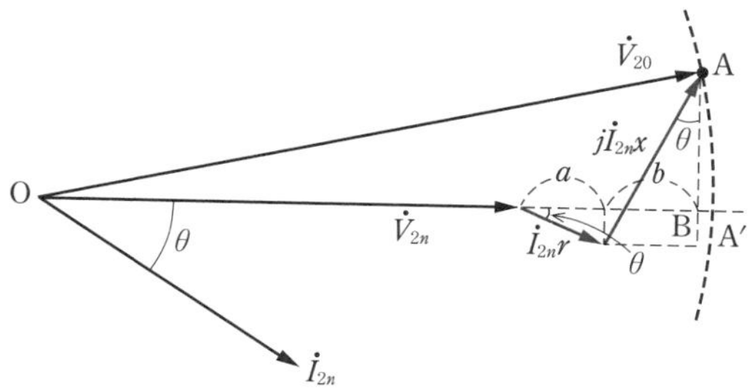

●図1・9 電圧変動率を求めるベクトル図

ここで，$\mathrm{OA}=\mathrm{OA}'\fallingdotseq\mathrm{OB}$ と近似すると，$\mathrm{OB}=V_{2n}+a+b$．また，$a=I_{2n}r\cos\theta$，$b=I_{2n}x\sin\theta$ であるから，次式の簡易式に変換できる．

$$\varepsilon=\frac{\overline{\mathrm{OB}}-V_{2n}}{V_{2n}}\times100=\frac{a+b}{V_{2n}}\times100=\left(\frac{I_{2n}r}{V_{2n}}\cos\theta+\frac{I_{2n}x}{V_{2n}}\sin\theta\right)\times100$$

$$\therefore\quad \varepsilon=p\cos\theta+q\sin\theta \tag{1・14}$$

$$\left.\begin{array}{l} p=\dfrac{I_{2n}r}{V_{2n}}\times100=\dfrac{I_{1n}r'}{V_{1n}}\times100 \ [\%]：百分率抵抗降下 \\[3mm] q=\dfrac{I_{2n}x}{V_{2n}}\times100=\dfrac{I_{1n}x'}{V_{1n}}\times100 \ [\%]：百分率リアクタンス降下 \end{array}\right\} \tag{1・15}$$

〔3〕 電圧変動率と %Z

一次端子の電圧 V_{1s} [V] は $V_{1s}=I_{1n}z'=I_{1n}\sqrt{r'^2+x'^2}$ [V] であるから，式（1・10）および式（1・15）より %Z は次式となる．

$$\%Z=\frac{V_{1s}}{V_{1n}}\times100=\frac{I_{1n}\sqrt{r'^2+x'^2}}{V_{1n}}\times100$$

$$=\sqrt{\left(\frac{r'I_{1n}}{V_{1n}}\times100\right)^2+\left(\frac{x'I_{1n}}{V_{1n}}\times100\right)^2}$$

$$\therefore\quad \%Z=\sqrt{p^2+q^2} \tag{1・16}$$

p，q は，短絡試験で測定した負荷損 W_s（$\fallingdotseq$ 全負荷銅損 p_{cn}）[W]，インピーダンス電圧 V_{1s} [V] と定格容量 P_n [V・A] から計算できる．

$$p=\frac{I_{1n}r'}{V_{1n}}\times100=\frac{I_{1n}^2r'}{V_{1n}I_{1n}}\times100=\frac{W_s}{P_n}\times100 \tag{1・17}$$

$$q=\sqrt{\%Z^2-p^2}=\sqrt{\left(\frac{V_{1s}}{V_{1n}}\right)^2-\left(\frac{W_s}{P_n}\right)^2}\times100 \tag{1・18}$$

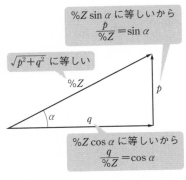

●図1・10　%Zとp, qの関係

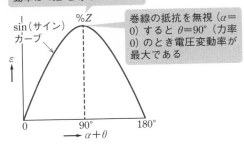

●図1・11　εとα, θの関係

%Z と p, q の間には図1・10の関係があるので，式 (1・14) は次式のように表せる．

$$\varepsilon = \%Z\left(\frac{p}{\%Z}\cos\theta + \frac{q}{\%Z}\sin\theta\right) = \%Z(\sin\alpha\cos\theta + \cos\alpha\sin\theta)$$

$$= \%Z\sin(\alpha+\theta) \qquad (1\cdot19)$$

したがって，電圧変動率は %Z に比例し，負荷力率角 θ および角 α（tan α ＝ p/q）の和の正弦に比例し，図1・11のように変化する．

3 変圧器の試験

1 巻線抵抗測定

規約効率の算定に必要な**負荷損を計算**するために，一次巻線，二次巻線の抵抗を図1・12の直流電圧降下法またはダブルブリッジ法により測定する．銅線の抵

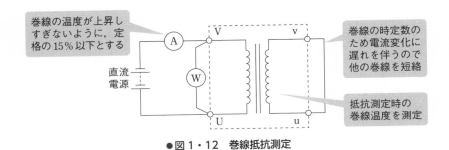

●図1・12　巻線抵抗測定

抗は温度によって上昇し，基準巻線温度 75℃（耐熱クラス A 種：油入変圧器）における巻線の抵抗 R_{75} は次式で計算される．

$$R_{75} = R_t \times \frac{234.5+75}{234.5+t} \text{ [Ω]} \tag{1・20}$$

【2】 極性試験

変圧器の一次・二次両端子に現れる**誘導起電力の方向**を示すものが**極性**で，変圧器の三相結線や並行運転の場合に必要となる．2 台の変圧器を並列に接続して運転する場合，極性を誤って接続すると，二次側の閉回路に 1 台運転時の二次短絡電流と同じ大きさの循環電流が流れるので注意が必要である．

極性は図 1・13 (a) のように表示される．減極性か加極性かを調べるために，図 1・13 (b) のように結線して試験する．

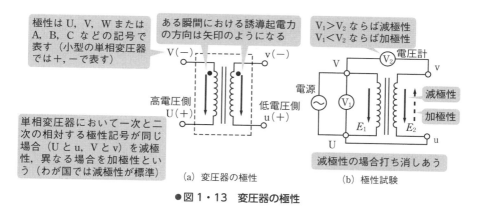

●図 1・13　変圧器の極性

【3】 無負荷試験

二次巻線を開放した状態で一次巻線に定格電圧を加えたときの一次電圧 V_{1n}，一次電流 I_0，電力 P_0 を測定し，**励磁電流と鉄損を測定する**．励磁電流による抵抗損が十分小さいものとして P_0 を鉄損とみなすと，励磁アドミタンス Y_0 および励磁コンダクタンス g_0，励磁サセプタンス b_0 は，次式で求められる．

$$Y_0 = \frac{I_0}{V_{1n}}, \quad g_0 = \frac{P_0}{V_{1n}^2}, \quad b_0 = \sqrt{\left(\frac{I_0}{V_{1n}}\right)^2 - g_0^2} \tag{1・21}$$

【4】 変圧比測定

変圧比は一次端子に一次定格電圧以下の電圧 V_1 を加え，二次の無負荷電圧 V_2 を測定して，巻数比 $a = V_1/V_2$ を計算する．

◖5◗ 温度上昇試験

定格運転状態における**巻線や油温の温度上昇が規定値以下であるかを確認**するために，変圧器に負荷をかける．小型変圧器の場合は水抵抗などの負荷をかける実負荷法を用いるが，一般の電力用変圧器では図 1・14 のように返還負荷法が用いられる．

変圧器 T_1，T_2 の低電圧側を同極性となるよう並列に接続して鉄損を供給し，高電圧側は電圧を打ち消すように逆向きに直列に接続して銅損を供給する．

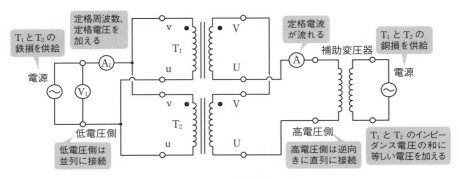

●図 1・14　返還負荷法

◖6◗ 絶縁耐力試験

変圧器の**充電部分と対地間，充電部分の相互間**について**絶縁強度を確認**するために変圧器工場で以下の試験を行う．また，現地確認試験として，電気設備技術基準・解釈で示されている絶縁耐力電圧を 10 分連続して加える．

① 加圧試験　別の電源で発生した商用周波数の試験電圧を供試巻線と他の巻線および鉄心，外箱を一括して接地したものとの間に 1 分間連続して加える．

② 誘導試験　巻線の層間絶縁を確認するため，商用周波数よりも高い周波数の電圧により巻線端子間に常規誘導電圧の 2 倍の電圧を誘導させて試験する．

③ 衝撃電圧試験　雷などの衝撃性異常電圧に対する絶縁強度を確認するため，定められた試験電圧，波形を印加して試験する．

問題5 ✓✓✓

　単相変圧器の一次側に電流計，電圧計および電力計を接続して，二次側を短絡し，一次側に定格周波数の電圧を供給し，電流計が 40 A を示すよう一次側の電圧を調整したところ，電圧計は 80 V，電力計は 1 200 W を示した．この変圧器の一次側からみた漏れリアクタンス〔Ω〕の値として，最も近いものを次のうちから一つ選べ．ただし，電流計，電圧計および電力計は理想的な計器であるものとする．

(1) 1.28 　　(2) 1.85 　　(3) 2.00 　　(4) 2.36 　　(5) 2.57

　短絡試験の測定値とインピーダンスの関係から求める．電力計の指示が負荷損を示す．

$$W = I^2 r, \quad z = \sqrt{r^2 + x^2}$$

　一次側に換算した抵抗を r〔Ω〕，漏れリアクタンスを x〔Ω〕とすると

$$z = \frac{V_1}{I_1} = \frac{80}{40} = 2\,\Omega$$

負荷損を W〔W〕とすると

$$W = I_1^2 r$$

$$\therefore \quad r = \frac{W}{I_1^2} = \frac{1\,200}{40^2} = 0.75\,\Omega$$

$$x = \sqrt{z^2 - r^2} = \sqrt{2^2 - 0.75^2} \fallingdotseq \mathbf{1.85\,\Omega}$$

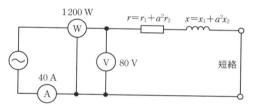

●解図

解答 ▶ (2)

問題6 ✓✓✓

　単相変圧器があり，二次側を開放して電流を流さない場合の二次電圧の大きさを 100 % とする．二次側のリアクトルを接続して力率 0 の電流を流した場合，二次電圧は 5 % 下がって 95 % であった．二次側に抵抗器を接続して，前述と同じ大きさの力率 1 の電流を流した場合，二次電圧は 2 % 下がって 98 % であった．一次巻線抵抗と一次換算した二次巻線抵抗との和は 10 Ω である．鉄損および励磁電流は小さく，無視できるものとする．ベクトル図を用いた電圧変動率の計算によく用いられる近似計算を利用して，一次遅れリアクタンスと一次換算した二次漏れリアクタンスとの和〔Ω〕の値を求めた．その値として，最も近いものを次の (1) ～ (5) のうちから一つ選べ．

(1) 5 　　(2) 10 　　(3) 15 　　(4) 20 　　(5) 25

電圧変動率の式 (1・14), $\varepsilon \fallingdotseq p \cos\theta + q \sin\theta$ を活用する. 力率と電圧変動率を当てはめて, 百分率抵抗降下 p, 百分率リアクタンス降下 q を求める.

 解説 負荷の力率が 0 ならば $\cos\theta = 0$, $\sin\theta = 1$ であるから, 電圧変動率の式より

$\varepsilon = p \cos\theta + q \sin\theta = p \times 0 + q \times 1 = 5\%$

∴ $q = 5\%$

次に, 負荷の力率が 1 ならば, $\cos\theta = 1$, $\sin\theta = 0$ であるから

$\varepsilon = p \cos\theta + q \sin\theta = p \times 1 + q \times 0 = 2\%$

∴ $p = 2\%$

百分率抵抗降下 p が 10 Ω で 2 % であることから, リアクタンス x は, $p = I_{2n}r/V_{2n} \times 100$, $q = I_{2n}x/V_{2n} \times 100$ より

$$x = q \times \frac{V_{2n}}{I_{2n}} \times \frac{1}{100} = q \times \frac{r}{p} = 5 \times \frac{10}{2} = \mathbf{25\,\Omega}$$

解答 ▶ (5)

問題7 ✓ ✓ ✓ H23 B-15

次の定数をもつ定格一次電圧 2 000 V, 定格二次電圧 100 V, 定格二次電流 1 000 A の単相変圧器について, (a) および (b) の問に答えよ. ただし, 励磁アドミタンスは無視するものとする.

一次巻線抵抗 $r_1 = 0.2\,\Omega$, 一次漏れリアクタンス $x_1 = 0.6\,\Omega$

二次巻線抵抗 $r_2 = 0.0005\,\Omega$, 二次漏れリアクタンス $x_2 = 0.0015\,\Omega$

(a) この変圧器の百分率インピーダンス降下 〔%〕の値として, 最も近いものを次の (1) ～ (5) のうちから一つ選べ.

(1) 2.00 (2) 3.16 (3) 4.00 (4) 33.2 (5) 664

(b) この変圧器の二次側に力率 0.8 (遅れ) の定格負荷を接続して運転しているときの電圧変動率 〔%〕の値として, 最も近いものを次の (1) ～ (5) のうちから一つ選べ.

(1) 2.60 (2) 3.00 (3) 27.3 (4) 31.5 (5) 521

 百分率インピーダンス降下と百分率抵抗降下, 百分率リアクタンス降下の関係式 (1・15), (1・16) を活用する. 二次側の抵抗とリアクタンスを一次側に換算して求める.

$$p = \frac{I_{1n}r'}{V_{1n}} \qquad q = \frac{I_{1n}x'}{V_{1n}} \qquad \sqrt{p^2 + q^2} = \%Z$$

解説 (a) 巻数比 a は，一次，二次の定格電圧より

$$a = V_{1n}/V_{2n} = 2\,000/100 = 20$$

一次定格電流は，電流比の式より

$$I_{1n} = I_{2n}/a = 1\,000/20 = 50\,\text{A}$$

二次側の巻線抵抗，リアクタンスを一次側に換算した全巻線抵抗 r' [Ω]，全リアクタンス x' [Ω] は

$$r' = r_1 + a^2 r_2 = 0.2 + 20^2 \times 0.0005 = 0.4\,\Omega$$

$$x' = x_1 + a^2 x_2 = 0.6 + 20^2 \times 0.0015 = 1.2\,\Omega$$

百分率抵抗降下 p [%]，百分率リアクタンス降下 q [%] は

$$p = \frac{I_{1n} r'}{V_{1n}} \times 100 = \frac{50 \times 0.4}{2\,000} \times 100 = 1.0\,\%$$

$$q = \frac{I_{1n} x'}{V_{1n}} \times 100 = \frac{50 \times 1.2}{2\,000} \times 100 = 3.0\,\%$$

百分率インピーダンス降下 %Z は

$$\%Z = \sqrt{p^2 + q^2} = \sqrt{1.0^2 + 3.0^2} = \sqrt{10} \fallingdotseq \mathbf{3.16\,\%}$$

(b) 負荷の力率 0.8 より，$\cos\theta = 0.8$，$\sin\theta = \sqrt{1 - 0.8^2} = 0.6$ であるから，電圧変動率 ε [%] は

$$\varepsilon = p\cos\theta + q\sin\theta = 1 \times 0.8 + 3 \times 0.6 = \mathbf{2.6\,\%}$$

解答 ▶ (a)-(2)，(b)-(1)

問題8 ✓✓✓ H6 B-12〈改〉

単相変圧器 $1\,000\,\text{kV·A}$，$20\,\text{kV}/6.6\,\text{kV}$ において，二次側を短絡して一次側に定格電流を流して短絡試験を行ったとき，インピーダンス電圧およびインピーダンスワットはそれぞれ $1.2\,\text{kV}$ および $7.2\,\text{kW}$ であった．この変圧器において，次の (a) および (b) に答えよ．

(a) 百分率短絡インピーダンス〔%〕の値として，正しいものを次のうちから一つ選べ．

(1) 3　(2) 4　(3) 5　(4) 6　(5) 7

(b) 遅れ力率 80% における電圧変動率〔%〕の値として，最も近いものを次のうちから一つ選べ．

(1) 3.8　(2) 4.0　(3) 4.2　(4) 4.4　(5) 4.6

百分率短絡インピーダンスの式の分子 $I_{1n}z'$ は，短絡試験時の短絡インピーダンス電圧 V_s〔V〕，分母は定格一次電圧 V_{1n}〔V〕である．また，インピーダンスワット p_c〔W〕は負荷損 $I_{1n}{}^2 r$ である．

$$\%Z = \frac{I_{1n}z'}{V_{1n}} \times 100 = \frac{V_s}{V_{1n}} \times 100$$

$$p = \frac{I_{1n}r'}{V_{1n}} \times 100 = \frac{I_{1n}{}^2 r'}{V_{1n}I_{1n}} \times 100 = \frac{p_c}{P_n} \times 100$$

 （a）$\%Z$ は式（1・10）において $I_{1n}z' = 1.2\,\mathrm{kV}$，$V_{1n} = 20\,\mathrm{kV}$ とすれば

$$\%Z = \frac{I_{1n}z'}{V_{1n}} \times 100 = \frac{1.2 \times 10^3}{20 \times 10^3} \times 100 = \boldsymbol{6\,\%}$$

（b）インピーダンスワットを p_c〔W〕，変圧器の定格容量を P〔V・A〕とすると，百分率抵抗降下は

$$p = \frac{p_c}{P} \times 100 = \frac{7.2 \times 10^3}{1\,000 \times 10^3} \times 100 = 0.72\,\%$$

百分率リアクタンス降下は，式（1・18）より $q = \sqrt{\%Z^2 - p^2}$ であるから

$$q = \sqrt{6^2 - 0.72^2} \fallingdotseq 5.96$$

力率 $\cos\theta = 0.8$ ならば $\sin\theta = 0.6$ であるから，電圧変動率 ε〔%〕は式（1・14）より

$$\varepsilon = p\cos\theta + q\sin\theta = 0.72 \times 0.8 + 5.96 \times 0.6 = 4.15 \fallingdotseq \boldsymbol{4.2\,\%}$$

解答 ▶ (a)-(4)，(b)-(3)

問題9 ✓ ✓ ✓　　　　　　　　　　　　　　　　　　　H17 B-16

定格容量 $500\,\mathrm{kV\cdot A}$ の単相変圧器について，次の（a）および（b）に答えよ．

(a) 定格時の銅損は $7\,\mathrm{kW}$ であった．この変圧器の百分率抵抗降下 p〔%〕の値として，最も近いものを次のうちから一つ選べ．

(1) 1.38　　(2) 1.40　　(3) 1.42　　(4) 2.42　　(5) 4.20

(b) 定格時において，負荷の力率が $\cos\theta = 0.6$ のとき，電圧変動率 $\varepsilon = 4\,\%$ であった．この変圧器の百分率インピーダンス降下 z〔%〕の値として，最も近いものを次のうちから一つ選べ．ただし，百分率リアクタンス降下を q〔%〕とするとき，$\varepsilon = p\cos\theta + q\sin\theta$ の近似式が成り立つものとする．

(1) 4.00　　(2) 4.19　　(3) 4.59　　(4) 5.35　　(5) 5.45

 （a）百分率抵抗降下 p〔%〕は，銅損 W〔W〕，定格容量 P〔V・A〕とすると，式（1・15）と銅損の関係式 $W = I^2 r$ から，定格容量に対する銅損の比となる．

$$p = \frac{I_{2n}r}{V_{2n}} \times 100 = \frac{I_{2n}^2 r}{V_{2n}I_{2n}} \times 100 = \frac{W}{P} \times 100$$

$$= \frac{7 \times 10^3}{500 \times 10^3} \times 100 = \mathbf{1.4\,\%}$$

(b) 題意より $\varepsilon = p\cos\theta + q\sin\theta$ が成り立つことから，$\cos\theta = 0.6$ のときの各値を代入して百分率リアクタンス降下を求める．

$$4 = 1.4 \times 0.6 + q \times \sqrt{1-0.6^2}$$

$$\therefore \quad q = \frac{4-1.4\times0.6}{\sqrt{1-0.6}} = 3.95\,\%$$

百分率インピーダンス降下は，式（1·16）より

$$\%Z = \sqrt{p^2+q^2} = \sqrt{1.4^2+3.95^2} \doteqdot \mathbf{4.19\,\%}$$

解答 ▶ (a)-(2)，(b)-(2)

❶-3

損 失 と 効 率

[★★]

1 変圧器の損失の種類

〔1〕 無負荷損

　無負荷損は，**二次側を開放**したまま一次側端子に電圧を加えたときに生じる損失で，**鉄損**がほとんどである．鉄損には，図 1・15 のように**ヒステリシス損**と**うず電流損**がある．電圧および周波数が一定ならば固定損となる．

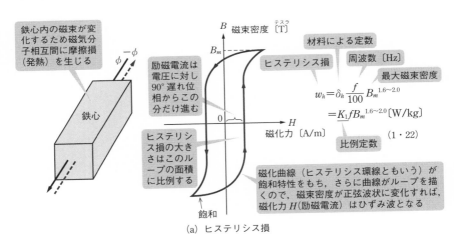

(a) ヒステリシス損

鉄心内の磁束が変化するため磁気分子相互間に摩擦損（発熱）を生じる

励磁電流は電圧に対し 90°遅れ位相からこの分だけ進む

ヒステリシス損の大きさはこのループの面積に比例する

B 磁束密度〔T〕（テスラ）

B_m

0

H 磁化力〔A/m〕

飽和

材料による定数

周波数〔Hz〕

最大磁束密度

$$w_h = \delta_h \frac{f}{100} B_m^{1.6 \sim 2.0}$$
$$= K_1 f B_m^{1.6 \sim 2.0} \ \text{〔W/kg〕}$$

(1・22)

比例定数

ヒステリシス損

磁化曲線（ヒステリシス環線ともいう）が飽和特性をもち，さらに曲線がループを描くので，磁束密度が正弦波状に変化すれば，磁化力 H（励磁電流）はひずみ波となる

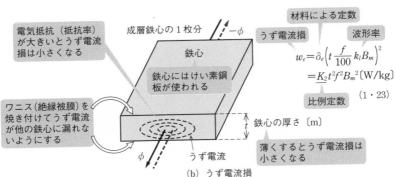

(b) うず電流損

電気抵抗（抵抗率）が大きいとうず電流損は小さくなる

成層鉄心の 1 枚分

$-\phi$

鉄心

鉄心にはけい素鋼板が使われる

ワニス（絶縁被膜）を焼き付けてうず電流が他の鉄心に漏れないようにする

ϕ

うず電流

鉄心の厚さ〔m〕

材料による定数

うず電流損

波形率

$$w_e = \delta_e \left(t \frac{f}{100} k_l B_m \right)^2$$
$$= K_2 t^2 f^2 B_m^2 \ \text{〔W/kg〕}$$

(1・23)

比例定数

薄くするとうず電流損は小さくなる

●図 1・15　**無負荷損（鉄損）の種類**

■【2】負荷損 ■

負荷損は，変圧器の負荷状況により変化する損失で，巻線の**抵抗損（銅損：負荷電流の 2 乗に比例）**がほとんどであり，これにわずかな**漂遊負荷損**（負荷電流による漏れ磁束で生じるうず電流損で，銅損の 5 ～ 30 ％）が加わる．

2 変圧器の効率

■【1】規約効率と実測効率 ■

出力と入力の比を百分率で表したものを**効率**という．入力として出力に損失（鉄損＋銅損）を加えた値を用いて計算したものを**規約効率** $\overset{イータ}{\eta}$ といい，次式で表す．

$$\eta = \frac{出力}{出力＋損失} \times 100 \ [\%] \tag{1・24}$$

なお，実負荷をかけて入力と出力の測定値から計算したものを**実測効率**という．

■【2】全負荷効率 ■

変圧器の定格容量を P_n [kV·A]，鉄損（無負荷損）を p_i [kW]，全負荷銅損（負荷損）を p_{cn} [kW]，負荷力率を $\cos\theta$ とすると，全負荷時における効率 η_n は

$$\eta_n = \frac{P_n \cos\theta}{P_n \cos\theta + p_i + p_{cn}} \times 100 \ [\%] \tag{1・25}$$

■【3】負荷率 α における効率 ■

負荷率 α （出力 $\alpha P_n \cos\theta$）における効率 η_α は，銅損が負荷電流の 2 乗に比例して $\alpha^2 p_{cn}$ となり，鉄損 p_i は変わらないので，次式となる．

$$\eta_\alpha = \frac{\alpha P_n \cos\theta}{\alpha P_n \cos\theta + p_i + \alpha^2 p_{cn}} \times 100 \ [\%] \tag{1・26}$$

$$= \frac{P_n \cos\theta}{P_n \cos\theta + \dfrac{p_i}{\alpha} + \alpha p_{cn}} \times 100 \ [\%]$$

この式の $P_n \cos\theta$ は一定であるので，分母の第 2 項と第 3 項の和が最小のとき η_α は最大となる．そこで，最小値の定理（ A と B の積が一定ならば $A = B$ のとき二つの和は最小）を使うと，$(p_i/\alpha) \times \alpha p_{cn} = p_i p_{cn}$ は一定であるので，**$p_i/\alpha = \alpha p_{cn}$ のとき η_α は最大**となる．（本シリーズ「電気数学 2-7 節」参照）

よって，最大効率となる条件と負荷率 α は，次式のようになる．

$$p_i = \alpha^2 p_{cn} \quad \therefore \quad \boldsymbol{\alpha = \sqrt{\frac{p_i}{p_{cn}}}} \tag{1・27}$$

図 1・16 に負荷率と効率・損失との関係を示す.

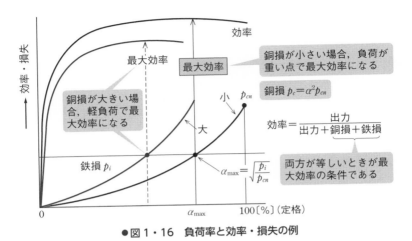

●図 1・16 負荷率と効率・損失の例

■5■ 全日効率

変圧器の 1 日中の負荷が図 1・17 のように時間的変化をする場合,**1 日中の総合効率**を表したものを**全日効率**といい,次式で表す.

$$全日効率 \ \eta_d = \frac{P_d}{P_d + (P_{li} \times 24) + P_{ld}} \times 100 \ [\%] \tag{1・28}$$

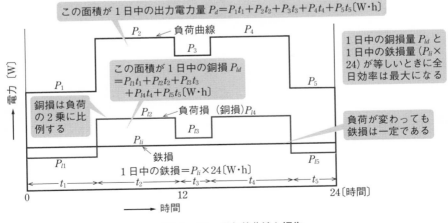

●図 1・17 日負荷曲線と損失

3 供給電圧および周波数による損失の変化

【1】 供給電圧の影響

変圧器の鉄心の最大磁束密度 B_m〔T〕は，最大磁束 ϕ_m〔Wb〕÷鉄心断面積〔m²〕（一定）であるから，B_m は ϕ_m に比例する．また，鉄心の最大磁束 ϕ_m は式（1・1）から，$\phi_m \propto E/f$（電圧に比例，周波数に反比例）の関係がある．したがって，鉄損は供給電圧が変化すると式（1・29）および式（1・30）で表せることから，図1・18（a）のように**電圧のほぼ2乗に比例して変化する**．

【2】 周波数の影響

ヒステリシス損が周波数に反比例し，うず電流損は変化しないので，鉄損は図1・18（b）のように変化する．

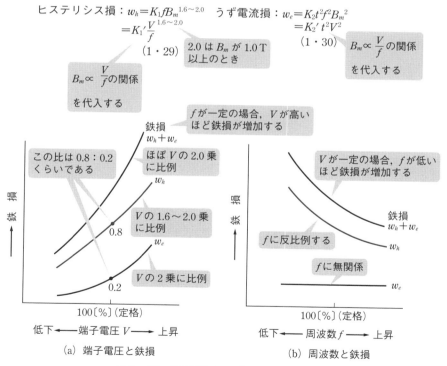

ヒステリシス損：$w_h = K_1 f B_m{}^{1.6 \sim 2.0}$
$\quad\quad\quad\quad\quad\quad = K_1{}' \dfrac{V^{1.6 \sim 2.0}}{f}$
$\quad\quad\quad\quad\quad\quad\quad\quad$（1・29）

うず電流損：$w_e = K_2 t^2 f^2 B_m{}^2$
$\quad\quad\quad\quad\quad\quad = K_2{}' t^2 V^2$
$\quad\quad\quad\quad\quad\quad\quad\quad$（1・30）

2.0 は B_m が 1.0 T 以上のとき

$B_m \propto \dfrac{V}{f}$ の関係 を代入する

$B_m \propto \dfrac{V}{f}$ の関係 を代入する

f が一定の場合，V が高いほど鉄損が増加する

鉄損 $w_h + w_e$

この比は 0.8 : 0.2 くらいである

ほぼ V の2.0乗に比例 w_h

V の 1.6～2.0乗に比例 w_e

0.8

V の2乗に比例

0.2

鉄損

100〔%〕（定格）

低下 ← 端子電圧 V → 上昇

（a）端子電圧と鉄損

V が一定の場合，f が低いほど鉄損が増加する

鉄損 $w_h + w_e$

f に反比例する w_h

f に無関係 w_e

鉄損

100〔%〕（定格）

低下 ← 周波数 f → 上昇

（b）周波数と鉄損

●図1・18　端子電圧および周波数と鉄損の関係

問題⑩ ☑ ☑ ☑

単相変圧器がある．定格二次電圧 200 V において，二次電流が 250 A のときの全損失が 1525 W であり，また，二次電流が 150 A のときの全損失が 1125 W であった．この変圧器の無負荷損〔W〕の値として，最も近いものを次のうちから一つ選べ．

(1) 400　　(2) 525　　(3) 576　　(4) 900　　(5) 1005

 無負荷損（鉄損），負荷損（銅損）と負荷電流の関係から求める．無負荷損は電圧・周波数が一定ならば，負荷電流が変わっても変化しない．負荷損は抵抗損がほとんどで，負荷電流の 2 乗に比例する．

解説 変圧器の全損失は，無負荷損（鉄損）と負荷損（銅損）からなっているので，鉄損を求めればよい．鉄損を p_i〔W〕，二次電流が 250 A のときの銅損を p_c〔W〕とすると，全損失は

$$p_i + p_c = 1525 \quad \cdots\cdots ①$$

銅損は二次電流の 2 乗に比例するので，二次電流が 150A のときの全損失は

$$p_i + \left(\frac{150}{250}\right)^2 p_c = p_i + 0.36 p_c = 1125 \quad \cdots\cdots ②$$

式①から式②を差し引くと

$$p_c - 0.36 p_c = 1525 - 1125$$

$$\therefore \quad 0.64 p_c = 400$$

$$\therefore \quad p_c = \frac{400}{0.64} = 625 \text{ W}$$

よって，求める鉄損 p_i は，式①から

$$p_i = 1525 - p_c = 1525 - 625 = \textbf{900 W}$$

解答 ▶ (4)

問題⑪ ☑ ☑ ☑

ある単相変圧器の負荷が，全負荷の 1/2 のときに効率が最大になるという．この変圧器の負荷が全負荷の 3/4 のときの銅損 p_c と鉄損 p_i の比 p_c/p_i の値として，最も近いものを次のうちから一つ選べ．ただし，二次電圧および負荷力率は一定とする．

(1) 0.56　　(2) 1.13　　(3) 1.50　　(4) 2.25　　(5) 3.00

 変圧器の効率が最大となる条件，無負荷損 p_i ＝負荷損 $p_c = \alpha^2 p_{cn}$（α：負荷率，p_{cn}：全負荷時の銅損）を活用する．

題意より，全負荷の 1/2 のときに効率が最大となるので

$$p_i = \left(\frac{1}{2}\right)^2 p_{cn} = \frac{1}{4} p_{cn} \qquad \therefore \quad p_{cn} = 4p_i$$

変圧器の負荷が全負荷の 3/4 のときの p_c/p_i の値は

$$\frac{p_c}{p_i} = \frac{(3/4)^2 p_{cn}}{p_i} = \frac{(3/4)^2 \times 4p_i}{p_i} = \left(\frac{3}{4}\right)^2 \times 4 = \frac{9}{4} = \mathbf{2.25}$$

解答 ▶ (4)

 問題⓬ ✓ ✓ ✓ H20 B-16

　定格容量 $50\,\mathrm{kV \cdot A}$ の単相変圧器がある．この変圧器を定格電圧，力率 100 %，全負荷の 3/4 の負荷で運転したとき，鉄損と銅損が等しくなり，そのときの効率は 98.2 % であった．この変圧器について，次の (a) および (b) に答えよ．ただし，鉄損と銅損以外の損失は無視できるものとする．

(a) この変圧器の鉄損〔W〕の値として，最も近いものを次のうちから一つ選べ．
　　(1) 344　　(2) 382　　(3) 425　　(4) 472　　(5) 536

(b) この変圧器を全負荷，力率 100 % で運転したときの銅損〔W〕の値として，最も近いものを次のうちから一つ選べ．
　　(1) 325　　(2) 453　　(3) 579　　(4) 611　　(5) 712

変圧器の効率の式（1・26）を活用する．負荷率 α と鉄損，銅損の関係から求める．

$$\eta_\alpha = \frac{\alpha P_n \cos\theta}{\alpha P_n \cos\theta + p_i + \alpha^2 p_{cn}} \times 100$$

 （a）負荷率 3/4，力率 $\cos\theta = 1$ のときに鉄損 p_i と銅損 $(3/4)^2 p_{cn}$ が等しいことから

$$\eta_{\frac{3}{4}} = \frac{\frac{3}{4} \times 50 \times 10^3 \times 1}{\frac{3}{4} \times 50 \times 10^3 \times 1 + p_i + \left(\frac{3}{4}\right)^2 p_{cn}}$$

$$= \frac{37\,500}{37\,500 + 2p_i} = 0.982$$

$$p_i = \frac{1}{2} \times \left(\frac{37\,500}{0.982} - 37\,500\right) \fallingdotseq \mathbf{344\,W}$$

（b）負荷率 3/4 の時の銅損 $(3/4)^2 p_{cn}$ と鉄損 p_i が等しいことから，全負荷時の銅損 p_{cn} は

$$\left(\frac{3}{4}\right)^2 p_{cn} = p_i = 344$$

$$\therefore \quad p_{cn} = \left(\frac{4}{3}\right)^2 \times 344 \fallingdotseq \textbf{611 W}$$

解答 ▶ (a)-(1), (b)-(4)

問題13 ✓ ✓ ✓   H11 B-12〈改〉

　定格容量 100 kV·A の単相変圧器があり，負荷力率 100 % における全負荷効率は 99 % である．この変圧器において，次の（a）および（b）に答えよ.

（a）負荷力率 80 % における全負荷効率〔%〕の値として，最も近いものを次のうちから一つ選べ.

　　（1）79.2　　（2）84.2　　（3）88.7　　（4）93.8　　（5）98.8

（b）全負荷時の鉄損と銅損の比が 4：6 であるならば，鉄損〔W〕の値として，最も近いものを次のうちから一つ選べ.

　　（1）300　　（2）400　　（3）500　　（4）600　　（5）700

変圧器の効率の式のうち，力率 $\cos\theta$ を変えた場合の効率から求める．負荷率が変わらない場合は，力率 $\cos\theta$ が変わっても全損失 $p_l = p_i + \alpha^2 p_c$ が一定となる.

　（a）負荷力率 100 % における全負荷効率 η_n は，全損失を p_l〔kW〕とすれば式（1·25）から

$$\eta_n = \frac{P_n}{P_n + p_l} = 0.99$$

$$P_n = 0.99(P_n + p_l)$$

$$0.99 p_l = (1 - 0.99) P_n$$

$$\therefore \quad p_l = \left(\frac{1}{0.99} - 1\right) P_n \fallingdotseq 0.01 P_n$$

負荷力率 80 % における全負荷効率 η_n' は，式（1·25）から

$$\eta_n' = \frac{0.8 P_n}{0.8 P_n + p_l} = \frac{0.8 P_n}{0.8 P_n + 0.01 P_n} \fallingdotseq 0.988 \rightarrow \textbf{98.8 \%}$$

　（b）全損失 $p_l = 0.01 P_n = 0.01 \times 100 = 1\,\text{kW}$ である．題意より，$p_i / p_{cn} = 4/6$ であるから

$$p_i = p_l \times \frac{4}{10} = 1 \times 0.4 = 0.4\,\text{kW} \rightarrow \textbf{400 W}$$

解答 ▶ (a)-(5), (b)-(2)

問題⒁ ✓ ✓ ✓

次の文章は，変圧器の損失と効率に関する記述である．

電圧一定で出力を変化させても，出力一定で電圧を変化させても，変圧器の効率の最大は鉄損と銅損とが等しいときに生じる．ただし，変圧器の損失は鉄損と銅損だけとし，負荷の力率は一定とする．

a. 出力 1 000 W で運転している単相変圧器において鉄損が 40.0 W，銅損が 40.0 W 発生している場合，変圧器の効率は (ア) 〔%〕である．

b. 出力電圧一定で出力を 500 W に下げた場合の鉄損は 40.0 W，銅損は (イ) 〔W〕，効率は (ウ) 〔%〕となる．

c. 出力電圧が 20 % 低下した状態で，出力 1 000 W の運転をしたとすると鉄損は 25.6 W，銅損は (エ) 〔W〕，効率は (オ) 〔%〕となる．ただし，鉄損は電圧の 2 乗に比例するものとする．

上記の記述中の空白箇所（ア），（イ），（ウ），（エ）および（オ）に当てはまる最も近い数値の組合せを，次の（1）～（5）のうちから一つ選べ．

	（ア）	（イ）	（ウ）	（エ）	（オ）
（1）	94	20.0	89	61.5	91
（2）	93	10.0	91	62.5	92
（3）	94	20.0	89	63.5	91
（4）	93	10.0	91	50.0	93
（5）	92	20.0	89	61.5	91

解説 a. 変圧器の効率 η〔%〕は

$$\eta = \frac{\text{出力} P}{\text{出力} P + \text{鉄損} p_i + \text{銅損} p_c} \times 100 = \frac{1000}{1000 + 40 + 40} \times 100 \fallingdotseq \mathbf{93\,\%}$$

b. 銅損は負荷電流の 2 乗に比例するため，電圧が一定であれば，出力が αP（αは負荷率）となった場合に負荷電流も α 倍となり銅損が α^2 倍となる．

出力が 500 W に下がったときの銅損 $p_c{}'$〔W〕は

$$p_c{}' = \alpha^2 p_c = \left(\frac{P_1{}'}{P_1}\right)^2 p_c = \left(\frac{500}{1000}\right)^2 \times 40 = \mathbf{10\,W}$$

このときの変圧器の効率 η'〔%〕は

$$\eta' = \frac{P'}{P' + p_i + p_c{}'} \times 100 = \frac{500}{500 + 40 + 10} \times 100 \fallingdotseq \mathbf{91\,\%}$$

c. 電圧が β 倍に低下した状態で出力が変わらないため，$P = VI$ の関係から負荷電流は $1/\beta$ 倍となる．このときの銅損 $p_c{}''$〔W〕は

$$p_c{}'' = \left(\frac{1}{\beta}\right)^2 p_c{}' = \left(\frac{1}{0.8}\right)^2 \times 40 = \textbf{62.5 W}$$

このときの変圧器の効率 η''〔%〕は

$$\eta'' = \frac{P}{P + p_i{}'' + p_c{}''} \times 100 = \frac{1\,000}{1\,000 + 25.6 + 62.5} \times 100 \fallingdotseq \textbf{92 \%}$$

解答 ▶ (2)

変圧器の結線

[★★★]

1 三相結線

1 結線の種類

　三相結線は，各相と中性点を変圧器で接続する Y 結線と，各相間を変圧器で接続する △ 結線の組合せで，図1・19のように4種類の方式に分類できる．変圧器の三相結線方式によって，中性点の接地方式や高調波電流の流れ方などが決まる．

　△ 結線では，**巻線にかかる電圧（相電圧）が線間電圧と等しく，巻線電流は線路電流の $1/\sqrt{3}$ になる．** 一方，Y 結線では，**巻線電流は線路電流と等しく，相電圧が線間電圧の $1/\sqrt{3}$ になり，巻線の絶縁が容易となる．**

　一次側線間電圧を V_l，一次側線路電流を I_l，単相変圧器の相電圧 E，巻線電流を I とすると，△ 結線，Y 結線の変圧器出力（皮相電力）は次式となる．

$$P_{\triangle} = \sqrt{3}\ V_l I_l = 3 \times V_l \times \frac{I_l}{\sqrt{3}} = 3EI \tag{1・31}$$

> Y 結線側は，相電圧 $\dot{E}_V$ が線間電圧 $\dot{V}_{UV}$ より30°遅れ，△ 結線側は，$\dot{E}_u = \dot{V}_{uv}$ となり二次電圧が一次電圧より30°遅れる（角変位30°）

> 一次と二次一組の巻線を省略したものを ∨（ブイ）-∨（ブイ）結線という

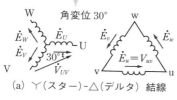

(a) Y（スター）-△（デルタ）結線

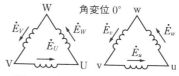

(b) △（デルタ）-△（デルタ）結線

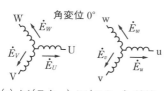

(c) Y（スター）-Y（スター）結線

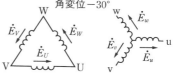

(d) △（デルタ）-Y（スター）結線

● 図1・19　三相結線方式と角変位

$$P_\curlyvee = \sqrt{3}\ V_l I_l = 3 \times \frac{V_l}{\sqrt{3}} \times I_l = 3\,EI \tag{1・32}$$

各三相結線における一次・二次の電圧，電流の関係を表 1・2 に示す．一次側と二次側で**同じ結線方式（Y–Y，△–△）では，一次・二次の電圧の位相差（角変位）は生じない**が，**Y–△ 結線では二次電圧が一次電圧より 30°遅れ（角変位30°），△–Y 結線では二次電圧が一次電圧より 30°進む（角変位−30°）**．

●表 1・2　三相結線の電圧・電流

	一次		二次			
	相電圧	巻線電流	相電圧	巻線電流	線間電圧	線路電流
(a) Y–△	$V_1/\sqrt{3}$	I_1	$V_1/a\sqrt{3}$	aI_1	$V_1/a\sqrt{3}$ （30°遅れ）	$\sqrt{3}\,aI_1$
(b) △–△	V_1	$I_1/\sqrt{3}$	V_1/a	$aI_1/\sqrt{3}$	V_1/a（同相）	aI_1
(c) Y–Y	$V_1/\sqrt{3}$	I_1	$V_1/a\sqrt{3}$	aI_1	V_1/a（同相）	aI_1
(d) △–Y	V_1	$I_1/\sqrt{3}$	V_1/a	$aI_1/\sqrt{3}$	$\sqrt{3}\,V_1/a$ （30°進み）	$aI_1/\sqrt{3}$

（2）Y–Y 結線

Y–Y 結線の等価回路と特徴は図 1・20 のとおりである．**巻線の電圧が低く絶縁が容易**なため高電圧の場合に有利となる．**第 3 次高調波により誘導起電力がひずみ，中性点接地をすると高調波電流が流れ通信誘導障害が発生**するため，三次巻線として △ 回路を追加して Y–Y–△ としたものが高電圧送電用変圧器に用いられる．

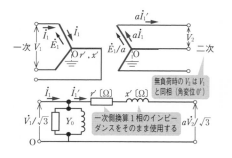

〈利点〉
①中性点 O を接地すれば故障検出が容易
②各相の電圧が線間電圧の $1/\sqrt{3}$ で絶縁が容易
③各相間に循環電流が流れない

〈欠点〉
①中性点を接地しないと電位が不安定
②励磁電流の第 3 調波成分を打ち消せず，相電圧に第 3 調波電圧を発生する（線間には現れない）
③中性点を接地すると励磁電流の第 3 調波成分が線路に流れ，通信線に誘導障害を発生する（△ 回路を追加すれば良い）
④V 結線にできない

●図 1・20　Y–Y 結線の等価回路と特徴

【3】 △-△ 結線

△-△ 結線の等価回路と特徴は図 1・21 のとおりである. 等価回路は, △ 結線のインピーダンスを 1/3 倍, アドミタンスを 3 倍にして Ｙ 結線に換算して等価的な星形 (Ｙ 結線) に置き換えた**星形 1 相分**で表す.

△ 結線は, 相電圧が線間電圧と同じため, 絶縁の点で高電圧の場合に不利であり, 中性点が引き出せないため, **中性点接地ができず地絡検出が困難**となる.

巻線電流を小さくできるため, 配電用変圧器など大電流を必要とする場合に用いられる. **第 3 次高調波が △ 結線内の循環電流として流れる**ため, 誘導起電力が正弦波となり, **高調波の影響がでない**.

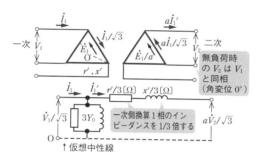

〈利点〉
①励磁電流の第 3 調波成分は △ 回路を循環できるので外部に流れない
②相電圧に第 3 調波電圧を発生しない
③単相変圧器を 3 台用いた場合には, 1 相故障または軽負荷時に Ｖ-Ｖ 結線にできる

〈欠点〉
①中性点がないので故障検出が困難
②各相の変圧比, インピーダンスが相違すると循環電流が流れる

●図 1・21 △-△ 結線の等価回路と特徴

【4】 Ｙ-△ 結線, △-Ｙ 結線

Ｙ-△ 結線の等価回路と特徴は図 1・22 のとおり, **一次側と二次側の位相が30° 変位する. Ｙ 結線側は中性点の接地により異常電圧の防止ができ, △ 結線側に第 3 次高調波が循環電流として流れるため相電圧のひずみが軽減**される.

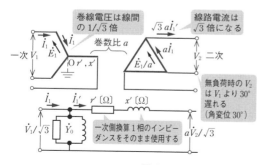

〈利点〉
①中性点 O を接地できる
②励磁電流の第 3 調波成分は △ 回路を循環して流れ, 外部に出ない
③相電圧に第 3 調波電圧を発生しない

〈欠点〉
①一次, 二次電圧で位相差が生じる
　Ｙ-△：30° 遅れ (角変位 30°)
　△-Ｙ：30° 進み (角変位 −30°)
②Ｖ 結線にできない

●図 1・22 Ｙ-△ 結線の等価回路と特徴

　Y 結線側の線間電圧を高くすることができるため，Y–△ 結線は降圧用変圧器，△–Y 結線は発電所の昇圧用変圧器として用いられる.

●[5] V 結線

　V 結線の等価回路と特徴は図 1・23 のとおり，△–△ 結線の 1 相が故障したり，最初から節約のため省略する場合の結線である. 単相と三相の需要家が混在する配電用柱上変圧器等では，異なる容量の単相変圧器を V–V 結線し，三相負荷と単相負荷を同時に取り出している.

　V 結線では，線路電流が巻線にそのまま流れるため，変圧器に流れる**巻線電流を △ 結線と比べて 1/√3 しか流すことができない**. このため，V 結線の変圧器出力 P_V は次式となり，**△ 結線と比べて 1/√3 倍の負荷までしか供給できない**.

$$P_V = \sqrt{3}\, V_l I_l = \sqrt{3}\, EI \tag{1・33}$$

$$\frac{\text{V 結線出力}}{\text{△ 結線出力}} = \frac{\sqrt{3}\, EI}{3EI} = \frac{1}{\sqrt{3}} = 0.577 \tag{1・34}$$

　また，2 台の単相変圧器の設備容量に対して，**√3/2 の利用率でしか活用することができない**.

$$\text{利用率} = \frac{\text{V 結線出力}}{\text{2 台分設備容量}} = \frac{\sqrt{3}\, EI}{2EI} = \frac{\sqrt{3}}{2} = 0.866 \tag{1・35}$$

　V 結線は，△ 結線と同じ大きさの負荷に電力を供給する場合の**銅損**が **△ 結線の 2 倍**となる.

$$\frac{\text{V 結線の銅損合計}}{\text{△ 結線の銅損合計}} = \frac{2 台 \times I_l^2 \times r'}{3 台 \times (I_l/\sqrt{3})^2 \times r')} = 2 \tag{1・36}$$

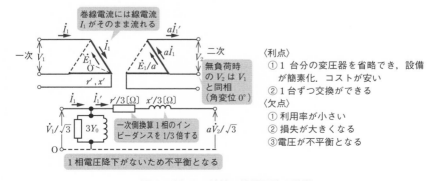

●図 1・23　V 結線の等価回路と特徴

2 各種変圧器

1 単巻変圧器

図 1・24 のように，一次巻線と二次巻線が共通の部分をもつ変圧器を**単巻変圧器**といい，**共通部分を分路巻線，共通でない部分を直列巻線**という．変圧器の**直列巻線の容量（自己容量 P_s）と分路巻線の容量（分路容量 P_c）は等しく，線路容量（負荷容量 P_L）**と比べて小さい．

$$P_L = V_h I_h = V_l I_l \tag{1・37}$$

$$P_s = (V_h - V_l) I_h \tag{1・38}$$

$$= V_h I_h - V_l I_h = V_h I_h \left(1 - \frac{V_l}{V_h} \right)$$

$$P_c = V_l (I_l - I_h) \tag{1・39}$$

$$= V_l I_l - V_l I_h = V_h I_h - V_l I_h = (V_h - V_l) I_h = P_s$$

分路巻線には，$I_h - I_l$ の差電流が流れるため，巻数比が 1 に近いほど電流を小さくできる．また，巻線が共通であるため，巻線の量を少なくでき，小型・軽量にできる．巻線が共通であることで，漏れ磁束が少なく，電圧変動率が小さいが，一次側と二次側を絶縁できない（低圧側も高圧側と同じ絶縁が必要）．

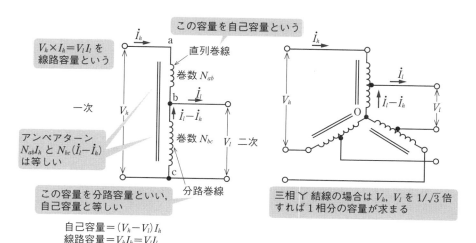

自己容量 $=(V_h - V_l) I_h$
線路容量 $= V_h I_h = V_l I_l$
分路容量 $= V_l (I_l - I_h)$

(a) 単相結線　　　　(b) 三相結線

●図 1・24 単巻変圧器の結線と自己容量・分路容量

█【2】█ スコット結線（T 結線）██

電気炉や鉄道などの大容量の単相負荷に供給する場合に，**三相交流から二相交流に変換するスコット結線**が用いられる．図 1・25 のとおり，**主座（M 座）変圧器，T 座変圧器**という 2 つの単相変圧器で構成される．主座変圧器の一次巻線の中点を T 座変圧器の一端とし，U，V，W に三相交流を加えると，a，b 端子には直交（90° 位相差）する二相交流が得られる．T 座側の巻数を主座側の $\sqrt{3}/2$ とすることで二相側の電圧の大きさが等しくなる．二相側の負荷を平衡させると，三相側の不平衡を緩和できる．

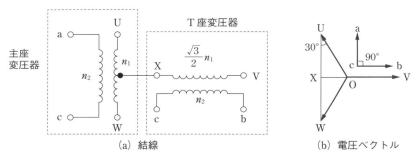

（a）結線　　　　　　　（b）電圧ベクトル

●図 1・25　スコット結線とベクトル図

█【3】█ 磁気漏れ変圧器 ██

磁気漏れ変圧器は，鉄心に漏れ磁束が通りやすいギャップを設けて，漏れリアクタンスを大きくした変圧器で，負荷電流が大きくなると漏れ磁束が増加して二次電圧が急減し，一定の電流が得られるため，定電流変圧器とも呼ばれる．電気溶接や放電灯の電源として用いられる．

█【4】█ 計器用変成器 ██

高電圧や大電流を計器で測定するために，小さく変換する変圧器を**計器用変成器**と呼び，電圧測定用の計器用変圧器（VT）と電流測定用の変流器（CT）がある．

変流器では，一次電流の起磁力を打ち消すように二次側の閉回路に電流が流れている．一次電流が流れている状態で二次側を開放してしまうと，一次電流がすべて励磁電流となり，二次側に過大な電圧を生じて焼損するおそれがあるため，短絡状態で使用する必要がある．

3 並行運転の条件と負荷分担

　複数の変圧器の一次および二次端子が，それぞれ並列に接続された場合を**並行運転**という．各変圧器が正しく各自の容量に比例した負荷電流を分担し，さらに無用な循環電流を生じないための条件は，表1・3に示す5つである．

●表1・3　並行運転の条件

条件	理由
①極性が一致していること．	極性が異なると大きな循環電流が流れ焼損する．
②巻数比が等しく，一次および二次の定格電圧が等しいこと．	電圧差により循環電流が流れ過熱する．
③三相変圧器の場合，相回転の方向と角変位が等しいこと．	角変位（一次・二次の電圧位相）が異なると，循環電流が流れ過熱する．
④百分率短絡インピーダンスが等しいこと．	短絡インピーダンスが小さい方の変圧器の負荷分担が大きくなる．
⑤巻線抵抗と漏れリアクタンスの比（r/x）が等しいこと．	r/x が異なると，分担電流に位相差が生じ，利用率が低下する．

　2台の変圧器A，Bが図1・26のように並行運転しているときの各変圧器の負荷分担は次のように求める．

　各変圧器A，Bの短絡インピーダンスを Z_A 〔Ω〕，Z_B 〔Ω〕とするとき，負荷 P 〔kV·A〕を**短絡インピーダンスの逆比により負荷分担**するので次式となる．ただし，各変圧器の巻線抵抗と漏れリアクタンスの比は等しいものとする．

$$P_A = \frac{Z_B}{Z_A + Z_B} \times P \ [\text{kV·A}] \tag{1·40}$$

$$P_B = \frac{Z_A}{Z_A + Z_B} \times P \ [\text{kV·A}] \tag{1·41}$$

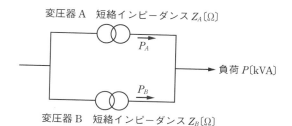

変圧器A　短絡インピーダンス Z_A〔Ω〕

負荷 P〔kVA〕

P_A

P_B

変圧器B　短絡インピーダンス Z_B〔Ω〕

●図1・26　変圧器の並行運転

問題⑮ ✓ ✓ ✓ H23 A-8

下図は，三相変圧器の結線図である．一次電圧に対して二次電圧の位相が 30°
遅れとなる結線を次の（1）～（5）のうちから一つ選べ．ただし，各一次・二次
巻線間の極性は減極性であり，一次電圧の相順は U，V，W とする．

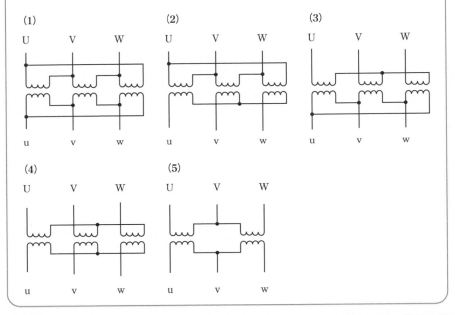

解説 （1）の △-△ 結線，（4）の Ｙ-Ｙ 結線，（5）の Ｖ-Ｖ 結線は，同じ結線の組
合せであり，位相差は生じない．

（2）の △-Ｙ 結線は，図 1・22 のとおり，△ 結線側は一次電圧と相電圧の位相が等しく，
Ｙ 結線側は二次電圧が相電圧より 30° 進む．

（3）の Ｙ-△ 結線は，図 1・22 のとおり，Ｙ 結線側は**相電圧が一次電圧より 30° 遅れ**，
△ 結線側は相電圧と二次電圧の位相が等しい．

解答 ▶ （3）

問題⑯ ✓ ✓ ✓ H21 A-7

同一仕様である 3 台の単相変圧器の一次側を星形結線，二次側を三角結線に
して，三相変圧器として使用する．20Ω の抵抗器 3 個を星形に接続し，二次側
に負荷として接続した．一次側を 3 300 V の三相高圧母線に接続したところ，二
次側の負荷電流は 12.7 A であった．この単相変圧器の変圧比として，最も近い

ものを次のうちから一つ選べ．ただし，変圧器の励磁電流，インピーダンスおよび損失は無視するものとする．

   (1) 4.33　　(2) 7.50　　(3) 13.0　　(4) 22.5　　(5) 39.0

> Ｙ結線の線間電圧 $= \sqrt{3} \times$ 相電圧の関係から，単相変圧器の一次・二次の電圧を求め，変圧比を求める．

解説　一次・二次の線間電圧を V_1，V_2 [V]，巻線電圧を E_1，E_2 [V] とすると，それぞれの電圧は解図の関係になる．一次の巻線電圧 E_1 [V] は

$$E_1 = \frac{V_1}{\sqrt{3}} = \frac{3\,300}{\sqrt{3}}\,\text{V}$$

Ｙ結線の負荷抵抗の一相にかかる電圧は $I_2 R$ であり，Ｙ結線の線間電圧は相電圧の $\sqrt{3}$ 倍となり，その電圧が変圧器の二次の △ 結線の相電圧となる．

$$E_2 = \sqrt{3}\,I_2 R = \sqrt{3} \times 12.7 \times 20\,\text{V}$$

変圧比 E_1/E_2 は

$$\frac{E_1}{E_2} = \frac{3\,300/\sqrt{3}}{\sqrt{3} \times 12.7 \times 20} \fallingdotseq \textbf{4.33}$$

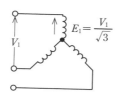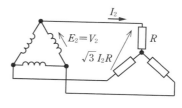

●解図

解答 ▶ (1)

問題17　✓ ✓ ✓　　　　　　　　　　　　　　　　　　H15 A-8

定格容量 $500\,\text{kV·A}$ の単相変圧器 3 台を △-△ 結線 1 バンクとして使用している．ここで，同一仕様の単相変圧器 1 台を追加し，Ｖ-Ｖ 結線 2 バンクとして使用するとき，全体として増加させることができる三相容量 [kV·A] の値として，最も近いものを次のうちから一つ選べ．

   (1) 134　　(2) 232　　(3) 500　　(4) 606　　(5) 634

∨ 結線と △ 結線の出力の関係から求める.

$$\frac{∨ 結線出力}{△ 結線出力} = \frac{\sqrt{3}\ V_n I_n}{3 V_n I_n}$$

解説 単相変圧器1台の出力を $P_n = V_n \cdot I_n$ とすると,△-△ 結線1バンクの容量は

$$P_△ = \sqrt{3} \cdot V_l \cdot I_l = \sqrt{3} \cdot V_n \cdot \sqrt{3}\ I_n = 3P_n$$

∨-∨ 結線の電圧と電流は解図となる.線
電流 I_l が変圧器に流れるため ∨-∨ 結線1バ
ンクの容量は

$$P_∨ = \sqrt{3}\ V_l \cdot I_l = \sqrt{3} \cdot V_n \cdot I_n = \sqrt{3}\ P_n$$

増加できる容量は

$$2 \times P_∨ - P_△ = 2 \times \sqrt{3} \times 500 - 3 \times 500 ≒ \mathbf{232\,kV \cdot A}$$

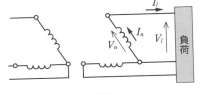

●解図

解答 ▶ (2)

問題18 ☑ ☑ ☑

　巻線の一部が一次と二次との回路に共通になっている変圧器を単巻変圧器という.巻線の共通部分を ［（ア）］,共通でない部分を ［（イ）］という.

　単巻変圧器では,［（ア）］の端子を一次側に接続し,［（イ）］の端子を二次側に接続して使用すると通常の変圧器と同じように動作する.単巻変圧器の ［（ウ）］ は,二次端子電圧と二次電流との積である.

　単巻変圧器は,巻線の一部が共通であるため,漏れ磁束が ［（エ）］,電圧変動率が ［（オ）］.

　上記の記述中の空白箇所（ア）,（イ）,（ウ）,（エ）および（オ）が当てはまる組合せとして,正しいものを次の (1) ～ (5) のうちから一つ選べ.

	（ア）	（イ）	（ウ）	（エ）	（オ）
(1)	分路巻線	直列巻線	負荷容量	多く	小さい
(2)	直列巻線	分路巻線	自己容量	少なく	小さい
(3)	分路巻線	直列巻線	定格容量	多く	大きい
(4)	分路巻線	直列巻線	負荷容量	少なく	小さい
(5)	直列巻線	分路巻線	定格容量	多く	大きい

解説 単巻変圧器の巻線と容量の関係は,図 1·24 のとおり,線路と並列に接続された巻線の共通部分は**分路巻線**といい,線路に直列に接続された共通でない部分は**直列巻線**という.**負荷容量**（線路容量ともいう）は,二次端子電流と二次電流との積

であり，自己容量は直列巻線の電圧と電流の積となる．

単巻変圧器は，一次と二次が共通である分路巻線部分には漏れ磁束がないため，変圧器全体の漏れ磁束が**少なく**，電圧変動率も**小さく**なる．

解答 ▶ (4)

問題⓳ ✓ ✓ ✓ H12 A-9

図のような定格一次電圧 100 V, 定格二次電圧 120 V の単相単巻変圧器があり，無負荷で一次側に 100 V の電圧を加えたときの励磁電流は 1 A であった．この変圧器の二次側に抵抗負荷を接続し，一次側を 100 V の電源に接続して二次側に大きさが 15 A の電流が流れたとき，分路巻線電流 i の大きさ I 〔A〕の値として，正しいものを次のうちから一つ選べ．ただし，巻線の抵抗および漏れリアクタンスならびに鉄損は無視できるものとする．

(1) 2   (2) $2\sqrt{2}$ (3) $\sqrt{10}$ (4) 5   (5) $\sqrt{19}$

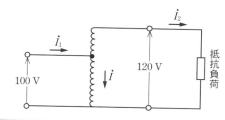

i_1：一次電流
i_2：二次電流
i：分路巻線電流

 励磁電流のうち，題意から鉄損分は無視できるので，電圧より 90°遅れの電流となる．分路巻線の電流 I は，抵抗負荷を接続したときの負荷電流と励磁電流のベクトル和で求めることができる．また，励磁電流を無視すれば，一次と二次の線路容量 $V_1 I_1'$ と $V_2 I_2$ は等しい．

解説 題意から有効電力は一次側と二次側で同じである．一次電圧を V_1，二次電圧を V_2 とすると，一次電流 i_1 の有効分 I_1' は

$$V_1 I_1' = V_2 I_2$$

$$\therefore \quad I_1' = \frac{V_2 I_2}{V_1} = \frac{120 \times 15}{100} = 18\,\text{A}$$

このうち，分路巻線電流 I の有効分 I' は

$$I' = I_1' - I_2 = 18 - 15 = 3\,\text{A}$$

分路巻線には 90°遅れの励磁電流 I_0 が流れているので，分路巻線電流の大きさ I は

$$I = \sqrt{I'^2 + I_0^2} = \sqrt{3^2 + 1^2} = \boldsymbol{\sqrt{10}\,\text{A}}$$

解答 ▶ (3)

問題⑳ ☑ ☑ ☑

単相変圧器 3 台が図に示すように 6.6 kV 電路に接続されている。一次側は星形（Ｙ）結線，二次側は開放三角結線とし，一次側中性点は大地に接続され，二次側開放端子には図のように抵抗 R_0 が負荷として接続されている。三相電圧が平衡している通常の状態では，各相が打ち消しあうため二次側開放端子には電圧は現れないが，回路のバランスが崩れ不平衡になった場合や回路に地絡事故などが発生した場合には，二次側開放端子に電圧が現れる。このとき，二次側の抵抗負荷 R_0 は各相が均等に負担することになる。

いま，各単相変圧器の定格一次電圧が $\dfrac{6.6}{\sqrt{3}}$ kV，定格二次電圧が $\dfrac{110}{\sqrt{3}}$ V で，二次接続抵抗 $R_0 = 10\,\Omega$ の場合，一次側に換算した 1 相当たりの二次抵抗 〔kΩ〕の値として，最も近いものを次のうちから一つ選べ。ただし，変圧器は理想変圧器であり，一次巻線，二次巻線の抵抗および損失は無視するものとする。

(1) 4.00
(2) 6.93
(3) 12.0
(4) 20.8
(5) 36.0

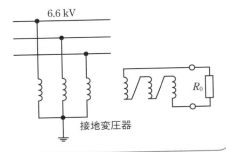

接地変圧器

 一次側の三相電圧が平衡していると，二次側の $\dot{E}_u$，$\dot{E}_v$，$\dot{E}_w$ のベクトル和が 0 となり，二次側 △ 回路内に循環電流 I は流れないが，不均衡になった場合には，電圧が生じて電流が流れる。本問では一次側換算の抵抗を求めるだけであるため，解図に示す Ｙ-△ 結線の 1 相分の等価回路から求める。

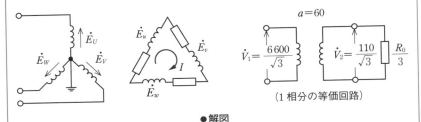

（1 相分の等価回路）

●解図

二次側の抵抗 R_0 が三相で均等に負担することから，1 相当たりの二次抵抗は，$R_0/3$ となる．これを一次側に換算するには表 1・1 より a^2 倍（巻数比：$a = V_1/V_2$）すればよい．

$$R' = a^2 \frac{R_0}{3} = \left(\frac{V_1}{V_2}\right)^2 \times \frac{R_0}{3}$$

$$= \left(\frac{6600/\sqrt{3}}{110/\sqrt{3}}\right)^2 \times \frac{10}{3} = 12\,000\,\Omega \rightarrow \mathbf{12\,k\Omega}$$

解答 ▶ (3)

問題㉑ ☑ ☑ ☑　　　　　　　　　　　　　　　　　　H24 A-8

三相変圧器の並行運転に関する記述として，誤っているものを次の (1) ～ (5) のうちから一つ選べ．

(1) 各変圧器の極性が一致していないと，大きな循環電流が流れて巻線の焼損を引き起こす．

(2) 各変圧器の変圧比が一致していないと，負荷の有無にかかわらず循環電流が流れて巻線の過熱を引き起こす．

(3) 一次側と二次側との誘導起電力の位相変位（角変位）が各変圧器で等しくないと，その程度によっては，大きな循環電流が流れて巻線の焼損を引き起こす．したがって，△-Ｙ と Ｙ-Ｙ との並行運転はできるが，△-△ と △-Ｙ との並行運転はできない．

(4) 各変圧器の巻線抵抗と漏れリアクタンスとの比が等しくないと，各変圧器の二次側に流れる電流に位相差が生じ取り出せる電力は各変圧器の出力の和より小さくなり，出力に対する銅損の割合が大きくなって利用率が悪くなる．

(5) 各変圧器の百分率インピーダンス降下が等しくないと，各変圧器が定格容量に応じた負荷を分担することができない．

 変圧器の並行運転の条件は表 1・3 の五つ．三相変圧器の並行運転では，一次側と二次側の角変位が一致している必要がある．**並行運転できる組合せは，同じ結線方式どうしか，位相が変わらない △-△ と Ｙ-Ｙ だけである．**

解答 ▶ (3)

問題22 ✓ ✓ ✓ H12 A-3

　定格電圧および巻数比が等しい2台の変圧器A，Bがある．これらの変圧器の定格容量はそれぞれ30 kV·A，20 kV·Aであり，短絡インピーダンスはそれぞれ5Ω，10Ωである．これら2台の変圧器を並列に接続して，いずれも過負荷にならないように稼働させるとき，二次側に加えることができる最大負荷〔kV·A〕の値として，正しいものを次のうちから一つ選べ．ただし，各変圧器の巻線の抵抗と漏れリアクタンスの比は等しいものとする．

　(1) 30　　(2) 35　　(3) 40　　(4) 45　　(5) 50

　並行運転する変圧器の等価回路と負荷分担は次のとおり．各変圧器の巻線の抵抗と漏れリアクタンスの比は等しいので，2台の変圧器は短絡インピーダンスの逆比により負荷分担する．

$$P_A = P \times \frac{Z_B}{Z_A + Z_B} \qquad P_B = P \times \frac{Z_A}{Z_A + Z_B}$$

　A，B各変圧器の負荷をP_A〔kV·A〕，P_B〔kV·A〕，短絡インピーダンスをZ_A〔Ω〕，Z_B〔Ω〕とし，二次側に加える最大負荷をP〔kV·A〕とすると

$$P_A = P \cdot \frac{Z_B}{Z_A + Z_B} = P \times \frac{10}{5 + 10} = \frac{2}{3}P \ \text{〔kV·A〕} \quad \cdots\cdots①$$

$$P_B = P \cdot \frac{Z_A}{Z_A + Z_B} = P \times \frac{5}{5 + 10} = \frac{1}{3}P \ \text{〔kV·A〕} \quad \cdots\cdots②$$

変圧器Aの負荷が定格容量と等しくなるPは，式①から

$$P = \frac{3}{2}P_A = \frac{3}{2} \times 30 = \mathbf{45\,kV \cdot A}$$

このとき変圧器Bの負荷は，式②から$P_B = (1/3) \times 45 = 15\,\text{kV·A}$となり，定格容量20 kV·A以下である．

変圧器Bの負荷が定格容量と等しくなるPは，式②から

$$P = 3P_B = 3 \times 20 = 60\,\text{kV·A}$$

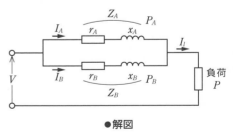

●解図

このときの変圧器Aの負荷は，式①から$P_A = (2/3) \times 60 = 40\,\text{kV·A}$となり，定格容量30 kV·Aを超え過負荷となる．

解答 ▶ (4)

問題23 ☑ ☑ ☑

　2台の単相変圧器があり，それぞれ，巻数比（一次巻数/二次巻数）が30.1，30.0，二次側に換算した巻線抵抗及び漏れリアクタンスからなるインピーダンスが$(0.013+j0.022)\Omega$，$(0.010+j0.020)\Omega$である．この2台の変圧器を並列接続し二次側を無負荷として，一次側に6 600Vを加えた．この2台の変圧器の二次巻線間を循環して流れる電流の値〔A〕として，最も近いものを次の (1) ～ (5) のうちから一つ選べ．ただし，励磁回路のアドミタンスの影響は無視するものとする．

　(1) 4.1　　(2) 11.2　　(3) 15.3　　(4) 30.6　　(5) 61.3

　巻数比の異なる変圧器を並行運転したとき，二次側の誘導起電力に差が生じるため，二次側電圧に差がなくなるように循環電流が流れる．循環電流の大きさを求めるには，2台の誘導起電力の差と合計インピーダンスがわかればよい．

　並列接続した2台の変圧器の二次側誘導起
　　電力を$E_a > E_b$とすると，解図のように循環
電流Iが流れる．誘導起電力の差Eは

$$E = E_a - E_b = 6\,600/30 - 6\,600/30.1$$
$$= 0.731\,\text{V}$$

このとき，循環電流が流れる回路のインピーダン
スzの大きさは

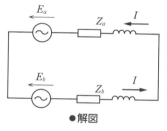
●解図

$$z = z_a + z_b = 0.013 + j0.022 + 0.01 + j0.02 = 0.023 + j0.042\,\Omega$$
$$|z| = \sqrt{0.023^2 + 0.042^2} = \sqrt{0.002293} \fallingdotseq 0.0479\,\Omega$$

循環電流Iは誘導起電力の差Vとインピーダンスzから求まる．

$$I_2 = E/|z| = 0.731/0.0479 \fallingdotseq \mathbf{15.3\,V}$$

なお，二次側電圧は，$V_2 = E_a - z_a I = E_b + z_a I = 219.6\,\text{V}$となる．

解答 ▶ (3)

変 電 所 機 器

[★★]

1 遮 断 器

通常の負荷状態における開閉に加え，短絡電流などの異常状態を保護継電器により検出した信号を受け,故障電流を遮断するものである.その際に発生するアークを強制的に消弧して電流を遮断する構造になっており，次のような遮断器がある.

【1】 ガス遮断器 （GCB）

消弧能力，絶縁耐力に優れた六フッ化硫黄（SF$_6$）ガスをアークに吹き付けて消弧する．高電圧・大容量の遮断器として広く用いられている．SF$_6$ ガスは，地球温暖化係数が高く，代替ガスの検討が進められている.

【2】 真空遮断器 （VCB）

真空の持つ高い絶縁耐力とアーク生成物の**真空中への拡散による消弧作用**によりアークを消弧する．小型・軽量で保守が容易である．遮断性能が優れていることから，**電流裁断現象**により高いサージ電圧が発生することがあり，コンデンサと抵抗を直列に接続したもの，または避雷器を設置して機器を保護する.

【3】 油遮断器 （OCB）

アークにより油が分解されて発生する水素などの高圧ガスを吹き付けることによりアークを冷却して消弧する.

【4】 磁気遮断器 （MBB）

大気中で開閉動作を行い，遮断電流で生じる磁界によりアークを引き伸ばし，消弧室に押し込んで冷却・裁断して消弧する.

2 断 路 器

機器を電路から切り離したり，母線などの接続を切り換えたりするために**無負荷の状態で電路を開閉**する．負荷電流を開閉することはできないが，変圧器の励磁電流や短距離送電線の充電電流など小電流の開閉や系統・母線のループ電流の開閉も要求される場合がある.

3 避 雷 器

避雷器により雷サージや開閉サージを放電して波高値を**機器の絶縁耐力と協調のとれた値以下に制限**し機器を保護する（詳細は，本シリーズ「電力」を参照のこと）．また，高圧回路に設置される回転機器の近傍には，急しゅんなサージを吸収するためのコンデンサを避雷器と並列に設置する場合もある．

4 調 相 機 器

電力系統の負荷は，一般的に電動機など誘導性負荷が多いことから，電源側電圧に対して電流が遅れ，**重負荷時に電圧が低下**する．一方，超高圧系統の拡大と都市における高電圧ケーブル系統の増大に伴い系統の充電容量が増加し，**軽負荷に電圧が上昇**する．電圧調整には，負荷時タップ切替装置付変圧器などで**電圧比を変えて電圧を調整**する方法と，調相機器や発電機により**無効電力の過不足を調整して電圧を調整**する方法がある．

◀1▶ 電力用コンデンサ

調相用の電力用コンデンサ（SC：Static Capacitor）は，**進相コンデンサ**ともよばれ，**無効電力を供給し力率（$\cos\theta$）を改善**することで，電圧低下を改善，送電損失を低減することができる．

三相交流電力の有効電力 P と無効電力 Q は次式となる．

$$P = \sqrt{3}\ VI\cos\theta \ \text{[kW]} \tag{1・42}$$

$$Q = \sqrt{3}\ VI\sin\theta \ \text{[kvar]} \tag{1・43}$$

図 1・27 に示すように，変圧器の容量を $S = \sqrt{3}\ VI$ とすると，力率 1 の場合に供給できる有効電力は $P = \sqrt{3}\ VI$ であるが，遅れ力率 $\cos\theta_1$ の場合には $P = \sqrt{3}$

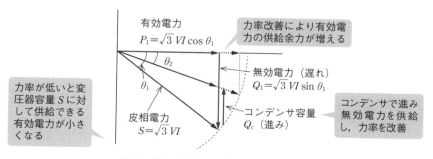

●図 1・27　進相コンデンサによる力率改善

$VI\cos\theta_1$ に低下する．電力用コンデンサにより無効電力 Q_c を供給すると，力率 $\cos\theta_2$ に改善し，電流も小さくなり送電損失が小さくなる．また，負荷とコンデンサの合成容量（皮相電力）が小さくなるので変圧器の供給余力ができ，さらに大きな負荷を供給することができる．

　電力用コンデンサは，同期調相器などと比べて設備費が安価で，電力損失が小さい．また，可動部分がないので信頼度が高く，運転保守が容易で騒音も小さい．コンデンサの材料には，大きな静電容量が得られるよう誘電率が高いこと，高い絶縁性能と低損失となるよう誘電正接が小さいことなどが求められる．

　また，電力系統には5次以上の高調波が含まれており，電圧波形のひずみを軽減することと，進相コンデンサの投入時の突入電流を抑制するためにリアクトルが直列に挿入される．コンデンサの容量性インピーダンスと系統の誘導性インピーダンスが条件によって共振し高調波を拡大させることがあるため，第5次高調波に対して常に誘導性となるよう6％の直列リアクトルを挿入している．

■【2】 分路リアクトル

　軽負荷時には，長距離送電線や高電圧ケーブル系統などの充電容量に加えて，高圧需要家コンデンサが投入されたままの場合が多く，系統の無効電力が余剰となり，軽負荷時の系統電圧を上昇させている．これら**余剰無効電力吸収**のために**分路リアクトル**（ShR：Shunt Reactor）を設置して進相電流を補償している．

■【3】 同期調相機

　同期調相機（RC：Rotary Condenser）は，同期電動機を無負荷状態で運転するもので，界磁電流を調整することにより連続して無効電力を調整でき，速応性のある制御を行うことができ**過励磁**にすると系統から進み電流をとって**コンデンサ**として働き，**不足励磁**にすると遅れ電流をとって**リアクトル**として働く．回転機のため，設備費が高く，電力損失も大きいため，あまり用いられなくなったが，系統動揺時には運動エネルギーを電力エネルギーに変えるので系統安定度が増す．

問題24　☑ ☑ ☑　　　　　　　　　　　　　　　　　　　　H18 A-7

　高圧回路に設置される発電機，電動機などの回転機器の　(ア)　を雷または回路の開閉などに起因する　(イ)　から保護する目的で，　(ウ)　と避雷器を並列に接続したものを，回転機器の近傍に設置する場合がある．

　　(ウ)　は急しゅんなサージに対する保護を行い，避雷器は所定のレベル以下に電圧の　(エ)　を制限する作用を行う．

また，開閉器が真空遮断器の場合，他の遮断器に比べ開閉時の発生サージ電圧が高いため，開閉サージからの保護を目的として， (ウ) と抵抗を直列に接続したものを，真空遮断器の負荷側導体と対地間に設置する場合がある．

上記の記述中の空白箇所（ア），（イ），（ウ）および（エ）に当てはまる語句の組合せとして，正しいものを，次のうちから一つ選べ．

	（ア）	（イ）	（ウ）	（エ）
(1)	導体	過電圧	リアクトル	波高値
(2)	導体	過電流	コンデンサ	波高値
(3)	絶縁体	過電圧	リアクトル	実効値
(4)	絶縁体	過電圧	コンデンサ	波高値
(5)	導体	過電流	リアクトル	実効値

解説 雷や回路の開閉による**過電圧**の**波高値**が一定以上となった場合，避雷器の放電により過電圧を制限して機器の**絶縁体**を保護する．また，避雷器と並列にサージ吸収用の**コンデンサ**を接続することにより，急しゅんなサージを低減することができる．

解答 ▶ （4）

問題25 ✓ ✓ ✓　　　　　　　　　　　　H22 A-9

真空遮断器（VCB）は 10^{-5} MPa 以下の高真空中での高い (ア) と強力な拡散作用による (イ) を利用した遮断器である．遮断電流を増大させるために適切な電極材料を使用するとともに，アークを制御することで電極の局部過熱と溶融を防いでいる．電極部は (ウ) と呼ばれる容器に収められており，接触子の周囲に円筒状の金属製シールドを設置することで，電流遮断時のアーク（電極から蒸発した金属と電子によって構成される）が真空中に拡散し絶縁筒内面に付着して絶縁が低下しないようにしている．真空遮断器は，アーク電圧が低く電極の消耗が少ないので長寿命であり，多頻度の開閉用途に適していることと，小形で簡素な構造，保守が容易などの特徴があり，24 kV 以下の電路において広く使用されている．一方で他の遮断器に比べ電流遮断時に発生するサージ電圧が高いため，電路に接続された機器を保護する目的でコンデンサと抵抗を直列に接続したものまたは (エ) を遮断器前後の線路導体と大地との間に設置する場合が多い．

上記の記述中の空白箇所（ア），（イ），（ウ）および（エ）に当てはまる語句の組合せとして，正しいものを次のうちから一つ選べ．

	(ア)	(イ)	(ウ)	(エ)
(1)	冷却能力	消弧能力	空気容器	リアクトル
(2)	絶縁耐力	消弧能力	真空容器	リアクトル
(3)	消弧能力	絶縁耐力	空気容器	避雷器
(4)	絶縁耐力	消弧能力	真空容器	避雷器
(5)	消弧能力	絶縁耐力	真空容器	避雷器

解説　真空遮断器は，遮断性能が優れていることから，本来遮断される電流の零点よりも前に電流が裁断され誘導性小電流を遮断するときに，高いサージ電圧が発生するため，**避雷器**などにより機器保護を行う.

解答 ▶ (4)

問題26　✓ ✓ ✓　　　　　　　　　　　　　　　　　　　R2 A-9〈改〉

　　一次線間電圧が 66 kV，二次線間電圧が 6.6 kV，三次線間電圧が 3.3 kV の三相三巻線変圧器がある．一次巻線には線間電圧 66 kV の三相交流電源が接続されている．二次巻線に力率 0.6，8 000 kV·A の三相誘導性負荷を接続し，三次巻線に 2 800 kV·A の三相コンデンサを接続した．一次電流の値〔A〕として，最も近いものを次の (1) ～ (5) のうちから一つ選べ．ただし，変圧器の漏れインピーダンス，励磁電流及び損失は無視できるほど小さいものとする.

　　(1) 31.5　　(2) 52.5　　(3) 58.7　　(4) 315.0　　(5) 525.0

 負荷とコンデンサが二次巻線，三次巻線にそれぞれ接続されているが，有効電力，無効電力をそれぞれ計算して合成した容量（皮相電力）から一次電流を求める.

解説　負荷の有効電力 P_1 および無効電力 Q_1 は，二次巻線に接続されている三相誘導性負荷の容量 S から，それぞれ次式となる.

$$P_1 = S \cos\theta = 8\,000 \times 0.6$$
$$= 4\,800 \,\text{kW}$$
$$Q_1 = S \sin\theta$$
$$= 8\,000 \times \sqrt{(1 - 0.6^2)}$$
$$= 6\,400 \,\text{kvar}\ (遅れ)$$

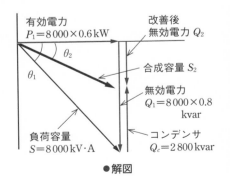

●解図

コンデンサにより進みの無効電力 Q_c が供給され，力率改善後の無効電力 Q_2 は次式となる．

　　　$Q_2 = Q_1 - Q_c = 6\,400 - 2\,800 = 3\,600\,\text{kvar}$（遅れ）

　負荷とコンデンサの合成容量は，P_1 と Q_2 の合成となるため

　　　$S_2 = \sqrt{4\,800^2 + 3\,600^2} = 6\,000\,\text{kV·A}$

　このため，66 kV の一次巻線に流れる一次電流は

　　　$I = \dfrac{S_2}{\sqrt{3} \times V_1} = \dfrac{6\,000}{\sqrt{3} \times 66} \fallingdotseq \textbf{52.5A}$

解答 ▶ (2)

練 習 問 題

■ 1 (H18 A-6)

定格容量 $20\,\mathrm{kV \cdot A}$, 定格一次電圧 $6\,600\,\mathrm{V}$, 定格二次電圧 $220\,\mathrm{V}$ の単相変圧器がある. この変圧器の一次側に定格電圧の電源を接続し, 二次側に力率が 0.8, インピーダンスが $2.5\,\Omega$ である負荷を接続して運転しているときの一次巻線に流れる電流 I_1〔A〕とする. 定格運転時の一次巻線に流れる電流 I_{1n}〔A〕とするとき, $\dfrac{I_1}{I_{1n}} \times 100$ 〔%〕の値として, 最も近いものを次のうちから一つ選べ. ただし, 一次・二次巻線の銅損, 鉄心の鉄損, 励磁電流およびインピーダンス降下は無視できるものとする.

(1) 89　　(2) 91　　(3) 93　　(4) 95　　(5) 97

■ 2 (H10 A-10)

定格二次電圧 $200\,\mathrm{V}$, 定格二次電流 $100\,\mathrm{A}$ の単相変圧器があり, 二次側に換算した全巻線抵抗は $0.03\,\Omega$, 二次側に換算した全漏れリアクタンスは $0.05\,\Omega$ である. この変圧器の力率 0.8（遅れ）における電圧変動率〔%〕の値として, 最も近いものを次のうちから一つ選べ.

(1) 2.4　　(2) 2.7　　(3) 3.2　　(4) 4.0　　(5) 5.1

■ 3 (R3 A-9)

定格容量 $500\,\mathrm{kV \cdot A}$ の三相変圧器がある. 負荷力率が 1.0 のときの全負荷銅損が $6\,\mathrm{kW}$ であった. この時の電圧変動率の値〔%〕として, 最も近いものを次の (1) ～ (5) のうちから一つ選べ. ただし, 鉄損及び励磁電流は小さく無視できるものとし, 簡単のために用いられる電圧変動率の近似式を利用して解答すること.

(1) 0.7　　(2) 1.0　　(3) 1.2　　(4) 2.5　　(5) 3.6

■ 4 (H25 B-15)

定格容量 $10\,\mathrm{kV \cdot A}$, 定格一次電圧 $1\,000\,\mathrm{V}$, 定格二次電圧 $100\,\mathrm{V}$ の単相変圧器で無負荷試験および短絡試験を実施した. 高圧側の回路を開放して低圧側の回路に定格電圧を加えたところ, 電力計の指示は $80\,\mathrm{W}$ であった. 次に, 低圧側の回路を短絡して高圧側の回路にインピーダンス電圧を加えて定格電流を流したところ, 電力計の指示は $120\,\mathrm{W}$ であった.

(a) 巻線の高圧側換算抵抗〔Ω〕の値として, 最も近いものを次の (1) ～ (5) のうちから一つ選べ.

　　(1) 1.0　　(2) 1.2　　(3) 1.4　　(4) 1.6　　(5) 2.0

(b) 力率 $\cos\phi = 1$ の定格運転時の効率〔%〕の値として, 最も近いものを次の (1) ～ (5) のうちから一つ選べ.

　　(1) 95　　(2) 96　　(3) 97　　(4) 98　　(5) 99

■ 5 (R3 B-15(a))

定格容量が $10\,\mathrm{kV\cdot A}$ で,全負荷における銅損と鉄損の比が $2:1$ の単相変圧器がある.力率 1.0 の全負荷における効率が $97\,\%$ であるとき,全負荷における銅損は何〔W〕になるか,最も近いものを次の (1) ～ (5) のうちから一つ選べ.ただし,定格容量とは出力側でみる値であり,鉄損と銅損以外の損失はすべて無視するものとする.

(1) 357　　(2) 206　　(3) 200　　(4) 119　　(5) 115

■ 6 (H29 A-8)

定格容量 $50\,\mathrm{kV\cdot A}$ の単相変圧器において,力率 1 の負荷で全負荷運転したときに,銅損が $1\,000\,\mathrm{W}$,鉄損が $250\,\mathrm{W}$ となった.力率 1 を維持したまま負荷を調整し,最大効率となる条件で運転した.銅損と鉄損以外の損失は無視できるものとし,この最大効率となる条件での効率の値〔%〕として,最も近いものを次の (1) ～ (5) のうちから一つ選べ.

(1) 95.2　　(2) 96.0　　(3) 97.6　　(4) 98.0　　(5) 99.0

■ 7 (H16 B-16)

定格容量 $100\,\mathrm{kV\cdot A}$ の変圧器があり,負荷が定格容量の 1/2 の大きさで力率 1 のときに,最大効率 98.5 % が得られる.

(a) このときの銅損〔W〕の値として,最も近いものを次のうちから一つ選べ.

　　(1) 190　　(2) 375　　(3) 381　　(4) 750　　(5) 761

(b) この変圧器を,1 日のうち 8 時間は力率 0.8 の定格容量で運転し,それ以外の時間は無負荷で運転したとき,全日効率〔%〕の値として,最も近いものを次のうちから一つ選べ.

　　(1) 93.8　　(2) 94.6　　(3) 95.5　　(4) 96.8　　(5) 97.7

■ 8 (H27 A-8)

一次側の巻数が N_1,二次側の巻数が N_2 で製作された,同一仕様 3 台の単相変圧器がある.これらを用いて一次側を △ 結線,二次側を Y 結線として抵抗負荷,一次側に三相発電機を接続した.発電機を電圧 440 V,出力 100 kW,力率 1.0 で運転したところ,二次電流は三相平衡の 17.5 A であった.この単相変圧器の巻数比 N_1/N_2 の値として,最も近いものを次の (1) ～ (5) のうちから一つ選べ.ただし,変圧器の励磁電流,インピーダンスおよび損失は無視するものとする.

(1) 0.13　　(2) 0.23　　(3) 0.40　　(4) 4.3　　(5) 7.5

■ 9 (H16 A-8)

定格容量 100kV·A,定格一次電圧 6.3 kV で特性の等しい単相変圧器が 2 台あり,各変圧器の定格負荷時の負荷損は 1600W である.この変圧器 2 台を V-V 結線し,一次電圧 6.3 kV にて 90 kW の三相平衡負荷(力率 1)をかけたとき,2 台の変圧器の負荷損の合計値〔W〕として,最も近いものを次のうちから一つ選べ.

(1) 324　　(2) 432　　(3) 648　　(4) 864　　(5) 1440

■ **10** (H19 A-6)

定格一次電圧 6 000 V，定格二次電圧 6 600 V の単相単巻変圧器がある．消費電力 100 kW，力率 75 %（遅れ）の単相負荷に定格電圧で電力を供給するために必要な単巻変圧器の自己容量〔kV・A〕として，最も近いのは次のうちのどれか．ただし，巻線の抵抗，漏れリアクタンス及び鉄損は無視できるとする．

  (1) 9.1   (2) 12.1   (3) 100   (4) 121   (5) 133

誘 導 機

　誘導機関係は，毎年 2 問程度が出題されており，以下のような出題傾向となっているので，これに対応した学習がポイントである．出題形式でみると，計算問題が約 5 割を占めており，それぞれのテーマ毎に公式の使い方や運転特性を習得しておく必要がある．

　特に，すべりと入出力，銅損の関係，比例推移，トルクの計算式を理解しておくことが重要である．また，電動機の構造と特性，速度制御や始動方法を確実に覚えておこう．

- （1）　構造と原理に関する基本事項（かご形，巻線形）
- （2）　同期速度とすべりに関する問題
- （3）　トルクと出力，回転速度に関する計算
- （4）　入出力と損失，効率に関する計算
- （5）　誘導電動機の運転特性に関する問題
- （6）　比例推移の原理を応用した計算
- （7）　速度制御や始動方法に関する問題

誘導電動機の構造と同期速度，すべり

[★★★]

　誘導電動機は，回転磁界によって発生する誘導電流により生じるトルクを利用した回転機器である．構造が簡単で安価であり，比較的効率が良いことから広範囲に用いられている．

1 誘導電動機の構造

　誘導電動機は，円筒形鉄心の内側に電機子巻線（一次巻線）を施した**固定子**と，円柱形鉄心の表面に巻線や導体（二次巻線）を収めた**回転子**の二つの部分で構成される．固定子の一次巻線により回転磁界を発生させることで，ギャップを介して内側に収められた回転子にトルクが発生し回転する．

　図2・1はかご形の一例を示したものである．

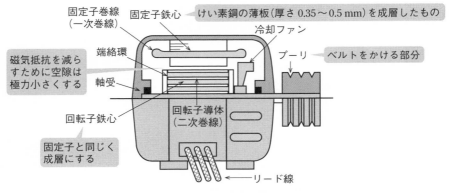

●図2・1　かご形誘導電動機の構造例

【1】 固定子

　図2・2のように，固定子巻線（一次巻線）の構造により**三相誘導電動機**と**単相誘導電動機**がある．三相機では，積層けい素鋼板を用いた中空円筒型鉄心の内側のスロットに三相電機子巻線を収め，三相交流を流して電気的に**回転磁界**を発生させる．単相機では，**交番磁界**となり，静止時にはトルクが発生しない．主巻線と始動巻線を直角方向に配列し，コンデンサなどで始動巻線に位相を進めた電流を流すことで回転させる．

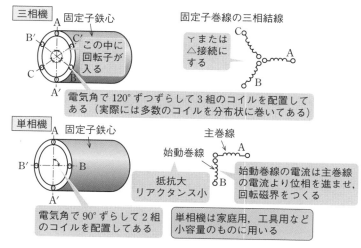

●図2・2　三相機と単相機

◀**2**▶ 回転子

図 2・3 のように，**かご形誘導電動機**と**巻線形誘導電動機**があり，かご形は，その構造によって普通かご形と特殊かご形がある．誘導機には，この他に三相誘導電動機と同じ構造で，水車と直結して同期速度以上で運転する誘導発電機がある．

かご型回転子は，積層けい素鋼板で形成した円柱状鉄心のスロットに銅の導体を挿入し，両側を**短絡環**で短絡した構造である．構造が簡単で安価であり，保守が容易であり，小〜中容量機では，アルミニウムを枠に流し込んで一体製作されるものが多い．導体の抵抗を加減できないため，速度制御が困難であったが，インバータを用いて一次側電源の電圧・周波数などを制御できるようになったため，広範に用いられている．

一方，巻線型回転子は，積層けい素鋼板で形成した円柱状鉄心のスロットに絶縁した巻線を収め，三相端子を外部に引き出す**スリップリング**が設けられる．ブラシを通して**外部の可変抵抗器**に接続することで，始動・速度制御が容易となるが，構造が複雑で高価であり，巻上機やポンプなどの大型機に用いられる．

回転子の巻線には，耐熱性や絶縁性に優れた絶縁電線が用いられ，小出力用ではホルマール線やポリエステル線などの丸線，大出力用では耐熱性の良いガラス巻線の平角銅線が用いられる．

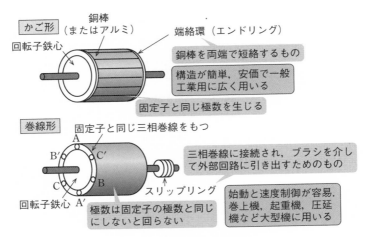

●図2・3 かご形と巻線形

2 回転磁界と同期速度

　三相誘導電動機の固定子の電機子巻線に三相交流を供給すると，図2・4のように回転磁界が生ずる．2極機の場合，6個のスロットに3組の巻線を120°ずつずらして配置し，周波数 f_1 〔Hz〕の三相電流を流すと，磁界は一定の大きさの起磁力で三相交流の相回転と同じ方向に回転し，その回転速度は交流の1サイクルごとに1回転する．

　固定子鉄心を a 等分して各部分に三相巻線を施せば，三相交流の1サイクルごとに回転磁界は $1/a$ 回転するので，電源の周波数 f_1 〔Hz〕における回転速度 n 〔s^{-1}〕（毎秒の回転数）は f_1/a となり，これを**同期速度**という．

　回転磁界の1分あたりの回転速度を N_s〔min^{-1}〕（毎分の回転数），極数を p（a の2倍）とすると，同期速度は次式で表される．

$$N_s = \frac{f_1}{a} \times 60 = \frac{f_1}{p/2} \times 60 = \frac{120f_1}{p} \ [\text{min}^{-1}] \tag{2・1}$$

　回転子が停止している誘導電動機では，固定子巻線に流れる電流によって生じる回転磁界は，固定子巻線を切るのと同じ速さで回転子巻線を切る．この状態は原理的に変圧器と同じであり，固定子巻線は変圧器の一次巻線に相当し，回転子巻線は二次巻線に相当し，二次巻線に誘導起電力が生じる．

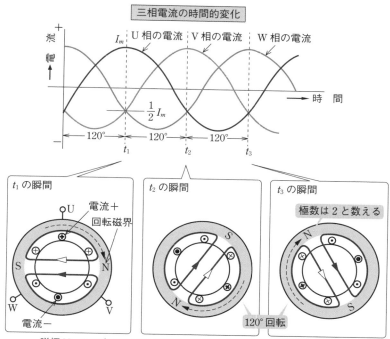

磁極 N，S は右回りの回転磁界（電流変化 1 サイクルで 1 回転）となる

●図 2・4　回転磁界の発生原理（2 極機の例）

3 すべり

　図 2・5 のように**回転磁界が回転子導体に作用**し，フレミングの右手の法則による**誘導起電力を生じ電流が流れる**．この**電流と回転磁界との間**にフレミングの左手の法則による**電磁力が発生し，回転子にトルクが生ずる**．このトルクにより，回転子が回転磁界の方向へ回転する．

　発生したトルクにより回転子の回転速度が上昇すると回転磁界との相対速度が小さくなり，誘導起電力およびトルクが減少し，発生トルクと負荷トルクが平衡する回転速度となる．

　回転子が同期速度に達して相対速度が 0 になると，回転子巻線に誘導する電圧が 0 となり，トルクが生じない．このため，誘導電動機としての回転速度は同期速度以下になる．

同期速度 N_s〔$\mathrm{min^{-1}}$〕と回転子の**回転速度 N**〔$\mathrm{min^{-1}}$〕のずれの状態を，**すべり s** といい，次式で定義される．すべり s のときの固定子の回転磁界と回転子の相対速度は $N_\mathrm{s}-N=sN_\mathrm{s}$ となり，**0<s<1 の範囲で電動機として動作**する．

$$s=\frac{N_\mathrm{s}-N}{N_\mathrm{s}} \tag{2・2}$$

$$N=N_\mathrm{s}\,(1-s)\ \ [\mathrm{min^{-1}}] \tag{2・3}$$

回転子を外部から機械的に駆動して**同期速度を上回る速度で回転**させると，**すべり s が負**となり，トルクおよび電流の方向が逆になり，**発電機として動作**して電力を供給する．

また，誘導電動機の回転磁界を負荷の回転方向と逆向きにすると反対方向のトルクが働きブレーキがかかる．このとき，**同期速度に対して回転子が逆回転**となるため，回転速度が負であり，**すべりは s>1** となる．

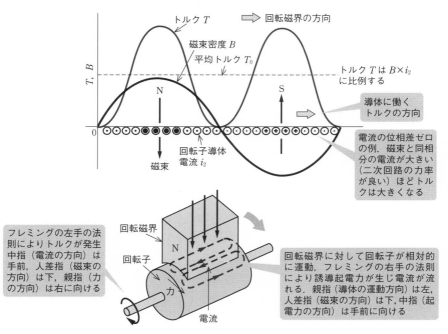

●図2・5　トルクの発生（かご形の概念図）

4 二次巻線の誘導起電力

　誘導電動機が停止しているときの一次巻線（固定子巻線，巻数 n_1）と二次巻線（回転子巻線，巻数 n_2）に生じる誘導起電力は，電源周波数を f_1，1 極あたりの平均磁束を ϕ とすると，変圧器と同じように次式で表される．

$$E_1 = 4.44 k_1 n_1 f_1 \phi \ \text{[V]}$$
$$E_2 = 4.44 k_2 n_2 f_1 \phi \ \text{[V]}（停止時の誘導起電力）$$

(2・4)

　　　$k_1,\ k_2$：一次，二次の巻線係数

　すべり s で回転子が回転するとき，回転磁界と固定子巻線の相対速度は sN_s となり，二次巻線はすべり周波数 f_{2s} の回転磁界を切る．誘導起電力は，周波数に比例するため，**二次巻線に生じる誘導起電力 E_{2s}** は，図 2・6 のように，**すべり s に比例**して変化し，次式で表される．

$$f_{2s} = sf_1 \ \text{[Hz]}$$
$$E_{2s} = sE_2 = 4.44 k_2 n_2 sf_1 \ \phi \ \text{[V]}$$

(2・5)

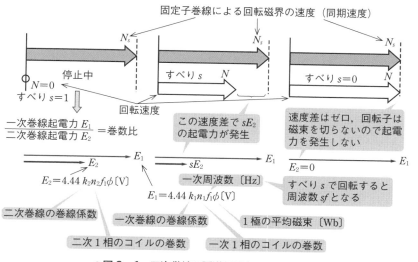

●図 2・6　二次巻線の誘導起電力とその周波数

問題1 ☑ ☑ ☑　　　　　　　　　　　　　　　　　　　　　　　H28 A-3

　三相誘導電動機で固定子巻線に電流が流れると　(ア)　が生じ，これが回転子巻線を切るので回転子巻線に起電力が誘導され，この起電力によって回転子巻線に電流が流れることでトルクが生じる．この回転子巻線の電流によって生じる起磁力を　(イ)　ように固定子巻線に電流が流れる．

　回転子が停止しているときは，固定子巻線に流れる電流によって生じる　(ア)　は，固定子巻線を切るのと同じ速さで回転子巻線を切る．このことは原理的に変圧器と同じであり，固定子巻線は変圧器の　(ウ)　巻線に相当し，回転子巻線は　(エ)　巻線に相当する．回転子巻線の各相には変圧器と同様に　(エ)　誘導起電力を生じる．

　回転子が n〔$\min^{-1}$〕の速度で回転しているときは，　(ア)　の速度を n_s〔$\min^{-1}$〕とすると，滑り s は $s = (n_s-n)/n_s$ で表される．このときの　(エ)　誘導起電力の大きさは，回転子が停止しているときの　(オ)　倍となる．

　上記の記述中の空白箇所（ア），（イ），（ウ），（エ）および（オ）に当てはまる組合せとして，正しいものを次の（1）～（5）のうちから一つ選べ．

	(ア)	(イ)	(ウ)	(エ)	(オ)
(1)	交番磁界	打ち消す	二次	一次	$1-s$
(2)	回転磁界	打ち消す	一次	二次	$1/s$
(3)	回転磁界	増加させる	一次	二次	s
(4)	交番磁界	増加させる	二次	一次	$1/s$
(5)	回転磁界	打ち消す	一次	二次	s

解説　固定子巻線に流れる電流による**回転磁界**と回転子巻線が鎖交することによって，回転子巻線に誘導起電力が生じる．これは，図 1・3 の変圧器の主磁束と漏れ磁束の関係と同じで，電源に接続される**固定子巻線が一次**，**回転子巻線が二次**に相当し，起磁力が一定となるように**打ち消す**方向の電流が流れる．すべり s のとき，一次の回転磁界と二次の回転子巻線の相対速度は sN_s となり，周波数 sf の回転磁界を切る．誘導起電力は式（1・1）と同様に周波数に比例するため，すべり s のときの誘導起電力は，停止時（すべり $s = 1$）のときの **s 倍**となる．

解答 ▶ (5)

問題2 ☑☑☑

かご形三相誘導電動機のかご形回転子は，棒状の導体の両端を ［（ア）］ に溶接またはろう付けした構造になっている．小容量と中容量の誘導電動機では，導体と ［（ア）］ と通風翼が純度の高い ［（イ）］ の加圧鋳造で造られた一体構造となっている．一方，巻線形三相誘導電動機の巻線形回転子では，全スロットに絶縁電線を均等に分布させて挿入した巻線の端子は，軸上に設けられた 3 個の ［（ウ）］ に接続され，ブラシを経て ［（エ）］ に接続できるようになっている．

上記の記述中の空白箇所（ア），（イ），（ウ）および（エ）に記入する語句の組合せとして，正しいものを次のうちから一つ選べ．

	（ア）	（イ）	（ウ）	（エ）
(1)	均圧環	銅	遠心力スイッチ	コンデンサ
(2)	端絡環	アルミニウム	スリップリング	外部抵抗
(3)	端絡環	銅	スリップリング	コンデンサ
(4)	均圧環	アルミニウム	スリップリング	コンデンサ
(5)	端絡環	銅	遠心力スイッチ	外部抵抗

解説 かご形誘導電動機は，円柱形鉄心の周辺にスロットを設け，棒状の導体を絶縁して入れ，両端を**端絡環**で短絡したものである．小中容量機では**アルミニウム**鋳造するものが多い．

巻線形誘導電動機では，回転子巻線の端子を**スリップリング**に接続し，ブラシを押しつけて接触し，**外部抵抗**と接続して速度制御に用いられる．

解答 ▶ (2)

問題3 ☑☑☑

V/f 一定制御インバータで駆動されている 6 極の誘導電動機がある．この電動機は，端子電圧を V 〔V〕，周波数を f 〔Hz〕として，V/f 比 ＝ 4 の一定制御インバータによって 66 Hz で駆動されている．

このときのすべりは 5 ％ であった．この誘導電動機の回転速度〔min^{-1}〕の値として，正しいものを次のうちから一つ選べ．

(1) 1 140　　(2) 1 200　　(3) 1 254　　(4) 1 320　　(5) 1 710

誘導電動機の回転速度の式を活用する．
$$N = N_s (1-s), \quad N_s = 120 f/p$$

同期速度 N_s は，式 $(2\cdot1)$ から

$$N_s = \frac{120f}{p} = \frac{120\times66}{6} = 1\,320\,\text{min}^{-1}$$

回転速度は，式 $(2\cdot3)$ から

$$N = N_s(1-s) = 1\,320\times(1-0.05) = \mathbf{1\,254\,min^{-1}}$$

解答 ▶ (3)

問題4 ✓✓✓　　　　　　　　　　　　　　H16 B-15

　定格出力 $15\,\text{kW}$，定格周波数 $60\,\text{Hz}$，4 極の三相誘導電動機があり，トルク一定の負荷を負って運転している．この電動機について，次の (a) および (b) に答えよ．

(a) 定格回転速度 $1\,746\,\text{min}^{-1}$ で運転しているときのすべり周波数〔Hz〕の値として，正しいものを次のうちから一つ選べ．

(1) 1.50　　(2) 1.80　　(3) 1.86　　(4) 2.10　　(5) 2.17

(b) インバータにより一次周波数制御を行って，一次周波数を $40\,\text{Hz}$ としたときの回転速度〔min^{-1}〕として，正しいものを次のうちから一つ選べ．ただし，すべり周波数は一次周波数にかかわらず常に一定とする．

(1) 1146　　(2) 1164　　(3) 1433　　(4) 1455　　(5) 1719

 (a) 誘導電動機の同期速度 N_s〔min^{-1}〕は，式 $(2\cdot1)$ より

$$N_s = \frac{120f}{p} = \frac{120\times60}{4} = 1\,800\,\text{min}^{-1}$$

定格回転速度 $N = 1\,746\,\text{min}^{-1}$ のときのすべり s は

$$s = \frac{N_s-N}{N_s} = \frac{1\,800-1\,746}{1\,800} = 0.03$$

すべり周波数 f_{2s}〔Hz〕は，式 $(2\cdot5)$ より

$$f_{2s} = sf_1 = 0.03\times60 = \mathbf{1.8\,Hz}$$

(b) 題意よりすべり周波数 f_{2s} が一定であるため，一次周波数 $f_1' = 40\,\text{Hz}$ としたときのすべり s' は

$$s' = \frac{f_{2s}}{f_1'} = \frac{1.8}{40} = 0.045$$

このときの同期速度 N_s'〔min^{-1}〕および回転速度 N'〔min^{-1}〕は

$$N_s' = \frac{120f_1'}{p} = \frac{120\times40}{4} = 1\,200\,\text{min}^{-1}$$

$$N' = N_s'\,(1-s) = 1200 \times (1-0.045) = 1146\,\mathrm{min}^{-1}$$

解答 ▶ (a)-(2)，(b)-(1)

問題5 ☑ ☑ ☑　　　　　　　　　　　　　H10 A-1

　　三相誘導電動機が一定電圧で運転中に周波数が下がると，回転速度は低下し，漏れリアクタンスは ［ (ア) ］する．また，ギャップの磁束密度は ［ (イ) ］し，励磁電流が増加して力率が ［ (ウ) ］する．

　　上記の記述中の空白箇所（ア），（イ）および（ウ）に記入する語句の組合せとして，正しいものを次のうちから一つ選べ．

	（ア）	（イ）	（ウ）
(1)	増大	減少	増大
(2)	減少	増大	減少
(3)	増大	増大	減少
(4)	減少	減少	増大
(5)	増大	減少	減少

解説　誘導電動機の一次周波数が低下すると，式 (2・1) から同期速度 N_s が低下する．このとき，すべり s がほとんど不変ならば，式 (2・3) より回転速度 N が低下する．巻線の漏れリアクタンス x は，周波数を f，インダクタンスを L とすると $x = 2\pi f L$ であるから，周波数が下がると，これに比例して**減少**する．

　　また，ギャップの磁束 ϕ は，式 (2・4) から $\phi = E_1/4.44 k n_1 f$ であるから，f が下がると，磁束密度も**増大**する．この結果，鉄心中に磁束を通すための磁化電流（供給電圧より 90° 遅れで励磁電流の無効成分）が大きくなって，励磁電流が増加し，力率が**減少**する．

解答 ▶ (2)

❷-2

誘導電動機の等価回路と出力およびトルク

[★★★]

1 誘導電動機の等価回路

◀1▶ 等価回路と等価負荷抵抗

図 2·7 に示すように，二次巻線 Ｙ 結線 1 相の抵抗を r_2 [Ω]，回転子が停止しているときの漏れリアクタンスを x_2 [Ω] とすると，すべり s で回転中の二次巻線には，周波数 sf_s の誘導起電力が誘導され，リアクタンス成分は周波数に比例するため，インピーダンス Z_2 [Ω] は，次式となる.

$$\dot{Z}_2 = r_2 + jsx_2 \ [\Omega]$$

このときの二次電流 I_2 [A] と力率 $\cos\theta_2$ は，次式のようになる.

$$I_2 = \frac{E_{2s}}{Z_{2s}} = \frac{sE_2}{\sqrt{r_2{}^2 + (sx_2)^2}} = \frac{E_2}{\sqrt{\left(\dfrac{r_2}{s}\right)^2 + x_2{}^2}} \ [\mathrm{A}] \tag{2·6}$$

$$\cos\theta_2 = \frac{r_2}{\sqrt{r_2{}^2 + (sx_2)^2}}$$

式 (2·6) の右式は，回転子が静止している時の電圧 E_2 に対して，二次抵抗を r_2/s にしたときの二次電流と同じである. これは，回転中の誘導電動機の等価回路を等価的に静止した変圧器と同様に扱うことを意味し，図 2·8 の等価回路で

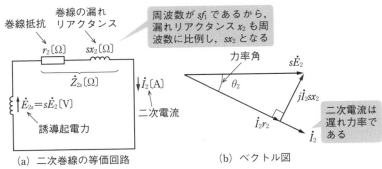

(a) 二次巻線の等価回路 (b) ベクトル図

●図 2・7　二次巻線の等価回路とベクトル図(すべり s で回転中)

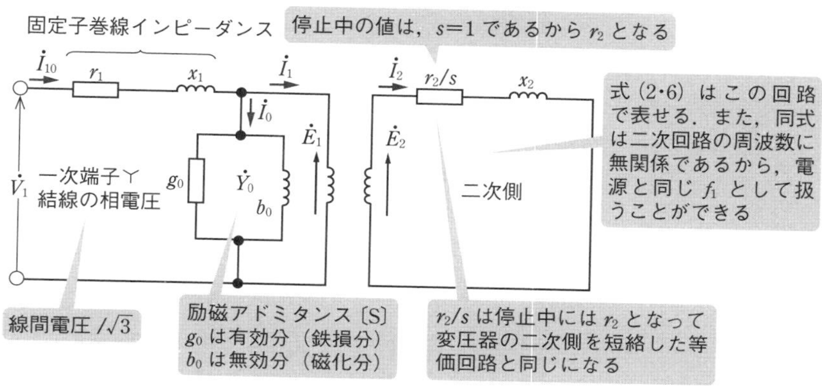

固定子巻線インピーダンス

停止中の値は，$s=1$ であるから r_2 となる

一次端子Ｙ
結線の相電圧

$\dot{V}_1$

線間電圧 $/\sqrt{3}$

励磁アドミタンス〔S〕
g_0 は有効分（鉄損分）
b_0 は無効分（磁化分）

式 (2·6) はこの回路
で表せる．また，同式
は二次回路の周波数に
無関係であるから，電
源と同じ f_1 として扱
うことができる

二次側

r_2/s は停止中には r_2 となって
変圧器の二次側を短絡した等
価回路と同じになる

●図2・8　誘導電動機の等価回路（星形1相分，すべり s で回転中）

表すことができる．

　ここで，r_2/s は，二次巻線の抵抗 r_2 と**機械的出力を代表する抵抗 R**（これを
等価負荷抵抗という）との和と考え，R を求めると次のようになる．

$$\frac{r_2}{s} = r_2 + R \quad \rightarrow \quad R = r_2\left(\frac{1-s}{s}\right) \tag{2·7}$$

　したがって，等価負荷抵抗 R を使えば図2・9の等価回路で表せる．つまり，
**回転子がすべり s で回転しているときは，等価的に二次抵抗を $(1-s)r_2/s$ だけ
増加させている状態**となり，その**消費電力が機械的出力に相当**する．

$$P_{k1} = I_2^2 r_2\left(\frac{1-s}{s}\right) \text{（機械的出力1相分）} \tag{2·8}$$

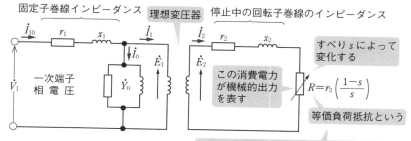

●図2・9　等価負荷抵抗で表した等価回路（星形1相分）

◆2◆ 等価回路の一次換算

図 $2\cdot9$ において，二次側の諸量を一次側に換算すると，図 $2\cdot10$ の T 形等価回路に置き換えられる．

また，励磁電流 I_0 による $I_0 z_1$ 降下を無視して，図 $2\cdot11$ のように励磁アドミタンスを電源側に移したものを L 形等価回路といい，各種計算に用いられる．

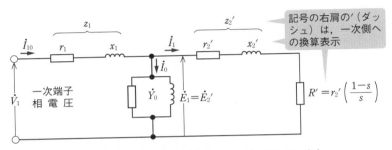

記号の右肩の ′（ダッシュ）は，一次側への換算表示

二次回路の誘導起電力 E_2〔V〕，電流 I_2〔A〕，インピーダンス z_2〔Ω〕
は次のようにして一次側に換算する

$$E_2{}' = a E_2 \text{〔V〕}, \quad \dot{I_1} = \frac{1}{a\beta} I_2 \text{〔A〕}$$

$$z_2{}' = a^2 \beta z_2 \text{〔Ω〕}$$

一次巻線の巻線係数

一次1相のコイル巻数

ただし，a（巻数比）$= \dfrac{k_1 n_1}{k_2 n_2}$, β（相数比）$= \dfrac{m_1}{m_2}$

一次相数

二次相数

二次側

巻線形は $m_1 = m_2$, $\beta = 1$
かご形は $m_1 < m_2$, $\beta < 1$
である

●図 $2\cdot10$ 誘導電動機の T 形等価回路（星形1相分一次側換算）

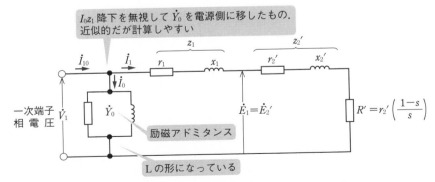

$I_0 z_1$ 降下を無視して $\dot{Y_0}$ を電源側に移したもの．
近似的だが計算しやすい

励磁アドミタンス

L の形になっている

●図 $2\cdot11$ 誘導電動機の L 形等価回路（星形1相分一次側換算）

2 誘導電動機の入力と出力

図 2・12 に示す三相誘導電動機の 1 相当たりの一次入力 P_{11}，二次入力 P_{21}，二次銅損 P_{c2} は，図 2・11 の L 形等価回路を使って，鉄損を無視すると次式で表せる．

$$P_{11} = V_1 I_1 \cos\theta_1 \ [\mathrm{W}] \tag{2・9}$$

$$P_{21} = P_{11} - P_{c1} = P_{11} - I_1^2 r_1 = I_1^2 \frac{r_2'}{s} \ [\mathrm{W}] \tag{2・10}$$

$$P_{c2} = I_1^2 r_2' = s P_{21} \ [\mathrm{W}] \tag{2・11}$$

図 2・12 から，二次出力（回転子に発生する**機械的出力**：発生動力）P_{k1}，二次効率 η_2 および電動機出力（軸出力）P_{k1}' は，次式となる．

$$P_{k1} = P_{21} - s P_{21} = P_{21}\,(1-s) = \frac{1-s}{s} I_1^2 r_2' \ [\mathrm{W}] \tag{2・12}$$

$$\eta_2 = \frac{P_{k1}}{P_{21}} = 1 - s \tag{2・13}$$

$$P_{k1}' = P_{k1} - P_{lm} \ [\mathrm{W}] \tag{2・14}$$

したがって，**二次入力（P_{21}）**，**機械的出力（P_{k1}）**，**二次銅損（P_{c2}）の比率**は次のようになる．二次入力に対し，すべり s の分が二次銅損として消費され，残りが機械出力となる．

$$P_{21} : P_{k1} : P_{c2} = 1 : (1-s) : s \tag{2・15}$$

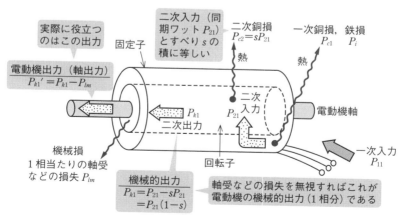

● 図 2・12 誘導電動機のエネルギーの流れ（1 相当たり）

3 トルクと同期ワット

　回転軸を中心に物体を回転させる力（モーメント）をトルク〔N·m〕といい，回転の中心軸からの距離 R〔m〕と力 F〔N〕の積である．また，電動機の機械的出力 P_k〔W〕は，1秒あたりの仕事をする動力であり，回転子の角速度を $\omega = 2\pi N/60$〔rad/s（ラジアン毎秒）〕とすると，力 F〔N〕と1秒間に動いた長さ $l = \omega R$ の積となる．このため，**機械的出力 P_k** は，図2·13のように回転子の**角速度 ω とトルク T の積**となる．

$$P_k = F \cdot l = \frac{T}{R} \cdot \omega R = \omega T \ \text{〔W〕} \tag{2·16}$$

$$\boldsymbol{T = \frac{P_k}{\omega} = \frac{60}{2\pi N} P_k} \ \text{〔N·m〕} \tag{2·17}$$

　式（2·17）に式（2·3）および式（2·12）の関係を代入すると，トルクは三相二次入力と同期角速度 ω_s の関係式で表される．

$$P_k = 3P_{21}(1-s) = 2\pi\frac{N_s(1-s)}{60}T$$

$$\therefore \ \boldsymbol{T = 3P_{21}\frac{60}{2\pi N_s} = \frac{3P_{21}}{\omega_s} = \frac{P_2}{\omega_s}} \ \text{〔N·m〕} \tag{2·18}$$

　ここで，電源周波数が一定であれば，$\omega_s = 2\pi N_s/60$ は一定であるから，**トルク T は三相二次入力 P_2 に比例する**ので，トルクの大きさを三相二次入力（**同期ワット**という）で表すことがある．

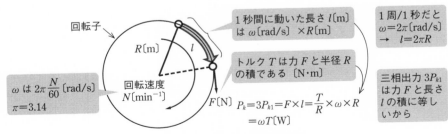

●図2·13　トルクと出力の関係

問題6 ✓ ✓ ✓　　　　　　　　　　　　　　　　　　　　　H13 A-3

　　かご形三相誘導電動機があり，すべり s で回転している．このとき，かご形回転子の導体中に発生する誘導起電力の大きさは停止時の $\boxed{（ア）}$ 倍であり，この誘導起電力の周波数は停止時の $\boxed{（イ）}$ 倍である．このことから，図のような誘導電動機の星形一次換算 1 相分の等価回路において，二次側枝路のインピーダンス $\dot{Z_2}'$ は $\boxed{（ウ）}$ になる．ただし，r_2' は一次換算 1 相分の二次抵抗，x_2' は一次換算 1 相分の二次漏れリアクタンスとする．

　　上記の記述中の空白箇所（ア），（イ）および（ウ）に記入する記号または式の組合せとして，正しいものを次のうちから一つ選べ．

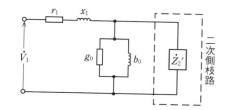

	（ア）	（イ）	（ウ）
(1)	s	s	$r_2'+j\dfrac{x_2'}{s}$
(2)	$\dfrac{1}{s}$	s	$\dfrac{r_2'}{s}+jsx_2'$
(3)	$\dfrac{1}{s}$	$\dfrac{1}{s}$	$r_2'+j\dfrac{x_2'}{s}$
(4)	s	$\dfrac{1}{s}$	$r_2'+j\dfrac{x_2'}{s}$
(5)	s	s	$\dfrac{r_2'}{s}+jx_2'$

解説　式 (2・5) のように，誘導電動機の回転子導体に発生する**誘導起電力はすべり s に比例**し，起電力の**周波数も s に比例**する．

回転子に流れる電流 I_2 は，図 2・7 の等価回路から

$$\dot{I_2} = \frac{s\dot{E_2}}{r_2+jsx_2} = \frac{\dot{E_2}}{\dfrac{r_2}{s}+jx_2}$$

よって，二次側のインピーダンス $\dot{Z_2}$ は

$$\dot{Z_2} = \frac{r_2}{s}+jx_2$$

ゆえに，星形一次換算 1 相分の等価回路における二次側枝路のインピーダンス $\dot{Z_2}'$ は，$r_2 \rightarrow r_2'$，$x_2 \rightarrow x_2'$ とおいて

$$\dot{Z_2}' = \frac{r_2'}{s}+jx_2'$$

解答 ▶ (5)

問題❼

定格出力 $7.5\,\mathrm{kW}$，定格電圧 $220\,\mathrm{V}$，定格周波数 $60\,\mathrm{Hz}$，8極の三相巻線形誘導電動機がある．この電動機を定格電圧，定格周波数の三相電源に接続して定格出力で運転すると，$82\,\mathrm{N \cdot m}$ のトルクが発生する．この運転状態のとき，次の (a) および (b) に答えよ．

(a) 回転速度 $[\mathrm{min^{-1}}]$ の値として，最も近いものを次のうちから一つ選べ．

(1) 575 (2) 683 (3) 724 (4) 874 (5) 924

(b) 回転子巻線に流れる電流の周波数 $[\mathrm{Hz}]$ の値として，最も近いものを次のうちから一つ選べ．

(1) 1.74 (2) 4.85 (3) 8.25 (4) 12.4 (5) 15.5

誘導電動機のトルクと出力の関係式を変形して回転速度を求める．

$$P_k = \omega T = \frac{2\pi N}{60}T \quad \rightarrow \quad N = \frac{60P_k}{2\pi T}$$

 (a) 上式に数値を代入すると

$$N = \frac{60P_k}{2\pi T} = \frac{60 \times 7.5 \times 10^3}{2\pi \times 82} \fallingdotseq \mathbf{874\,min^{-1}}$$

(b) 同期速度 N_s およびすべり s は

$$N_s = \frac{120f}{p} = \frac{120 \times 60}{8} = 900\,\mathrm{min^{-1}}$$

$$s = \frac{N_s - N}{N_s} = \frac{900 - 874}{900} \fallingdotseq 0.029$$

二次巻線に生じる誘導起電力の周波数は $f_2 = sf_1$ であることから

$$f_2 = sf_1 = 0.029 \times 60 = \mathbf{1.74\,Hz}$$

解答 ▶ (a)‐(4)，(b)‐(1)

問題❽

三相誘導電動機があり，一次巻線抵抗が $15\,\Omega$，一次側に換算した二次巻線抵抗が $9\,\Omega$，すべりが 0.1 のとき，効率 $[\%]$ の値として，最も近いものを次のうちから一つ選べ．ただし，励磁電流は無視できるものとし，損失は，一次巻線による銅損と二次巻線による銅損しか存在しないものとする．

(1) 75 (2) 77 (3) 79 (4) 82 (5) 85

解説 誘導電動機の一次入力，二次入力，機械的出力および損失は解図のような関係にある．

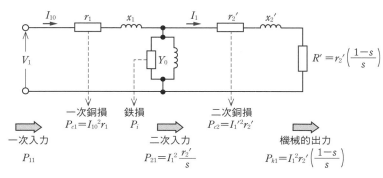

● 解図

1相当たりの機械的出力 P_{k1} および一次入力電力 P_{11} は，一次側に換算した二次巻線抵抗 r_2' を用いると，次のようになる．

$$P_{k1} = I_1^2 r_2' \left(\frac{1-s}{s}\right) = 9 \times \frac{1-0.1}{0.1} \times I_1^2 = 81 I_1^2$$

$$P_{11} = P_{c1} + P_{21} = I_1^2 r_1 + I_1^2 \frac{r_2'}{s}$$

$$= 15 I_1^2 + \frac{9}{0.1} I_1^2 = 105 I_1^2$$

誘導電動機の効率ηは，機械的出力/一次入力電力であることから

$$\eta = \frac{P_{k1}}{P_{11}} \times 100 = \frac{81 I_1^2}{105 I_1^2} \times 100 \fallingdotseq \mathbf{77\%}$$

解答 ▶ (2)

問題9 ✓ ✓ ✓　　　　　　　　　　　　　　H23 A-3

　次の文章は，巻線形誘導電動機に関する記述である．

　三相巻線形誘導電動機の二次側に外部抵抗を接続して，誘導電動機を運転することを考える．ただし，外部抵抗は誘導電動機内の二次回路にある抵抗に比べて十分大きく，誘導電動機内部の鉄損，銅損および一次，二次のインダクタンスなどは無視できるものとする．

　いま，回転子を拘束して，一次電圧 V_1 として 200 V を印加したときに二次側の外部抵抗を接続した端子に現れる電圧 V_{2s} は 140 V であった．拘束を外して始動した後に回転速度が上昇し，同期速度 $1500 \, \mathrm{min}^{-1}$ に対して $1200 \, \mathrm{min}^{-1}$ に到

達して，負荷と釣り合ったとする．このときの一次電圧 V_1 は 200 V のままであると，二次側の端子に現れる電圧 V_2 は ［ （ア） ］〔V〕となる．

また，機械負荷に P_m〔W〕が伝達されるとすると，一次側から供給する電力 P_1〔W〕，外部抵抗で消費される電力 P_{2c}〔W〕との関係は次式となる．

$$P_1 = P_m + \boxed{\text{（イ）}} \times P_{2c}$$

$$P_{2c} = \boxed{\text{（ウ）}} \times P_1$$

したがって，P_{2c} と P_m の関係は次式となる．

$$P_{2c} = \boxed{\text{（エ）}} \times P_m$$

接続する外部抵抗には，このような運転に使える電圧・容量の抵抗器を選択しなければならない．

上記の記述中の空白箇所（ア），（イ），（ウ）および（エ）に当てはまる組合せとして，正しいものを次の（1）～（5）のうちから一つ選べ．

	（ア）	（イ）	（ウ）	（エ）
(1)	112	0.8	0.8	0.25
(2)	28	1	0.2	4
(3)	28	1	0.2	0.25
(4)	112	0.8	0.8	4
(5)	112	1	0.2	0.25

二次側に外部抵抗 r_0 を接続すると，等価回路では二次巻線の抵抗 r_2 が見かけ上，増加する形になり，二次入力 P_{21}，機械的出力 P_m，二次抵抗損 P_{2c} は次の関係が成り立つ．

$$P_{21} : P_m : P_{2c} = I_2{}^2 \frac{(r_2+r_0)}{s} : I_2{}^2(r_2+r_0)\frac{1-s}{s} : I_2{}^2(r_2+r_0) = 1 : (1-s) : s$$

解説 一次電圧 V_1 が一定であれば回転子が停止しているときの電圧を V_{2s} とすると，すべり s で回転しているときの電圧 V_2 は sV_{2s} である．

$$s = \frac{N_s - N}{N_s} = \frac{1\,500 - 1\,200}{1\,500} = 0.2$$

$$V_2 = sV_{2s} = 0.2 \times 140 = \boldsymbol{28V}$$

誘導電動機内部の鉄損と銅損を無視できることから，一次入力 P_1 と二次入力 P_2 が等しく，二次入力は機械負荷 P_m と外部抵抗の消費電力 P_{2c} の和となる．

$$P_1 = P_2 = P_m + \boldsymbol{P_{2c}}$$

また，すべり s で回転しているときの外部抵抗の消費電力 P_{2c} は，$P_2 : P_{2c} = 1 : s$ の関係が成り立つ．

$$P_{2c} = sP_2 = sP_1 = \mathbf{0.2P_1}$$

これらより，式に代入し，変形すると，

$$P_{2c} = s(P_m + P_{2c}) \quad \rightarrow \quad P_{2c}(1-s) = sP_m$$

$$\therefore P_{2c} = \frac{s}{1-s}P_m = \frac{0.2}{1-0.2}P_m = \mathbf{0.25P_m}$$

解答 ▶ （3）

問題⑩　✓✓✓　　　　　　　　　　　　　　　H21 B-15

定格出力 15 kW，定格電圧 220 V，定格周波数 60 Hz，6 極の三相誘導電動機がある．この電動機を定格電圧，定格周波数の三相電源に接続して定格出力で運転すると，すべりが 5 ％ であった．機械損および鉄損は無視できるものとして，次の (a) および (b) に答えよ．

(a) このときの発生トルク〔N·m〕の値として，最も近いものを次のうちから一つ選べ．

　(1) 114　　(2) 119　　(3) 126　　(4) 239　　(5) 251

(b) この電動機の発生トルクが上記 (a) の 1/2 となったときに，一次銅損は 250 W であった．このときの効率〔%〕の値として，最も近いものを次のうちから一つ選べ．ただし，発生トルクとすべりの関係は比例するものとする．

　(1) 92.1　　(2) 94.0　　(3) 94.5　　(4) 95.5　　(5) 96.9

発生トルクとすべりが比例することからすべりを求め，回転速度とトルク，出力の関係式 (2·17) を活用して出力を求める．

解説　(a) 誘導電動機の同期速度 N_s〔min^{-1}〕，回転速度 N〔min^{-1}〕は

$$N_s = \frac{120f}{p} = \frac{120 \times 60}{6} = 1\,200\,\text{min}^{-1}$$

$$N = N_s(1-s) = 1\,200 \times (1-0.05) = 1\,140\,\text{min}^{-1}$$

発生トルク T〔N·m〕は，式 (2·17) より

$$T = \frac{60P_k}{2\pi N} = \frac{60 \times 15 \times 10^3}{2\pi \times 1\,140} \fallingdotseq \mathbf{126\,N·m}$$

(b) 題意より発生トルクとすべりが比例することから，トルク T' が 1/2 になったときのすべり s' は

$$s' = s \times \frac{T'}{T} = s \times \frac{T/2}{T} = \frac{s}{2} = 0.025$$

このときの回転速度 N'〔min^{-1}〕および機械的出力 $P_k{}'$〔W〕は

$$N' = N_s(1-s) = 1\,200 \times (1-0.025) = 1\,170\,\text{min}^{-1}$$

$$P_k' = \frac{2\pi N'}{60}T' = \frac{2\pi \times 1170}{60} \times \frac{126}{2} \fallingdotseq 7.7 \times 10^3 \, \text{W}$$

二次銅損 P_{c2}' 〔W〕と機械的出力 P_k' 〔W〕は，式 (2・15) より，$P_k' : P_{c2} = (1-s) :$ s の関係にあるため，P_{c2}' は

$$P_{c2}' = \frac{s}{1-s}P_k' = \frac{0.025}{1-0.025} \times 7.7 \times 10^3 \fallingdotseq 197 \, \text{W}$$

電動機の効率 η 〔%〕は

$$\eta = \frac{P_k'}{P_k' + P_{c1}' + P_{c2}'} \times 100 = \frac{7.7 \times 10^3}{7.7 \times 10^3 + 250 + 197} \times 100 \fallingdotseq \mathbf{94.5 \, \%}$$

解答 ▶ (a) - (3)，(b) - (3)

2−3

誘導電動機の円線図と比例推移

[★★★]

1 ベクトル図と円線図

図 2·11 の等価回路において，励磁回路を無視すると誘導電動機のインピーダンス Z および電流 I_1，力率 $\cos\theta_1$ は次式となる．

$$\dot{Z} = (r_1 + r_2'/s) + j(x_1 + x_2') \ [\Omega] \tag{2·19}$$

$$I_1 = \frac{V_1}{\sqrt{(r_1 + r_2'/s)^2 + (x_1 + x_2')^2}} \ [\text{A}] \tag{2·20}$$

$$\cos\theta_1 = \frac{r_1 + r_2'/s}{\sqrt{(r_1 + r_2'/s)^2 + (x_1 + x_2')^2}}$$

式（2·20）において，すべり s を $-\infty$ から $+\infty$ まで変化させたときの一次電流 $\dot{I}_1$ のベクトル軌跡は図 2·14 のような円形になる．円の直径 $\overline{\text{Oa}} = V_1/(x_1 + x_2')$ となり，分母は一定であるから一次電圧 V_1 が変わらないかぎり直径は一定である．誘導電動機は，簡単な試験によって描いた**円線図**を使用すれば，実負荷試験をしなくても電動機の特性を求めることができる．

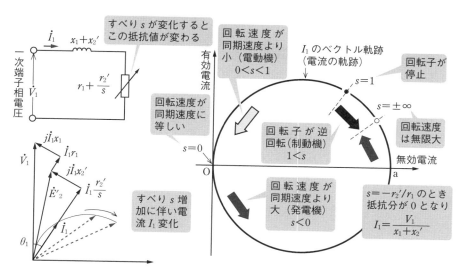

● 図 2・14　誘導電動機の一次電流のベクトル軌跡

2 各種試験方法

◀1▶ 無負荷試験

　誘導電動機を定格電圧 V_n〔V〕で無負荷運転して，図 2・15（a）のように入力電力 w_0〔W〕と電流 I_0〔A〕を測定して，力率角 θ_0 を次式から求める．無負荷電流 I_0 は励磁電流，入力電力 w_0 は無負荷損（鉄損，機械損）とみなせる．

$$\theta_0 = \cos^{-1}\frac{w_0}{\sqrt{3}V_n I_0} \tag{2・21}$$

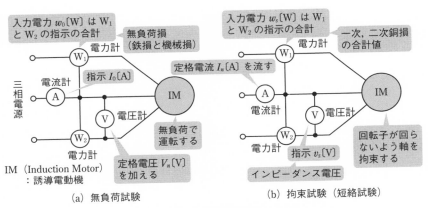

(a) 無負荷試験　　　　　　　(b) 拘束試験（短絡試験）

● 図 2・15　誘導電動機の試験回路と方法

◀2▶ 拘束試験（短絡試験）

　誘導電動機の回転子を回らないように拘束した状態で，図 2・15（b）のように一次端子に定格電流 I_n〔A〕を流したときの電圧 v_s〔V〕と入力 w_s〔W〕を測定し，定格電圧 V_n〔V〕を加えたときの電流 I_s〔A〕および力率角 θ_s を次式から求める（定格電圧を加えると過大な電流が流れるため注意）．機械的出力がなく，変圧器の短絡試験に相当し入力 w_s は銅損（一次，二次）とみなせる．

$$I_s = I_n \times \frac{V_n}{v_s} \text{〔A〕} \quad \theta_s = \cos^{-1}\frac{w_s}{\sqrt{3}v_s I_n} \tag{2・22}$$

◀【3】一次巻線抵抗の測定 ▶

周囲温度 t〔℃〕の状態で，一次側各端子間で測定した直流抵抗値 R_1〔Ω〕（Y結線 2 相分）から，基準巻線温度 75℃における一次巻線 1 相分の抵抗 r_1〔Ω〕および二次巻線 1 相分の抵抗 r_2'（一次側換算）〔Ω〕は次式から求める．

$$r_1 = \frac{R_1}{2} \times \frac{234.5+75}{234.5+t} \ [\Omega], \quad r_2' = \frac{W_s}{3I_n^2} - r_1 \ [\Omega] \qquad (2 \cdot 23)$$

無負荷試験，拘束試験および一次巻線抵抗測定の結果を使い，図 2・16 の順序で円線図を描く．誘導電動機の特性は，図 2・17 のように円線図から算定できる．

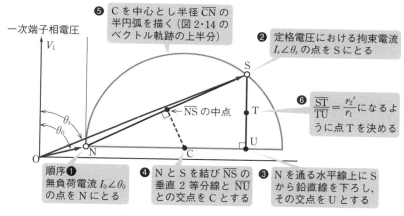

●図 2・16　誘導電動機の円線図の描き方

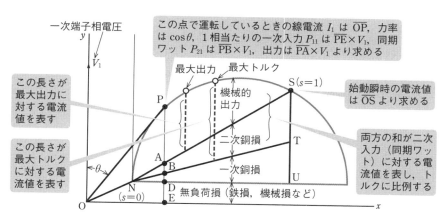

●図 2・17　誘導電動機の円線図の使い方

3 運転特性

(1) 電流速度特性

　誘導電動機の特性は，電源の電圧・周波数が一定であれば，変数はすべり s だけとなるため，すべりを横軸に特性を考える．励磁電流と固定子巻線のインピーダンスは小さいので簡略のため無視すると，一次電流 I_1 は二次電流 I_2 に比例し，すべりに対し図2・18のように変化する．

　誘導電動機では，すべり s が小さい同期速度に近い状態 $s \fallingdotseq 0$ では，$(sx_2)^2 \ll r_2{}^2$ であり，式（2・6）より次式となり，I_1 はすべり s に比例する．

$$I_2 = \frac{sE_2}{\sqrt{r_2{}^2 + (sx_2)^2}} \fallingdotseq \frac{sE_2}{\sqrt{(r_2)^2}} = \frac{sE_2}{r_2}$$

　一方，誘導電動機では，リアクタンスが抵抗に対して非常に大きいため，電動機の始動直後（$s \fallingdotseq 1$）では，$(sx_2)^2 \gg r_2{}^2$ であり，式（2・6）より次式となり，I_1 はほぼ一定となる．誘導電動機は，始動時に定格運転時と比べて非常に大きな電流が流れる．

$$I_2 = \frac{sE_2}{\sqrt{r_2{}^2 + (sx_2)^2}} \fallingdotseq \frac{sE_2}{\sqrt{(sx_2)^2}} = \frac{E_2}{x_2}$$

(2) トルク速度特性

　巻線形三相誘導電動機のトルク T_w（同期ワット）は，簡略化して二次巻線のみでみると，式（2・10）へ式（2・6）を代入すると次式となり，すべり s の変化

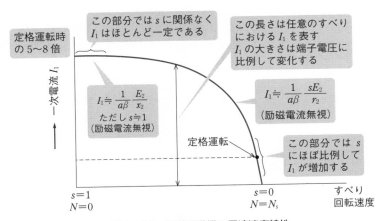

●図2・18　誘導電動機の電流速度特性

に対し，トルク T_w は図2・19のように変化する．

$$T_w = 3P_{21} = 3I_1^2 \frac{r_2'}{s} = 3\left(\frac{I_2}{a}\right)^2 \times \frac{a^2 r_2}{s} = 3I_2^2 \frac{r_2}{s} = 3\left\{\frac{E_2}{\sqrt{(r_2/s)^2 + x_2^2}}\right\}^2 \cdot \frac{r_2}{s}$$

$$= \frac{3E_2^2}{(r_2/s)^2 + x_2^2} \cdot \frac{r_2}{s} \, \text{[W]（三相分）} \tag{2・24}$$

すべり s が大きい範囲（$(sx_2)^2 \gg r_2^2$）では，次式となり，トルク T_w はすべり s に反比例し，始動トルクは最大トルクと比べて小さい．

$$T_w \fallingdotseq \frac{3E_2^2}{x_2^2} \times \frac{r_2}{s}$$

また，すべり s が小さい範囲（$(sx_2)^2 \ll r_2^2$）では，次式となり，トルク T_w はすべり s に比例する．

$$T_w \fallingdotseq 3E_2^2 \times \frac{s}{r_2}$$

■3■ 停動トルク

負荷のトルクが誘導電動機の最大トルクを超えると，電動機が停止するため，**停動トルク**という．式（2・24）から，トルクが最大となるすべり s_m の条件を次のようにして求める．

$$T_w = \frac{3E_2^2}{\left(\dfrac{r_2}{s}\right)^2 + x_2^2} \times \frac{r_2}{s} = \frac{3E_2^2 r_2}{\dfrac{r_2^2}{s} + s x_2^2}$$

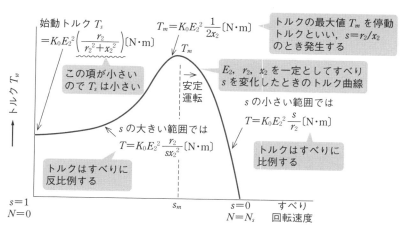

●図2・19 誘導電動機のトルク速度特性例（二次巻線のみの特性）

この式の値が最大となるためには，分子が一定であるから分母が最小となることが必要である．その条件は，二つの項の積 $(r_2{}^2/s) \times sx_2{}^2 = r_2{}^2 x_2{}^2$ が一定であるから，最小定理を用いると，次のようになる．

$$\frac{r_2{}^2}{s} = sx_2{}^2 \qquad \therefore \quad s_m = \frac{r_2}{x_2} \tag{2・25}$$

同期ワットで表した最大トルク T_{wm} は，式 (2・24) で $s = r_2/x_2$ とおくと

$$T_{wm} = \frac{3E_2{}^2}{r_2{}^2\left(\dfrac{x_2}{r_2}\right)^2 + x_2{}^2} \times \frac{x_2}{r_2} r_2 = 3\frac{E_2{}^2}{2x_2} \; [\mathrm{W}] \tag{2・26}$$

◖4◗ 出力特性

誘導電動機の負荷（出力）を変化させたときの電流，トルク，速度，力率などは，図 2・20 のような変化をする．

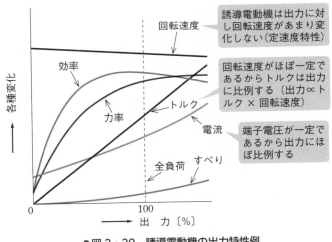

●図 2・20 誘導電動機の出力特性例

4 比 例 推 移

◖1◗ トルクの比例推移

式 (2・24) において E_2 が一定のとき，(r_2/s) の値も一定ならばトルク T は変化しない．したがって，r_2 を n 倍するとすべり n 倍の点で同じトルクが発生し，

トルク速度特性曲線は図 2・21 のように変化する．これをトルクの**比例推移**という．

$$\frac{r_2}{s} = \frac{nr_2}{ns} = 一定 \tag{2・27}$$

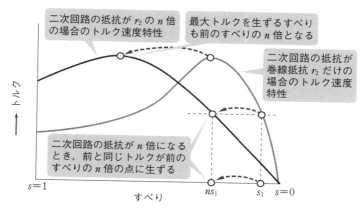

二次回路の抵抗が r_2 の n 倍の場合のトルク速度特性

最大トルクを生ずるすべりも前のすべりの n 倍となる

二次回路の抵抗が巻線抵抗 r_2 だけの場合のトルク速度特性

二次回路の抵抗が n 倍になるとき，前と同じトルクが前のすべりの n 倍の点に生ずる

トルク

すべり

$s=1$　　　ns_1　s_1　$s=0$

●図 2・21　誘導電動機（巻線形）のトルクの比例推移

【2】 電流の比例推移

式 (2・6) から，**電流も** (r_2/s) の関数として表されるので，図 2・22 のように**比例推移する**．このほかに，一次入力，力率も二次回路の抵抗の大きさにしたがって比例推移する．なお，**出力や効率は比例推移しない**．

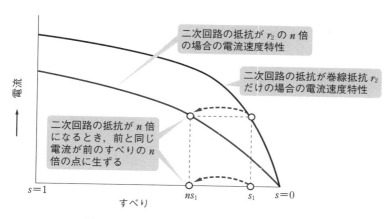

二次回路の抵抗が r_2 の n 倍の場合の電流速度特性

二次回路の抵抗が巻線抵抗 r_2 だけの場合の電流速度特性

二次回路の抵抗が n 倍になるとき，前と同じ電流が前のすべりの n 倍の点に生ずる

電流

すべり

$s=1$　　　ns_1　s_1　$s=0$

●図 2・22　誘導電動機（巻線形）の電流の比例推移

問題⑪ ✓ ✓ ✓

普通かご形誘導電動機の円線図は，簡単な試験結果から一次電流のベクトルに関する半円を描いて，電動機の特性を求めることに利用される．この円線図を描くには，次の三つの試験を行って基本量を求める必要がある．

① 抵抗測定では，任意の周囲温度において一次巻線の端子間で抵抗を測定し， (ア) における一次巻線の１相分の抵抗を求める．

② 無負荷試験では，誘導電動機を定格電圧，定格周波数，無負荷で運転し，無負荷電流と (イ) を測定し，無負荷電流の有効分と無効分を求める．

③ 拘束試験では，誘導電動機の回転子を拘束し，一次巻線に定格周波数の低電圧を加えて定格電流を流し，一次電圧，一次入力を測定し，定格電圧を加えたときの (ウ) ，拘束電流および拘束電流の有効分と無効分を求める．

上記の記述中の空白箇所（ア），（イ）および（ウ）に記入する語句の組合せとして，正しいものを次のうちから一つ選べ．

	(ア)	(イ)	(ウ)
(1)	冷媒温度（基準周囲温度）	無負荷入力	二次入力
(2)	冷媒温度（基準周囲温度）	回転速度	一次入力
(3)	基準巻線温度	回転速度	二次入力
(4)	冷媒温度（基準周囲温度）	回転速度	二次入力
(5)	基準巻線温度	無負荷入力	一次入力

解説 誘導電動機の円線図を描くには，次の三つの試験を行う．

① 抵抗測定

任意の周囲温度 t [℃] において一次巻線の端子間で抵抗 R_1 [Ω] を測定し，**基準巻線温度** 75℃ における一次巻線の１相分の抵抗 r_1 を式（2・23）から算定する．抵抗値は巻線温度によって変化するため，基準温度における抵抗値に換算する必要がある．

② 無負荷試験

電動機に定格周波数，定格電圧を加えて無負荷運転する．このときの**無負荷入力**，無負荷電流を測定し，これより有効（鉄損）電流，無効（励磁）電流を算定する．

③ 拘束試験

電動機の回転子を拘束し，一次巻線に定格周波数の低電圧を加えて定格電流を流したときの一次電圧，一次入力を測定する．これをもとに定格電圧を加えたときの**一次入力**，拘束電流および拘束電流の有効分と無効分を算定する．

解答 ▶ (5)

問題⑫ ☑ ☑ ☑ H20 A-3

　　巻線形誘導電動機のトルク - 回転速度曲線は，電源電圧および　(ア)　が一定のとき，発生するトルクと回転速度との関係を表したものである．

　　この曲線は，あるすべりの値でトルクが最大となる特性を示す．このトルクを最大トルクまたは　(イ)　トルクと呼んでいる．この最大トルクは　(ウ)　回路の抵抗には無関係である．

　　巻線形誘導電動機のトルクは　(ウ)　回路の抵抗とすべりの比に関係するので，　(ウ)　回路の抵抗が n 倍になると，前と同じトルクが前のすべりの n 倍の点で起こる．このような現象は　(エ)　と呼ばれ，巻線形誘導電動機の起動トルクの改善および速度制御に広く用いられている．

　　上記の記述中の空白箇所（ア），（イ），（ウ）および（エ）に当てはまる語句の組合せとして，正しいものを次のうちから一つ選べ．

	（ア）	（イ）	（ウ）	（エ）
(1)	負荷	臨界	二次	比例推移
(2)	電源周波数	停動	一次	二次励磁
(3)	負荷	臨界	一次	比例推移
(4)	電源周波数	臨界	二次	二次励磁
(5)	電源周波数	停動	二次	比例推移

解説　誘導電動機のトルクは，式 (2·18) のように同期速度 N_s によって変わる．図 2·19 のトルク速度特性は，**電源周波数一定**（同期速度一定），電源電圧一定（式 (2·24) の E_2 一定）としたときのトルクと回転速度の関係を表す．

　停動トルク（最大トルク）は，$s = r_2/x_2$ のときに発生して，式 (2·26) のように**二次**回路の抵抗 r_2 の値と無関係に決まる．また，式 (2·24) で r_2/s が変わらなければ，トルクが一定であるため，図 2·21 のように r_2 が n 倍のときにすべりが n 倍の点で同じトルクが発生し，これを**比例推移**という．

解答 ▶ (5)

問題⓭ ✓✓✓

　かご形三相誘導電動機に関する記述として，誤っているものを次のうちから一つ選べ．

(1) 始動時の二次周波数は，定常運転時の二次周波数よりも高い．

(2) 軽負荷時には，全負荷時よりすべりが減少して回転速度はやや上昇する．

(3) 25 % 負荷時には，全負荷時より二次銅損が減少して効率は向上する．

(4) 機械損は，負荷の大きさにかかわらずほぼ一定である．

(5) 負荷速度特性は，直流分巻電動機の負荷速度特性と類似している．

解説　(1) ○　二次周波数は，式 (2・5) のようにすべり s に比例するので，定常運転時 $(s<1)$ よりも**始動時** $(s=1)$ **のほうが高い**．

(2) ○　回転速度は，図 2・20 のように軽負荷時には**全負荷時よりやや上昇**（すべりは減少）する．

(3) ×　軽負荷時には，銅損が減少するが，鉄損は一定であり，**効率が低下**する．効率は，図 2・20 のように全負荷に近い負荷のとき効率が最も良い傾向である．

(4) ○　機械損は，軸受部の摩擦損，回転部と空気との摩擦による風損で，**ほぼ一定**である．

(5) ○　誘導電動機の負荷速度特性（図 2・20）は，後述の**直流分巻電動機の負荷速度特性**（図 3・25）**と類似**しており，いずれも定速度特性である．

解答 ▶ (3)

問題⓮ ✓✓✓

　誘導電動機に関する記述として，誤っているものを次の (1)～(5) のうちから一つ選べ．ただし，誘導電動機のすべりを s とする．

(1) 誘導電動機の一次回路には同期速度の回転磁界．二次回路には同期速度の s 倍の回転磁界が加わる．したがって，一次回路と二次回路の巻数比を 1 とした場合，二次誘導起電力の周波数および電圧は一次誘導起電力の s 倍になる．

(2) s が小さくなると，二次誘導起電力の周波数および電圧が小さくなるので，二次回路に流れる電流が小さくなる．この変化を電気回路に表現するため，誘導電動機の等価回路では，二次回路の抵抗の値を $1/s$ 倍にして表現する．

(3) 誘導電動機の等価回路では，一次巻線の漏れリアクタンス，一次巻線の抵抗，二次巻線の漏れリアクタンス，二次巻線の抵抗，および電動機出力を示す抵抗が直列回路で表されるので，電動機の力率は 1 にはならな

い．

(4) 誘導電動機の等価回路を構成するリアクタンス値および抵抗値は，電圧が変化しても s が一定ならば変わらない．s 一定で駆動電圧を半分にすれば，等価回路に流れる電流が半分になり，電動機トルクは半分になる．

(5) 同期速度と電動機トルクとで計算される同期ワット（二次入力）は，二次銅損と電動機出力との和となる．

解説 誘導電動機の等価回路は解図のように表される．負荷電流 I_1 およびトルク T は次式のとおり．

$$I_1 = \frac{V_1}{\sqrt{(r_1 + r_2'/s)^2 + (x + x_2')^2}} \propto V_1$$

$$T = \frac{3}{\omega_s} P_{21} = \frac{3}{\omega_s} \cdot \frac{r_2'}{s} \dot{I}_1'^2 \propto V_1^2$$

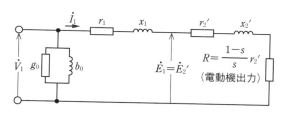

●解図

(1) 回転子がすべり s で回転しているとき，同期速度の回転磁界と回転子の相対速度は sN_s となり，二次巻線は周波数 sf の回転磁界を切る．誘導起電力は周波数に比例するため，巻数比を 1 とした場合，二次誘導起電力の周波数および電圧は一次誘導起電力の **s 倍** となる．

(2) 回転子がすべり s で回転しているときの二次電流は，回転子を静止させて二次抵抗を $1/s$ 倍にした時の電流と同じであるため，等価回路では，二次抵抗の値を **$1/s$ 倍** して表現される．

$$I_2 = \frac{sE_2}{\sqrt{r_2^2 + (sx_2)^2}} = \frac{E_2}{\sqrt{\left(\frac{r_2}{s}\right)^2 + x_2^2}}$$

(3) 誘導電動機の等価回路は，解図のとおり，抵抗とリアクタンスが直列でつながり，**電動機の力率は 1 にはならない**．

(4) 誘導電動機のすべり s が一定のとき，上式より負荷電流 I_1 は電圧 V_1 に比例し，トルク T は電流 I_1^2 に，つまり電圧 V_1^2 に比例する．電圧が半分になれば，電流

が半分になり，**トルクは 1/4 になる**ため，（4）の記述が誤り.

(5) 同期ワットは，二次入力 P_2 で表されるトルクの大きさで，次式となる.

$$P_2 = 3 \cdot \frac{r_2'}{s} I_1^2$$

二次銅損 P_{c2} および電動機出力 P_k は，等価回路より次式となる.

$$P_{c2} = 3r_2' I_1^2$$

$$P_k = 3\left(\frac{1-s}{s}\right) r_2' I_1^2$$

このため，同期ワットは，**二次銅損と電動機出力の和**となる.

$$P_{c2} + P_k = 3r_2' I_1^2 + 3\left(\frac{1-s}{s}\right) r_2' I_1^2 = 3\frac{r_2'}{s} I_1^2 = P_2$$

解答 ▶（4）

問題15　☑ ☑ ☑　　　　　　　　　　　　　　　　　　H8 A-2

図は誘導電動機の円線図である．$\overline{\mathrm{OP}}$ は一次電流を表し，$\overline{\mathrm{ON}}$ は　(ア)　を表す．$\overline{\mathrm{Pb}}$ が一次入力を表すものとすれば，$\overline{\mathrm{ab}}$ は　(イ)　を表し，また $\overline{\mathrm{Pb}}/\overline{\mathrm{OP}}$ は　(ウ)　を表す.

上記の記述中の空白箇所（ア），（イ）および（ウ）に記入する語句の組合せとして，正しいものを次のうちから一つ選べ.

	(ア)	(イ)	(ウ)
(1)	無負荷電流	無負荷損	すべり
(2)	一次負荷電流	無負荷損	力率
(3)	一次負荷電流	同期ワット	効率
(4)	無負荷電流	無負荷損	力率
(5)	無負荷電流	同期ワット	すべり

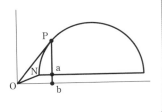

解説　図 2·16, 2·17 に示すように，$\overline{\mathrm{ON}}$ は**無負荷電流**を表し，$\overline{\mathrm{ab}}$ は**無負荷損**を表す．一次電圧は縦軸方向にとるため，**力率**は $\cos\angle\mathrm{OPb} = \overline{\mathrm{Pb}}/\overline{\mathrm{OP}}$ となる．なお，一次負荷電流は $\overline{\mathrm{PN}}$ である.

解答 ▶（4）

問題16　☑ ☑ ☑　　　　　　　　　　　　　　　　　　H25 A-4

二次電流一定（トルクがほぼ一定の負荷条件）で運転している三相巻線形誘導電動機がある．すべり 0.01 で定格運転しているときに，二次回路の抵抗を大き

くしたところ，二次回路の損失は 30 倍に増加した．電動機の出力は定格出力の何〔%〕になったか，最も近いものを次の (1)～(5) のうちから一つ選べ．

(1) 10 (2) 30 (3) 50 (4) 70 (5) 90

解説 二次回路の損失 $I_2{}^2 r_2$ が 30 倍のとき，二次電流一定であるため，抵抗 r_2 が 30 倍となる．このときのすべり s' は，トルク一定の条件からトルクの比例推移の式 (2·27) より

$$\frac{r_2}{s} = \frac{30 r_2}{s'} \quad \rightarrow \quad s' = 30 r_2 \times \frac{s}{r_2} = 30 \times 0.01 = 0.3$$

1 相分の機械的出力は，式 (2·8) より，すべり 0.01 のときの定格出力 P_n に対するすべり s' のときの出力 P' の比率は

$$\frac{P'}{P_n} = \frac{\dfrac{1-s'}{s'} \times 30 r_2 \times I_2{}^2}{\dfrac{1-s}{s} \times r_2 \times I_2{}^2} = \frac{\dfrac{1-0.3}{0.3} \times 30}{\dfrac{1-0.01}{0.01}} \fallingdotseq 0.707 \quad \rightarrow \quad \mathbf{70\%}$$

解答 ▶ (4)

問題⑰ ☑ ☑ ☑　　　　　　　　　　　　　　　　　R2 A-3

　三相かご形誘導電動機の等価回路定数の測定に関する記述として，誤っているものを次の (1)～(5) のうちから一つ選べ．ただし，等価回路としては一次換算した一相分の簡易等価回路（L 形等価回路）を対象とする．

(1) 一次巻線の抵抗測定は静止状態において直流で行う．巻線抵抗値を換算するための基準巻線温度は絶縁材料の耐熱クラスによって定められており，75℃ や 115℃ などの値が用いられる．

(2) 一次巻線の抵抗測定では，電動機の一次巻線の各端子間で測定した抵抗値の平均値から，基準巻線温度における一次巻線の抵抗値を決められた数式を用いて計算する．

(3) 無負荷試験では，電動機の一次巻線に定格周波数の定格一次電圧を印加して無負荷運転し，一次側において電圧〔V〕，電流〔A〕および電力〔W〕を測定する．

(4) 拘束試験では，電動機の回転子を回転しないように拘束して，一次巻線に定格周波数の定格一次電圧を印加して通電し，一次側において電圧〔V〕，電流〔A〕および電力〔W〕を測定する．

(5) 励磁回路のサセプタンスは無負荷試験により，一次二次の合成漏れリアクタンスと二次抵抗は拘束試験により求められる．

(1) ○　一次巻線の抵抗を直流電圧降下法により測定する．許容最高温度を基に電気絶縁の耐熱クラスが決められている．巻線の温度によって抵抗値が変化し特性値が変わるため，クラスごとに基準巻線温度が定められている．

(2) ○　一次側の端子間で測定した抵抗値は，Y結線の場合，2相分の抵抗値になる．各端子間で測定した平均値を2で割って1相分の抵抗値とする．

(3) ○　無負荷試験では，回転子を無負荷として，定格一次電圧，定格周波数を加えて電流（励磁電流）と電力（無負荷損）を測定する．

(4) ×　拘束試験では，回転子を固定して回転しないようにし，一次定格電流が流れるように定格よりも低い電圧を加えて，電圧，電力（一次・二次銅損）を測定する．短絡試験に相当し，定格電圧を加えると過大な電流が流れるため注意が必要である．

(5) ○　無負荷試験では，無負荷損（鉄損，機械損）が測定できる．印加電圧を変えると，鉄損は電圧の2乗に比例し，機械損は変わらないことから両者を分離して，鉄損から励磁アドミタンスを計算する．拘束試験では，一次電圧が定格電圧に比べて低いので鉄損を無視でき，銅損（一次・二次銅損）が測定できる．変圧器の短絡試験（式（1・8），（1・9））と同様に一次・二次の合成漏れリアクタンスと二次抵抗（(1)の一次抵抗を引く）が求められる．

解答 ▶ (4)

誘導電動機の速度制御

[★★]

　誘導電動機は負荷（出力）が変化しても回転速度の変化は小さいので，**定速度電動機**に分類される．電動機の速度は，トルク速度特性と負荷トルクの交点で決まるため，トルク速度特性を変える必要がある．回転速度 N を変えるには，次式から，**すべり s**，電源の**周波数 f**，固定子巻線の**極数 p** のいずれかを変える．

$$N = (1-s)N_s = (1-s)\frac{120f}{p} \ [\text{min}^{-1}] \tag{2・28}$$

1 二次抵抗制御

　巻線形誘導電動機において，トルクの比例推移を応用し，図 2・23 のように，**外部抵抗 R を接続し，すべりを変化**させて速度制御することを**二次抵抗制御**と

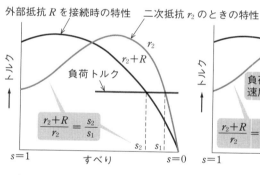

外部抵抗 R を接続時の特性　　二次抵抗 r_2 のときの特性

$$\frac{r_2+R}{r_2} = \frac{s_2}{s_1}$$

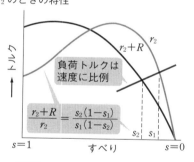

負荷トルクは速度に比例

$$\frac{r_2+R}{r_2} = \frac{s_2(1-s_1)}{s_1(1-s_2)}$$

|特徴|

操作簡単，タップを多くとれば速度制御はほぼ連続的
電力損失大，無負荷時の速度制御困難

|用途|

起重機，エレベータ，圧延機用巻線形電動機

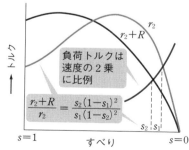

負荷トルクは速度の2乗に比例

$$\frac{r_2+R}{r_2} = \frac{s_2(1-s_1)^2}{s_1(1-s_2)^2}$$

●図 2・23　巻線形誘導電動機の二次抵抗制御

いう．低速ではすべりが大きくなるので，式（2·15）の関係から二次銅損が大きくなり，効率が悪くなる．

2 周波数制御

誘導電動機の電源として，インバータやサイリスタ形周波数変換装置などの**可変周波数の装置を使用**して速度制御することを**周波数制御**という．

◀1▶ V/f 制御

式（2·4）より誘導起電力 E は電源周波数 f_1 と磁束ϕの積に比例する関係にあり，電源周波数 f_1 のみを下げた場合，磁束ϕが大きくなり飽和してしまう．このため，一次電圧と電源周波数の比 **V/f_1 が一定となるよう制御**することで，トルク速度特性は図 2·24 のように変化し，速度を広範囲かつ連続的に制御することができる．また，常に小さなすべりで運転でき，運転効率を高くできる．

電圧形 PWM インバータ等を用いた**可変電圧可変周波数電源（VVVF インバータ電源）**の普及によりかご形誘導電動機の可変速駆動方式として広く用いられている．

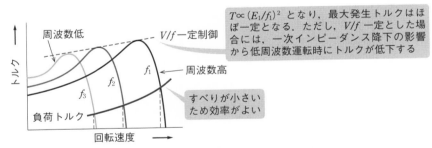

●図 2·24 V/f 一定制御のトルク速度特性例

◀2▶ すべり周波数制御

V/f 制御では，すべり周波数が負荷に応じて変化するため，誘導電動機の**回転速度を検出**し，**すべり周波数を加算（駆動）・減算（制動）**した電源周波数で速度を制御する方法を**すべり周波数制御**という．誘導電動機を VVVF（可変電圧可変周波数）インバータで駆動するインバータ電車の制御などに用いられている．

◀3▶ ベクトル制御

誘導電動機の一次電流を**磁束成分（磁化電流分）**と**トルク成分（等価負荷抵抗**

電流分）**に分けて電流位相も制御する方法を**ベクトル制御**といい，発生トルクの瞬時値を制御でき，高速に電動機の速度とトルクを制御することができる.

■3■ その他の速度制御

◀【1】 極数切替 ▶

　固定子巻線の接続を図 2・25 のように変更して**極数を変えて，同期速度を不連続に変える**．また，極数の異なる 2 組の巻線を設け，切り換える方法もある．巻線形では回転子の極数も変える必要があるが，かご形では不要である.

各相の固定子巻線 2 組
を直列接続する　各相の固定子巻線 2 組
を並列接続する

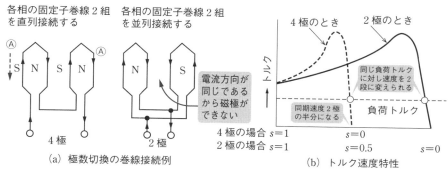

電流方向が
同じである
から磁極が
できない

4 極のとき　　2 極のとき

同じ負荷トルク
に対し速度を 2
段に変えられる

同期速度 2 極
の半分になる　　負荷トルク

4 極の場合 $s=1$　　　　　　$s=0$
2 極の場合 $s=1$　　　$s=0.5$　　　　$s=0$

4 極　　　2 極

（a）極数切換の巻線接続例　　　　（b）トルク速度特性

●図 2・25　極数切換の方法例

◀【2】 一次電圧制御 ▶

　トルクが一次電圧の 2 乗に比例することを応用して，トルク速度特性を変えて負荷トルクとの交点となる**すべり s を変えて速度制御**する．一次電圧の変化に対して最大トルクの変化が大きいため，負荷トルク以上で制御できる範囲が狭い．一次電圧の制御には交流スイッチ（サイリスタ位相制御）を用いる.

◀【3】 二次励磁制御（二次電圧制御） ▶

　巻線形誘導電動機の**二次回路に外部からすべり周波数 sf_1 の励磁電圧を与え**，消費される電力 P_2 を制御することですべり s を制御する方法を二次励磁制御という．二次出力を機械動力に変換し，軸出力として返還する**クレーマ方式**と二次出力を電源側に返還する**セルビウス方式**があり，サイリスタを用いた静止セルビウス方式が多く用いられている．特に，サイクロコンバータで双方向に電力を制御して同期速度以上の運転を可能とする方式を**超同期セルビウス方式**といい，揚水発電所の**可変速制御**として用いられる.

問題⑱ ☑ ☑ ☑

　三相誘導電動機の速度制御に関する記述として，誤っているものを次のうちから一つ選べ．

(1) 極数変化による制御では，固定子巻線の接続を切り換えて極数を変化させる．

(2) 一次電圧による制御では，一次電圧を変化させることにより，電動機トルク特性曲線と負荷トルク特性曲線との交点を移動させ，すべりを変化させる．

(3) 二次抵抗による制御では，巻線形誘導電動機において二次側端子に抵抗を接続し，この抵抗値を加減してすべりを変化させる．

(4) 一次周波数による制御では，誘導電動機の電源電圧を一定に保ちつつ，電源周波数を変化させて速度を制御する．

(5) 二次励磁による制御では，巻線形誘導電動機の二次回路に可変周波の可変電圧を外部から加え，これを変化させることにより，すべりを変化させる．

解説 誘導電動機の回転速度は $N = 120f(1-s)/p$ で表せるため，表2・1のように極数，電源周波数，すべりのいずれかを変化させることで制御を行う．一次周波数を制御する場合は，磁束を一定に保つよう**電源電圧も変えて V/f 一定で制御**する．

●表2・1　速度制御方式の特徴

p	極数切替	・回転子巻線の接続を変更して極数を切替 ・2〜3段の段階的な速度切替
f	周波数制御	・インバータ等を用いて電源周波数を変更 ・磁束を一定に保つように V/f 一定制御
	二次抵抗制御	・巻線形の外部抵抗を変化させると，比例推移により速度トルク特性が変わり，すべりが変化 ・低速ではすべりが大きくなり，効率が低下
s	一次電圧制御	・一次電圧を変えるとトルクが V_1^2 に比例して速度トルク特性が変わり，すべりが変化 ・最大トルクが急激に減少するため制御範囲が狭い
	二次励磁	・巻線形の二次回路に周波数 sf の電圧 V_2 を加えると，$sE_2 - V_2 = I_2 Z_2$ となり，V_2 の変化ですべり s が変化

解答 ▶ (4)

問題⑲ ✓ ✓ ✓

定格周波数 60 Hz，6 極の巻線形三相誘導電動機があり，二次巻線を短絡して定格負荷で運転したときの回転速度は 1170 min^{-1} である．この電動機において，次の（a）および（b）に答えよ．ただし，電動機の二次抵抗値が一定のとき，すべりとトルクは比例関係にあるものとする．

(a) この電動機を定格負荷の 80 % のトルクで運転する場合，二次巻線が短絡してあるときのすべり〔%〕の値として，正しいものを次のうちから一つ選べ．

  (1) 1.5   (2) 2   (3) 2.5   (4) 3   (5) 4

(b) この電動機を定格負荷の 80 % のトルクで運転する場合，二次巻線端子に三相抵抗器を接続し，二次巻線回路の 1 相当たりの抵抗値を短絡時の 2.5 倍にしたときの回転速度〔min^{-1}〕の値として，正しいものを次のうちから一つ選べ．

  (1) 980   (2) 1110   (3) 1140   (4) 1170   (5) 1200

題意の関係を図示すると，解図のようになる．二次抵抗値が一定で，トルク速度特性が変わらなければ，すべりが小さいときはトルクがすべりに比例する．また，比例推移の関係から，二次回路の抵抗値を変えたときのトルクの大きさが同じであれば，抵抗とすべりの比 r/s が等しい．

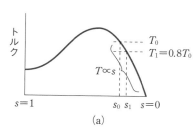

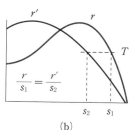

●解図

(a) 同期速度 N_s は，式 (2·1) から

$$N_s = \frac{120f}{p} = \frac{120 \times 60}{6} = 1\,200 \text{ min}^{-1}$$

定格負荷で運転したときのすべり s_0 は，式 (2·2) から

$$s_0 = \frac{N_s - N}{N_s} = \frac{1\,200 - 1\,170}{1\,200} = 0.025 \;\to\; 2.5\,\%$$

二次巻線が短絡され，二次抵抗値が一定であり，すべりとトルクが比例関係にあるため（解図 (a)），定格負荷の 80 % のトルクで運転するときのすべり s_1 は，定格負荷の

トルクを T_0，80 % の負荷トルクを T_1 とすると

$$\frac{s_1}{s_0} = \frac{T_1}{T_0} \qquad \therefore \quad s_1 = s_0 \times \frac{T_1}{T_0} = 2.5 \times \frac{0.8}{1} = \mathbf{2\,\%}$$

（b）定格負荷の 80 % のトルクで運転する場合，二次巻線回路の 1 相当たりの抵抗値を短絡時の 2.5 倍にしたときのすべりを s_2 とすると，式（2・27）のトルクの比例推移の関係（解図（b））から

$$\frac{r}{s_1} = \frac{2.5r}{s_2} \qquad \therefore \quad s_2 = 2.5r \times \frac{s_1}{r} = 2.5 \times 2 = 5\,\% \quad \rightarrow \quad 0.05$$

回転速度 $N' = N_s(1-s_2) = 1\,200 \times (1-0.05) = \mathbf{1\,140\,min^{-1}}$

解答 ▶ （a）-（2），（b）-（3）

問題⓴ ✓ ✓ ✓　　　　　　　　　　　　　　　　H18 A-8

　誘導電動機を VVVF（可変電圧可変周波数）インバータで駆動するものとする．このときの一般的な制御方式として ［（ア）］ が用いられる．いま，このインバータが 60 Hz 電動機用として，60 Hz のときに 100 % 電圧で運転するように調整されていたものとする．このインバータを用いて，50 Hz 用電動機を 50 Hz にて運転すると電圧は約 ［（イ）］ % となる．トルクは電圧のほぼ ［（ウ）］ に比例するので，この場合の最大発生トルクは，定格電圧印加時の最大発生トルクの約 ［（エ）］ % となる．ただし，両電動機の定格電圧は同一である．

　上記の記述中の空白箇所（ア），（イ），（ウ）および（エ）に当てはまる組合せとして，正しいものを次のうちから一つ選べ．

	（ア）	（イ）	（ウ）	（エ）
（1）	V/f 一定制御	83	2 乗	69
（2）	V/f 一定制御	83	3 乗	57
（3）	電流一定制御	120	2 乗	144
（4）	電圧位相制御	120	3 乗	173
（5）	電圧位相制御	83	2 乗	69

解説　誘導電動機のインバータ制御は，電圧（V）と周波数（f）の比を一定にする制御が行われる．このため（イ）は（50/60）×100＝**83 %** となり，誘導電動機のトルクは電圧の **2 乗**に比例するため，（エ）は $0.83^2 \times 100 = \mathbf{69\,\%}$ となる．

解答 ▶ （1）

誘導電動機の始動方法

[★★]

1 始 動 特 性

　誘導電動機が始動するときのトルクと電流の時間的変化は，図2·26のようになる．始動時は電流が大きくてもトルクが小さいので，負荷トルクが大きいと始動できない場合もある．

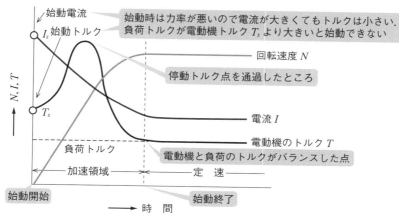

●図2·26　始動時のトルクと電流などの時間的変化の例

　始動電流I_s，力率θ_sは，式(2·20)で$s=1$とおいて

$$I_s = \frac{V_1}{\sqrt{(r_1+r_2')^2+(x_1+x_2')^2}} \text{[A]} \ (I_0 \text{を無視}) \tag{2·29}$$

$$\cos\theta_s = \frac{r_1+r_2'}{\sqrt{(r_1+r_2')^2+(x_1+x_2')^2}}$$

このときのトルクT_{ws}（三相の同期ワット）は

$$T_{ws} = 3I_s^2 r_2' = \frac{3V_1^2 r_2'}{(r_1+r_2')^2+(x_1+x_2')^2} \tag{2·30}$$

　始動トルクは始動電圧V_1の2乗に比例する．なお，r_1，r_2'はx_1，x_2'に比べて小さいので，始動時トルクは小さく，力率も低い．このため，始動電流を小さく，始動トルクが大きくなるように以下のような始動方法を用いる．

2　三相誘導電動機の始動方法

【1】巻線形誘導電動機

　巻線形誘導電動機では，図 2・27 のように**トルクの比例推移を応用**し，二次回路に**始動抵抗器を挿入してすべりを大きくして**，**始動トルクを大きく**，**始動電流を抑制して始動**する．二次抵抗による損失が増大するため，定常運転時は短絡して運転する．

【2】かご形誘導電動機

(a) 全電圧始動（直入れ始動）

　普通かご形電動機（定格出力 3.7 kW 以下）は，始動電流が比較的小さくて電源に与える影響が少ないので，**全電圧（定格電圧）で始動**する．また，特殊かご形電動機（5.5 〜 11 kW）は，始動電流を制限し，始動トルクを増大させるよう

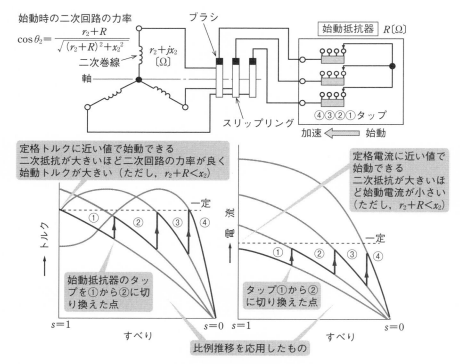

●図 2・27　巻線形誘導電動機の始動方法

に設計してあるから，5.5 ～ 7.5 kW では全電圧で始動する．一般にかご形電動機は，容量が大きいと，端子電圧を下げ，始動電流を小さくして始動する．

(b) Ｙ－△ 始動

Ｙ－△ **始動**は，図 2・28 (a) のように，始動時に一次巻線を Ｙ 結線としておき，加速後に △ 結線に切り替える方式である．線間電圧がそのまま巻線にかかる △ 結線に対して，Ｙ 結線は，線間電圧の $1/\sqrt{3}$ 倍の巻線電圧となる．

線間電圧を V，1相分のインピーダンスを Z とすると，△ 結線における巻線電流は V/Z となり，線電流 $I_\triangle$ は，$I_\triangle = \sqrt{3}V/Z$ となる．一方，Ｙ 結線にかかる電圧が $V/\sqrt{3}$ における線電流 $I_\curlyY$ は，$I_\curlyY = V/\sqrt{3}Z$ となり，**始動電流（線電流）は △ 結線の 1/3 となる**．切替時に突入電流によるショックが発生する．

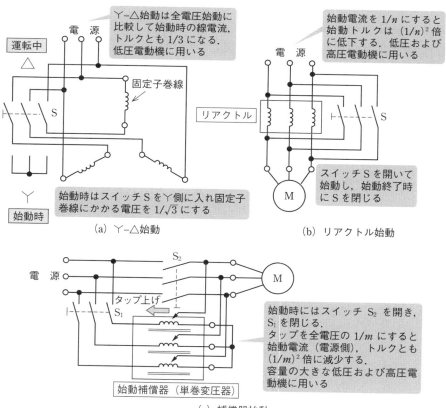

(a) Ｙ－△始動

Ｙ–△始動は全電圧始動に比較して始動時の線電流，トルクとも 1/3 になる．低圧電動機に用いる

始動時はスイッチ S を Ｙ 側に入れ固定子巻線にかかる電圧を $1/\sqrt{3}$ にする

(b) リアクトル始動

始動電流を $1/n$ にすると始動トルクは $(1/n)^2$ 倍に低下する．低圧および高圧電動機に用いる

スイッチ S を開いて始動し，始動終了時に S を閉じる

(c) 補償器始動

始動時にはスイッチ S_2 を開き，S_1 を閉じる．
タップを全電圧の $1/m$ にすると始動電流（電源側），トルクとも $(1/m)^2$ 倍に減少する．
容量の大きな低圧および高圧電動機に用いる

● 図 2・28　かご形誘導電動機の始動方法

また，トルクが電圧の2乗に比例するため，**始動トルクも 1/3** となるため，大きなトルクが必要な場合には適さない．

(c) リアクトル始動法

リアクトル始動は，図 2·28（b）のように，電源と**直列に始動リアクトルを接続**して始動し，加速後にリアクトルを短絡する方式である．リアクトルによる電圧降下分により電圧を $1/n$ とすると，**始動電流が 1/n，始動トルクが 1/n²** となる．

(d) 始動補償器法（コンドルファ始動法）

始動補償器法は，図 2·28（c）のように，**三相単巻変圧器を用いてタップを切り替える**ことによって低電圧で始動し，定常運転時には全電圧を加える方式である．単巻変圧器により電圧を $1/m$ とすると，**始動電流（電源側）が 1/m²，始動トルクが 1/m²** となる．全電圧へ切り替える際に単巻変圧器の中性点を開き，リアクトルとして活用することで突入電流を防ぐ方式をコンドルファ始動法という．

3 特殊かご形誘導電動機

回転子の導体を入れる構造を工夫したものが特殊かご形誘導電動機で，図 2·29 のように**深みぞかご形**と**二重かご形**に分類される．

(a) 深みぞかご形

図 2·30（a）のように，漏れ磁束はスロットの内側（下部）ほど大きく，**漏れリアクタンス**も大きい．始動時には二次周波数 sf_1 が定格運転時に比べて大きく，リアクタンスの大きい内側には電流が流れにくく，**導体の外側に電流が集中**する（**表皮効果**）．これにより，二次抵抗が大きくなり，トルクの比例推移により始動トルクが大きく，始動電流を小さくできる．定常運転状態では，sf_1 が非常に小さくなり電流が全体に流れる．

(b) 二重かご形

図 2·30（b）のように，回転子の導体を2段とし，**表面側に断面積が小さい高抵抗の導体**を，**内側に断面積が大きく低抵抗の導体**を設置する．深みぞかご形と同様に，始動時の電流は漏れリアクタンスが小さい高抵抗の外側の導体を流れる．これにより，始動時のトルクを大きくできる．

外側の導体と内側の導体は，図 2·31 のようにそれぞれ別のトルク特性をもち，二つを合成した曲線が電動機のトルク特性を示す．

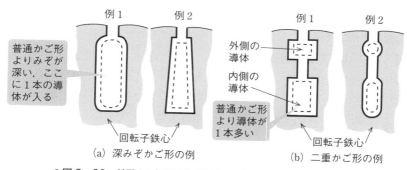

例1 例2　例1 例2

普通かご形よりみぞが深い。ここに1本の導体が入る

外側の導体

内側の導体

普通かご形より導体が1本多い

回転子鉄心

回転子鉄心

（a）深みぞかご形の例　（b）二重かご形の例

●図2・29　特殊かご形誘導電動機の回転子みぞ（スロット）の形

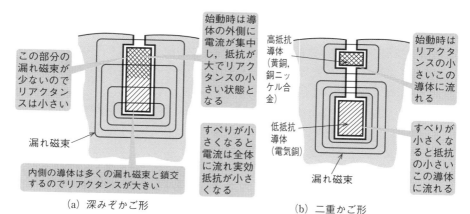

この部分の漏れ磁束が少ないのでリアクタンスは小さい

始動時は導体の外側に電流が集中し，抵抗が大でリアクタンスの小さい状態となる

高抵抗導体（黄銅，銅ニッケル合金）

始動時はリアクタンスの小さいこの導体に流れる

漏れ磁束

内側の導体は多くの漏れ磁束と鎖交するのでリアクタンスが大きい

すべりが小さくなると電流は全体に流れ実効抵抗が小さくなる

低抵抗導体（電気銅）

漏れ磁束

すべりが小さくなると抵抗の小さいこの導体に流れる

（a）深みぞかご形　（b）二重かご形

●図2・30　漏れ磁束と電流分布

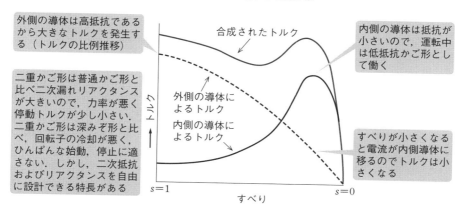

外側の導体は高抵抗であるから大きなトルクを発生する（トルクの比例推移）

合成されたトルク

内側の導体は抵抗が小さいので，運転中は低抵抗かご形として働く

二重かご形は普通かご形と比べ二次漏れリアクタンスが大きいので，力率が悪く停動トルクが少し小さい。二重かご形は深みぞ形と比べ，回転子の冷却が悪く，ひんぱんな始動，停止に適さない。しかし，二重かご形は二次抵抗およびリアクタンスを自由に設計できる特長がある

外側の導体によるトルク

内側の導体によるトルク

すべりが小さくなると電流が内側導体に移るのでトルクは小さくなる

トルク↑

s=1　すべり　s=0

●図2・31　特殊かご形誘導電動機のトルク速度特性（二重かご形の例）

4 始動時の異常現象

1 クローリング

　誘導電動機の磁束分布に**第5調波**などを含むと，逆回転方向のトルクを発生して速度が上昇できなくなる．これを**クローリング**という．回転子導体が軸方向に対して斜めになるような斜めスロットを採用してこれを避ける．

2 ゲルゲス現象

　巻線形誘導電動機の二次側の1相が開放されると，トルク特性が大幅に変化し，同期速度の 1/2 くらいまでしか加速できなくなる．これを**ゲルゲス現象**という．

5 単相誘導電動機

　単相誘導電動機は，全負荷電流に対する無負荷電流の割合が非常に大きいため，力率，効率などの性能は三相誘導電動機に比べると著しく悪い．しかし，一般家庭用電源を利用できる便利さがある．

　単相交流を固定子巻線に流すと，大きさが正負に代わる**交番磁界**が発生する．交番磁界は，図 2・32 (a) のように反対方向に回転する 2 つ回転磁界を合成したものとみなすことができる．反対方向に回転する 2 台の二相誘導電動機のトルクを合成した図 2・32 (b) のトルク曲線となり，**静止時には始動トルクが 0** であり，回転することができず，**外力によりいずれかの方向に回すと回転**する．

　始動トルクを得る方法として，図 2・33 のような始動方式が用いられる．各種始動方式の特徴と用途を表 2・2 に示す．

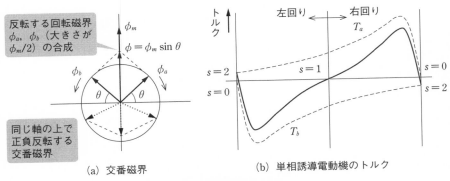

(a) 交番磁界　　　(b) 単相誘導電動機のトルク

●図 2・32　単相誘導機の交番磁界とトルク

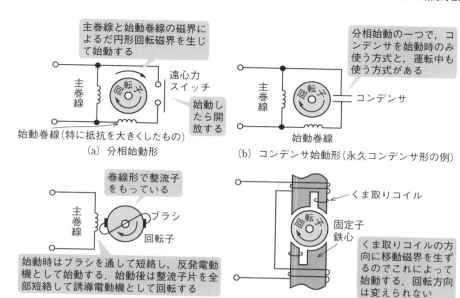

主巻線と始動巻線の磁界に
よるだ円形回転磁界を生じ
て始動する

遠心力
スイッチ

始動し
たら開
放する

主巻線

始動巻線(特に抵抗を大きくしたもの)

(a) 分相始動形

分相始動の一つで，コ
ンデンサを始動時のみ
使う方式と，運転中も
使う方式がある

コンデンサ

主巻線

始動巻線

(b) コンデンサ始動形(永久コンデンサ形の例)

巻線形で整流子
をもっている

ブラシ

回転子

主巻線

始動時はブラシを通して短絡し，反発電動
機として始動する．始動後は整流子片を全
部短絡して誘導電動機として回転する

(c) 反発始動形

くま取りコイル

固定子
鉄心

くま取りコイルの方
向に移動磁界を生ず
るのでこれによって
始動する．回転方向
は変えられない

(d) くま取りコイル形

● 図 2・33　単相誘導電動機の始動方式の種類

● 表 2・2　単相誘導電動機の各種始動方式の特徴と主な用途例

種　　類	特　　徴	用　途　例
分相始動形 （抵抗分相）	始動トルク小，始動電流大 安　価	井戸ポンプ，電気冷蔵庫など. 定格出力 200 W 程度以下．コンデン サモータの発達に伴い利用度減少
コンデンサ始動形 （コンデンサ分相）	始動トルク大，始動電流小 価格は中くらい	ポンプ，農事用，電気冷蔵庫，工業 用ミシンなど．400 W 程度以下
コンデンサモータ （永久コンデンサ形）	始動トルク小，始動電流小，遠 心スイッチ不要，力率良 価格は中くらい	電気洗たく機，電気冷蔵庫，グライ ンダなど 200 W 程度以下
コンデンサモータ （二値コンデンサ形）	永久コンデンサ形で別に始動用 のコンデンサをつけたもの 始動トルク大	同　上
反発始動形	始動トルク特大 始動電流小 高　価	農事用，井戸ポンプなど 100 〜 800 W コンデンサ始動形に代わりつつある
くま取りコイル形	始動トルク小，速度変動大，効 率悪い，安価で構造簡単，丈夫， 回転方向は変えられない	扇風機，レコードプレーヤ（ホノモー タ）など 10 W 以下

問題21 ✓ ✓ ✓

次の文章は，誘導電動機の始動に関する記述である．

a. 三相巻線形誘導電動機は，二次回路を調整して始動する．トルクの比例推移特性を利用して，トルクが最大値となるすべりを　(ア)　付近になるようにする．具体的には，二次回路を　(イ)　で引き出して抵抗を接続し，二次抵抗値を定格運転時よりも大きな値に調整する．

b. 三相かご形誘導電動機は，一次回路を調整して始動する．具体的には，始動時は Y 結線，通常運転時は △ 結線にコイルの接続を切り換えてコイルに加わる電圧を下げて始動する方法，　(ウ)　を電源と電動機の間に挿入して始動時の端子電圧を下げる方法，および　(エ)　を用いて電圧と周波数の両者を下げる方法がある．

c. 三相誘導電動機では，三相コイルが作る磁界は回転磁界である．一方，単相誘導電動機では，単相コイルが作る磁界は交番磁界であり，主コイルだけでは始動しない．そこで，主コイルとは　(オ)　が異なる電流が流れる補助コイルやくま取りコイルを固定子に設けて，回転磁界や移動磁界を作って始動する．

上記の記述中の空白箇所（ア），（イ），（ウ），（エ）および（オ）に当てはまる組合せとして，正しいものを次の（1）～（5）のうちから一つ選べ．

	(ア)	(イ)	(ウ)	(エ)	(オ)
(1)	1	スリップリング	始動補償器	インバータ	位相
(2)	0	整流子	始動コンデンサ	始動補償器	位相
(3)	1	スリップリング	始動抵抗器	始動コンデンサ	周波数
(4)	0	整流子	始動コンデンサ	始動抵抗器	位相
(5)	1	スリップリング	始動補償器	インバータ	周波数

解説 誘導電動機は，始動時に電源電圧を一次，二次の全インピーダンスで短絡した非常に大きな始動電流が流れ，また，始動トルクも大きくないため，表 2·3 のような方法で特性を変えて始動する．単相誘導電動機は，始動時に回転磁界ができず，始動トルクが 0 であるため，始動装置を設ける．主巻線と 90° ずらして補助コイル（始動巻線）に**位相**の異なる電流を流して回転磁界を作る方法（分相始動，コンデンサモータ）や，磁極に短絡されたくま取りコイルを設けて磁極面に移動磁界を作る方法がある．

●表2・3　各種始動方法の特徴

巻線形	始動抵抗器	二次回路に始動抵抗を接続し，比例推移により始動電流を小さく，トルクを大きくして始動 速度上昇にあわせて段階的に抵抗を減少
かご形	全電圧始動	電源容量に対して比較的小容量の電動機は，定格電圧をかけて始動
	Y-△始動	固定巻線をY結線にして始動し，運転後に△結線に切換 始動時の巻線電圧が$1/\sqrt{3}$のため，始動電流，トルクが$1/3$
	リアクトル始動	一次側にリアクトルを直列に接続し，電流を制限して始動 始動電流を$1/n$にするとトルクが$1/n^2$
	始動補償器	単巻変圧器のタップで電圧を下げて始動 電圧を$1/n$にすると，始動電流，トルクとも$1/n^2$

解答 ▶ (1)

問題22 ✓ ✓ ✓

H18 A-2

かご形誘導電動機の始動方法には，次のようなものがある．

a. 定格出力が 5 kW 程度以下の小容量のかご形誘導電動機の始動時には， (ア) に与える影響が小さいので，直接電源電圧を印加する方法が用いられる．

b. 定格出力が 5〜15 kW 程度のかご形誘導電動機の始動時には，まず固定子巻線を (イ) にして電源電圧を加えて加速し，次に回転子の回転速度が定格回転速度近くに達したとき，固定子巻線を (ウ) に切り換える方法が用いられる．この方法では (ウ) で直接始動した場合に比べて，始動電流，始動トルクはともに (エ) 倍になる．

c. 定格出力が 15 kW 程度以上のかご形誘導電動機の始動時には， (オ) により，低電圧を電動機に供給し，回転子の回転速度が定格回転速度近くに達したとき，全電圧を電動機に供給する方法が用いられる．

上記の記述中の空白箇所（ア），（イ），（ウ），（エ）および（オ）に当てはまる語句または数値の組合せとして，正しいものを次のうちから一つ選べ．

	（ア）	（イ）	（ウ）	（エ）	（オ）
(1)	絶縁電線	△結線	Y結線	$1/\sqrt{3}$	三相単巻変圧器
(2)	電源系統	△結線	Y結線	$1/\sqrt{3}$	三相単巻変圧器
(3)	絶縁電線	Y結線	△結線	$1/\sqrt{3}$	三相可変抵抗器
(4)	電源系統	△結線	Y結線	$1/3$	三相可変抵抗器
(5)	電源系統	Y結線	△結線	$1/3$	三相単巻変圧器

Chapt
2

解説 誘導電動機は始動電流が大きく，大容量機では**電源系統**に与える影響が大きいため，始動電流を制限する始動方法が必要である．巻線形では二次抵抗により制御できるが，かご形では端子電圧を下げて始動する方法が用いられる．

　Y-△ 始動は図 2·28 (a) のように，**始動時に** Y **結線**に接続して，**加速後に** △ **結線**に切り換える方法である．Y 結線は △ 結線と比べて巻線にかかる電圧が $1/\sqrt{3}$ になる．また △ 線の線電流は巻線に流れる電流の $\sqrt{3}$ 倍である．このため Y 結線における始動電流は △ 結線と比べて **1/3** となる．また，式 (2·30) より始動トルクは電圧の 2 乗に比例することから **1/3** となる．

　補償器始動は，図 2·28 (c) のように，単巻変圧器で電圧を低減させて始動する方法である．電圧を $1/m$ とした場合，始動電流も $1/m$ となるが，単巻変圧器の電源側では始動電流が $1/m^2$ となり，始動トルクも $1/m^2$ となる．

解答 ▶ (5)

問題㉓ ✓ ✓ ✓　　　　　　　　　　　　　　　　　　　　H27 A-3

　誘導機に関する記述として，誤っているものを次の (1) ～ (5) のうちから一つ選べ．

(1) 三相かご形誘導電動機の回転子は，積層鉄心のスロットに棒状の導体を差し込み，その両端を太い導体環で短絡して作られる．これらの導体に誘起される二次誘導起電力は，導体の本数に応じた多相交流である．

(2) 三相巻線形誘導電動機は，二次回路にスリップリングを通して接続した抵抗を加減し，トルクの比例推移を利用してすべりを変えることで速度制御ができる．

(3) 単相誘導電動機はそのままでは始動できないので，始動の仕組みの一つとして，固定子の主巻線とは別の始動巻線にコンデンサなどを直列に付加することによって回転磁界を作り，回転子を回転させる方法がある．

(4) 深溝かご形誘導電動機は，回転子の深いスロットに幅の狭い平たい導体を押し込んで作られる．このような構造とすることで，回転子導体の電流密度は定常時に比べて始動時は導体の外側（回転子表面側）と内側（回転子中心側）で不均一の度合いが増加し，等価的に二次導体のインピーダンスが増加することになり，始動トルクが増加する．

(5) 二重かご形誘導電動機は回転子に内外二重のスロットを設け，それぞれに導体を埋め込んだものである．内側（回転子中心側）の導体は外側（回転子表面側）の導体に比べて抵抗値を大きくすることで，大きな始動トルクを得られるようにしている．

解説 かご形誘導電動機では二次抵抗を調整できないため，始動時に二次抵抗を大きくして，大きなトルクを得られるように始動特性を改善した深溝かご形と二重かご形がある．どちらも原理は同じで，外側よりも内側の方が漏れリアクタンスが大きくなり，始動時には二次側の誘導起電力の周波数 sf が最大となり，リアクタンスの小さい外側に電流が集中する．このため，二重かご形では，始動抵抗を大きくするために**外側の抵抗値を大きく**する．

解答 ▶ **(5)**

問題 24　　✓ ✓ ✓　　H13 A-2

　定格電圧 200 V，定格電流 9 A の三相かご形誘導電動機があり，端子電圧が 200 V のときに始動電流は定格電流の 600 % である．この電動機をある電源に接続して始動したところ，その電源の内部インピーダンスにより，電動機の端子電圧が 180 V になった．このときの電動機の始動電流〔A〕の値として，最も近いものを次のうちから一つ選べ．

　　(1)　44　　　(2)　49　　　(3)　54　　　(4)　60　　　(5)　67

解説 巻線形誘導電動機では，図 2·27 のように二次回路に外部抵抗（始動抵抗器）を接続して始動電流を制限することができる．一方，かご形では二次回路は図 2·3 のようにエンドリングで短絡されているので外部抵抗を接続できない．このため，一次端子から見た始動時のインピーダンスは一定であり，始動電流は始動時の端子電圧に比例する．

　端子電圧が 200 V のときの始動電流 I_s は定格電流×倍数＝$9 \times 6 = 54$ A であるから，180 V のときの始動電流を I_s' とすると

$$\frac{I_s'}{I_s} = \frac{180}{200} = 0.9 \quad \therefore \quad I_s' = I_s \times 0.9 = 54 \times 0.9 = 48.6 \doteqdot 49\,\mathrm{A}$$

解答 ▶ **(2)**

問題 25　　✓ ✓ ✓　　H6 B-12

　巻線形三相誘導電動機があり，その二次 1 相の巻線抵抗は 0.05 Ωであり，二次端子を短絡した場合，定格負荷状態においてすべり 3 % で回転する．定格電圧及び定格周波数のもとで，この電動機に 120 % の始動トルクを発生させるために，二次端子に接続すべき 1 相当たりの外部抵抗〔Ω〕の値として，正しいのは次のうちどれか．ただし，二次端子を短絡した場合に，すべりが 5 % 以下の範囲において，この電動機の発生するトルクはすべりに比例するとしてよいものとする．

　　(1)　1.34　　　(2)　1.62　　　(3)　1.85　　　(4)　2.03　　　(5)　2.66

題意より，トルクとすべりの関係は解図のようになり，すべりと二次抵抗の比が一定となるトルクの比例推移の関係を活用する．

解説 題意よりトルクがすべりに比例することから，定格運転時のトルク T_n の120％のときのすべり s_2 は

$$\frac{T_n}{s_1} = \frac{1.2T_n}{s_2}$$

$\therefore \quad s_2 = 1.2s_1 = 1.2 \times 0.03 = 0.036$

電動機に120％の始動トルクを発生させるための外部抵抗 R 〔Ω〕は，二次一相の巻線抵抗を r_2 〔Ω〕とすると，式(2・27)の関係において始動時のすべりが1であることから

$$\frac{r_2}{s_2} = \frac{r_2+R}{s_3}$$

$\therefore \quad R = r_2\left(\frac{s_3}{s_2} - 1\right) = 0.05 \times \left(\frac{1}{0.036} - 1\right) \fallingdotseq \mathbf{1.34\,\Omega}$

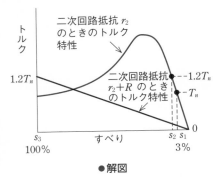

●解図

解答 ▶ (1)

問題㉖ ✓ ✓ ✓   R4上 A-2

△ 結線された三相誘導電動機がある．この電動機に対し，△ 結線の状態で拘束試験を実施したところ，下表の結果が得られた．この電動機を Y 結線に切り替え，220 V の三相交流電源に接続して始動するときの始動電流の値 〔A〕として，最も近いものを次の (1)～(5) のうちから一つ選べ．ただし，磁気飽和による漏れリアクタンスの低下は無視できるものとする．

一次電圧（線間電圧）	43.0 V
一次電流（線電流）	9.00 A

(1) 15.3　　(2) 26.6　　(3) 46.0　　(4) 79.8　　(5) 138

解説 三相誘導電動機の △–Y 始動であるが，拘束試験での △ 結線の状態と始動時の Y 結線の状態の電圧と流れる電流を解図のように書いて求める．結線の切り替えにより1相の巻線インピーダンス Z は変わらない．なお，拘束試験も始動の瞬間も同じ停止状態である．

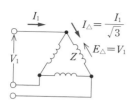 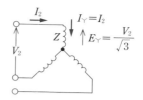

●解図

拘束試験時の線間電圧をV_1，線電流をI_1，△結線の相電圧を$V_△$，$I_△$とすると，$E_△$$= V_1$，$I_△ = I_1/\sqrt{3}$であり，インピーダンス$Z$は

$$Z = \frac{E_△}{I_△} = \frac{V_1}{I_1/\sqrt{3}} = \frac{43}{9/\sqrt{3}} = \frac{43\sqrt{3}}{9}\,\Omega$$

始動時の線間電圧をV_2，線電流をI_2，△結線の相電圧を$V_\curlyvee$，$I_\curlyvee$とすると，$E_\curlyvee =$$V_2/\sqrt{3}$，$I_\curlyvee = I_2$であり，$I_2$を求める．

$$I_2 = I_\curlyvee = \frac{E_\curlyvee}{Z} = \frac{V_2/\sqrt{3}}{Z} = 220/\sqrt{3} \div \frac{43\sqrt{3}}{9} = \frac{220 \times 9}{43 \times 3} \fallingdotseq \mathbf{15.3A}$$

解答 ▶ **(1)**

回転機の一般事項

[★]

1 定格の種類

(1) 連続定格

　回転機を無期限に運転できる定格をいい，一定な負荷で，回転機が熱平衡に達する時間以上に継続運転する使用に対応できるものとする．

(2) 短時間定格

　回転機を周囲温度で始動し，限定された期間だけ運転できる定格をいい，一定な負荷で，回転機が熱平衡に達しない範囲の指定時間継続運転した後に，回転機を停止し，次の始動時までに回転機の温度と冷媒温度との差が 2K 以内までに降下する使用に対応できるものとする．

(3) 反復定格

　電動機を一定負荷の運転期間及び停止期間を一周期としてこれを反復する使用の下で運転できる定格をいう．反復使用される電動機を熱平衡に到達するまで回転機を運転でき，反復定格等の型式に等価であるとみなせるものを等価負荷定格という．継続時間 $t_1 \sim t_4$ で電動機電流 $I_1 \sim I_4$ が流れ，それぞれの冷却係数を $\alpha_1 \sim \alpha_4$ としたとき，2 乗平均法による等価定電流 I_a は次式となる．

$$I_a = \sqrt{\frac{I_1{}^2 t_1 + I_2{}^2 t_2 + I_3{}^2 t_3 + I_4{}^2 t_4}{\alpha_1 t_1 + \alpha_2 t_2 + \alpha_3 t_3 + \alpha_4 t_4}} \quad \text{[A]} \tag{2・31}$$

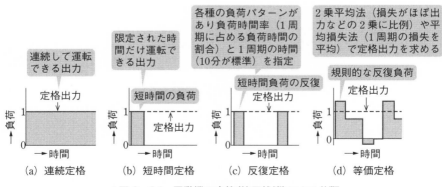

●図 2・34　電動機の定格（使用状態）による分類

2 機械的事項

◀1▶ 標準回転方向

　発電機または電動機（可逆電動機を除く）の回転方向は，特に指定されない場合には連結の反対側から見て時計式を標準とする．

◀2▶ 過電流耐力

　発電機は，特殊のものを除いて，その端子電圧をできるだけ定格電圧に近い値に保った状態で，定格電流の 1.5 倍に等しい電流が 15 秒間通じても，機械的に耐える構造でなければならない．

◀3▶ 騒　音

　回転機の騒音原因は，①回転子の機械的アンバランス，軸受，ブラシ，冷却ファンなどによる機械的なもの，②固定子・回転子の間に働く電磁力による電磁的なものに分類できる．

　機械的騒音は回転子偏心の修正，共振防止による対策，また電磁騒音は電流密度の 2 乗，磁束密度の 2 乗に比例するので，これらを低く設計する対策をとる．

3 損失の種類

　回転機の損失は図 2・35 のように分類できる．

◀1▶ 鉄　損

　電機子鉄心や界磁極片など，磁束が周期的に変化する部分に生ずる**ヒステリシス損**および**うず電流損**．

◀2▶ 機械損

　軸受部やブラシ接触部の**摩擦損**，回転部と空気との摩擦による**風損**．

◀3▶ 銅損

　電機子銅損，界磁銅損，ブラシ抵抗損，補極や補償巻線の**抵抗損**．

◀4▶ 漂遊負荷損

　電機子電流の交番磁束によって生ずる**鉄損**，整流中のコイルの**銅損**など，測定や計算が困難なもの．

　直流機の場合，入力の 0.5 ％（補償巻線付き）〜 1.0 ％（補償巻線なし）．

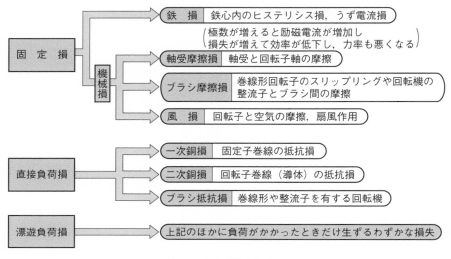

●図2・35　回転機の損失

4 効 率

◆1◆ 実測効率

　小容量の場合，発電機は抵抗器負荷，電動機はブレーキ，動力計，または効率の明らかな発電機を直結し，入力と出力を実測して効率を算定する．大容量の場合は返還負荷法を用いる．

◆2◆ 規約効率

　回転機の電気的な入力（電動機）または出力（発電機）の測定値と，無負荷損の測定値，および負荷電流と回路抵抗から計算によって求めた負荷損，ならびに漂遊負荷損の規定値から，次式により効率を算定する．

$$規約効率 = \frac{出力}{出力+損失} \times 100 \ [\%] \ （発電機） \tag{2・32}$$

$$= \frac{入力-損失}{入力} \times 100 \ [\%] \ （電動機） \tag{2・33}$$

問題27　☑ ☑ ☑

次の文章は，交流電気機器の損失に関する記述である．

a. 磁束が作用して鉄心の電気抵抗に発生する　(ア)　は，鉄心に電流が流れにくいように薄い鉄板を積層して低減する．

b. コイルの電気抵抗に電流が作用して発生する　(イ)　は，コイルに電流が流れやすいように導体の断面積を大きくして低減する．

c. 磁性材料を通る磁束が変動すると発生する　(ウ)　，および変圧器には存在しない　(エ)　は，機器に負荷をかけなくても存在するので無負荷損と称する．

d. 最大磁束密度一定の条件で　(オ)　は周波数に比例する．

上記の記述中の空白箇所（ア），（イ），（ウ），（エ）および（オ）に当てはまる組合せとして，正しいものを次の（1）～（5）のうちから一つ選べ．

	（ア）	（イ）	（ウ）	（エ）	（オ）
(1)	うず電流損	銅損	鉄損	機械損	ヒステリシス損
(2)	ヒステリシス損	うず電流損	鉄損	機械損	励磁損
(3)	うず電流損	銅損	機械損	鉄損	ヒステリシス損
(4)	ヒステリシス損	うず電流損	機械損	鉄損	励磁損
(5)	うず電流損	銅損	機械損	鉄損	励磁損

解説　交流電気機器に生じる主な損失は表2・4のとおり．鉄損における周波数や最大磁束密度による影響は変圧器と回転機で共通である（図1・15参照）．

●表2・4　損失の種類と要因

固定損（無負荷損）	鉄損	うず電流損	鉄心の内部の磁束の変化により，起電力が生じ，うず電流が流れて抵抗損が生じる．$f^2 B_m{}^2$ に比例．絶縁した成層鉄心を用いて鉄心中のうず電流を低減
		ヒステリシス損	鉄心を交流で磁化するときに生じる損失．励磁電流と磁束密度の変化がヒステリシス現象を起こすことで生じる．$f B_m{}^{1.6~2}$ に比例
	機械損		ブラシや軸受部の摩擦損や回転子と空気の摩擦など，回転機に生じる機械的な損失
負荷損	銅損		一次の固定子巻線，二次の回転子巻線の抵抗損

f：電源周波数，B_m：最大磁束密度

解答 ▶ (1)

練 習 問 題

■ **1** (H10 B-13)

定格周波数 50 Hz，4 極の三相誘導電動機があり，トルク 100 N·m の負荷を負って
1440 r/min で運転している．負荷トルクを 50 N·m に変更したときの電動機出力〔kW〕
の値として，正しいのは次のうちどれか．ただし，電動機のすべりとトルクは比例する
ものとする．

(1) 7.5　　(2) 7.7　　(3) 7.9　　(4) 74　　(5) 79

■ **2** (R2 B-15)

定格出力 45 kW，定格周波数 60 Hz，極数 4，定格運転時のすべりが 0.02 である三
相誘導電動機について，次の (a) および (b) の問に答えよ．

(a) この誘導電動機の定格運転時の二次入力（同期ワット）の値〔kW〕として，最も
　近いものを次の (1) ～ (5) のうちから一つ選べ．

(1) 43　　(2) 44　　(3) 45　　(4) 46　　(5) 47

(b) この誘導電動機を，電源周波数 50 Hz において，60 Hz 運転時の定格出力トルク
　と同じ出力トルクで連続して運転する．この 50 Hz での運転において，すべりが
　50 Hz を基準として 0.05 であるときの誘導電動機の出力の値〔kW〕として，最も
　近いものを次の (1) ～ (5) のうちから一つ選べ．

(1) 36　　(2) 38　　(3) 45　　(4) 54　　(5) 56

■ **3** (H3 B-23)

4 極のかご形三相誘導電動機を 50 Hz の電源に接続して運転したところ，始動直後に
は 1470 min⁻¹ で回転し，2 時間後には 1460 min⁻¹ で回転した．2 時間後の二次抵抗
の値は，始動直後の二次抵抗の値の何倍か．その倍率として最も近いものを次のうちか
ら一つ選べ．ただし，負荷トルクの大きさは回転速度に関係なく一定であるものとする．

(1) 1.33　　(2) 1.40　　(3) 1.56　　(4) 1.74　　(5) 1.86

■ **4** (H9 B-12〈改〉)

定格出力 200 kW，定格電圧 3000 V，周波数 50 Hz，8 極のかご形誘導電動機がある．
この電動機において，次の (a) および (b) に答えよ．ただし，定格出力は定格負荷時
の機械出力（発生動力）から機械損を差し引いたものに等しいものとする．

(a) 全負荷時の二次銅損が 6 kW，機械損が 4 kW であるとすれば，電動機の全負荷時
　の回転速度〔min⁻¹〕の値として，最も近いものを次のうちから一つ選べ．

(1) 714　　(2) 721　　(3) 729　　(4) 736　　(5) 750

(b) 全負荷時の二次効率〔%〕の値として，最も近いものを次のうちから一つ選べ．

(1) 94.1　　(2) 95.1　　(3) 96.1　　(4) 97.1　　(5) 98.1

■ **5** (H26 A-4)

一般的な三相かご形誘導電動機でトルク一定負荷の場合に，電流 100 A の定格運転から電源電圧と周波数を共に 10 % 下げて回転速度を少し下げた．このときの電動機の電流の値〔A〕として，最も近いものを次の（1）～（5）のうちから一つ選べ．ただし，一次抵抗と漏れリアクタンスを省略できるものとする．

なお，出力が大きい定格運転条件では，誘導機の等価回路の電流は，「二次電流 ≫ 励磁電流」であるから，励磁回路を省略しても特性をほぼ表現できる．さらに，「二次抵抗による電圧降下 ≫ その他の電圧降下」となるので，一次抵抗と漏れリアクタンスを省略しても，おおよその特性を検討できる．

(1) 80　　(2) 90　　(3) 100　　(4) 110　　(5) 120

■ **6** (H30 A-3)

定格出力 11.0 kW，定格電圧 220 V の三相かご形誘導電動機が定トルク負荷に接続されており，定格電圧かつ定格負荷においてすべり 3.0 % で運転されていたが，電源電圧が低下しすべりが 6.0 % で一定となった．すべりが一定となったときの負荷トルクは定格電圧のときと同じであった．このとき，二次電流の値は定格電圧のときの何倍となるか．最も近いものを次の（1）～（5）のうちから一つ選べ．ただし，電源周波数は定格値で一定とする．

(1) 0.50　　(2) 0.97　　(3) 1.03　　(4) 1.41　　(5) 2.00

■ **7** (H29 B-15)

定格出力 15 kW，定格電圧 400 V，定格周波数 60 Hz，極数 4 の三相誘導電動機がある．この誘導電動機が定格電圧，定格周波数で運転されているとき，次の (a) および (b) の問に答えよ．

(a) 軸出力が 15 kW，効率と力率がそれぞれ 90 % で運転されているときの一次電流の値〔A〕として，最も近いものを次の（1）～（5）のうちから一つ選べ．

　　(1) 22　　(2) 24　　(3) 27　　(4) 33　　(5) 46

(b) この誘導電動機が巻線形であり，全負荷時の回転速度が $1746 \, \mathrm{min^{-1}}$ であるものとする．二次回路の各相に抵抗を追加して挿入したところ，全負荷時の回転速度が $1455 \, \mathrm{min^{-1}}$ となった．ただし，負荷トルクは回転速度によらず一定とする．挿入した抵抗の値は元の二次回路の抵抗の値の何倍であるか．最も近いものを次の（1）～（5）のうちから一つ選べ．

　　(1) 1.2　　(2) 2.2　　(3) 5.4　　(4) 6.4　　(5) 7.4

■ **8** (H27　B-15)

定格出力 15 kW，定格電圧 220 V，定格周波数 60 Hz，6 極の三相巻線形誘導電動機がある．二次巻線は星形（Ｙ）結線でスリップリングを通して短絡されており，各相の抵抗値は 0.5 Ω である．この電動機を定格電圧，定格周波数の電源に接続して定格出力（このときの負荷トルクを T_n とする）で運転しているときのすべりは 5 ％ であった．計算に当たっては，Ｌ形簡易等価回路を採用し，機械損および鉄損は無視できるものとして，次の (a) および (b) の問に答えよ．

(a) 速度を変えるために，この電動機の二次回路の各相に 0.2 Ω の抵抗を直列に挿入し，上記と同様に定格電圧，定格周波数の電源に接続して上記と同じ負荷トルク T_n で運転した．このときのすべりの値〔％〕として，最も近いものを次の (1) 〜 (5) のうちから一つ選べ．

　(1)　3.0　　　(2)　3.6　　　(3)　5.0　　　(4)　7.0　　　(5)　10.0

(b) 電動機の二次回路の各相に上記 (a) と同様に 0.2 Ω の抵抗を直列に挿入したままで，電源の周波数を変えずに電圧だけを 200 V に変更したところ，ある負荷トルクで安定に運転した．このときのすべりは上記 (a) と同じであった．この安定に運転したときの負荷トルクの値〔N・m〕として，最も近いものを次の (1) 〜 (5) のうちから一つ選べ．

　(1)　99　　　(2)　104　　　(3)　106　　　(4)　109　　　(5)　114

❸

直　流　機

　直流機関係は，毎年 2 問程度が出題されており，以下のような出題傾向となっているので，これに対応した学習がポイントである．出題形式でみると計算問題が約 5 割を占めており，それぞれのテーマ毎の公式や運転特性を習得しておく必要がある．

　基本原理を理解し，回転速度と出力，トルクの関係式を使えるようにしておこう．また，励磁方式毎に等価回路を描けるようにし，誘導起電力，端子電圧の関係を導くとともに，それぞれの運転特性を把握しておこう．電機子反作用や整流，速度制御などの基本特性も覚えておこう．

- (1) 原理と誘導起電力に関する問題
- (2) 電機子反作用，整流に関する問題
- (3) 発電機の等価回路，誘導起電力と回転速度に関する計算
- (4) 発電機，電動機の効率に関する計算
- (5) 電動機の特性に関する問題
- (6) 電動機の等価回路，逆起電力と回転速度に関する計算
- (7) 電動機のトルクと出力に関する計算
- (8) 電動機の始動，速度制御に関する問題

直流機の構造と誘導起電力

[★★]

　直流発電機は，界磁巻線で磁界を作り，回転する電機子巻線に電磁誘導作用による誘導起電力を発生させ，整流して直流を取り出す機器である．逆にブラシを通して電機子電流を流せば，導体が電磁力を受けて回転する電動機となる．

1 直流機の構造

　直流発電機は，図3・1のような構造で，磁界を作る**界磁巻線（固定子）**と，誘導起電力を発生させる**電機子巻線（回転子）**，発生する交流を直流に変換する整流子，ブラシで構成される．

【1】界　磁

　界磁巻線へ**直流電流**を流し，電機子と鎖交するN・S一対の**直流磁束**をつくる．

【2】電機子

　発電機は，原動機に直結して回転させ，電機子巻線に誘導起電力を発生させる．電動機は，電機子巻線に電流を通して磁界との間にトルクを発生させ，電機子を回転させる．電機子鉄心は，回転により磁束の方向が変化するため，鉄損を少な

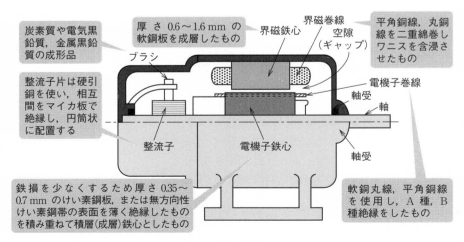

炭素質や電気黒鉛質，金属黒鉛質の成形品

厚さ 0.6～1.6 mm の軟鋼板を成層したもの

界磁鉄心

界磁巻線

空隙（ギャップ）

平角銅線，丸銅線を二重綿巻しワニスを含浸させたもの

ブラシ

電機子巻線

軸受

軸

整流子片は硬引銅を使い，相互間をマイカ板で絶縁し，円筒状に配置する

整流子

電機子鉄心

軸受

鉄損を少なくするため厚さ 0.35～0.7 mm のけい素鋼板，または無方向性けい素鋼帯の表面を薄く絶縁したものを積み重ねて積層（成層）鉄心としたもの

軟銅丸線，平角銅線を使用し，A 種，B 種絶縁をしたもの

●図3・1　直流機の構造

くするけい素鋼板を積層した成層鉄心とする.

◆【3】◆ 整流子 ◆

整流子は，硬引銅の整流子片をマイカ板で絶縁して円筒状にしたもので，**電機子巻線と接続され一体として回転**（回転電機子形）する．界磁の方向が一定であるため誘導起電力は交番的に変化するが，**静止したブラシと接触**させることで片側のブラシが常に高電位となり，直流に変換（整流）できる．

2 直流機の励磁方式

直流機は，界磁磁束を作る励磁方式によって図3・2のように分類され，方式によって特性が大きく変わる．

独立した電源から界磁巻線に電流を流すものを**他励式**，**電機子と界磁が電気回路で接続**されているものを**自励式**という．自励式の中で，電機子回路と界磁巻線を**並列に接続**したものを**分巻式**，**直列に接続**したものを**直巻式**，分巻界磁と直巻界磁を組み合わせたものを複巻式という．

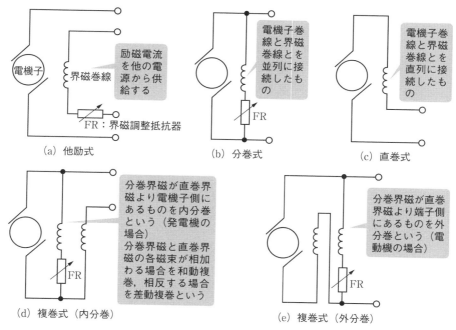

（a）他励式
FR：界磁調整抵抗器

励磁電流を他の電源から供給する

（b）分巻式
電機子巻線と界磁巻線とを並列に接続したもの

（c）直巻式
電機子巻線と界磁巻線とを直列に接続したもの

（d）複巻式（内分巻）
分巻界磁が直巻界磁より電機子側にあるものを内分巻という（発電機の場合）
分巻界磁と直巻界磁の各磁束が相加わる場合を和動複巻，相反する場合を差動複巻という

（e）複巻式（外分巻）
分巻界磁が直巻界磁より端子側にあるものを外分巻という（電動機の場合）

●図3・2 励磁方式による分類

3 直流発電機の原理

直流発電機では，図3·3のように**主磁極（磁束）の中で巻線（コイル）を回転**させると，**フレミングの右手の法則により巻線に誘導起電力が発生**する.

電機子の直径を D〔m〕，回転速度を N〔min^{-1}〕とすると，導体が磁束を切る速さ v〔m/s〕は，円周 πD と1秒あたりの回転数 $N/60$ をかけて

$$v = \pi D \frac{N}{60} \ \text{〔m/s〕}$$

1磁極の磁束を ϕ〔Wb〕，磁極数を p とすれば，ギャップの平均磁束密度 B〔T〕は，総磁束 $p\phi$ を電機子周辺の表面積 πDl で割って

$$B = \frac{p\phi}{\pi Dl} \ \text{〔T〕}$$

磁束密度 B の磁界中に磁界と直交する長さ l〔m〕の直線導体が速度 v で運動するとき，フレミングの右手の法則より導体には vBl の起電力が生じる. 巻線の導体1本に誘導される起電力の大きさ e〔V〕（平均値）は次式となる.

$$e = vBl = \pi D \frac{N}{60} \times \frac{p\phi}{\pi Dl} \times l = p\phi \frac{N}{60} \ \text{〔V〕} \tag{3·1}$$

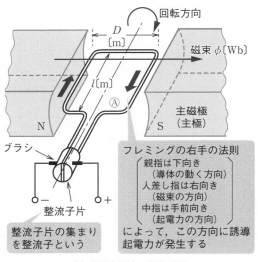

(a) 誘導起電力の発生原理　　　　　　(b) 整流作用

●図3·3　誘導起電力の発生原理と整流作用

4　電機子巻線の巻き方と端子電圧

　電機子巻線の巻き方には，図3・4のように**重ね巻**と**波巻**がある．電機子巻線の各導体は，正負のブラシ間に図3・5のような回路構成で接続されおり，全導体数をz，並列回路数をaとすると正負ブラシ間の直列導体数はz/aとなるから，正負ブラシ間の誘導起電力（端子電圧）E〔V〕は次式となる．

$$E = \frac{e \cdot z}{a} = p\phi\frac{N}{60} \cdot \frac{z}{a} = K_v\phi N \ \text{〔V〕} \tag{3・2}$$

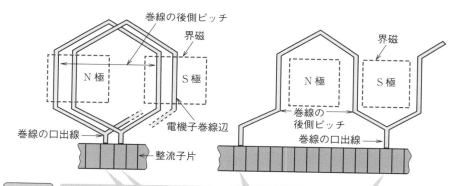

巻線の後側ピッチ

界磁

N極　　S極

巻線の口出線

電機子巻線辺

整流子片

| 低電圧，大電流機に適する | すぐ隣の巻線に接続される方式で並列巻ともいう．並列回路数は極数とつねに等しく，ブラシの数も極数と同じ |

(a) 重ね巻

界磁

N極　　S極

巻線の後側ピッチ

巻線の口出線

| 約2極先の巻線に接続される方式で直列巻ともいう．並列回路数は極数にかかわらず二つ，ブラシは正負一対でよい | 高電圧，小電流機に適する |

(b) 波巻

● 図3・4　電機子巻線法

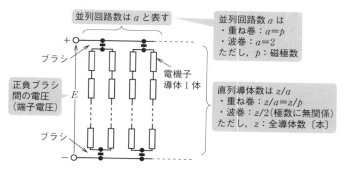

並列回路数はaと表す

＋

ブラシ

正負ブラシ間の電圧（端子電圧）

E

電機子導体1体

ブラシ

－

並列回路数aは
・重ね巻：$a=p$
・波巻：$a=2$
ただし，p：磁極数

直列導体数はz/a
・重ね巻：$z/a=z/p$
・波巻：$z/2$（極数に無関係）
ただし，z：全導体数〔本〕

● 図3・5　電機子回路（電機子導体の接続方法）

ただし，$K_v = \dfrac{pz}{60a}$（電圧定数：機器固有の値）

◀1▶ 重ね巻（並列巻）

重ね巻は，図 3・4（a）のように，電機子巻線が一つの整流子片を出て N-S の磁極を通ってすぐ隣の整流子片に接続し，磁極数分の並列回路を重ね合わせて巻いていく．**正負ブラシ間の並列回路数 a と磁極数 p が等しく**，並列回路数が多くなる（並列巻）ので，低電圧，大電流機に適する．

重ね巻の端子電圧は，式（3・2）で $a = p$ とおくと次式のようになる．

$$E = p\phi \frac{N}{60} \cdot \frac{z}{p} = \phi z \frac{N}{60}\ \text{[V]}（重ね巻の端子電圧）$$

重ね巻で磁極数が多いと電機子の並列回路が多くなり，各回路の誘導起電力に差があると循環電流が流れ，ブラシの火花発生の原因となる．このため，並列回路の等電位となる箇所間を複数箇所で接続する**均圧結線**を行う．

◀2▶ 波巻（直列巻）

波巻は，図 3・4（b）のように，電機子巻線が一つの整流子片を出て N-S の磁極を通って戻らずに 2 極先の整流子片に接続し，波の形のように進んで全ての巻線を直列に接続して一つの閉回路を構成する．**並列回路数 $a = 2$** であり，直列接続される巻線数が多くなる（直列巻）ので，高電圧，小電流機に適する．

波巻の端子電圧は，式（3・2）で $a = 2$ とおくと次式のようになる．

$$E = \frac{p}{2}\phi z \frac{N}{60}\ \text{[V]}（波巻の端子電圧）$$

問題❶ ✓ ✓ ✓ H18 A-1

電機子巻線が重ね巻である 4 極の直流発電機がある．電機子の全導体数は 576 で，磁極の断面積は $0.025\,\text{m}^2$ である．この発電機を回転速度 $600\,\text{min}^{-1}$ 無負荷運転しているとき，端子電圧は 110 V である．このときの磁極の平均磁束密度 [T] の値として，最も近いものを次のうちから一つ選べ．

(1)　0.38　　(2)　0.52　　(3)　0.64　　(4)　0.76　　(5)　0.88

直流機の誘導起電力の式（3・2）を変形して磁束 ϕ を求める．

$$E = p\phi \frac{N}{60} \cdot \frac{z}{a} \ \rightarrow\ \phi = \frac{60Ea}{pNz}$$

解説 重ね巻の場合，並列回路数 a ＝ 磁極数 p である．平均磁束密度 B は，磁束 ϕ，磁極の断面積 S から $B = \phi/S$ で表せるため

$$B = \frac{\phi}{S} = \frac{1}{S} \cdot \frac{60Ea}{pNz} = \frac{60 \times 110}{0.025 \times 600 \times 576} \fallingdotseq 0.76$$

解答 ▶ (4)

問題2 ✓✓✓ H20 A-1

長さ l 〔m〕の導体を磁束密度 B 〔T〕の磁束の方向と直角に置き，速度 v 〔m/s〕で導体および磁束に直角な方向に移動すると，導体にはフレミングの (ア) の法則により，$e =$ (イ) 〔V〕の誘導起電力が発生する．

1 極当たりの磁束が ϕ 〔Wb〕，磁極数が p，電機子総導体数が z，巻線の並列回路が a，電機子の直径が D 〔m〕なる直流機が速度 N 〔min⁻¹〕で回転しているとき，周辺速度は $v = \pi DN/60$ 〔m/s〕となり，直流機の正負のブラシ間には (ウ) 本の導体が (エ) に接続されるので，電機子の誘導起電力 E は，$E =$ (オ) 〔V〕となる．上記の記述中の空白箇所 (ア)，(イ)，(ウ)，(エ) および (オ) に当てはまる語句または式の組合せとして，正しいものを次のうちから一つ選べ．

	(ア)	(イ)	(ウ)	(エ)	(オ)
(1)	右手	Blv	$\frac{z}{a}$	直列	$\frac{pz}{60a}\phi N$
(2)	左手	Blv	za	直列	$\frac{pza}{60}\phi N$
(3)	右手	$\frac{Bv}{l}$	za	並列	$\frac{pza}{60}\phi N$
(4)	右手	Blv	$\frac{a}{z}$	並列	$\frac{pz}{60a}\phi N$
(5)	左手	$\frac{Bv}{l}$	$\frac{z}{a}$	直列	$\frac{z}{60pa}\phi N$

磁束密度 B の磁界中を速度 v で運動する長さ l の導体に発生する誘導起電力 e は，$e = Blv$ となり，フレミングの右手の法則で方向が示される．

解説 正負のブラシ間の直列導体数は z/a となることから，電機子の誘導起電力 E は，導体 1 本あたりの誘導起電力 $e = Blv$ と z/a の積となる．また，空隙の平均磁束密度 B は，総磁束 $p\phi$ をコイルの表面積 πDl で割ったものとなる．

$$E = Blv \cdot \frac{z}{a} = \frac{p\phi}{\pi Dl} \cdot l \cdot \pi D \frac{N}{60} \cdot \frac{z}{a} = \frac{pz}{60a}\phi N$$

解答 ▶ (1)

電機子反作用と整流

[★★]

1 電機子電流による起磁力と電機子反作用

【1】 電機子反作用

電機子巻線の電流による起磁力によって，**主磁極の磁束が影響を受ける**．このような磁界分布を乱す作用を**電機子反作用**という．

電機子電流が流れていないときは，ギャップの磁束分布は図 3·6（a）のように，磁束密度がほぼ一定で磁極の中間（幾何学的中性軸）でゼロとなる．

発電機として右回転で回転させると幾何学的中性軸より右側では手前に，左側では奥に電機子電流が流れ，図 3·6（b）のようにアンペアの右ねじの向きの磁束が生じる．**電機子電流による磁束は，主磁界に直角方向（電気角 π/2）となり，交さ起磁力**という．中性軸付近では，ギャップが大きく磁気抵抗が大きくなるため，電機子電流による起磁力が小さくなる．

主磁極の磁束（a）と電機子電流による磁束（b）を合成すると，負荷状態におけるギャップの磁束分布は図 3·6（c）のように，磁束が回転方向（図の場合右側）にずれる．**幾何学的中性軸より回転方向に進んだ軸上で磁束密度がゼロとなり，電気的中性軸**という．

電動機の場合は，図 3·6（b）の方向に電機子電流を流すと左回転となり，**回転方向に対して少し遅れた位置に電気的中性軸が現れる**．

【2】 電機子反作用による影響

電機子反作用によってギャップの磁束密度分布に偏りが生じるので，図 3·7 のように次の 3 つの影響を生じ，運転に支障を及ぼす．

(a) 電気的中性軸の移動

磁束密度が 0 になる**電気的中性軸が移動**し，ブラシが幾何学的中性軸にあると，ブラシで短絡されたコイルにも起電力が生じ，**ブラシに火花が発生**する．

(b) 主磁束の減少

主磁束に電機子電流による磁束が加わり，磁極片の片側では磁束が増加し，反対側では磁束が減少する．磁束が大きくなる部分では，磁気飽和が生じ，全体で**磁束が減少**する（減磁作用）．

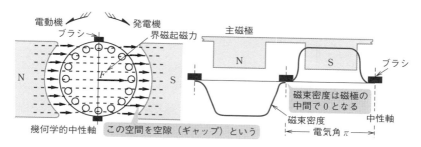

（a）磁極による磁束と空隙の磁束密度分布

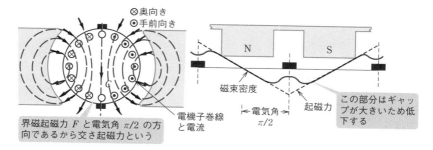

（b）電機子電流による磁束と空隙の磁束密度分布

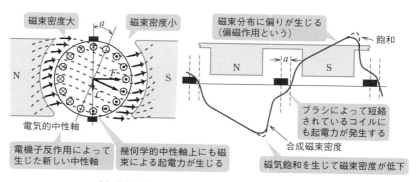

（c）負荷状態での合成磁束および空隙の磁束密度分布

● 図3・6　電機子反作用

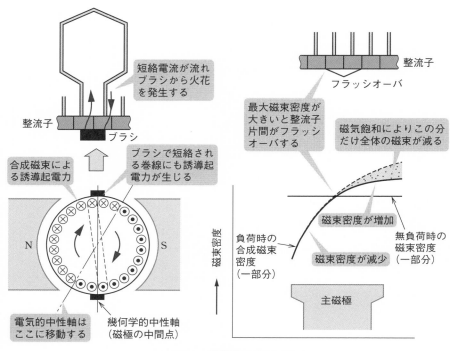

●図3・7 電機子反作用の影響

(c) 整流子片間の電圧不均一

磁束密度に疎密が生じ，磁束密度の高い部分の電機子巻線に高い起電力を生じ，この部分の整流子片に火花が生じ，**フラッシオーバ**を起こすことがある．

2 電機子反作用の軽減対策

直流機では，電機子反作用の影響を減らすために，次のような軽減対策がとられる．

【1】 ブラシの移動

電機子反作用により移動する**電気的中性軸にブラシを移動**することで，ブラシに発生する火花を減らす．電機子電流の大きさによって電気的中性軸の位置が変わってしまう．

【2】 補 極

図3・8のように，**幾何学的中性軸上に補極を設け，電機子巻線と直列に接続し**，

これに比例した磁束を発生させる．**幾何学的中性軸付近の電機子起磁力を打ち消し**，電気的中性軸の移動を防ぐことができるが，磁束分布の偏りは残る．

整流中の巻線のリアクタンス電圧を打ち消し，整流を改善する．

◀3▶ 補償巻線

図 3·8 のように，**主磁極の磁極片に補償巻線を設け，電機子巻線と直列に接続し**，相対する電機子電流と反対の電流を流す．**主磁極と対面する電機子起磁力を完全に打ち消し**，電機子反作用を取り除く．高価なため大型機にのみ用いられる．

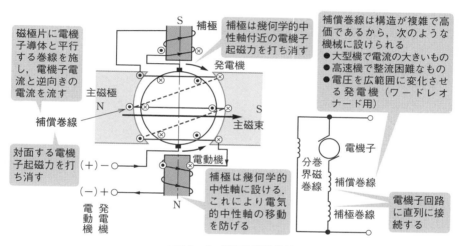

●図 3·8　補極と補償巻線

┃3┃ 整流作用

回転する電機子から生じる交番的な電流を，図 3·9 のように，整流子とブラシの働きによって反転させ，**ブラシを通過する電流の方向を同一方向**にすることを**整流作用**という．整流作用を受ける巻線の電流変化は，図 3·10 のような各種の経過をたどる．これを**整流曲線**という．

電機子巻線自身のインダクタンスにより，電流変化に伴う誘導起電力（**リアクタンス電圧**）が発生し，電流の変化が遅れる（不足整流）ため，整流終了時の電流変化が急激になりブラシ後端から火花を発しやすいため，改善が必要である．

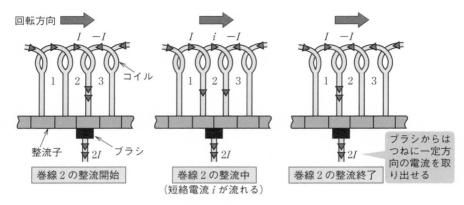

●図3・9　整流作用

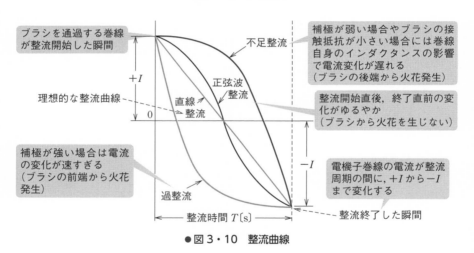

●図3・10　整流曲線

4 ブラシからの火花の発生原因

【1】 設計上の原因によるもの

補極設計の不適当，ブラシの品質や寸法およびブラシ保持器の不適当，リアクタンス電圧の過大などがある．

【2】 工作および組立て上の原因によるもの

整流子の組立て不良，磁束およびブラシ間隔の不同，ブラシのすり合せ不良，空隙の不同などがある．

【3】 取扱い上の原因によるもの

ブラシ圧力の不適当，整流子面や整流子片間の汚損などがある．

【4】 巻線の断線や短絡によるもの

電機子巻線の断線，補極コイルの短絡などがある．

5　整流の改善方法

図 3・11（a）のように，補極により整流中の巻線に**リアクタンス電圧と反対の電圧を誘導**させて整流を良くする方法を**電圧整流**といい，図 3・11（b）のように，**ブラシで短絡される回路の抵抗を大きくして**整流を良くする方法を**抵抗整流**という．

また，図 3・12 のように，ブラシ位置の移動，補極のギャップ調整，ブラシの材質や圧力と大きさの変更などの方法でも整流を改善することができる．

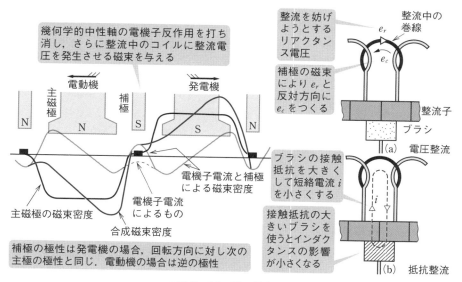

●図 3・11　電圧整流と抵抗整流

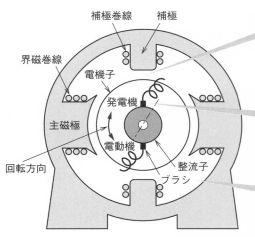

補極巻線　補極

界磁巻線

電機子

発電機

主磁極

回転方向

電動機

整流子

ブラシ

この空隙を広げると補極の磁束が弱くなり不足整流に近づく．逆にせばめると強くなり過整流に近づく

補極のある場合はブラシを真下に置く．補極のない場合は，発電機ではブラシを回転方向（電気的中性軸の方向）に少し移動して不足整流を改善する

・炭素ブラシや電気黒鉛ブラシなど接触抵抗の大きなブラシを使って抵抗整流にする．
・ブラシ圧力は弱すぎると接触不良，強すぎると摩擦で過熱するなどいずれも整流不良となる

●図3・12　整流の調整方法

問題3 ☑ ☑ ☑　　　　　　　　　　　　　　　　　　　　　　H23 A-1

次の文章は，直流発電機の電機子反作用とその影響に関する記述である．

直流発電機の電機子反作用とは，発電機に負荷を接続したとき　(ア)　巻線に流れる電流によって作られる磁束が　(イ)　巻線による磁束に影響を与える作用のことである．電機子反作用はギャップの主磁束を　(ウ)　させて発電機の端子電圧を低下させたり，ギャップの磁束分布に偏りを生じさせてブラシの位置と電気的中性軸とのずれを生じさせる．このずれがブラシがある位置の導体に　(エ)　を発生させ，ブラシによる短絡等の障害の要因となる．ブラシの位置と電気的中性軸とのずれを抑制する方法の一つとして，補極を設けギャップの磁束分布の偏りを補正する方法が採用されている．

上記の記述中の空白箇所（ア），（イ），（ウ）および（エ）に当てはまる組合せとして，正しいものを次の (1) ～ (5) のうちから一つ選べ．

	（ア）	（イ）	（ウ）	（エ）
(1)	界磁	電機子	減少	接触抵抗
(2)	電機子	界磁	増加	起電力
(3)	界磁	電機子	減少	起電力
(4)	電機子	界磁	減少	起電力
(5)	界磁	電機子	増加	接触抵抗

解説 直流機では，**電機子**巻線に流れる電流によって発生する磁束が，**界磁**巻線による主磁束の分布に偏りを生じさせ，磁気飽和により主磁束が**減少**する．磁気的中性軸とブラシの位置がずれると，ブラシで短絡されるコイルに**起電力**が発生し，短絡電流が流れ，ブラシから火花が発生する．

解答 ▶ (4)

問題4 ☑ ☑ ☑　　　　　　　　　　　　　　　　　　　　　H11 A-2

　直流発電機に負荷をつないで，電機子巻線に電流を流すと，　(ア)　により電気的中性軸が移動し，整流が悪化する．この影響を防ぐために，ブラシを移動させるほか，次の方法が用いられる．

　その一つは，主磁極とは別に幾何学的中性軸上に　(イ)　を設け，電機子電流に比例した磁束を発生させて，幾何学的中性軸上の　(ア)　を打ち消すとともに，整流によるリアクタンス電圧を有効に打ち消す方法である．

　他の方法は，主磁極の磁極片にスロットを設け，これに巻線を施して電機子巻線に　(ウ)　に接続して電機子電流と逆向きに電流を流し，電機子の起磁力を打ち消すようにした　(エ)　による方法である．

　上記の記述中の空白箇所（ア），（イ），（ウ）および（エ）に記入する語句の組合せとして，正しいものを次のうちから一つ選べ．

	（ア）	（イ）	（ウ）	（エ）
(1)	減磁作用	補極	並列	補償巻線
(2)	減磁作用	補償巻線	直列	補極
(3)	電機子反作用	補極	直列	補償巻線
(4)	電機子反作用	補償巻線	並列	補極
(5)	電機子反作用	補償巻線	直列	補極

解説 直流機では，電機子反作用の影響を減らすために，幾何学的中性軸上に**補極**を設けて電機子の起磁力を部分的に打ち消す方法と，主磁極の磁極片に電機子巻線と**直列**となる**補償巻線**を設けて電機子の起磁力を完全に打ち消す方法がある．

解答 ▶ (3)

問題**5** ✓ ✓ ✓ H3 A-5

直流機の整流に関する次の記述のうち，誤っているものを次のうちから一つ選べ．

(1) 整流時間とは，コイルがブラシで短絡されている時間であり，例えば1 ms 程度の極めて短い時間である．

(2) 抵抗整流とは，ブラシの接触抵抗を大きくして良好な整流を得る方法である．

(3) リアクタンス電圧とは，整流中のコイルのインダクタンスによって誘導される電圧であり，整流を悪くするものである．

(4) 電圧整流とは，リアクタンス電圧を打ち消して良好な整流を得る方法であり，補償巻線によって整流中のコイルにリアクタンス電圧に対して逆方向の電圧を誘導させる．

(5) 正弦波整流では，整流の初めと終わりで電流の変化が緩やかであるので，ブラシの前端および後端からの火花の発生が少ない．

解説 (1) ○ 整流時間は，図 3・10 のようにコイルがブラシを通過する**極めて短い時間**である．

(2) ○ 図 3・11 (b) のように，**接触抵抗の大きなブラシを使う**ことで，短絡電流を小さくしてインダクタンスによる影響を小さくすることを抵抗整流という．

(3) ○ 直流機でコイルに生じた交流を直流に変換する際，図 3・9 に示すように巻線内の電流が反転しブラシから外部に流れる電流の方向が変わらないことを整流作用という．このとき，巻線自身のインダクタンスの影響でリアクタンス電圧が発生し，電流変化が遅れることで**整流が悪くなる**．

(4) × **補極**によって図 3・11 (a) のようにリアクタンス電圧を打ち消すことで整流をよくすることを電圧整流という．補償巻線は，電機子反作用を打ち消すことはできるが，**整流作用の改善にはならない**．

(5) ○ 正弦波整流は，図 3・10 のように**開始・終了時の変化がゆるやかで，火花が生じにくい**．

解答 ▶ (4)

問題6 ☑ ☑ ☑ R1 A-2

　直流機の電機子反作用に関する記述として，誤っているものを次の (1) ～ (5) のうちから一つ選べ．

(1) 直流発電機や直流電動機では，電機子巻線に電流を流すと，電機子電流によって電機子周辺に磁束が生じ，電機子電圧を誘導する磁束すなわち励磁磁束が，電機子電流の影響で変化する．これを電機子反作用という．

(2) 界磁電流による磁束のベクトルに対し，電機子電流による電機子反作用磁束のベクトルは，同じ向きとなるため，電動機として運転した場合に増磁作用，発電機として運転した場合に減磁作用となる．

(3) 直流機の界磁磁極片に補償巻線を設け，そこに電機子電流を流すことにより，電機子反作用を緩和できる．

(4) 直流機の界磁磁極のN極とS極の間に補極を設け，そこに設けたコイルに電機子電流を流すことにより，電機子反作用を緩和できる．

(5) ブラシの位置を適切に移動させることで，電機子反作用を緩和できる．

(1) ○　記載のとおり，電機子電圧を誘導する励磁磁束が，電機子電流によって生じる磁束の影響により変化することを電機子反作用という．

(2) ×　励磁磁束のベクトルに対し，**電機子反作用のベクトルは直交**（交さ起磁力）し，磁極の片側で磁束密度が大きくなり，反対側で磁束密度が小さくなる（偏磁作用）．発電機と電動機では電機子電流の向きが変わるため，偏磁作用の向きが変わるが，**どちらも磁束密度が大きくなった部分で磁気飽和が生じ，全体では磁束が減少する**．

(3) ○　電機子巻線に対面する界磁磁極片に補償巻線を設け，逆向きの電機子電流を流すことで電機子による起磁力を打ち消すことができる．

(4) ○　界磁磁極の間の幾何学的中性軸に補極を設け，電機子電流を流すことで補極の下の起磁力を打ち消すことができる．磁束分布の偏りは残るが，電気的中性軸の移動を防ぎ，ブラシによる整流を改善することができる．

(5) ○　電機子反作用により電気的中性軸が移動するため，ブラシの位置を移動することで，ブラシに発生する火花を軽減することができる．

解答 ▶ (2)

直流発電機の特性

[★★]

1 発電機の端子電圧と負荷電流

◀1▶ 端子電圧

　図 3·13 の等価回路から，発電機の端子電圧は次式のように表せる．端子電圧 V は，直流発電機の誘導起電力 E に対して，磁気飽和や電機子反作用による電圧低下分 e_a とブラシの接触抵抗による電圧降下 e_b および電機子巻線抵抗による電圧降下 $I_a r_a$ の影響で電圧が低下する．直巻式では，電機子巻線と直列に界磁巻線を接続するため，さらに直列界磁抵抗による電圧降下 $I_a r_f$ の影響で電圧が低下する．

　負荷電流 I は，他励式や直巻式では電機子電流 I_a と同じであるが，分巻式では電機子巻線と並列に界磁巻線を接続するため界磁電流 I_f が分流する．

$$
\left.
\begin{aligned}
V &= E - I_a r_a - e_b - e_a \\
&\fallingdotseq E - I_a r_a \ \text{〔V〕（他励，分巻）} \\
V &= E - I_a \ (r_a + r_f) \ - e_b - e_a \\
&\fallingdotseq E - I_a \ (r_a + r_f) \ \text{〔V〕（直巻）}
\end{aligned}
\right\}
\tag{3·3}
$$

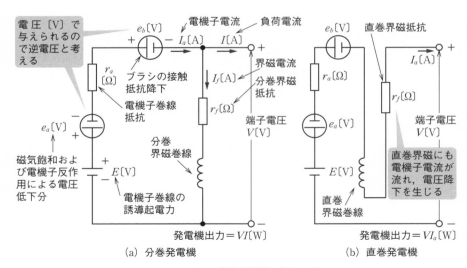

(a) 分巻発電機　　　　　(b) 直巻発電機

●図 3·13　直流発電機の等価回路

●【2】 特性曲線

　発電機が**無負荷で回転速度が一定のとき**，図 3・14 のように**界磁電流と端子電圧の関係**を示したものを**無負荷特性曲線**という．励磁電流 I_f を増加させていくと I_f に比例して磁束 ϕ が増加して誘導起電力が増加するが，界磁鉄心の飽和により磁束 ϕ の増加が頭打ちとなる．励磁電流を減少するときには，鉄心のヒステリシスの影響により増加するときよりも高い電圧となり，**励磁電流がゼロでも残留磁気のため残留電圧が残る**．

　また，発電機を定格回転速度で運転し，界磁抵抗を一定（定格負荷電流で定格端子電圧になるように調整したもの）にしたとき，図 3・15 のように**負荷電流と端子電圧の関係**を表したものを**外部特性曲線**という．さらに，負荷電流の増加により原動機の速度が低下する影響まで含めたものを総合外部特性という．

　分巻発電機の外部特性は，端子電圧の低下に伴って界磁電流が減少するので，**他励式よりも端子電圧の下がり方が大きく**，一定以下の電圧では運転ができない．

　定格電圧 V_n と無負荷電圧 V_0 から電圧変動率 ε は次式となる．

$$\varepsilon = \frac{V_0 - V_n}{V_n} \times 100 \ [\%] \tag{3・4}$$

　直巻発電機の外部特性は，図 3・16 のとおりである．負荷電流と励磁電流が等しいため無負荷では発電することができず，**負荷電流の増加に伴い励磁電流も増**

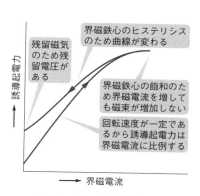

図中：
残留磁気のため残留電圧がある

界磁鉄心のヒステリシスのため曲線が変わる

界磁鉄心の飽和のため界磁電流を増しても磁束が増加しない

回転速度が一定であるから誘導起電力は界磁電流に比例する

●図 3・14　無負荷特性曲線

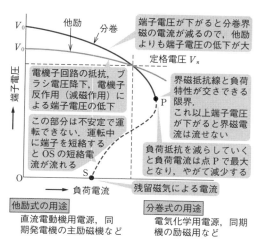

図中：
端子電圧が下がると分巻界磁の電流が減るので，他励よりも端子電圧の低下が大

電機子回路の抵抗，ブラシ電圧降下，電機子反作用（減磁作用）による端子電圧の低下

この部分は不安定で運転できない．運転中に端子を短絡すると OS の短絡電流が流れる

界磁抵抗線と負荷特性が交さできる限界．これ以上端子電圧が下がると界磁電流は流せない

負荷抵抗を減らしていくと負荷電流は点 P で最大となり，やがて減少する

残留磁気による電流

他励式の用途　直流電動機用電源，同期発電機の主励磁機など

分巻式の用途　電気化学用電源，同期機の励磁用など

●図 3・15　他励・分巻発電機の外部特性曲線

加し，**内部誘導起電力が増加**していく．負荷電流に対して端子電圧が大きく変化するため，一般的には用いられない．

複巻発電機の外部特性は，図 3・17 のとおりである．**分巻界磁と直巻界磁を同方向にしたものを和動複巻**といい，負荷電流の増加に伴う電圧低下を調整することができ，**電圧変動率を 0 としたものを平複巻**という．**分巻界磁と直巻界磁を逆方向にしたものを差動複巻**といい，著しく電圧が低下する（垂下特性）．

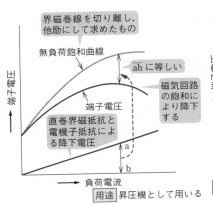

●図 3・16　直巻発電機の外部特性曲線

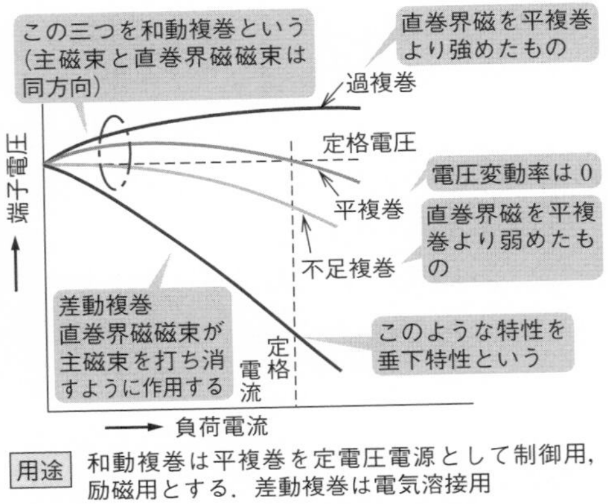

●図 3・17　複巻発電機の外部特性曲線

2 直流発電機の電圧確立

直流発電機の端子電圧の調整は，図 3・2 に示すように，**界磁調整抵抗器**により界磁電流を加減して行う．他励発電機は，別電源で励磁することができるが，**自励発電機では，自身が発電した電圧で界磁巻線を励磁するため，残留磁気がなければ電機子を回転させても誘導起電力が生じない**．

分巻発電機の場合，界磁抵抗の大きさと端子電圧の関係は図 3・18 のようになる．電機子を回転させると残留磁気により誘導起電力が発生して界磁電流が供給され，さらに誘導起電力が大きくなって電圧が増加して電圧確立する（**自己励磁**）．無負荷飽和曲線と界磁抵抗線との交点で電圧上昇が止まる．

自励発電機では，界磁巻線の接続を逆にすると残留磁気を打ち消してしまい発電することができない．また，回転方向を逆にすると誘導起電力の方向が逆になるため，同様に残留磁気を打ち消してしまい発電することができない．

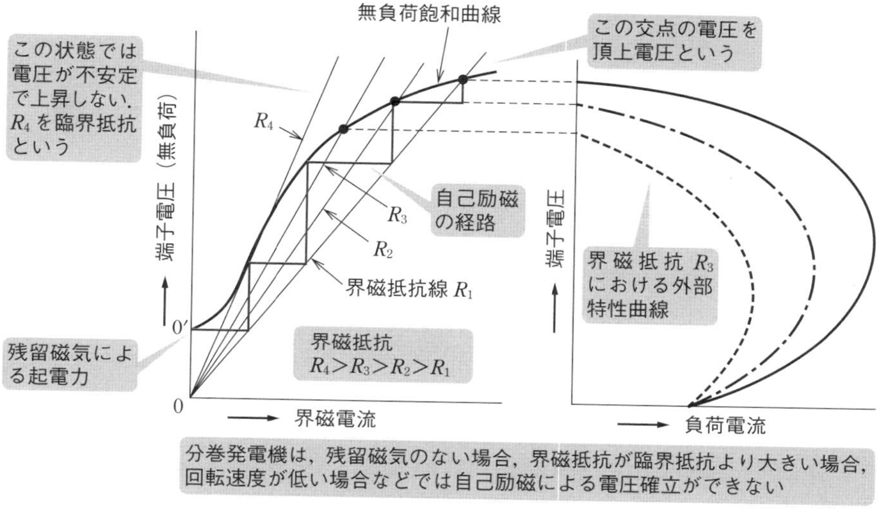

この状態では電圧が不安定で上昇しない，R_4を臨界抵抗という

この交点の電圧を頂上電圧という

無負荷飽和曲線

R_4

R_3

R_2

界磁抵抗線 R_1

自己励磁の経路

界磁抵抗 $R_4 > R_3 > R_2 > R_1$

残留磁気による起電力

界磁抵抗 R_3 における外部特性曲線

端子電圧（無負荷）

界磁電流

端子電圧

負荷電流

$0'$

0

分巻発電機は，残留磁気のない場合，界磁抵抗が臨界抵抗より大きい場合，回転速度が低い場合などでは自己励磁による電圧確立ができない

●図3・18　界磁抵抗と外部特性の関係

3　直流発電機の並行運転

【1】 並行運転の条件

　直流発電機の並行運転を行う場合，各発電機の**端子電圧の極性および大きさが等しく**，さらに図3・19のように**外部特性も等しくかつ垂下特性**であることが必要である．

【2】 並行運転の結線

　他励，分巻発電機は，**外部特性が垂下特性**を持つため，片方の発電機の電流が増えたときに電圧が低下し，他方の発電機の電圧が上昇して電流の分担が元に戻るため**安定な並行運転**ができる．

　一方，**直巻，平複巻，および過複巻などは外部特性が上昇特性をもつ**ために，片方の発電機の電流が増えたときに電圧が上昇し，他方の発電機の電圧が下降して，2台の発電機の分担電流の差が増大していく．このため，図3・20のように**均圧線を使用**し，負荷電流の変化を両方の界磁を変化させることで安定な並行運転とする．

Chapter 3

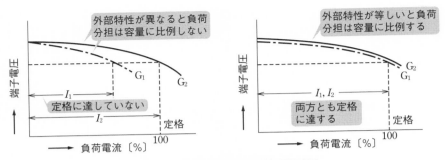

●図3・19 直流発電機の並行運転条件

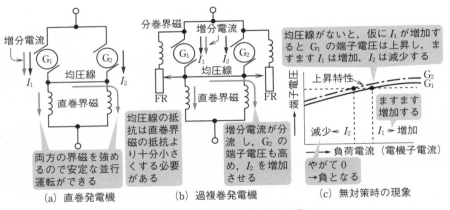

●図3・20 均圧線の接続方法と働き

問題7 ✓✓✓ H21 A-1

直流発電機に関する記述として，正しいものを次のうちから一つ選べ．

(1) 直巻発電機は，負荷を接続しなくても電圧の確立ができる．

(2) 平複巻発電機は，全負荷電圧が無負荷電圧と等しくなるように（電圧変動率が零になるように）直巻巻線の起磁力を調整した発電機である．

(3) 他励発電機は，界磁巻線の接続方向や電機子の回転方向によっては電圧の確立ができない場合がある．

(4) 分巻発電機は，負荷電流によって端子電圧が降下すると，界磁電流が増加するので，他励発電機より負荷による電圧変動が小さい．

(5) 分巻発電機は，残留磁気があれば分巻巻線の接続方向や電機子の回転方向に関係なく電圧の確立ができる．

(1) ×　直巻発電機は，界磁巻線を負荷と直列に接続するため，無負荷の場合は，界磁電流が流れず**電圧の確立ができない**.

(2) ○　分巻と直巻の両方の界磁を持たせたものを複巻発電機といい，直巻界磁の起磁力で磁束が増加し，誘導起電力の増加と負荷電流による電圧降下が打ち消しあう．**無負荷と全負荷の場合の端子電圧を等しくしたもの**を平複巻という.

(3) ×　他励発電機は，独立して励磁するため，誘導起電力がそのまま端子電圧となり，電圧確立には残留磁気が不要なため，**接続方向や回転方向とは無関係で**ある.

(4) ×　分巻発電機は，負荷電流による抵抗降下で端子電圧が下がると，**励磁電流が減少**するため，他励発電機よりも電圧降下が大きくなる．一方，直巻発電機は，負荷電流の増加で励磁電流も増加するため，磁気回路が飽和するまでは端子電圧が上昇する.

(5) ×　分巻発電機は，界磁巻線が電機子と並列につながれているため，起動時に残留磁気による誘導起電力がなければ発電することができない．図 3・18 のように自己励磁により電圧が上昇するには，**界磁起磁力が残留磁気を打ち消さないように接続**する必要がある．また，回転方向が逆になっても，誘導起電力の極性が逆になってしまい，**残留磁気を打ち消してしまう**.

解答 ▶ (2)

問題8　　　　　　　　　　　　　　H14 A-1

　出力 40 kW，端子電圧 200 V，回転速度 1500 min⁻¹ で運転中の他励直流発電機がある．この発電機の負荷電流および界磁電流を一定に保ったまま，回転速度を 1000 min⁻¹ に低下させた．この場合の誘導起電力〔V〕の値として，正しいものを次のうちから一つ選べ．ただし，電機子回路の抵抗は 0.05 Ω とし，電機子反作用は無視できるものとする.

(1)　126　　(2)　133　　(3)　140　　(4)　200　　(5)　210

 他励直流発電機の誘導起電力 E は，式 (3·3) から次のように表せる.
$$E = V + I_a r_a \ [\text{V}]$$
回転速度 $N = 1500\,\text{min}^{-1}$ で運転中の電機子電流 I_a〔A〕は，出力 P〔kW〕，端子電圧 V〔V〕とすると
$$I_a = \frac{P \times 10^3}{V} = \frac{40 \times 10^3}{200} = 200\,\text{A}$$
であるから，誘導起電力 E〔V〕は
$$E = 200 + 200 \times 0.05 = 210\,\text{V}$$

143

　誘導起電力の式（3・2）において界磁磁束ϕが一定（界磁電流一定）ならば，誘導起電力は回転速度に比例する．したがって，回転速度$N' = 1000\,\mathrm{min}^{-1}$のときの誘導起電力$E'$〔V〕は

$$E' = E \times \frac{N'}{N} = 210 \times \frac{1000}{1500} = \mathbf{140\,V}$$

注：題意における負荷電流一定の条件は，解答を得るには不用である．

解答 ▶ （3）

問題9 ☑ ☑ ☑　　　　　　　　　　　　　　　　　　　　　　　　H22 A-2

　直流発電機の損失は，固定損，直接負荷損，界磁回路損および漂遊負荷損に分類される．定格出力 50 kW，定格電圧 200 V の直流分巻発電機がある．この発電機の定格負荷時の効率は 94 ％である．このときの発電機の固定損〔kW〕の値として，最も近いものを次のうちから一つ選べ．ただし，ブラシの電圧降下と漂遊負荷損は無視するものとする．また，電機子回路および界磁回路の抵抗はそれぞれ 0.03 Ω および 200 Ω とする．

(1)　1.10　　(2)　1.12　　(3)　1.13　　(4)　1.30　　(5)　1.32

題意から，固定損は効率から計算される全損失から電機子巻線の抵抗損である直接負荷損，界磁巻線の抵抗損である界磁回路損を引くことで求められる．

　定格出力をP_nとすると，全損失pは効率ηの関係式から次のように求まる．

$$\eta = \frac{P_n}{P_n + p} \times 100 \quad \rightarrow \quad P_n + p = \frac{100}{\eta} \cdot P_n$$

$$p = \frac{100}{\eta}P_n - P_n = \frac{100}{94} \times 50 - 50 \fallingdotseq 3.19\,\mathrm{kW}$$

分巻発電機の界磁電流I_fは，並列に接続されているため，次のように求まり

$$I_f = \frac{V_n}{r_f} = \frac{200}{200} = 1\,\mathrm{A}$$

界磁巻線の抵抗損p_fは

$$p_f = r_f I_f^2 \times 10^{-3} = 200 \times 1^2 \times 10^{-3} = 0.2\,\mathrm{kW}$$

分巻発電機の電機子巻線電流I_aは，負荷電流と界磁電流の和であることから

$$I_a = I_n + I_f = \frac{P_n \times 10^3}{V_n} + I_f = \frac{50 \times 10^3}{200} + 1 = 251\,\mathrm{A}$$

電機子巻線の抵抗損p_aは

$$p_a = r_a I_a^2 \times 10^{-3} = 0.03 \times 251^2 \times 10^{-3} \fallingdotseq 1.89\,\mathrm{kW}$$

全損失から界磁巻線と電機子巻線の抵抗損を引いて固定損p_mを求める．

$$p_m = p - p_f - p_a = 3.19 - 0.2 - 1.89 = \mathbf{1.10\,kW}$$

解答 ▶ (1)

問題⑩ ✓ ✓ ✓   R2 A-2

界磁に永久磁石を用いた小形直流発電機がある.回転軸が回らないよう固定し,電機子に 3 V の電圧を加えると,定格電流と同じ 1 A の電機子電流が流れた.次に,電機子回路を開放した状態で,回転子を定格回転数で駆動すると,電機子に 15 V の電圧が発生した.この小形直流発電機の定格運転時の効率の値〔%〕として,最も近いものを次の (1)〜(5) のうちから一つ選べ.ただし,ブラシの接触による電圧降下及び電機子反作用は無視できるものとし,損失は電機子巻線の銅損しか存在しないものとする.

  (1) 70   (2) 75   (3) 80   (4) 85   (5) 90

解説 界磁が永久磁石であり,他励直流発電機と同じ等価回路となり,回転拘束(停止)時と定格運転時の状態は解図のようになる.

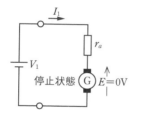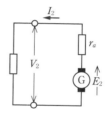

●解図

停止時は誘導起電力が生じないため,電機子巻線抵抗 r_a は,外部から直流電圧 V_1 を加えたときの電機子電流 I_1 から

$$r_a = V_1/I_1 = 3/1 = 3\,\Omega$$

電機子回路を開放した状態で定格回転数で駆動したときに発生する電圧は,電流が流れていないため,定格運転時の発電機の誘導起電力 E_2 にあたる.負荷につないで負荷電流 I_2 が流れるときの端子電圧 V_2 は

$$V_2 = E_2 - r_a I_2 = 15 - 3 \times 1 = 12\,V$$

発電機の出力は $V_2 I_2$,損失は電機子巻線の銅損 $r_a I_2{}^2$ のみであるため,発電機の定格運転時の効率 η は

$$\eta = \frac{V_2 I_2}{V_2 I_2 + r_a I_2{}^2} \times 100 = \frac{12 \times 1}{12 \times 1 + 3 \times 1^2} \times 100 = \mathbf{80\,\%}$$

解答 ▶ (3)

直流電動機の特性

[★★★]

1 トルクと出力

1 直流電動機の原理と発生トルク

　直流電動機では，**磁界の中にある電機子巻線に電流が流れると，フレミングの左手の法則による力が発生**し，電機子を回転させる．図 3·21 (a) において，磁束密度 B [T] の磁界中に磁界と直交する長さ l [m] の電機子導体を置き，電流 i_a [A] を流したとき，導体に発生する力 f [N] は

$$f = i_a B l \text{ [N]}$$

電機子表面の平均磁束密度 B は，同図 (b) から

$$B = \frac{p\phi}{\pi D l} \text{ [T]}$$

電機子の全導体数を z [本] とすれば，電機子導体全部に発生する力 F は

$$F = fz = i_a \frac{p\phi}{\pi D l} lz = \frac{pz}{\pi D} \phi i_a \text{ [N]}$$

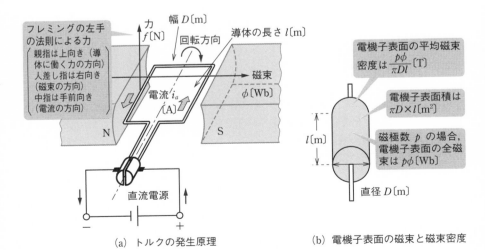

(a) トルクの発生原理　　　　　(b) 電機子表面の磁束と磁束密度

●図 3・21　直流電動機の原理

トルク T は力 F と半径の積であり，電機子に働くトルク T〔N·m〕は

$$T = F \cdot \frac{D}{2} = \frac{pz}{\pi D} \phi i_a \frac{D}{2} = \frac{pz}{2\pi} \phi i_a \;\;[\text{N·m}] \tag{3·5}$$

一方，電機子巻線の導体は，図 3·5 のように接続されているので，並列回路数を a，電機子電流を I_a〔A〕とすれば，導体電流 i_a は I_a/a となり，式（3·5）は次式のように磁束 ϕ と電機子電流 I_a に比例する.

$$\boldsymbol{T = \frac{pz}{2\pi a}\phi I_a = K_t \phi I_a}\;\;[\text{N·m}] \tag{3·6}$$

ただし，$K_t = \dfrac{pz}{2\pi a}$（トルク定数：機器固有の値）

◖2◗ 等価回路と逆起電力

図 3·22 の**等価回路**から，直流電動機の電機子にかかる逆起電力は次式のように表せる．電動機の電機子にかかる逆起電力 E は，外部から端子電圧 V を入力したとき，ブラシの接触抵抗による電圧降下 e_b および電機子巻線抵抗による電圧降下 $I_a r_a$ の影響で電圧が低下する．磁気飽和や電機子反作用による影響 e_a は，起電力を打ち消す方向に働く．直巻式では，電機子巻線と直列に界磁巻線を接続するため，さらに直列界磁抵抗による電圧降下 $I_a r_f$ の影響で電圧が低下する．

負荷電流 I は，他励式や直巻式では電機子電流 I_a と同じであるが，分巻式で

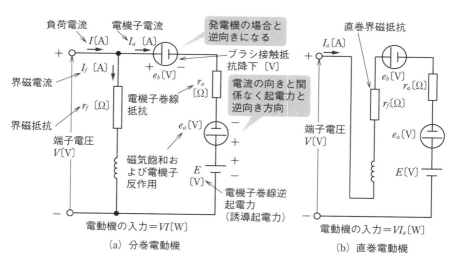

●図 3·22　直流電動機の等価回路

は電機子巻線と並列に界磁巻線を接続するため界磁電流 I_f が分流する.

$$E = V - I_a r_a - e_b + e_a \fallingdotseq V - I_a r_a \ \text{〔V〕}\ （他励, 分巻） \tag{3・7}$$

$$E = V - I_a(r_a + r_f) - e_b + e_a \fallingdotseq V - I_a(r_a + r_f) \ \text{〔V〕}\ （直巻） \tag{3・8}$$

◖3◗ トルクと出力の関係

分巻電動機を例に，ブラシ接触抵抗降下 e_b，磁気飽和および電機子反作用 e_a を無視すると，端子電圧は $V = E + I_a r_a$ で表せるので，電機子入力は

（電機子入力）　　（機械出力）（銅損）

$$VI_a = (E + I_a r_a)I_a = EI_a + I_a{}^2 r_a \ \text{〔W〕}$$

となり，EI_a が発生機械出力 P になることを示している. すなわち

$$P = EI_a \ \text{〔W〕}$$

なお，機械損や鉄損などが無視できれば P は機械的出力となる. 式（3・2）および I_a の式に変形した式（3・6）から，角速度 $\omega = 2\pi N / 60$ 〔rad/s〕を用いると，出力 P と電動機のトルク T との間に次の関係式が得られる.

$$P = EI_a = \frac{p\phi zN}{60a} \times \frac{2\pi a}{pz\phi} \cdot T = \frac{2\pi N}{60} \cdot T = \omega T \ \text{〔W〕} \tag{3・9}$$

このように，**直流電動機の出力は，逆起電力と電機子電流との積に等しい**. また，**トルクと回転速度との積に比例**する. なお，機械的出力（軸出力）は，発生機械出力から機械損や鉄損などを差し引いたものとなる.

2 分巻，他励電動機の等価回路と特性

図 3・23 に分巻電動機の等価回路と特性を示す. 他励電動機の特性は，分巻電動機とほぼ同じとなる. 式（3・2）と式（3・7）から，回転速度 N 〔min^{-1}〕は次式で表せる.

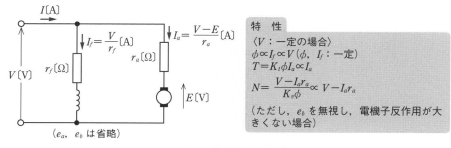

●図 3・23　分巻電動機の等価回路と特性

$$N = \frac{E}{K_v \phi} = \frac{V - I_a r_a}{K_v \phi} \ [\text{min}^{-1}] \quad \text{(他励,分巻)} \tag{3・10}$$

【1】界磁速度特性

分巻電動機を電機子電流および端子電圧一定で運転しているときの界磁電流と回転速度との関係を表し,図3・24 (a) のような特性を示す.無負荷の場合を無負荷界磁速度特性という.

磁束 ϕ は界磁電流 I_f に比例するため,図3・24 (a) のように**端子電圧 V が一定であるとき回転速度 N は,界磁電流 I_f に反比例**する.**界磁電流 I_f が小さくなると回転速度が過大**となり危険であるため,断線しないよう注意が必要である.

一方,**分巻電動機では,端子電圧 V と磁束 ϕ が比例**するため,図3・24 (b) のように**端子電圧 V を変化させたときの回転速度 N は,ほぼ一定**となり,磁束が大きくなり飽和すると回転速度 N が増加する.

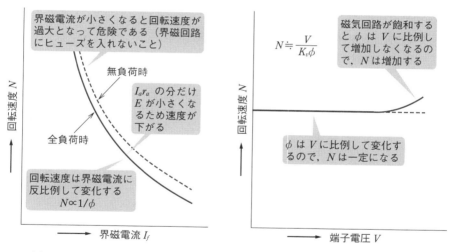

（a）界磁電流を変化させた場合　　　（b）端子電圧を変化させた場合

●図3・24　分巻電動機の回転速度の変化特性

【2】負荷速度特性

分巻電動機を定格負荷状態における端子電圧と,界磁回路の抵抗を一定に保ったまま,負荷を変化させた場合の電機子電流と回転速度との関係を表したもので,図3・25のような曲線となる.電機子抵抗 r_a が小さいため,**負荷電流による速**

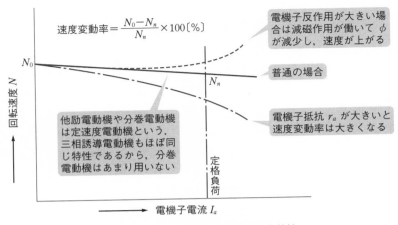

●図3・25 分巻電動機の負荷速度特性

度低下が小さく，定速度電動機である．

【3】 電流トルク特性と速度トルク特性

　（2）と同じ運転状態で，図3・26（a）のように電機子電流とトルクの関係を表したものを**電流トルク特性**という．また，同一の電機子電流について回転速度とトルクとの関係を表したものを**速度トルク特性**といい，同図（b）に示す．

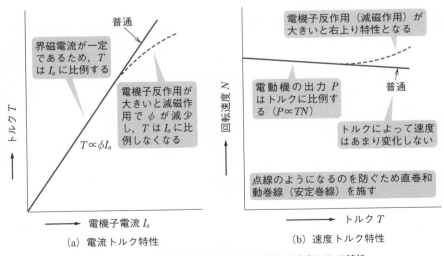

（a）電流トルク特性　　　　　　　　　（b）速度トルク特性

●図3・26　分巻電動機の電流トルク特性と速度トルク特性

分巻電動機では，**端子電圧 V が一定**の場合，**励磁電流 $I_f=V/r_f$ が一定**になるので磁束 ϕ も一定となる．このため**トルク T は電機子電流 I_a に比例**し，**回転速度 N はトルクが変化してもあまり変わらない**．

3 直巻電動機の等価回路と特性

図 3・27 に直巻電動機の等価回路と特性を示す．式 (3・2)，(3・8) から，回転速度 N [min^{-1}] は次式で表せる．

$$N = \frac{E}{K_v\phi} = \frac{V-I_a\ (r_a+r_f)}{K_v\phi}\ [\text{min}^{-1}]\ \text{（直巻）} \tag{3・11}$$

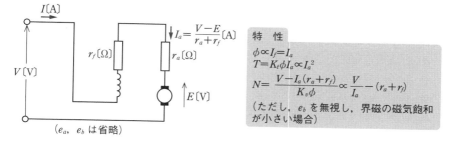

●図 3・27　直巻電動機の等価回路と特性

直巻電動機の電流トルク特性，負荷速度特性および速度トルク特性は，図 3・28 のようになる．**電機子巻線と界磁巻線が直列**なため，磁気飽和しない領域では**磁束 ϕ は電機子電流 I_a に比例**する．このため，**トルク T は I_a の 2 乗に比例**し，**回転速度 N は I_a に反比例**する．

4 複巻電動機の特性

複巻電動機の特性は，分巻界磁に対する直巻界磁の強弱や磁束の向きによって，図 3・29 のようにそれぞれ異なった特性をもつ．和動複巻電動機は，直巻電動機と分巻電動機の中間の特性を持ち，無負荷時に高速回転となる危険がない．

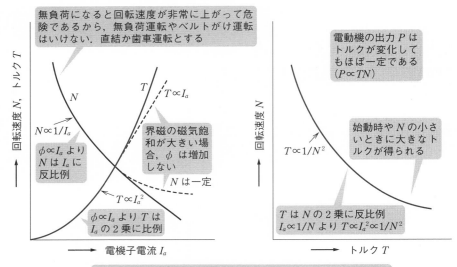

●図3・28 直巻電動機の特性

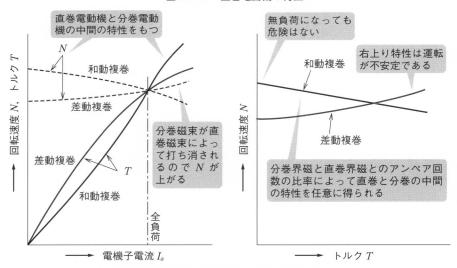

●図3・29 複巻電動機の特性

問題11 ✓ ✓ ✓

直流直巻電動機は，供給電圧が一定の場合，無負荷や非常に小さい負荷では使用することができない．この理由として，正しいものを次のうちから一つ選べ．

(1) 界磁電流と電機子電流がともに大きくなるので，界磁巻線や電機子巻線を焼損する危険性がある．

(2) 界磁電流が大きくなりトルクが非常に増大するので，駆動軸や電機子巻線を破損する危険性がある．

(3) 電機子電流が小さくなるので回転速度が減少し，回転が停止する．

(4) 界磁磁束が増大して回転速度が減少し，回転が停止する．

(5) 界磁磁束が小さくなって回転速度が非常に上昇するので，電機子巻線を破損する危険性がある．

解説 直流直巻電動機は，電機子巻線と界磁巻線が直列になっており，負荷が小さくなると界磁電流（＝電機子電流）が小さくなる．電流が小さい範囲では，磁束と電機子電流が比例し，回転速度は次式のように電機子電流に反比例する．このため，無負荷では回転速度が非常に上昇して危険である．

$$N = \frac{E}{K\phi} = \frac{V - I_a(r_a + r_f)}{K\phi} \propto \frac{V}{I_a} - (r_a + r_f)$$

解答 ▶ (5)

問題12 ✓ ✓ ✓

直流分巻電動機は界磁回路と電機子回路とが並列に接続されており，端子電圧および界磁抵抗を一定にすれば，界磁磁束は一定である．このとき，機械的な負荷が （ア） すると，電機子電流が （イ） し回転速度はわずかに （ウ） するが，ほぼ一定である．直流分巻電動機の界磁磁束を一定にして運転した場合，電機子反作用等を無視すると，トルクは電機子電流にほぼ （エ） する．

一方，直流直巻電動機は界磁回路と電機子回路とが直列に接続されており，界磁磁束は負荷電流によって作られる．界磁磁束が磁気飽和しない領域では，界磁磁束は負荷電流にほぼ （エ） し，トルクは負荷電流の （オ） にほぼ比例する．

上記の記述中の空白箇所（ア），（イ），（ウ），（エ）および（オ）に当てはまる組合せとして，正しいものを次の（1）〜（5）のうちから一つ選べ．

	(ア)	(イ)	(ウ)	(エ)	(オ)
(1)	減少	減少	増加	反比例	$\frac{1}{2}$乗
(2)	増加	増加	増加	比例	2乗
(3)	減少	増加	減少	反比例	$\frac{1}{2}$乗
(4)	増加	増加	減少	比例	2乗
(5)	減少	減少	減少	比例	$\frac{1}{2}$乗

 解説　直流分巻電動機の特性は，図 3・23，3・25 のとおり，**負荷を増やすと電機子電流が増えるが，回転速度はわずかに減少**する．また，式 (3・6) でトルクは $T = K_t \phi I_a$ であり，界磁が一定ならば**トルクは電機子電流に比例**する．

　直流直巻電動機の場合は，図 3・27，3・28 のとおり，**界磁磁束は負荷電流に比例**し，**トルクは負荷電流の 2 乗に比例**する．

解答 ▶ (4)

問題⓭ ✓ ✓ ✓　　　　　　　　　　　　　　　　　　　H20 A-2

　定格出力 5 kW，定格電圧 220 V の直流分巻電動機がある．この電動機を定格電圧で運転したとき，電機子電流が 23.6 A で定格出力を得た．この電動機をある負荷に対して定格電圧で運転したとき，電機子電流が 20 A になった．このときの逆起電力（誘導起電力）〔V〕の値として，最も近いものを次のうちから一つ選べ．ただし，電機子反作用はなく，ブラシの抵抗は無視できるものとする．

　(1)　201　　(2)　206　　(3)　213　　(4)　218　　(5)　227

 直流分巻電動機の等価回路は解図のようになり，出力 P，電機子電流 I_a，逆起電力 E の関係式から求める．

$$P = EI_a \qquad E = V - I_a r_a$$

解説　定格出力時の逆起電力 E は，電動機の出力 P より

$$E = \frac{P}{I_a} = \frac{5 \times 10^3}{23.6} ≒ 211.9 \, \text{V}$$

電機子巻線抵抗 r_a は，定格出力時の電圧，電流より

$$r_a = \frac{V - E}{I_a} = \frac{220 - 211.9}{23.6} ≒ 0.343 \, \Omega$$

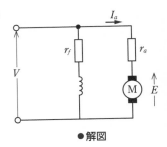

●解図

電機子電流が $20\,\mathrm{A}$ になったときの逆起電力 E' は

$$E' = V - I_a'r_a = 220 - 20 \times 0.343 \fallingdotseq \boldsymbol{213\,\mathrm{V}}$$

解答 ▶ **(3)**

問題⑭ ✓ ✓ ✓   H19 A-2

直流分巻電動機があり，電機子回路の全抵抗（ブラシの接触抵抗も含む）は $0.098\,\Omega$ である．この電動機を端子電圧 $220\,\mathrm{V}$ の電源に接続して，ある負荷で運転すると，回転速度は $1480\,\mathrm{min^{-1}}$，電機子電流は $120\,\mathrm{A}$ であった．同一端子電圧でこの電動機を無負荷運転したときの回転速度〔$\mathrm{min^{-1}}$〕の値として，最も近いものを次のうちから一つ選べ．ただし，無負荷運転では，電機子電流は非常に小さく，電機子回路の全抵抗による電圧降下は無視できるものとする．

  (1) 1518   (2) 1532   (3) 1546   (4) 1559   (5) 1564

解説 分巻電動機の回転速度は式 (3・10) より

$$N = \frac{V - I_a r_a}{K_v\phi} = \frac{220 - 120 \times 0.098}{K_v\phi} = 1480\,\mathrm{min^{-1}}$$

$$\therefore \quad K_v\phi = \frac{208.24}{1480} \fallingdotseq 0.1407$$

無負荷運転時の電機子回路の電圧降下を無視できることから

$$N' = \frac{V}{K_v\phi} \fallingdotseq \frac{220}{0.1407} = 1563.6 \quad \rightarrow \quad \boldsymbol{1564\,\mathrm{min^{-1}}}$$

解答 ▶ **(5)**

問題⑮ ✓ ✓ ✓   H4 A-4

直流分巻電動機が $200\,\mathrm{V}$ の端子電圧で運転されている．負荷時の電流が $110\,\mathrm{A}$ であり，無負荷時の電流が $5\,\mathrm{A}$ である．負荷時の効率〔%〕の値として，最も近いものを次のうちから一つ選べ．ただし，界磁抵抗は $50\,\Omega$，電機子抵抗は $0.1\,\Omega$ とし，ブラシの電圧降下および電機子反作用による影響は無視するものとする．

  (1) 89.5   (2) 89.9   (3) 90.3   (4) 90.9   (5) 91.1

解説 無負荷時の主な損失のうち，鉄損と機械損の合計 W_0〔W〕を求める式は，図3・22 (a) の等価回路から

$$W_0 = VI_a = V(I - I_f) = 200 \times \left(5 - \frac{200}{50}\right) = 200\,\mathrm{W}$$

界磁巻線の抵抗損 W_f〔W〕は

$$W_f = VI_f = 200 \times \frac{200}{50} = 800\,\mathrm{W}$$

負荷時の電機子抵抗損 W_a〔W〕は，$I = 110\,\mathrm{A}$ であるから

$$W_a = I_a{}^2 r_a = (I - I_f)^2 r_a = \left(110 - \frac{200}{50}\right)^2 \times 0.1$$

$$= 106^2 \times 0.1 = 1\,123.6\,\mathrm{W}$$

損失の合計 $W = W_0 + W_f + W_a = 200 + 800 + 1\,123.6 = 2\,123.6\,\mathrm{W}$

電動機入力 $P_i = VI = 200 \times 110 = 22\,000\,\mathrm{W}$

ゆえに，負荷時の効率 η は

$$\eta = \frac{出力}{入力} = \frac{入力 - 損失}{入力} = \frac{22\,000 - 2\,123.6}{22\,000} = \frac{19\,876.4}{22\,000}$$

$$\fallingdotseq 0.903 \rightarrow \textbf{90.3 \%}$$

解答 ▶ **(3)**

問題16 ✓ ✓ ✓ H13 B-12

電機子回路の抵抗が $0.1\,\Omega$ である直流分巻電動機が，電源電圧 $110\,\mathrm{V}$，電機子電流 $20\,\mathrm{A}$，回転速度 $1\,200\,\mathrm{min}^{-1}$ で運転されている．この電動機において，次の (a) および (b) に答えよ．

(a) このときのトルク T〔N・m〕の値として，最も近いものを次のうちから一つ選べ．

    (1)　0.29　　(2)　1.8　　(3)　17　　(4)　54　　(5)　110

(b) 界磁抵抗を調整して界磁磁束を 5 ％増加させたところ，電機子電流が $50\,\mathrm{A}$ となった．このときの電動機の回転速度〔min^{-1}〕の値として，最も近いものを次のうちから一つ選べ．

    (1)　1 060　　(2)　1 110　　(3)　1 170　　(4)　1 230　　(5)　1 260

直流電動機のトルクと出力の関係式を活用して求める．

$$T = \frac{P}{\omega} = EI_a \times \frac{60}{2\pi N}$$

また，回転速度は，磁束 ϕ，電機子電流 I_a と次の関係による．

$$N = \frac{E}{K_v \phi} = \frac{V - I_a r_a}{K_v \phi}$$

解説 (a) 電機子の逆起電力 E は，図 3・22 (a) において $r_a = 0.1\,\Omega$，$I_a = 20\,\mathrm{A}$ とし，条件にない e_a，e_b は無視すると

$$E = V - I_a r_a = 110 - 20 \times 0.1 = 108\,\mathrm{V}$$

発生機械出力 P およびトルク T は，式 (3·9) の関係から

$$P = EI_a = 108 \times 20 = 2\,160\,\text{W}$$

$$\therefore \quad T = \frac{60}{2\pi N}\text{P} = \frac{60}{2\pi \times 1\,200} \times 2\,160 \fallingdotseq \mathbf{17\,N \cdot m}$$

(b) 変更前後の回転速度を N，N'，磁束を ϕ，$\phi'\,(= 1.05\phi)$，電機子電流を I_a，I_a' とし，回転速度の式 (3·2) から電圧定数 K_v について式を整理すると，

$$K_v = \frac{V - I_a r_a}{\phi N} = \frac{V - I_a' r_a}{\phi' N'}$$

この式を，界磁抵抗を調整した後の回転速度 N' について整理し，数値を入力すると，

$$N' = \frac{\phi}{\phi'} \times \frac{V - I_a' r_a}{V - I_a r_a} N = \frac{\phi}{1.05\phi} \times \frac{110 - 50 \times 0.1}{110 - 20 \times 0.1} \times 1\,200$$

$$= \frac{105}{1.05 \times 108} \times 1\,200 \fallingdotseq 1\,111 \rightarrow \mathbf{1\,110\,min^{-1}}$$

解答 ▶ **(a)-(3)，(b)-(2)**

問題⓱ ✓ ✓ ✓　　　　　　　　　　　　　　　　　　　　H15 B-15

電機子巻線の抵抗 $0.05\,\Omega$，分巻巻線の抵抗 $10\,\Omega$ の直流分巻発電機がある．この発電機において，次の (a) および (b) に答えよ．ただし，この発電機のブラシの全電圧降下は $2\,V$ とし，電機子反作用による電圧降下は無視できるものとする．

(a) この発電機を端子電圧 $200\,V$，出力電流 $500\,A$，回転速度 $1\,500\,min^{-1}$ で運転しているとき，電機子誘導起電力〔V〕の値として，正しいものを次のうちから一つ選べ．

(1) 224　　(2) 225　　(3) 226　　(4) 227　　(5) 228

(b) この発電機を入力端子電圧 $200\,V$，入力電流 $500\,A$ で電動機として運転した場合の回転速度〔min⁻¹〕の値として，最も近いものを次のうちから一つ選べ．

(1) 1\,145　　(2) 1\,158　　(3) 1\,316　　(4) 1\,327　　(5) 1\,500

直流分巻発電機と直流分巻電動機の等価回路は解図のようになる．回転速度 N と誘導起電力 E は，式 (3·2) のように $E = K_v \phi N$ の関係にあり，励磁電流が一定であれば，磁束は変わらず，回転速度は誘導起電力に比例する．

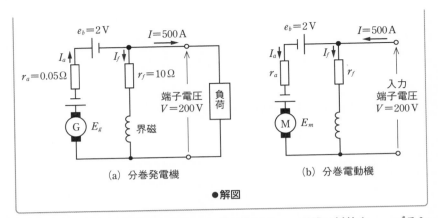

●解図

(a) 分巻発電機 (b) 分巻電動機

解説 (a) 直流分巻発電機の等価回路は,界磁抵抗を r_f,電機子抵抗を r_a,ブラシによる電圧降下を e_b とすると解図で表せる.界磁電流 I_f および電機子電流 I_a は

$$I_f = \frac{V}{r_f} = \frac{200}{10} = 20\,\text{A}$$

$$I_a = I + I_f = 500 + 20 = 520\,\text{A}$$

電機子誘導起電力 E_g は

$$E_g = V + I_a r_a + e_b = 200 + 520 \times 0.05 + 2 = \mathbf{228\,V}$$

(b) 電動機として運転する場合,電機子電流 I_a は

$$I_a = I - I_f = I - \frac{V}{r_f} = 500 - \frac{200}{10} = 480\,\text{A}$$

誘導起電力 E_m は

$$E_m = V - I_a r_a - e_b = 200 - 480 \times 0.05 - 2 = 174\,\text{V}$$

発電機と電動機の場合で界磁電流 I_f が変わらないので,回転速度は誘導起電力 E と比例する.

$$N_m = N_g \frac{E_m}{E_g} = 1\,500 \times \frac{174}{228} \fallingdotseq \mathbf{1\,145\,min^{-1}}$$

解答 ▶ (a)-(5),(b)-(1)

直流電動機の運転

[★★]

1 始動方法と始動電流

　直流電動機の始動時の等価回路は，図 3·30 で表せる．停止状態の直流機に端子電圧 V を加えると，**始動直後には逆起電力がないため**，電機子電流は $I_a = V/r_a$ となり，**定格電流の 10 〜数十倍に達する**．電機子が回転を始めると逆起電力 E が発生し，電機子電流が $I_a = (V-E)/r_a$ となり，加速に応じて逆起電力 E が増して電機子電流が減っていく．

　始動電流が大きいと電機子巻線や整流子，ブラシなどを損傷するので，**始動抵抗 R_s を電機子回路に直列に入れ，電流を定格値の 1 〜 1.5 倍くらいに抑制する**．このときの始動電流 I_s は次式から求まる．

$$I_s = \frac{V}{r_a + R_s} + \frac{V}{r_f} \ \text{[A]}（分巻電動機の場合）\tag{3·12}$$

　直流電動機の始動は，始動抵抗（始動器）R_s を電機子回路と直列に接続し，電流がある程度下がったら，この始動抵抗を小さくしていく方法がとられる．分巻電動機の場合，界磁巻線の電源側に始動抵抗を接続すると，界磁電流が小さく，始動トルクが小さくなるため，界磁巻線は始動抵抗を介さず電源側に接続する．

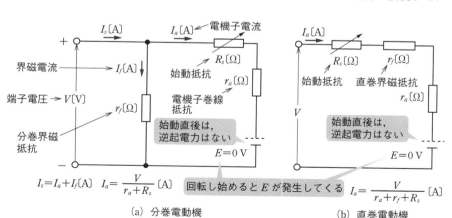

●図 3·30　始動時の等価回路

2 各種速度制御法

直流電動機の回転速度を変化させるには，図3·31に示すように，① 磁束 ϕ，② 端子電圧 V，③ 電機子回路の全抵抗 R_a のうち，いずれかを変えればよい．

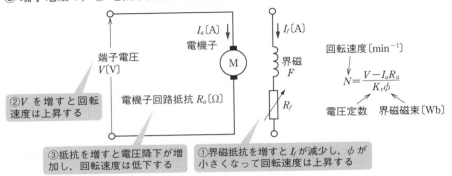

①界磁抵抗を増すと I_f が減少し，ϕ が小さくなって回転速度は上昇する

②V を増すと回転速度は上昇する

③抵抗を増すと電圧降下が増加し，回転速度は低下する

$$N = \frac{V - I_a R_a}{K_v \phi}$$

電圧定数　界磁磁束〔Wb〕

●図3·31　速度制御の原理

〔1〕 界磁制御法

他励，分巻，および直巻電動機では，図3·32のように**抵抗により界磁に流れる電流を調整し，主磁束を変化させて速度を制御**する．界磁磁束を弱めると電機子反作用の影響が大きくなり整流が難しくなるため電圧制御法と比べると調整範囲が狭い．また，界磁回路のインダクタンスが大きく，応答性が良くない．

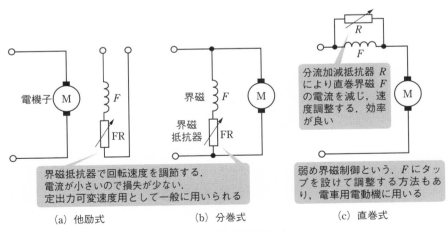

界磁抵抗器で回転速度を調節する．電流が小さいので損失が少ない．定出力可変速度用として一般に用いられる

分流加減抵抗器 R により直巻界磁 F の電流を減じ，速度調整する．効率が良い

弱め界磁制御という．F にタップを設けて調整する方法もあり，電車用電動機に用いる

(a) 他励式　　　　(b) 分巻式　　　　(c) 直巻式

●図3·32　界磁制御法

【2】 電圧制御法

端子電圧を変えることで**速度を制御**する．図 3・33 のとおり，他励電動機の場合は**ワードレオナード方式**，直巻電動機の場合は**直並列制御法**がある．

交流電圧からサイリスタなどにより直流に**変換**（位相制御整流）して，可変直流電圧により速度制御する方法を**静止レオナード法**という．また，直流電源の場合には，**直流チョッパ**により電圧を制御して速度制御する．

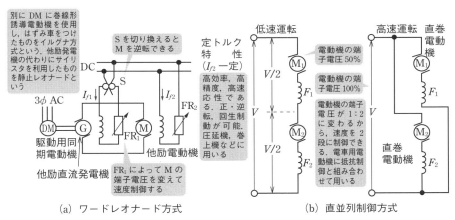

（a）ワードレオナード方式　　　　（b）直並列制御方式

●図 3・33　電圧制御法

【3】 抵抗制御法

図 3・34 のように，**電機子回路の直列抵抗を調整**して，**電機子回路の電圧降下を変えて速度制御**する．負荷トルクの変化によって速度が大きく変わり，軽負荷時には効果が小さくなる．また，損失が増えて効率が下がるため，あまり用いられない．

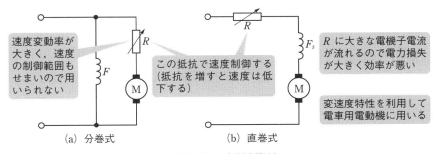

（a）分巻式　　　　　　　（b）直巻式

●図 3・34　抵抗制御法

3 直流電動機の制動方法

【1】 発電制動

　運転中の電動機を電源から切り離して発電機として動作させ，**回転エネルギーを電気エネルギーに変換**して外部の抵抗器に消費させる方法である．分巻電動機の場合は，図 3・35 のように，電機子に発生している誘導起電力により同じ方向の界磁電流が流れ，電機子電流が維持される．直巻電動機の場合は，界磁電流が逆向きになるため，接続を逆にするか，切り離して他励にする必要がある．

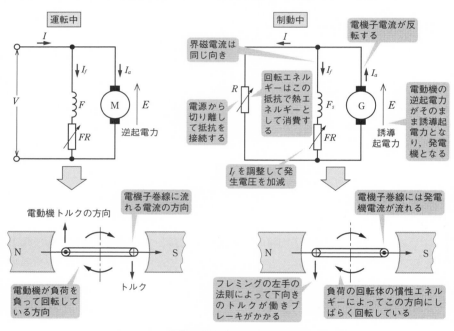

●図 3・35　分巻電動機の発電ブレーキの方法と原理

【2】 電力回生制動と逆転制動

　電動機の回転エネルギーを電気エネルギーに変え，これを**電源に戻す**ことによって制動する方法を**電力回生制動**という．電力を電源に返還するため効率が良いが，電機子電圧を電源電圧より常に高く保つ必要がある．また，**電機子端子の接続を逆**にして，逆トルクによって制動する方法を**逆転制動（プラッギング）**という．

問題18 ✓ ✓ ✓ H22 A-1

直流電動機の速度とトルクを次のように制御することを考える.

損失と電機子反作用を無視した場合,直流電動機では電機子巻線に発生する起電力は,界磁磁束と電機子巻線との相対速度に比例するので, (ア) では,界磁電流一定,すなわち磁束一定条件下で電機子電圧を増減し,電機子電圧に回転速度が (イ) するように回転速度を制御する.この電動機では界磁磁束一定条件下で電機子電流を増減し,電機子電流とトルクとが (ウ) するようにトルクを制御する.この電動機の高速運転では電機子電圧一定の条件下で界磁電流を増減し,界磁磁束に回転速度が (エ) するように回転速度を制御する.このように広い速度範囲で速度とトルクを制御できるので, (ア) は圧延機の駆動などに広く使われてきた.

上記の記述中の空白箇所 (ア),(イ),(ウ) および (エ) に当てはまる語句の組合せとして,正しいものを次のうちから一つ選べ.

	(ア)	(イ)	(ウ)	(エ)
(1)	直巻電動機	反比例	比例	比例
(2)	直巻電動機	比例	比例	反比例
(3)	他励電動機	反比例	反比例	比例
(4)	他励電動機	比例	比例	反比例
(5)	他励電動機	比例	反比例	比例

解説 **他励電動機**では,磁束を一定に保ち,電動機の供給電圧を変えることで速度を変える電圧制御法や,界磁巻線に直列抵抗を挿入して,磁束を変える界磁制御法が行われる.

直流電動機の回転速度 N とトルク T は,式 (3・10) と式 (3・6) より

$$N = \frac{E}{K_v \phi} \qquad T = K_t \phi I_a$$

であり,電圧制御法では,回転速度 N は,磁束 ϕ を一定にして,**回転速度が電機子電圧**(逆起電力)E **に比例**($N \propto E$)するように制御される.また,**トルク T は**,磁束 ϕ を一定にして,**電機子電流 I_a に比例**($T \propto I_a$)するように制御される.

界磁制御法では,電機子電圧を一定にして,**回転速度が磁束 ϕ に反比例**($N \propto 1/\phi$)するように制御される.高速運転に適用され,電圧制御法と併用することで,広範囲に速度制御が可能である.

解答 ▶ (4)

直流他励電動機の電機子回路に直列抵抗 $0.8\,\Omega$ を接続して電圧 $120\,\mathrm{V}$ の直流電源で始動したところ，始動直後の電機子電流は $120\,\mathrm{A}$ であった．電機子電流が $40\,\mathrm{A}$ になったところで直列抵抗を $0.3\,\Omega$ に切り換えた．インダクタンスが無視でき，電流が瞬時に変化するものとして，切換え直後の電機子電流〔A〕の値として，最も近いものを次の (1)～(5) のうちから一つ選べ．ただし，切り換え時に電動機の回転速度は変化しないものとし，電源電圧および界磁電流は一定とする．

(1) 60　　(2) 80　　(3) 107　　(4) 133　　(5) 240

直流電動機の始動時は，回転速度が 0 であり，電機子の逆起電力 $E = 0$ となる．電機子巻線抵抗 r_a が小さく，始動時の電機子電流 I_a が定格の 10～数十倍になり，巻線などを損傷するため，始動抵抗 R_s を挿入する．

$$I_a = \frac{V - E}{r_a + R_s}$$

 始動時には，逆起電力 $E = 0$ であるため，電機子巻線抵抗 r_a は

$$r_a = \frac{V}{I_a} - R_s = \frac{120}{120} - 0.8 = 0.2\,\Omega$$

回転速度が上がり，電機子電流 $I_a' = 40$ のときの逆起電力 E' は

$$
\begin{aligned}
E' &= V - I_a'(r_a + R_s)\\
&= 120 - 40 \times (0.8 + 0.2) = 80\,\mathrm{V}
\end{aligned}
$$

始動抵抗を $R_s = 0.8\,\Omega$ から $R_s' = 0.3\,\Omega$ に切り換えた

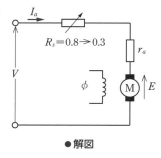

●解図

とき，回転速度が変わらず，逆起電力も変わらないため，このときの電機子電流 I_a'' は

$$I_a'' = \frac{V - E}{r_a + R_s'} = \frac{120 - 80}{0.2 + 0.3} = \mathbf{80\,A}$$

解答 ▶ (2)

問題⑳ ✓ ✓ ✓　　　　　　　　　　　　　H23 B-16

　　負荷に直結された他励直流電動機を，電機子電圧を変化させることによって速度制御することを考える．電機子抵抗が $0.4\,\Omega$，界磁磁束は界磁電流に比例するものとして，次の (a) および (b) の問に答えよ．

(a) 界磁電流 I_{f1}〔A〕とし，電動機が $600\,\text{min}^{-1}$ で回転しているときの誘導起電力は $200\,\text{V}$ であった．このとき電機子電流が $20\,\text{A}$ 一定で負荷とつり合った状態にするには，電機子電圧を何 V に制御しなければならないか，最も近いものを次の (1)〜(5) うちから一つ選べ．

　　(1)　8　　(2)　80　　(3)　192　　(4)　200　　(5)　208

(b) 負荷は，トルクが一定で回転速度に対して機械出力が比例して上昇する特性であるものとする．電動機の回転速度を $1320\,\text{min}^{-1}$ にしたときに，界磁電流を I_{f1}〔A〕の 1/2 にして，電機子電流がある一定の値で負荷とつり合った状態にするには，電機子電圧を何 V に制御しなければならないか，最も近いものを次の (1)〜(5) のうちから一つ選べ．

　　(1)　216　　(2)　228　　(3)　236　　(4)　448　　(5)　456

解説　(a) 他励直流電動機の端子電圧 V は，解図の等価回路より

$$V = E + r_a I_a = 200 + 0.4 \times 20 = \mathbf{208\,V}$$

(b) 直流電動機のトルクは，$T = k\phi I_a$ の関係にあり，題意より，トルク一定とすると，$I_a = T/k\phi$ となり，磁束 ϕ の変化に反比例する．界磁電流を 1/2 にすると，磁束 ϕ も 1/2 になることから，電機子電流は 2 倍になる．

$$I_a' = \frac{T}{k} \times \frac{1}{\phi'} = \frac{T}{k} \times \frac{1}{\phi/2} = 2I_a = 2 \times 20 = 40\,\text{A}$$

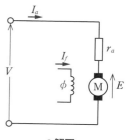

●解図

また，回転速度は $E = K_v \phi N$ の関係にあり，界磁電流を 1/2 にしたときの逆起電力 E' は

$$E' = K_v \phi' N' = \frac{\phi'}{\phi} \times \frac{N'}{N} \times E = \frac{1}{2} \times \frac{1320}{600} \times 200 = 220\,\text{V}$$

電機子電圧 V は

$$V = E' + r_a I_a' = 220 + 0.4 \times 40 = \mathbf{236\,V}$$

解答 ▶ (a)-(5)，(b)-(3)

問題21 ✓ ✓ ✓ H30 A-1

界磁磁束を一定に保った直流電動機において，0.5 Ω の抵抗値をもつ電機子巻線と直列に始動抵抗（可変抵抗）が接続されている．この電動機を内部抵抗が無視できる電圧 200 V の直流電源に接続した．静止状態で電源に接続した直後の電機子電流は 100 A であった．

この電動機の始動後，徐々に回転速度が上昇し，電機子電流が 50 A まで減少した．トルクも半分に減少したので，電機子電流を 100 A に増やすため，直列可変抵抗の抵抗値を R_1 〔Ω〕から R_2 〔Ω〕に変化させた．R_1 および R_2 の値の組合せとして，正しいものを次の（1）～（5）のうちから一つ選べ．

ただし，ブラシによる電圧降下，始動抵抗を調整する間の速度変化，電機子反作用およびインダクタンスの影響は無視できるものとする．

	R_1	R_2		R_1	R_2
(1)	2.0	1.0	(4)	1.5	0.5
(2)	4.0	2.0	(5)	3.5	1.5
(3)	1.5	1.0			

説 始動時には電動機の逆起電力 $E = 0$ であるため，直列可変抵抗 R_1 は

$$I_a = \frac{V}{r_a + R_1}$$

$$R_1 = \frac{V}{I_a} - r_a = \frac{200}{100} - 0.5 = \mathbf{1.5\,Ω}$$

電動機の回転速度が上がり，逆起電力 E' が発生し，電機子電流が $I_a' = 50$ A まで低下したときの状態が解図のようになる．逆起電力 E' は

$$I_a' = \frac{V - E'}{r_a + R_1}$$

$$E' = V - I_a'(r_a + R_1) = 200 - 50 \times (0.5 + 1.5) = 100\,\text{V}$$

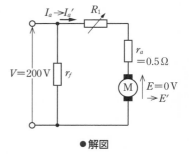

●解図

電動機がこの状態で抵抗値を R_2 に変化させると，電機子電流が $I_a'' = 100$ A となることから，R_2 は

$$I_a'' = \frac{V - E'}{r_a + R_2}$$

$$R_2 = \frac{V - E'}{I_a''} - r_a = \frac{200 - 100}{100} - 0.5 = \mathbf{0.5\,Ω}$$

解答 ▶ (4)

問題22 ✓ ✓ ✓

次の文章は，直流電動機の運転に関する記述である．

分巻電動機では始動時の過電流を防止するために始動抵抗が （ア） 回路に直列に接続されている．

直流電動機の速度制御法には界磁制御法・抵抗制御法・電圧制御法がある．静止レオナード方式は （イ） の制御法の一種であり，主に他励電動機に用いられ，広範囲の速度制御ができるという利点がある．

直流電動機の回転の向きを変えることを逆転といい，一般的には，応答が速い （ウ） 電流の向きを変える方法が用いられている．

電車が勾配を下るような場合に，電動機を発電機として運転し，電車のもつ運動エネルギーを電源に送り返す方法を （エ） 制動という．

上記の記述中の空白箇所（ア）～（エ）に当てはまる組合せとして，正しいものを次の（1）～（5）のうちから一つ選べ．

	（ア）	（イ）	（ウ）	（エ）
(1)	界磁	抵抗	界磁	発電
(2)	界磁	抵抗	電機子	発電
(3)	界磁	電圧	界磁	回生
(4)	電機子	電圧	電機子	回生
(5)	電機子	電圧	界磁	回生

解説 直流電動機の始動時には，逆起電力がないため，抵抗の小さい電機子回路に過大な電流が流れるため，**電機子回路**に直列に始動抵抗を接続する．特に，分巻電動機では，界磁電流が小さくならないように界磁回路よりも電動機側とする．

静止レオナード方式は，**電圧制御法**の一つで，サイリスタを用いた可変電圧電源により端子電圧を変える．

直流電動機の電機子あるいは界磁の方向を変えると，どちらも回転を逆にすることができるが，リアクタンスの小さい**電機子**回路の電流を変える方が応答が速い．

電動機を発電機として運転し，エネルギーを抵抗で消費することを発電制動といい，電源に送り返すことを**回生制動**という．なお，直流機から電源へ電流を流すために電源電圧を誘導起電力より小さくする制御が行われる．

解答 ▶ (4)

練 習 問 題

■ **1** (H27 A-1)

4極の直流電動機が電機子電流 250A，回転速度 1200 min^{-1} で一定の出力で運転されている．電機子導体は波巻であり，全導体数が258，1極当たりの磁束が 0.020 Wb であるとき，この電動機の出力の値〔kW〕として，最も近いものを次の（1）〜（5）のうちから一つ選べ．

(1) 8.21　　(2) 12.9　　(3) 27.5　　(4) 51.6　　(5) 55.0

■ **2** (H17 A-2)

直流分巻電動機が電源電圧 100V，電機子電流 25A，回転速度 1500 min^{-1} で運転されている．このときのトルク T〔N·m〕の値として，最も近いものを次のうちから一つ選べ．ただし，電機子回路の抵抗は 0.2Ω とし，ブラシの電圧降下および電機子反作用の影響は無視するものとする．

(1) 0.252　　(2) 15.1　　(3) 15.9　　(4) 16.7　　(5) 95.0

■ **3** (H21 A-2)

電機子回路の抵抗が 0.20Ω の直流他励電動機がある．励磁電流，電機子電流とも一定になるように制御されており，電機子電流は 50A である．回転速度が 1200 min^{-1} のとき，電機子回路への入力電圧は 110V であった．励磁電流，電機子電流を一定に保ったまま電動機の負荷を変化させたところ，入力電圧が 80V となった．このときの回転速度〔min^{-1}〕の値として，最も近いものを次のうちから一つ選べ．

(1) 764　　(2) 840　　(3) 873　　(4) 900　　(5) 960

■ **4** (H16 A-1〈改〉)

定格出力 2.2kW，定格回転速度 1500 min^{-1}，定格電圧 100V の直流分巻電動機がある．この電動機において次の (a) および (b) に答えよ．

(a) 始動時の電機子電流を全負荷時の 1.5 倍に抑えるため電機子巻線に直列に挿入すべき抵抗〔Ω〕の値として，最も近いものを次のうちから一つ選べ．ただし，全負荷時の効率は 85 %，電機子回路の抵抗は 0.15Ω，界磁電流は 2A とする．

(1) 2.43　　(2) 2.58　　(3) 2.64　　(4) 2.79　　(5) 3.18

(b) 電機子電流が全負荷時に等しくなったときに，始動抵抗を小さくする．小さくした直後の電機子電流を全負荷時の 1.5 倍に抑えるための抵抗の値として，最も近いものを次のうちから一つ選べ．

(1) 1.32　　(2) 1.40　　(3) 1.71　　(4) 1.76　　(5) 2.07

■ **5** (H18 B-15(b))

定格出力 100 kW, 定格電圧 220 V の直流分巻発電機がある. この発電機の電機子巻線の抵抗は 0.05 Ω, 界磁巻線の抵抗は 57.5 Ω, 機械損の合計は 1.8 kW である. この発電機を定格電圧, 定格出力で運転している. この発電機の効率〔%〕の値として, 最も近いのは次のうちどれか.

(1) 88　　(2) 90　　(3) 92　　(4) 94　　(5) 96

■ **6** (H29 A-1)

界磁に永久磁石を用いた小形直流電動機があり, 電源電圧は定格の 12 V, 回転を始める前の静止状態における始動電流は 4 A, 定格回転数における定格電流は 1 A である. 定格運転時の効率の値〔%〕として, 最も近いものを次の (1) 〜 (5) のうちから一つ選べ. ただし, 損失は電機子巻線による銅損しか存在しないものとする.

(1) 60　　(2) 65　　(3) 70　　(4) 75　　(5) 80

■ **7** (H26 A-2)

出力 20 kW, 端子電圧 100 V, 回転速度 1 500 min^{-1} で運転していた直流他励発電機があり, その電機子回路の抵抗は 0.05 Ω であった. この発電機を電圧 100 V の直流電源に接続して, そのまま直流他励電動機として使用したとき, ある負荷で回転速度は 1 200 min^{-1} となり安定した. このときの運転状態における電動機の負荷電流 (電機子電流) の値〔A〕として, 最も近いものを次の (1) 〜 (5) のうちから一つ選べ. ただし, 発電機での運転と電動機での運転とで, 界磁電圧は変わらないものとする.

(1) 180　　(2) 200　　(3) 220　　(4) 240　　(5) 260

■ **8** (H9 A-10)

直流直巻電動機が負荷電流 40 A, 負荷トルク 500 N・m で全負荷運転している. 負荷電流が 20 A に減少したときの負荷トルク〔N・m〕の値として, 正しいものを次のうちから一つ選べ. ただし, 電機子電流が 40 A 以下の範囲では, この電動機の磁気回路の飽和は, 無視してよいものとする.

(1) 100　　(2) 125　　(3) 250　　(4) 354　　(5) 1 000

■ **9** (R3 A-2)

ある直流分巻電動機を端子電圧 220 V, 電機子電流 100 A で運転したときの出力が 18.5 kW であった.

この電動機の端子電圧と界磁抵抗とを調節して, 端子電圧 200 V, 電機子電流 110 A, 回転速度 720 min^{-1} で運転する. このときの電動機の発生トルクの値〔N・m〕として, 最も近いものを次の (1) 〜 (5) のうちから一つ選べ. ただし, ブラシの接触による電圧降下及び電機子反作用は無視でき, 電機子抵抗の値は上記の二つの運転において等しく, 一定であるものとする.

(1) 212　　(2) 236　　(3) 245　　(4) 260　　(5) 270

Chapter

3

■ **10** （H30　A-2〈改〉）

直流機に関する記述として，誤っているものを次の（1）〜（5）のうちから一つ選べ．

(1) 電機子と界磁巻線が並列に接続された分巻発電機は，回転を始めた電機子巻線と磁極の残留磁束によって，まず低い電圧で発電が開始される．その結果，界磁巻線に電流が流れ始め，磁極が強まれば，発電する電圧が上昇し，必要な励磁が確立する．

(2) 電機子と界磁巻線が直列に接続された直巻発電機は，出力電流が大きく界磁磁極が磁気飽和する場合よりも，出力電流が小さく界磁磁極が飽和しない場合のほうが，出力電圧が安定する．

(3) 電源電圧一定の条件下で運転される分巻電動機は，負荷が変動した場合でも，ほぼ一定の回転速度を保つので，定速度電動機とよばれる．

(4) 直巻電動機は，始動時の大きな電機子電流が大きな界磁電流となる．直流電動機のトルクは界磁磁束と電機子電流から発生するので，大きな始動トルクが必要な用途に利用されてきた．

(5) 分巻電動機は，発電機として運転した場合と同じ極性の端子電圧を外部から与えて電動機として運転すると，界磁電流の向きは発電運転時と同じ向きとなり，回転方向は同じ方向となる．このため，結線を変更せずに回生制動ができる．

Chapter 4

同 期 機

同期機関係は，毎年 2 問程度が出題されており，以下のような出題傾向となっているので，これに対応した学習がポイントである．出題形式でみると計算問題が約 5 割を占めており，それぞれのテーマごとの公式の使い方や運転特性などの知識を習得しておく必要がある．

誘導起電力と端子電圧，負荷角および出力の関係を理解し，ベクトル図を確実に描けるようにしておこう．また，短絡比と同期インピーダンスが特に重要なポイントである．電機子反作用，自己励磁現象や並行運転，V 曲線などの基本的な運転特性も覚えておこう．

(1) 基本構造，電機子反作用に関する問題
(2) 発電機の誘導起電力，端子出力（ベクトル図）に関する計算
(3) 同期インピーダンス，短絡比に関する計算
(4) 電動機のトルクに関する計算
(5) 負荷角，出力に関する計算
(6) 発電機の特性，並行運転，自己励磁現象などに関する問題
(7) 電動機の特性，V 曲線，始動，乱調などに関する問題

同期発電機の構造と電機子反作用

[★★]

同期機とは，電源の周波数と同期した速度で回転する交流機で，同期発電機，同期電動機および同期調相機がある．発電機を駆動する原動機によって，水車発電機，タービン発電機，エンジン発電機がある．

1 同期発電機の構造

同期発電機は，直流発電機と動作原理は同じであるが，界磁巻線で発生させた直流磁界を外部から回転させて，電機子巻線に発生する誘導起電力を，そのまま交流電圧として利用するので，**整流が不要**である．

直流機は，電機子を回転させる回転電機子型であるが，同期機では，一般に電圧や電流が大きくなる電機子の絶縁強度や機械的強度の観点から電機子を固定して，界磁を回転させる**回転界磁形**である．

界磁巻線に直流電流を流す励磁機には，直流発電機やサイリスタ整流器を用いた交流励磁機，静止形励磁装置が用いられる．

■【1】 水車発電機

水車発電機には，横軸形と立軸形がある．**比較的低速で磁極数が多く**，磁極が突き出した形の**突極形の回転子**が用いられる．図4・1は立軸形の例である．

■【2】 タービン発電機

蒸気タービンやガスタービンで駆動されるので水車発電機よりも**回転速度が高く**（50 Hz：1500，3000 min^{-1}，60 Hz：1800，3600 min^{-1}），**横軸形**である．また，**磁極数は少なく2～4極**で，**円筒形の回転子**が用いられる．図4・2はタービン発電機の一例である．

大容量のタービン発電機では，水素または純水による直接冷却が採用されている．**水素ガス**は，**空気よりも比重が小さい**ため風損を大きく減らすことができ，**比熱や熱伝導率が空気より大きい**ため，同一寸法で出力を大きくすることができる．また，水素は不活性のため巻線の絶縁寿命が長くなる．

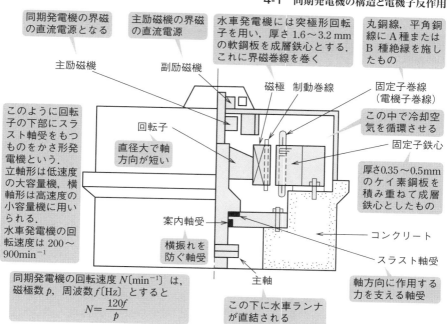

同期発電機の界磁の直流電源となる

主励磁機の界磁の直流電源

水車発電機には突極形回転子を用い，厚さ1.6〜3.2 mmの軟鋼板を成層鉄心とする．これに界磁巻線を巻く

丸銅線，平角銅線にA種またはB種絶縁を施したもの

主励磁機

副励磁機

磁極　制動巻線

固定子巻線（電機子巻線）

このように回転子の下部にスラスト軸受をもつものをかさ形発電機という．
立軸形は低速度の大容量機，横軸形は高速度の小容量機に用いられる．
水車発電機の回転速度は200〜900min⁻¹

回転子

直径大で軸方向が短い

この中で冷却空気を循環させる

固定子鉄心

厚さ0.35〜0.5mmのケイ素鋼板を積み重ねて成層鉄心としたもの

案内軸受

横振れを防ぐ軸受

コンクリート

スラスト軸受

同期発電機の回転速度 $N\,[\mathrm{min^{-1}}]$ は，磁極数 p，周波数 $f\,[\mathrm{Hz}]$ とすると
$$N=\frac{120f}{p}$$

主軸

この下に水車ランナが直結される

軸方向に作用する力を支える軸受

●図4・1　立軸形同期発電機の構造例

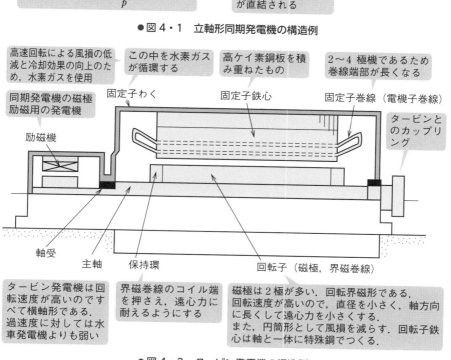

高速回転による風損の低減と冷却効果の向上のため，水素ガスを使用

この中を水素ガスが循環する

高ケイ素鋼板を積み重ねたもの

2〜4極機であるため巻線端部が長くなる

同期発電機の磁極励磁用の発電機

固定子わく

固定子鉄心

固定子巻線（電機子巻線）

励磁機

タービンとのカップリング

軸受

主軸

保持環

回転子（磁極，界磁巻線）

タービン発電機は回転速度が高いのですべて横軸形である．
過速度に対しては水車発電機よりも弱い

界磁巻線のコイル端を押さえ，遠心力に耐えるようにする

磁極は2極が多い．回転界磁形である．回転速度が高いので，直径を小さく，軸方向に長くして遠心力を小さくする．
また，円筒形として風損を減らす．回転子鉄心は軸と一体に特殊鋼でつくる．

●図4・2　タービン発電機の構造例

Chapter
4

173

2 交流電圧の発生

図4·3のように磁極が2極の場合，導体（巻線）が1回転するごとに1サイクルの誘導起電力を発生する．磁極数がp，1秒間の回転数がn_sとすると，誘導起電力の周波数は$f = n_s p/2$〔Hz〕となる．一定の周波数の誘導起電力を得るには，**回転速度N_s〔min^{-1}〕が一定**でなければならず，これを**同期速度**という．

$$N_s = \frac{120f}{p} \,[\text{min}^{-1}] \tag{4·1}$$

また，各磁極の磁束をϕ〔Wb〕とすると，1本の導体が1磁極の下を通り過ぎるとϕ〔Wb〕の磁束を切り，通り過ぎるのに要する時間は$t = (1/p) \times (60/N_s)$〔s〕であるから，この間に発生する平均誘導起電力$E_{av}$は

$$E_{av} = \frac{\phi}{t} = \frac{\phi}{60/pN_s} \,[\text{V}]$$

また，電機子巻線1相当たりの直列巻回数をwとすると，直列導体数は$2w$であるから，1相当たりの平均誘導起電力E_{av}と，その実効値Eは次式で表せる．

$$E_{av} = 2w \times \frac{p\phi N_s}{60} = 2w \times p\phi \times \frac{2f}{p} = 4fw\phi \,[\text{V}]$$

$$E = 1.11 \times E_{av} = 4.44fw\phi \,[\text{V}]$$

一方，誘導起電力の波形を正弦波に近づけるため，各相の巻線を図4·4のように**分布巻**や**短節巻**とする．したがって，同期発電機1相の誘導起電力Eは，

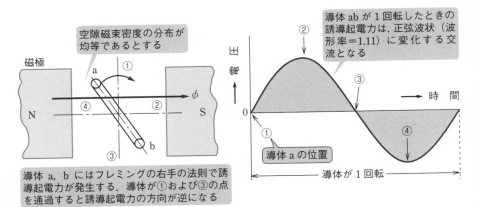

導体abが1回転したときの誘導起電力は，正弦波状（波形率=1.11）に変化する交流となる

導体aの位置

導体が1回転

空隙磁束密度の分布が均等であるとする

磁極

導体a，bにはフレミングの右手の法則で誘導起電力が発生する．導体が①および③の点を通過すると誘導起電力の方向が逆になる

●図4·3　交流電圧の発生（回転電機子型の概念図）

分布巻係数 K_d と短節巻係数 K_p を乗じた次式となる．なお，K_d と K_p の積を巻線係数という．また，波形をできるだけ正弦波に近づけるように，図4・5のように設計する．

$$E = 4.44fw\phi K_d K_p \ \text{[V]}$$

$$(4\cdot2)$$

各巻線の起電力 e に位相差が生じ，合成起電力 E は分布巻係数 K_d 倍に小さくなる．この例では $E = 3e\cdot K_d$

巻線の開きが電気角180°より小さく，鎖交磁束が減り，起電力 E は，全節巻の場合の短節巻係数 K_p 倍となる

集中巻は，巻線を1つのスロットに入れる

スロットの間隔．電気角 α で巻線を分散配置する

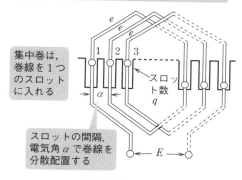

(a) 分布巻と分布巻係数

磁極ピッチ

$\pi = 180°$

短節巻

全節巻の場合の巻線位置

コイルピッチ

コイルの開きを $(1-\beta)\pi$ だけせまくする

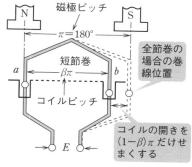

(b) 短節巻と短節巻係数

●図4・4 分布巻と短節巻

①磁極面の形と空隙の長さを適切にして正弦波形にする

②電機子巻線を分布巻，短節巻にする

③固定子鉄心のスロットに磁気くさびを用いる

改善前

改善後の磁束密度分布

空隙の磁束密度分布

空隙

磁極面

制動巻線（両端は短絡する）

磁極

$\beta\pi$

$\beta = 4/5$ の場合

第5調波電圧は $e-e'=0$ で打ち消される

一般には $\beta = 5/6$ として第7調波も抑制する

この部分の磁束変化を小さくして高調波発生を防ぐ

磁気くさび

それぞれ絶縁されている

固定子鉄心

スロット（みぞ）

導体

絶縁物（主絶縁）

巻線

④磁極表面に制動巻線を設けて高調波を打ち消す

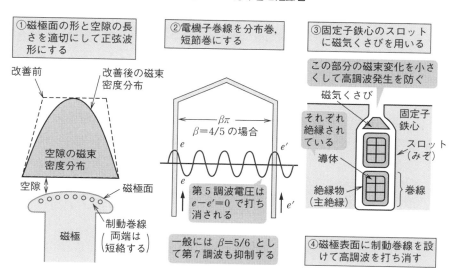

●図4・5 誘導起電力の波形改善方法

4 電機子反作用

三相同期発電機の電機子巻線に電流（負荷電流）が流れると，その電流により同期速度の回転磁界を生じる．この回転磁界は磁極の回転と同じ速度で回転するため，磁極の励磁回路には電圧を誘導しないが，電機子電流によって発生する磁束の大部分は界磁に作用（**電機子反作用**という）して，主磁束に影響を与える．この電機子反作用は，電機子回路に直列に接続されたリアクタンスとして作用する．

電機子電流は直流機と異なり交流が流れることから，この電機子反作用は，誘導起電力と電機子電流の位相（力率角）関係によって大きく異なる．図 4・6 のように同相の電機子電流による主磁束の横方向に働く**横軸反作用**と，90 度進み（遅れ）の電機子電流による主磁束と同方向に働く**直軸反作用**がある．

◀1▶ 横軸反作用

主磁束と電機子巻線の位置が一致しているときに誘導起電力が最大となり，電機子電流の位相が同相の場合は，図 4・6（a）のように電機子電流も最大となる．このとき，電機子電流により右ねじの方向に磁束が生じるため，**発電機では磁極の前部（図右側）で減磁作用，後部（図左側）で増磁作用が働き，磁束分布をひずませる働き**をし，**交さ磁化作用**という．

◀2▶ 直軸反作用

発電機で誘導起電力に対して **90°遅れの電機子電流（遅相）が流れる場合**，磁極と重なるときには電機子電流が 0 であり，図 4・6（b）（1）のように磁極が電機子巻線の中間に来たときに電機子電流が最大となる．このとき，**前後の電機子電流による磁束が共に主磁束を打ち消す方向に作用**するため，**減磁作用**が働く．

一方，発電機で誘導起電力に対して **90°進みの電機子電流（進相）が流れる場合**，図 4・6（b）（2）のように**主磁束を強める方向に作用**するため，**増磁作用**が働く．

遅れ力率の負荷による電機子反作用は，端子電圧を減少させ，進み力率の負荷による電機子反作用は端子電圧を増加させる．

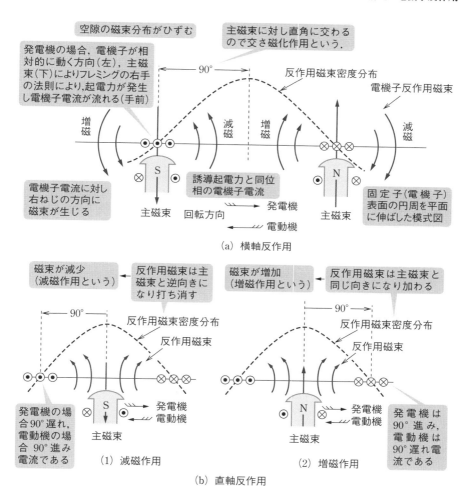

（a）横軸反作用

（1）減磁作用　　（2）増磁作用

（b）直軸反作用

●図 4・6　同期機の電機子反作用

問題1　☑ ☑ ☑　　　　　　　　　　　　　　　　　　H7 B-12

　次のような三相同期発電機の無負荷誘導起電力（線間値）〔V〕の値として，最も近いものを次のうちから一つ選べ．ただし，ギャップにおける磁束密度は正弦波であるものとする．

　1 極当たりの磁束 0.12 Wb，極数 12，1 分間の回転速度 500 min^{-1}

　1 相の直列巻数 250，巻線係数 0.94，結線 Ｙ（1 相のコイルは全部直列）

　(1)　2 090　　(2)　3 610　　(3)　6 260　　(4)　10 840　　(5)　18 780

解説 1相の誘導起電力 E は，式（4・2）から $E = 4.44 f w \phi k$（w：1相の直列巻数，ϕ：1極当たりの磁束，k：巻線係数）であり，誘導起電力の周波数は $f = pN/120$（p：極数，N：回転速度）である．また，線間電圧は Y 結線であるため，$E_l = \sqrt{3} E$ となる．

$$E_l = \sqrt{3} E = \sqrt{3} \times 4.44 \times (pN/120) \times w \phi k$$
$$= \sqrt{3} \times 4.44 \times (12 \times 500/120) \times 250 \times 0.12 \times 0.94 \fallingdotseq \mathbf{10840\,V}$$

解答 ▶ (4)

問題2 ✓ ✓ ✓ H17 A-6

三相同期発電機に平衡負荷をかけ，電機子巻線に三相交流電流が流れると，同期速度で回転する回転磁界が発生し，磁極の生じる界磁磁束との間に電機子反作用が生じる．

図1は，力率がほぼ100％で，誘導起電力の最大値と電機子電流の最大値が一致したときの磁極 N，S と，電機子電流が最大となる電機子巻線の位置との関係を示す．この図において，N，S 両磁極の右側では界磁磁束を ｜ (ア) ｜ させ，左側では ｜ (イ) ｜ させる交さ磁化作用の現象が起きる．図2は，｜ (ウ) ｜ 力率角がほぼ π/2rad の場合の磁極 N，S と，電機子電流が最大となる電機子巻線の位置との関係を示す．磁極 N，S による磁束は，電機子電流によりいずれも ｜ (エ) ｜ を受ける．

上記の記述中の空白箇所（ア），（イ），（ウ）および（エ）に記入する語句の組合せとして，正しいものを次のうちから一つ選べ．

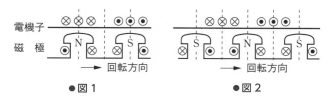

●図1　　　　　●図2

	（ア）	（イ）	（ウ）	（エ）
(1)	増加	減少	進み	減磁作用
(2)	増加	減少	進み	磁化作用
(3)	減少	増加	遅れ	減磁作用
(4)	増加	減少	遅れ	磁化作用
(5)	減少	増加	遅れ	磁化作用

解説 図 1 の位置関係は，誘導起電力と電機子電流が同位相の状態を示し，横軸反作用（交さ磁化作用）という（図 4·6 (a) 参照）．右側では主磁束を**弱め**，左側では主磁束を**強める**働きをする．

図 2 の位置関係は，電機子電流が誘導起電力より 90°**遅れている**状態を示し，主磁束を弱める働きをするため**減磁作用**という（図 4·6 (b)（1）参照）．

解答 ▶ (3)

問題3 ✓ ✓ ✓ R2 A-4

次の文章は，回転界磁形三相同期発電機の無負荷誘導起電力に関する記述である．回転磁束を担う回転子磁極の周速を v 〔m/s〕，磁束密度の瞬時値を b 〔T〕，磁束と直交する導体の長さを l 〔m〕とすると，1 本の導体に生じる誘導起電力 e 〔V〕は次式で表される．

$$e = vbl$$

極数を p，固定子内側の直径を D 〔m〕とすると，極ピッチ τ 〔m〕は $\tau = \dfrac{\pi D}{p}$ であるから，f 〔Hz〕の起電力を生じる場合の周速 v は $v = 2\tau f$ である．したがって，角周波数 ω 〔rad/s〕を $\omega = 2\pi f$ として，上述の磁束密度瞬時値 b 〔T〕を $b(t) = B_m \sin \omega t$ と表した場合，導体 1 本当たりの誘導起電力の瞬時値 $e(t)$ は

$$e(t) = E_m \sin \omega t$$
$$E_m = \boxed{\text{(ア)}} \, B_m l$$

また，回転磁束の空間分布が正弦波でその最大値が B_m のとき，1 極の磁束密度の $\boxed{\text{(イ)}}$ B 〔T〕は $B = \dfrac{2}{\pi} B_m$ であるから，1 極の磁束 ϕ 〔Wb〕は $\phi = \dfrac{2}{\pi} B_m \tau l$ である．したがって，1 本の導体に生じる起電力の実効値は次のように表すことができる．

$$\frac{E_m}{\sqrt{2}} = \frac{\pi}{\sqrt{2}} f\phi = 2.22 \, f\phi$$

よって，三相同期発電機の 1 相当たりの直列に接続された電機子巻線の巻数を N とすると，回転磁束の空間分布が正弦波の場合，1 相当たりの誘導起電力（実効値）E 〔V〕は

$$E = \boxed{\text{(ウ)}} \, f\phi N$$

さらに，電機子巻線には一般に短節巻と分布巻が採用されるので，これらを考慮した場合，1 相当たりの誘導起電力 E は次のように表される．

$$E = \boxed{\text{(ウ)}} \, k_w f\phi N$$

ここで k_w を $\boxed{\text{(エ)}}$ という．

上記の記述中の空白箇所（ア）～（エ）にあてはまる組合せとして，正しいものを次の（1）～（5）のうちから一つ選べ.

	（ア）	（イ）	（ウ）	（エ）
(1)	$2\tau f$	平均値	2.22	巻線係数
(2)	$2\pi f$	最大値	4.44	分布係数
(3)	$2\tau f$	平均値	4.44	巻線係数
(4)	$2\pi f$	最大値	2.22	短節係数
(5)	$2\tau f$	実効値	2.22	巻線係数

解説 解図のように 2 つの導体で電機子巻線の 1 つのコイルを形成しているとき，磁極が極ピッチ τ だけ移動すると起電力の方向が反対となり，2τ 移動することで 1 サイクルとなる．f〔Hz〕の起電力を生じるためには，$2\tau f$〔m/s〕の周速で回転するため，導体 1 本当たりの誘導起電力の最大値 E_m は，次式となる.

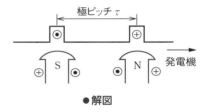

●解図

$$e(t) = vbl = 2\tau f \times B_m \sin\omega t \times l = 2\tau f B_m l \sin\omega t = E_m \sin\omega t$$

$$\therefore \quad E_m = \mathbf{2\tau f B_m l}$$

正弦波の平均値は最大値の $2/\pi$ 倍であり，1 極の磁束密度の**平均値** B〔T〕$= 2B_m/\pi$ となり，磁束 ϕ〔Wb〕は，磁束密度に 1 極当たりの面積 τl を乗じた $\phi = 2B_m\tau l/\pi$ となる．正弦波の実効値は最大値の $1/\sqrt{2}$ 倍であり，1 本の導体に生じる起電力（実効値）は，上式に B_m を代入して次式となる.

$$\frac{E_m}{\sqrt{2}} = \frac{2\tau f B_m l}{\sqrt{2}} = \frac{2\tau f l}{\sqrt{2}} \times \frac{\pi\phi}{2\tau l} = \frac{\pi}{\sqrt{2}} f\phi = 2.22 f\phi$$

1 相当たりの誘導起電力（実効値）E〔V〕は，1 つのコイル（解図の 2 つの導体）に生じる起電力であり，直列に接続された電機子巻線の巻数を N とすると，$2N$ 本の導体に生じる起電力であるため，次式となる.

$$E = 2N \times 2.22 f\phi = \mathbf{4.44} f\phi N$$

電機子巻線は，複数のスロットに分けて配置する分布巻やコイルピッチを小さくする短節巻が行われ，分布巻係数，短節巻係数を乗じたものを**巻線係数**という.

解答 ▶ (3)

同期発電機の出力

[★★]

1 同期インピーダンス

電機子電流によって生じる磁束のうち，大部分はギャップを通って磁極に入り，界磁磁束に作用する**電機子反作用リアクタンス** x_a を生じ，一部の磁束は図 4·7 のように電機子巻線自身と鎖交する漏れ磁束となって**漏れリアクタンス** x_l を生じる．

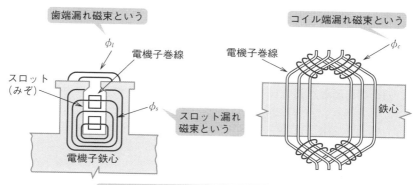

●図 4·7　漏れ磁束と漏れリアクタンス

　この電機子漏れ磁束も電機子反作用も，ともに電機子電流により生じる磁束であり，回路に対してはリアクタンスとして作用するので，両者を合わせて**同期リアクタンス** (x_s) といい，さらに電機子巻線抵抗を含めたものを**同期インピーダンス**という．これによって，同期発電機の等価回路とそのベクトル図は，図 4·8 のように表せる．

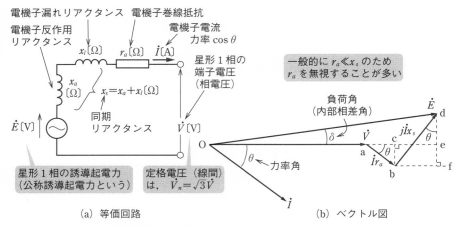

電機子漏れリアクタンス　電機子巻線抵抗

電機子反作用
リアクタンス

電機子電流
力率 cos θ

x_l〔Ω〕　r_a〔Ω〕　$\dot{I}$〔A〕

x_a〔Ω〕

$x_s = x_a + x_l$〔Ω〕

星形 1 相の
端子電圧
（相電圧）

一般的に $r_a \ll x_s$ のため
r_a を無視することが多い

同期
リアクタンス

$\dot{E}$〔V〕

$\dot{V}$〔V〕

負荷角
（内部相差角）

星形 1 相の誘導起電力
（公称誘導起電力という）

定格電圧（線間）
は、$\dot{V}_n = \sqrt{3}\dot{V}$

θ ← 力率角

（a）等価回路　　　　　　　　　　（b）ベクトル図

●図 4・8　同期発電機の等価回路とベクトル図（円筒形発電機　星形 1 相分）

2 誘導起電力と負荷角

　同期機の**誘導起電力 E と端子電圧 V との位相差 δ を負荷角**（内部相差角）と
いい，r_a は一般的に小さいため電機子巻線抵抗を無視すると，図 4・9 のベクト
ル図より誘導起電力 E と負荷角 δ は，次式で表せる．発電機として負荷を供給
すると，端子電圧 $\dot{V}$ は誘導起電力 $\dot{E}$ より負荷角 δ だけ遅れる．

$$E = \sqrt{(\overline{\mathrm{Oa}} + \overline{\mathrm{ab}})^2 + \overline{\mathrm{bc}}^2}$$
$$= \sqrt{(V + Ix_s \sin\theta)^2 + (Ix_s \cos\theta)^2} \ \text{〔V〕} \tag{4・3}$$

$$\delta = \tan^{-1}\frac{\overline{\mathrm{bc}}}{\overline{\mathrm{OA}} + \overline{\mathrm{ab}}} = \tan^{-1}\frac{Ix_s \cos\theta}{V + Ix_s \sin\theta} \tag{4・4}$$

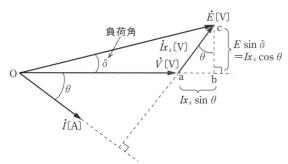

負荷角

$\dot{E}$〔V〕

$\dot{I}x_s$〔V〕

$\dot{V}$〔V〕

$E \sin\delta = Ix_s \cos\theta$

$Ix_s \sin\theta$

$\dot{I}$〔A〕

●図 4・9　同期発電機のベクトル図（円筒形発電機　星形 1 相分）

3 負荷角と出力

円筒形発電機1相の出力 P_1 と負荷角 δ との関係式は，図4·9のベクトル図から次のようにして求める．ただし，電機子巻線の抵抗は無視する．

1相の出力 $P_1 = VI\cos\theta$ を求めると，$Ix_s\cos\theta = bc$，$bc = E\sin\delta$ であるから

$$I\cos\theta = \frac{\overline{bc}}{x_s} = \frac{E\sin\delta}{x_s}$$

$$\therefore P_1 = VI\cos\theta = \frac{EV}{x_s}\sin\delta \ [\text{W}] \tag{4·5}$$

したがって，三相の出力 P_3 は，線間の誘導起電力および端子電圧をそれぞれ E_l [V]，V_l [V] とすれば，$E = E_l/\sqrt{3}$，$V = V_l/\sqrt{3}$ となるから次式となる．

$$P_3 = 3 \cdot \frac{E_l}{\sqrt{3}} \cdot \frac{V_l}{\sqrt{3}} \cdot \frac{\sin\delta}{x_s} = \frac{E_l V_l}{x_s}\sin\delta \ [\text{W}] \tag{4·6}$$

電力系統に接続された同期発電機の回転軸に，加速方向の回転トルクを加えると，**系統電圧の位相よりも δ だけ進んだ位相差を保ちながら同期速度で回転し**，発電機に加えられる動力が電力に変換されて系統に送り出される．出力 P_1 と負荷角 δ の関係は図4·10となり，**$\delta = 90°$ のとき出力は最大となる**．

Chapter
4

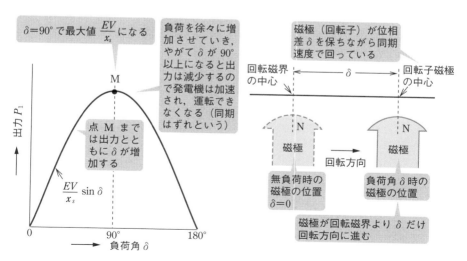

$\delta = 90°$ で最大値 $\dfrac{EV}{x_s}$ になる

負荷を徐々に増加させていき，やがて δ が90°以上になると出力は減少するので発電機は加速され，運転できなくなる（同期はずれという）

点 M までは出力とともに δ が増加する

$\dfrac{EV}{x_s}\sin\delta$

磁極（回転子）が位相差 δ を保ちながら同期速度で回っている

回転磁界の中心　δ　回転子磁極の中心

N　磁極　　N　磁極

回転方向

無負荷時の磁極の位置 $\delta = 0$

負荷角 δ 時の磁極の位置

磁極が回転磁界より δ だけ回転方向に進む

出力 P_1

0　　90°　　180°
負荷角 δ

● 図4·10 負荷角と出力の関係

　電力系統に接続された同期発電機に小さなじょう乱が発生し，負荷角 δ が大きくなった場合，**$\delta < 90°$ の運転点**では，電気出力が図 4・10 の曲線に沿って増加するが，機械入力は変わらないので回転子に減速力が働き，負荷角を小さくして，**もとの運転状態に引き戻す力が働くため，安定に運転**できる．一方，$\delta > 90°$ の運転点では，負荷角 δ が大きくなると，電気出力が小さくなり回転子を加速させる力が働き，負荷角がさらに大きくなるため不安定となる．このため，**負荷角が 90°以上では発電機の運転ができず同期外れ（脱調）**という．

問題4 ✓ ✓ ✓　　　　　　　　　　　　　　　　　　　　H23 A-4

　次の文章は，同期発電機に関する記述である．

　丫 結線の非突極形三相同期発電機があり，各相の同期リアクタンスが $3\,\Omega$，無負荷時の出力端子と中性点間の電圧が $424.2\,\mathrm{V}$ である．この発電機に 1 相当り $R + jX_L\,[\Omega]$ の三相平衡 丫 結線の負荷を接続したところ各相に $50\,\mathrm{A}$ の電流が流れた．接続した負荷は誘導性でそのリアクタンス分は $3\,\Omega$ である．ただし，励磁の強さは一定で変化しないものとし，電機子巻線抵抗は無視するものとする．

　このときの発電機の出力端子間電圧 [V] の値として，最も近いものを次の (1) ～ (5) のうちから一つ選べ．

　(1)　300　　　(2)　335　　　(3)　475　　　(4)　581　　　(5)　735

 　題意の三相同期発電機の 1 相分の等価回路とベクトル図は解図のようになる．

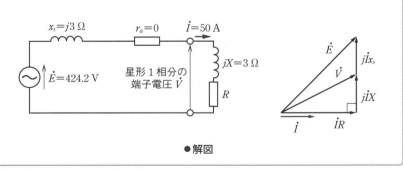

●解図

解説　ベクトル図より，誘導起電力 E の関係式から負荷の抵抗 R を求める．

$$E^2 = (IR)^2 + (IX + Ix_s)^2$$

$$424.2^2 = (50R)^2 + (50 \times 3 + 50 \times 3)^2$$

$$\therefore\ R = \frac{\sqrt{424.2^2 - 300^2}}{50} \fallingdotseq 6\,\Omega$$

星形 1 相分の端子電圧 V は，$V^2 = (IR)^2 + (IX)^2$ の関係にあり，Y結線の端子電圧（線間）V_l は，相電圧 V の $\sqrt{3}$ 倍であるから

$$V_l = \sqrt{3}\,V = \sqrt{3} \times \sqrt{(IR)^2 + (IX)^2}$$
$$= \sqrt{3} \times \sqrt{(50 \times 6)^2 + (50 \times 3)^2}$$
$$= \sqrt{3} \times \sqrt{112\,500} = \sqrt{337\,500} = 580.9 \doteqdot \mathbf{581\,V}$$

解答 ▶ (4)

問題5 ✓ ✓ ✓ H20 A-5

定格容量 $3\,300\,\mathrm{kV\cdot A}$，定格電圧 $6\,600\,\mathrm{V}$，星形結線の三相同期発電機がある．この発電機の電機子巻線の一相当たりの抵抗は $0.15\,\Omega$，同期リアクタンスは $12.5\,\Omega$ である．この発電機を負荷力率 $100\,\%$ で定格運転したとき，一相当たりの内部誘導起電力〔V〕の値として，最も近いものを次のうちから一つ選べ．ただし，磁気飽和は無視できるものとする．

(1)　$3\,050$　　　(2)　$4\,670$　　　(3)　$5\,280$　　　(4)　$7\,460$　　　(5)　$9\,150$

題意の三相同期発電機の 1 相分の等価回路とベクトル図は解図のようになる．

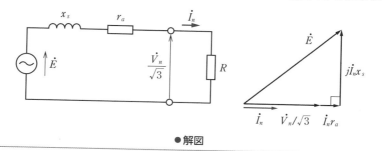

● 解図

 定格電流 I_n は，出力の関係式より

$$I_n = \frac{P_n}{\sqrt{3} \times V_n} = \frac{3\,300 \times 10^3}{\sqrt{3} \times 6\,600} \doteqdot 288.7\,\mathrm{A}$$

負荷力率 $100\,\%$ であるため，端子電圧 $\dot{V}_n$ と巻線抵抗の電圧降下 $\dot{I}r_a$ は同相で，リアクタンスの電圧降下 $j\dot{I}_n x_s$ は直交となる．ベクトル図より，1 相当たりの端子電圧 $V_n/\sqrt{3}$ と内部誘導起電力 E の関係から

$$E = \sqrt{\left(\frac{V_n}{\sqrt{3}} + I_n r_a\right)^2 + (I_n x_s)^2}$$
$$= \sqrt{\left(\frac{6\,600}{\sqrt{3}} + 288.7 \times 0.15\right)^2 + (288.7 \times 12.5)^2} \doteqdot \mathbf{5\,280\,V}$$

解答 ▶ (3)

問題6 ☑ ☑ ☑

1相当たりの同期リアクタンスが1Ωの三相同期発電機が無負荷電圧346V（相電圧200V）を発生している．そこに抵抗器負荷を接続すると電圧が300V（相電圧173V）に低下した．次の（a）および（b）に答えよ．ただし，三相同期発電機の回転速度は一定で，損失は無視するものとする．

(a) 電機子電流〔A〕の値として，最も近いものを次のうちから一つ選べ．
  (1) 27　　(2) 70　　(3) 100　　(4) 150　　(5) 173

(b) 出力〔kW〕の値として，最も近いものを次のうちから一つ選べ．
  (1) 24　　(2) 30　　(3) 52　　(4) 60　　(5) 156

題意の三相同期発電機は，抵抗負荷を接続するため，力率100％であり，1相分のベクトル図は解図のようになる．

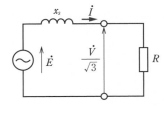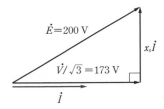

●解図

解説　(a) ベクトル図より，1相分の誘導起電力 $\dot{E}$〔V〕，端子電圧 $\dot{V}/\sqrt{3}$〔V〕，同期リアクタンス x_s〔Ω〕とすると，電機子電流 I は

$$E^2 = \left(\frac{V}{\sqrt{3}}\right)^2 + (x_s I)^2$$

$$\therefore \quad I = \frac{1}{x_s}\sqrt{E^2 - \left(\frac{V}{\sqrt{3}}\right)^2} = \frac{1}{1} \times \sqrt{200^2 - 173^2} \fallingdotseq \mathbf{100\,A}$$

(b) 発電機の出力 P〔W〕は

$$P = \sqrt{3}\,V \cdot I \cos\theta = \sqrt{3} \times 300 \times 100 \times 1 \fallingdotseq 52 \times 10^3\,\mathrm{W} \quad \rightarrow \quad \mathbf{52\,kW}$$

解答 ▶ (a)-(3)，(b)-(3)

問題7 ☑ ☑ ☑

定格容量 P 〔kV・A〕，定格電圧 V 〔V〕の星形結線の三相同期発電機がある．電機子電流が定格電流の 40 %，負荷力率が遅れ 86.6 %（$\cos 30° = 0.866$），定格電圧でこの発電機を運転している．このときのベクトル図を描いて，負荷角 δ の値〔°〕として，最も近いものを次の（1）〜（5）のうちから一つ選べ．ただし，この発電機の電機子巻線の 1 相当たりの同期リアクタンスは単位法で 0.915 p.u.，1 相当たりの抵抗は無視できるものとし，同期リアクタンスは磁気飽和等に影響されず一定であるとする．

(1) 0　　(2) 15　　(3) 30　　(4) 45　　(5) 60

 単位法は，実際の値の代わりに，基準値に対する比を用いて計算する方法で，定格値を 1 として，その比の値のままベクトル図の値を計算すればよい．

解説 1 相分の等価回路およびベクトル図は，解図のようになる．電機子電流が定格電流の 40 % であり，単位法では $I = 0.4$ p.u. となる．定格電圧 $V_n = 1$ p.u.，同期リアクタンス $x_s = 0.915$ p.u. から，$\overline{\mathrm{Oa}}$ を 1 としたときの $\overline{\mathrm{ab}}$，$\overline{\mathrm{bc}}$ の長さは

$$I x_s \cos 30° = 0.4 \times 0.915 \times 0.866 \fallingdotseq 0.317$$
$$I x_s \sin 30° = 0.4 \times 0.915 \times 0.5 = 0.183$$

負荷角 δ の正接（$\tan \delta$）を求めると

$$\tan \delta = \frac{\overline{\mathrm{bc}}}{\overline{\mathrm{OA}} + \overline{\mathrm{ab}}} = \frac{I x_s \cos 30°}{V_n + I x_s \sin 30°} = \frac{0.317}{1 + 0.183} \fallingdotseq 0.268$$

$\tan 30° = 1/\sqrt{3} = 0.577$ より小さいため，選択肢のなかでは $\delta = 15°$ が該当する．

なお，三角形 Odc の辺の長さを計算すると，以下のように $\overline{\mathrm{Od}}$ と $\overline{\mathrm{dc}}$ が等しく直角 2 等辺三角形であり，$\theta + \delta = 45°$ となり，$\delta = 15°$ と求まる．

$$\overline{\mathrm{Od}} = V_n \times \frac{\sqrt{3}}{2} = 0.866, \quad \overline{\mathrm{dc}} = \overline{\mathrm{ca}} + \overline{\mathrm{ad}} = I x_s + V_n \times \frac{1}{2} = 0.366 + 0.5 = 0.866$$

解答 ▶ （2）

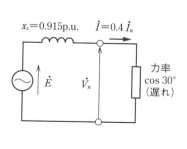
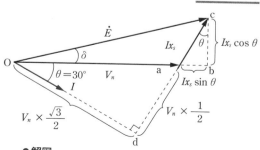

●解図

同期発電機の特性

[★★★]

1　特 性 曲 線

1　無負荷飽和曲線

　図 4・11 の試験回路を使って，**発電機が無負荷のまま定格回転速度で運転して
いるときの界磁電流と端子電圧との関係**を表した特性を**無負荷飽和曲線**といい，
図 4・12 のようになる．端子電圧は，励磁電流に比例して増加していき，鉄心の
磁気飽和が生じると励磁電流を増加しても電圧が増加しにくくなる．

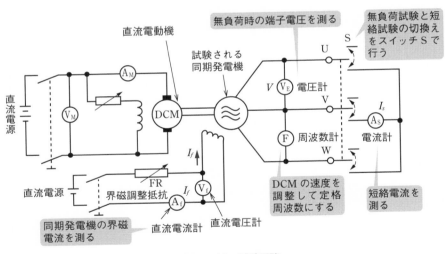

●図 4・11　試験回路

2　三相短絡曲線

　試験回路のスイッチ S を閉じて**端子間を短絡**させた状態で**定格回転速度で運
転しているときの界磁電流と電機子電流との関係**を表した特性を**三相短絡曲線**と
いい，図 4・13 のようになる．短絡時には同期リアクタンスにより 90°遅れの電
流が流れ，減磁作用により磁気飽和しないため，ほぼ直線となる．

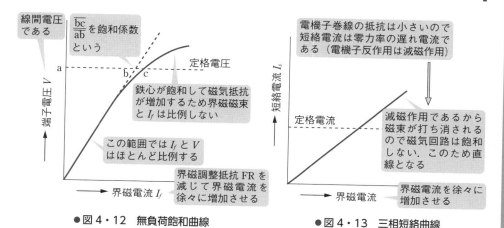

線間電圧である

$\dfrac{\overline{bc}}{\overline{ab}}$ を飽和係数という

定格電圧

鉄心が飽和して磁気抵抗が増加するため界磁磁束と I_f は比例しない

端子電圧 V

この範囲では I_f と V はほとんど比例する

界磁調整抵抗 FR を減じて界磁電流を徐々に増加させる

界磁電流 I_f

●図4・12　無負荷飽和曲線

電機子巻線の抵抗は小さいので短絡電流は零力率の遅れ電流である（電機子反作用は減磁作用）

短絡電流 I_s

定格電流

減磁作用であるから磁束が打ち消されるので磁気回路は飽和しない、このため直線となる

界磁電流を徐々に増加させる

界磁電流

●図4・13　三相短絡曲線

◀3▶　負荷飽和曲線

　発電機を**定格回転速度で運転**し、**電機子電流および力率が一定の負荷**をかけているときの**界磁電流と端子電圧との関係**を表した特性を**負荷飽和曲線**といい、図4・14 のような曲線となる。発電機に負荷がかかると電機子電流が流れるため、負荷電流による電機子起磁力を打ち消すための界磁起磁力に相当する界磁電流の点が起点となる。また、電機子反作用により**負荷の力率が遅れると減磁作用、進むと増磁作用**が生ずるため、負荷飽和曲線が増減する。

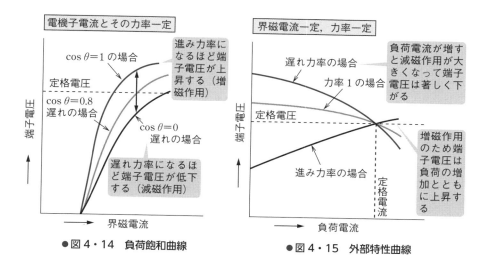

電機子電流とその力率一定

$\cos\theta=1$ の場合

進み力率になるほど端子電圧が上昇する（増磁作用）

定格電圧

$\cos\theta=0.8$ 遅れの場合

端子電圧

$\cos\theta=0$ 遅れの場合

遅れ力率になるほど端子電圧が低下する（減磁作用）

界磁電流

●図4・14　負荷飽和曲線

界磁電流一定、力率一定

遅れ力率の場合

力率1の場合

負荷電流が増すと減磁作用が大きくなって端子電圧は著しく下がる

定格電圧

端子電圧

進み力率の場合

定格電流

増磁作用のため端子電圧は負荷の増加とともに上昇する

負荷電流

●図4・15　外部特性曲線

Chapter 4

　また，**界磁電流を一定に保ち負荷電流と端子電圧との関係を表したものを外部特性曲線**といい，図 4・15 のようになる．**遅れ力率では減磁作用により負荷電流の増加に対して端子電圧が大きく低下し，逆に進み力率では増磁作用により負荷電流の増加に対して端子電圧が上昇**する．

2 短　絡　比

　同期発電機の**短絡比** K_s は，**定格電流** I_n **に対する短絡電流** I_s **の比**であり，この**短絡電流** I_s **は，無負荷で定格電圧が発生している状態で三相短絡させたときに流れる持続短絡電流**（過渡状態でない）である．

　図 4・16 において，三相短絡曲線は，ほぼ直線であり界磁電流と電機子電流が比例するため，三角形 Oeg，Odf の相似関係より，I_n に対する I_s の比は，それらを発生するために必要な界磁電流である I_f'' に対する I_f' の比となる．

　つまり，**「三相短絡曲線で定格電流** I_n **を流すための界磁電流** I_f'' **〔A〕」に対する「無負荷飽和曲線で定格電圧** V_n **を発生するための界磁電流** I_f' **〔A〕」の比により短絡比が求まる．**

$$\text{短絡比}\quad K_s = \frac{I_s}{I_n} = \frac{I_f'}{I_f''} \tag{4・7}$$

　三相同期発電機の定格出力が P_n〔V・A〕，定格電圧が V_n〔V〕のとき，定格電流 I_n〔A〕は $I_n = P_n/\sqrt{3}\,V_n$ であり，短絡比は次式となる．

$$K_s = \frac{I_s}{I_n} = \frac{\sqrt{3}\,V_n I_s}{P_n} \tag{4・8}$$

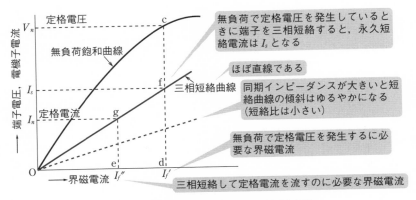

●図 4・16　無負荷飽和曲線と三相短絡曲線

3 同期インピーダンス

発電機端子電圧に及ぼす電機子電流の作用を示したものが同期インピーダンスであり，無負荷飽和曲線と短絡特性曲線から求めることができる．同期インピーダンスは，界磁電流が小さい間は一定であるが，界磁電流を大きくすると鉄心の磁気飽和によって小さくなる．

単に同期インピーダンスというときには，**無負荷で定格電圧 E_n となる励磁電流 $I_f{'}$ における値**をいい，図 4·16 から，**同期インピーダンス Z_s** は次式で求める．

$$Z_s = \frac{V_n/\sqrt{3}}{I_s} = \frac{\overline{\mathrm{dc}}/\sqrt{3}}{\overline{\mathrm{df}}} \ [\Omega] \tag{4·9}$$

また，同期インピーダンスは，次のようにインピーダンス Z_s による電圧降下 $Z_s I_n$ を定格相電圧 $V_n/\sqrt{3}$ で割った**百分率同期インピーダンス %Z_s** で表されることが多い．

$$\%Z_s = \frac{Z_s I_n}{V_n/\sqrt{3}} \times 100 \ [\%] \tag{4·10}$$

式 (4·10) に式 (4·9) を代入し整理すると，**百分率同期インピーダンスは，短絡比の逆数を百分率で表したものに等しい**．

$$\%Z_s = \frac{V_n/\sqrt{3}}{I_s} \times \frac{I_n}{V_n/\sqrt{3}} \times 100 = \frac{I_n}{I_s} \times 100 = \frac{1}{K_s} \times 100 \ [\%] \tag{4·11}$$

4 同期発電機の構造上の特徴

設計条件により特性が異なり，短絡比の大小によって，表 4·1 のような特徴がある．**電機子巻線の巻数を少なくして，界磁磁束を大きくすると，同期インピーダンスが小さく，短絡比が大きくなる**．銅（電機子巻線）が少なく，鉄（界磁の寸法）が多いため**鉄機械**とよばれ，大型，高価だが安定度が大きくなる．

逆に**電機子巻線を多く，界磁磁束を小さく**すると**短絡比が小さく**なり，**銅機械**とよばれる．タービン発電機は，高速回転するため回転子の直径，つまり界磁コイルを小さくし，電機子巻線の巻数を大きくするため短絡比が小さくなる．

短絡比は，水車発電機が $0.8 \sim 1.2$，タービン発電機が $0.4 \sim 0.8$ である．

なお，安定度を改善するためには，(ア)短絡比の大きな鉄機械の採用（同期リアクタンス大），(イ)回転部のはずみ車効果を大きくする（負荷角 δ の急変防止），(ウ)励磁の速応性を高める，(エ)制動巻線を設置（乱調の抑制）などの方法がある．

Chapter 4

●表 4・1　鉄機械と銅機械の特徴

	鉄機械（短絡比大）	銅機械（短絡比小）
構造	• 空隙大，電機子巻線の巻数少 • 大型，重量大	• 空隙小，電機子巻線の巻数多 • 小型，軽量
性質	• 電機子起磁力 < 界磁起磁力 • 電機子反作用小 • 同期インピーダンス小 • 電圧変動率小，安定度大 • 鉄損大，効率低	• 電機子起磁力 > 界磁起磁力 • 電機子反作用大 • 同期インピーダンス大 • 電圧変動率大，安定度小 • 銅損大，効率高

5 電圧変動率

　発電機の電圧変動率とは，励磁電流および回転速度を変更することなく，定格力率の定格出力から無負荷にしたときの電圧変動の割合をいう．**定格端子電圧をV_n〔V〕，定格出力から無負荷にしたときの端子電圧を V_0〔V〕** とすると，電圧変動率は次式で表す．

$$\text{電圧変動率}\ \ \varepsilon = \frac{V_0 - V_n}{V_n} \times 100\ [\%] \tag{4・12}$$

　小型の機械では，実負荷をかけて式（4・12）から電圧変動率を算定するが，大型機では，図 4・17 のように**定格電圧，定格電流におけるベクトル図により無負荷電圧を求める**方法が一般に用いられる．

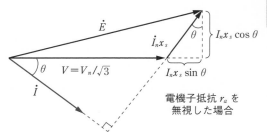

無負荷時には負荷電流が流れないので，無負荷時の端子電圧 V_0 は誘導起電力 E を用いる．

$$E = \sqrt{(V + I_n x_s \sin \theta)^2 + (I_n x_s \cos \theta)^2}$$
$$= \sqrt{V^2 + 2VI_n x_s \sin \theta + I_n^2 x_s^2}$$

$$\varepsilon = \frac{E - V}{V}$$

$\sin \theta^2 + \cos \theta^2 = 1$

●図 4・17 電圧変動率の計算

6　同期発電機の自己励磁現象と防止対策

【1】自己励磁現象

　無負荷かつ無励磁で運転中の同期発電機に長距離送電線のような**容量性の負荷**を接続すると，**磁極の残留磁化**による誘導起電力によって**充電電流**が流れる．この電流は**進み電流**であるため，これによる**電機子反作用は増磁作用**となる．これによって発電機電圧は上昇し，さらに充電電流が増加するということを繰り返し，**無励磁にもかかわらず発電機端子電圧がある値まで上昇しつづける**．この現象を**自己励磁現象**という．

　これにより，発電機端子電圧の値は図 4·18 のように発電機の零力率進み電流による飽和特性と，容量性負荷の充電特性との交点まで上昇し，異常な高電圧となる場合がある．

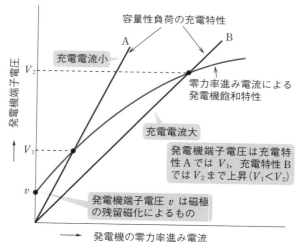

●図 4·18　同期発電機の自己励磁現象

【2】防止対策

　自己励磁現象を防止するためには，（ア）発電機の並列台数の増加，（イ）送電線路の受電端に変圧器を接続，（ウ）受電端に同期調相機を接続して遅れ力率運転，（エ）受電端にリアクトルを並列接続，などをして，発電機の分担する充電電流を減少させる．

7 同期発電機の並行運転

複数の同期発電機を直接あるいは送電線路を介して接続することを並行運転といい，新たに並列操作するとき，じょう乱を防止するための条件は以下となる．

- **（ア） 周波数が等しいこと**（回転速度を調整）
- **（イ） 電圧に位相差のないこと**（回転速度を調整）
- **（ウ） 電圧の大きさが等しいこと**（励磁電流の大きさを調整）
- **（エ） 相回転が合っていること**（設置時に確認）

調速装置を用いて**発電機の回転速度を調整**して，同期発電機の（ア）周波数を一致させ，（イ）位相を**同期検定器で確認**し，一致したタイミングで並列する．（ウ）電圧の大きさは，**電圧調整装置で励磁電流の大きさを調整**して合わせる．大容量機の場合，自動的に電圧，周波数を一致させ，位相が一致したタイミングで遮断器が投入される**自動同期装置**が用いられる．

周波数，位相が異なると両電圧のベクトル差により**有効横流（同期化電流）**が流れ，位相差 180° のときに最大となる．位相の進んだ発電機 G_1 から位相の遅れた発電機 G_2 へ有効電力が流れ，G_1 を減速，G_2 を加速し同期を保つよう作用する．

電圧の大きさが異なると発電機間で**無効横流**が循環する．電圧の大きい発電機 G_1 には E_1 に対して 90° 遅れた電流が流れて減磁作用が働き電圧を低下させ，電圧の小さい発電機 G_2 には E_2 に対して 90° 進んだ電流が流れて増磁作用が働き電圧を上昇させて，電圧を等しくするように作用する．

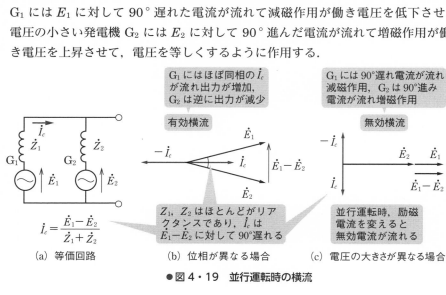

G_1 にはほぼ同相の $\dot{I}_c$ が流れ出力が増加，G_2 は逆に出力が減少

有効横流

G_1 には 90°遅れ電流が流れ減磁作用，G_2 は 90°進み電流が流れ増磁作用

無効横流

Z_1, Z_2 はほとんどがリアクタンスであり，$\dot{I}_c$ は $\dot{E}_1 - \dot{E}_2$ に対して 90°遅れる

並行運転時，励磁電流を変えると無効電流が流れる

$$\dot{I}_c = \frac{\dot{E}_1 - \dot{E}_2}{\dot{Z}_1 + \dot{Z}_2}$$

（a）等価回路　　　（b）位相が異なる場合　　　（c）電圧の大きさが異なる場合

●図4・19 並行運転時の横流

問題8 ✓ ✓ ✓　　　　　　　　　　　　　　　　　　　　　　H15 A-5

　三相同期発電機の短絡比に関する記述として，誤っているものは次のうちどれか.
　(1) 短絡比を小さくすると，発電機の外形寸法が小さくなる.
　(2) 短絡比を小さくすると，発電機の安定度が悪くなる.
　(3) 短絡比を小さくすると，電圧変動率が小さくなる.
　(4) 短絡比が小さい発電機は，銅機械と呼ばれる.
　(5) 短絡比が小さい発電機は，同期インピーダンスが大きい.

解説　(1) ○　短絡比が小さい銅機械は，電機子巻線の巻数が大きい代わりに磁束
　　　　　密度が小さくてよいため，界磁や電機子の寸法が小さくてよい.
　(2) ○　短絡比が小さく，同期インピーダンスが大きいと，式 (4·6) より出力の最
　　　　大値が小さくなり安定度が悪くなる.
　(3) ×　短絡比が小さく，同期インピーダンスが大きくなると，電機子電流による
　　　　電圧変化分が大きくなるため，電圧変動率が大きくなる.
　(4) ○　短絡比を小さく，同期インピーダンスを大きくすることは，電機子巻線の
　　　　巻数を大きくすることであり，銅の使用量が多くなり銅機械と呼ばれる.
　(5) ○　同期インピーダンスは，短絡比の逆数に相当するため正しい.

解答 ▶ (3)

問題9 ✓ ✓ ✓　　　　　　　　　　　　　　　　　　　　　　H20 A-4

　次の文章は，三相同期発電機の特性曲線に関する記述である.
　a. 無負荷飽和曲線は，同期発電機を　(ア)　で無負荷で運転し，界磁電流を
　　零から徐々に増加させたときの端子電圧と界磁電流との関係を表したもの
　　である. 端子電圧は，界磁電流が小さい範囲では界磁電流に　(イ)　するが，
　　界磁電流がさらに増加すると，飽和特性を示す.
　b. 短絡曲線は，同期発電機の電機子巻線の三相の出力端子を短絡し，定格速
　　度で運転して，界磁電流を零から徐々に増加させたときの短絡電流と界磁
　　電流との関係を表したものである. この曲線は　(ウ)　になる.
　c. 外部特性曲線は，同期発電機を定格速度で運転し，　(エ)　を一定に保って，
　　　(オ)　を一定にして負荷電流を変化させた場合の端子電圧と負荷電流との
　　関係を表したものである. この曲線は　(オ)　によって形が変わる.
　上記の記述中の空白箇所 (ア)，(イ)，(ウ)，(エ) および (オ) に当てはまる
語句の組合せとして，正しいものを次のうちから一つ選べ.

Chapter **4**

	（ア）	（イ）	（ウ）	（エ）	（オ）
(1)	定格速度	ほぼ比例	ほぼ双曲線	界磁電流	残留磁気
(2)	定格電圧	ほぼ比例	ほぼ直線	電機子電流	負荷力率
(3)	定格速度	ほぼ反比例	ほぼ双曲線	電機子電流	残留磁気
(4)	定格速度	ほぼ比例	ほぼ直線	界磁電流	負荷力率
(5)	定格電圧	ほぼ反比例	ほぼ双曲線	界磁電流	残留磁気

解説　a. 無負荷飽和曲線（図4・12参照）

　　定格速度，無負荷で運転したときの界磁電流（励磁）と端子電圧の関係を示す曲線．界磁電流が小さい範囲では，励磁と磁束，端子電圧が**ほぼ比例**するが，磁束が大きくなると鉄心の磁気飽和により飽和特性を示す．

b. 短絡曲線（図4・13参照）

　定格速度，三相出力端子を短絡して運転したときの界磁電流と電機子巻線に流れる短絡電流の関係を示す曲線．電機子巻線の抵抗が小さく，短絡電流は90°遅れとなるため，図4・6（b）（1）の減磁作用となり，磁束が減り鉄心が飽和しないため，**ほぼ直線**となる．

c. 外部特性曲線（図4・15参照）

　定格速度，**界磁電流**一定で運転したときの**力率一定**の負荷電流と端子電圧の関係を示す曲線．遅れ力率の場合は，負荷電流が増加すると減磁作用が大きくなって端子電圧が大きく下がり，進み力率の場合は，増磁作用により負荷電流が増加すると端子電圧が増加する．

解答 ▶ （4）

問題10　H24 A-6

　次の文章は，同期発電機の自己励磁現象に関する記述である．

　同期発電機は励磁電流が零の場合でも残留磁気によってわずかな電圧を発生し，発電機に　（ア）　力率の負荷をかけると，その　（ア）　電流による電機子反作用は　（イ）　作用をするので，発電機の端子電圧は　（ウ）　する．端子電圧が　（ウ）　すれば負荷電流は更に　（エ）　する．このような現象を繰り返すと，発電機の端子電圧は　（オ）　負荷に流れる電流と負荷の端子電圧との関係を示す直線と発電機の無負荷飽和曲線との交点まで　（ウ）　する．このように無励磁の同期発電機に　（ア）　電流が流れ，電圧が　（ウ）　する現象を同期発電機の自己励磁という．

　上記の記述中の空白箇所（ア），（イ），（ウ），（エ）および（オ）に当てはまる組合せとして，正しいものを次の（1）～（5）のうちから一つ選べ．

	（ア）	（イ）	（ウ）	（エ）	（オ）
(1)	進み	増磁	低下	増加	容量性
(2)	進み	減磁	低下	減少	誘導性
(3)	遅れ	減磁	低下	減少	誘導性
(4)	遅れ	増磁	上昇	増加	誘導性
(5)	進み	増磁	上昇	増加	容量性

解説 同期発電機の電機子巻線に**進み**の負荷電流が流れると，電機子反作用による**増磁作用**（図 4·6 (b) (2)）が生じ，誘導起電力が**上昇**する．

発電機が無負荷，無励磁であっても，残留磁気によりわずかな起電力が生じており，長距離送電線のような容量性の負荷を接続すると，進相の充電電流が流れ，増磁作用により端子電圧が上昇する．これにより，さらに充電電流が**増加**し，図 4·18 のように**容量性負荷**の充電特性と発電機の進み電流による飽和曲線との交点まで上昇する現象を自己励磁現象という．

解答 ▶ (5)

問題⓫ ☑ ☑ ☑　　　　　　　　　　　　　　　　　H29 A-4

次の文章は，三相同期発電機の並行運転に関する記述である．すでに同期発電機 A が母線に接続されて運転しているとき，同じ母線に同期発電機 B を並列に接続するために必要な条件または操作として，誤っているものを次の (1) ～ (5) のうちから一つ選べ．

(1) 母線電圧と同期発電機 B の端子電圧の相回転方向が一致していること．同期発電機 B の設置後または改修後の最初の運転時に相回転方向の一致を確認すれば，その後は母線への並列のたびに相回転方向を確認する必要はない．

(2) 母線電圧と同期発電機 B の端子電圧の位相を合わせるために，同期発電機 B の駆動機の回転速度を調整する．

(3) 母線電圧と同期発電機 B の端子電圧の大きさを等しくするために，同期発電機 B の励磁電流の大きさを調整する．

(4) 母線電圧と同期発電機 B の端子電圧の波形をほぼ等しくするために，同期発電機 B の励磁電流の大きさを変えずに励磁電圧の大きさを調整する．

(5) 母線電圧と同期発電機 B の端子電圧の位相の一致を検出するために，同期検定器を使用するのが一般的であり，位相が一致したところで母線に並列する遮断器を閉路する．

Chapter 4

(1) ○　相回転は接続があっていれば良いため設置・改修時に確認すればよい．

(2) ○　回転速度のずれで位相が動くため，回転速度を調整して位相を一致させる．

(3) ○　励磁電流を調整して磁束を増減させることで端子電圧の大きさを調整する．

(4) ×　端子電圧の波形を正弦波に近づけるには，磁極面の形状を工夫したり分布巻，短節巻にしてギャップの磁束密度分布を正弦波に近づけ，駆動機の回転速度を一定にする．励磁電圧の大きさを調整しても波形を改善することはできない．

(5) ○　同期検定器を用いて位相を確認して，一致したときに遮断器を閉路する．

解答 ▶ (4)

問題⑫　✓✓✓　　　　　　　　　　　　　　　　　　R4上 A-4

　次の文章は，三相同期発電機の並行運転に関する記述である．

　ある母線に同期発電機 A を接続して運転しているとき，同じ母線に同期発電機 B を並列に接続するには，同期発電機 A，B の ＿(ア)＿ の大きさが等しくそれらの位相が一致していることが必要である． ＿(ア)＿ の大きさを等しくするには B の ＿(イ)＿ 電流を，位相を一致させるには B の原動機の ＿(ウ)＿ を調整する．位相が一致しているかどうかの確認には ＿(エ)＿ が用いられる．

　並行運転中に両発電機間で ＿(ア)＿ の位相が等しく大きさが異なるとき，両発電機間を ＿(オ)＿ 横流が循環する．これは電機子巻線の抵抗損を増加させ，巻線を加熱させる原因となる．

　上記の記述中の空白箇所（ア）〜（オ）に当てはまる組合せとして，正しいものを次の（1）〜（5）のうちから一つ選べ．

	（ア）	（イ）	（ウ）	（エ）	（オ）
(1)	起電力	界磁	極数	位相検定器	有効
(2)	起電力	界磁	回転速度	同期検定器	無効
(3)	起電力	電機子	極数	位相検定器	無効
(4)	有効電力	界磁	回転速度	位相検定器	有効
(5)	有効電力	電機子	極数	同期検定器	無効

 同期発電機を並行運転させるとき，発電機の周波数と**起電力**の大きさ，位相を一致させることが，発電機間の横流を防ぐ条件となる．並行運転している場合の負荷配分は速度特性によって定まり，有効電力が異なっていても問題はない．

　起電力の大きさは，磁束φに比例するため，**界磁**電流を調整して一致させる．また，起電力の位相は，回転速度のずれで変化するため，原動機の**回転速度**を調整し，**同期検定器**で位相の一致を確認して並列する．

　並列運転中に両発電機間で位相が等しく起電力の大きさが異なるとき，発電機間に流れる横流の基となる両発電機の起電力差も起電力と同位相となる．横流は両発電機の同期インピーダンスを通して流れるが，同期インピーダンスはリアクタンスが大きいため，流れる電流は起電力の差に対して90°遅れ，**無効**横流が循環する．

解答 ▶ (2)

問題⓭ ✓✓✓　　　　　　　　　　　　　　　　　　　H18 A-3

　定格出力 $5\,\mathrm{MV \cdot A}$，定格電圧 $6.6\,\mathrm{kV}$，定格回転速度 $1800\,\mathrm{min}^{-1}$ の三相同期発電機がある．この発電機の同期インピーダンスが $7.26\,\Omega$ のとき，短絡比の値として，正しいものを次のうちから一つ選べ．

(1)　0.14　　(2)　0.83　　(3)　1.0　　(4)　1.2　　(5)　1.5

同期インピーダンス Z_s の関係式から短絡電流 I_s を求め，短絡比 K_s の関係式にあてはめる．

$$Z_s = \frac{V_n/\sqrt{3}}{I_s} \qquad K_s = \frac{I_s}{I_n}$$

 同期発電機の定格電圧 I_n 〔A〕は，定格電圧 V_n 〔V〕，定格出力 P_n 〔V·A〕とすると

$$I_n = \frac{P_n}{\sqrt{3}\,V_n} = \frac{5 \times 10^6}{\sqrt{3} \times 6.6 \times 10^3} \fallingdotseq 437\,\mathrm{A}$$

短絡電流 I_s は，同期インピーダンスを Z_s 〔Ω〕とすると

$$I_s = \frac{V_n/\sqrt{3}}{Z_s} = \frac{6.6 \times 10^3/\sqrt{3}}{7.26} \fallingdotseq 525\,\mathrm{A}$$

短絡比 K_s は

$$K_s = \frac{I_s}{I_n} = \frac{525}{437} \fallingdotseq \mathbf{1.2}$$

解答 ▶ (4)

問題14 ✓✓✓   H19 A-5

定格速度，励磁電流 480 A，無負荷で運転している三相同期発電機がある．この状態で，無負荷電圧（線間）を測ると 12 600 V であった．つぎに，96 A の励磁電流を流して短絡試験を実施したところ，短絡電流は 820 A であった．この同期発電機の同期インピーダンス〔Ω〕の値として，最も近いものを次のうちから一つ選べ．ただし，磁気飽和は無視できるものとする．

(1)　1.77　　(2)　3.07　　(3)　15.4　　(4)　44.4　　(5)　76.8

三相同期発電機の出力端子を三相短絡したときの電機子巻線に流れる短絡電流と界磁電流の関係は，短絡曲線がほぼ直線であり，比例する．

$$\frac{I_s'}{I_s} = \frac{I_f'}{I_f}$$

解説 　三相短絡曲線より，界磁電流と短絡電流は解図のように比例することから，励磁電流 $I_f' = 480\,\text{A}$ に対する短絡電流 I_s' は

$$I_s' = I_s \times \frac{I_f'}{I_f} = 820 \times \frac{480}{96} = 4\,100\,\text{A}$$

図 4・12 で磁気飽和が無視できることから，無負荷飽和曲線も直線と考えることができ，励磁電流 480 A に対する無負荷電圧 V' と短絡電流 I_s' より

$$Z = \frac{V'/\sqrt{3}}{I_s'} = \frac{12\,600/\sqrt{3}}{4\,100} \fallingdotseq \mathbf{1.77\,\Omega}$$

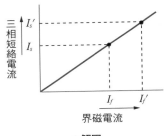

●解図

解答 ▶ (1)

問題15 ✓✓✓   R3 A-6 〈改〉

定格出力 3 000 kV·A，定格電圧 6 000 V，同期インピーダンス 6.90 Ω の星形結線三相同期発電機がある．

(a) この同期発電機の百分率同期インピーダンス〔%〕はいくらか，最も近いものを次の (1)〜(5) のうちから一つ選べ．

(1)　19.2　　(2)　28.8　　(3)　33.2　　(4)　57.5　　(5)　99.6

(b) この発電機の定格出力，遅れ力率 80 % における電圧変動率〔%〕の値として，最も近いものを次のうちから一つ選べ．ただし，電機子抵抗は無視できるものとする．

(1)　17.9　　(2)　22.8　　(3)　42.1　　(4)　50.0　　(5)　57.5

（a）定格出力，定格電圧，定格電流は，$P_n=\sqrt{3}\,V_n I_n$ の関係であり，定格電流 I_n は

$$I_n=\frac{P_n}{\sqrt{3}\,V_n}=\frac{3\,000\times10^3}{\sqrt{3}\times6\,000}\fallingdotseq288.7\,\mathrm{A}$$

百分率同期インピーダンスは，式（4・10）のとおり，定格相電圧 $V_n/\sqrt{3}$ に対するインピーダンス Z_s による電圧降下 $Z_s I_n$ の比であるため

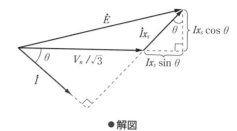

●解図

$$\%Z=\frac{Z_s I_n}{V_n/\sqrt{3}}\times100$$

$$=\frac{6.9\times288.7}{6\,000/\sqrt{3}}\times100\fallingdotseq\mathbf{57.5\,\%}$$

（b）電圧変動率 ε における無負荷時の端子電圧は，三相同期発電機の 1 相分のベクトル図における誘導起電力 E を用いる．1 相分の誘導起電力 E は

$$E=\sqrt{(V+Ix_s\sin\theta)^2+(Ix_s\cos\theta)^2}$$
$$=\sqrt{(6\,000/\sqrt{3}+288.7\times6.9\times0.6)^2+(288.7\times6.9\times0.8)^2}$$
$$=\sqrt{(3\,464+1\,195)^2+(1\,594)^2}\fallingdotseq4\,924$$

電圧変動率 ε は，誘導起電力を $\sqrt{3}$ 倍して端子電圧に換算して計算すると

$$\varepsilon=\frac{\sqrt{3}\,E-V_n}{V_n}=\frac{\sqrt{3}\times4\,924-6\,000}{6\,000}\fallingdotseq0.421\rightarrow\mathbf{42.1\,\%}$$

解答 ▶ **(a)-(4)，(b)-(3)**

問題16 ☑ ☑ ☑ H4 A-8

　三相同期発電機が定格 6 600 V の三相母線に接続され，力率 100 %，電流 800 A で運転されている．励磁を増して電機子電流を 1 000 A にしたときの無効電力〔Mvar〕の値として，最も近いものを次のうちから一つ選べ．ただし，電機子巻線の抵抗は無視するものとする．

（1）　6.9　　（2）　8.0　　（3）　9.2　　（4）　10.3　　（5）　11.4

解説 同期発電機が系統並列されて運転しているとき，その励磁電流を増加すると図 4・6（b）（1）のように電機子反作用は減磁作用となり，遅れの無効電流が増加する．

　逆に，励磁電流を減少すると同図（b）（2）のように増磁作用となり，進みの無効電流が増加する．なお，有効電流（有効電力）は，発電機を駆動している原動機の出力を調節して，負荷角を増減しないと変わらない．

解図に示す電機子電流のベクトル図で，力率 100 %，800 A の点 A に遅れ無効電流 I_q が加わって，遅れ力率 $\cos\theta$，1 000 A の点 B となる．このときの I_q [A] は

$$I_q = \sqrt{1\,000^2 - 800^2} = 600\,\mathrm{A}$$

したがって，発電機の三相無効電力 Q [Mvar]（1 Mvar は 1×10^6 var）は

$$Q = \sqrt{3}\,VI_q = \sqrt{3} \times 6\,600 \times 600 \times 10^{-6}$$
$$\fallingdotseq 6.859 \to \mathbf{6.9MVar}$$

進み
（励磁減少）

遅れ
（励磁増加）

800 A A

I_q

1000 A

B

●解図 電機子電流ベクトル

解答 ▶ (1)

同期電動機の特性

[★★★]

1 同期電動機の原理

　同期電動機の構造は，同期発電機とほとんど同じである．誘導電動機は，回転磁界と回転子の回転速度の差によりトルクが発生するため，同期速度以下となる．一方，同期電動機では，回転子に直流励磁を与えた電磁石を用いることにより，図 4・20 のように**回転磁界が磁極を吸引して同期速度** N_s **〔min⁻¹〕で回転し**，負荷がかかると**負荷角** δ **だけ遅れるが回転速度は変わらない**．励磁巻線の代わりに永久磁石を用いた永久磁石同期電動機（PM モータ）も普及してきている．

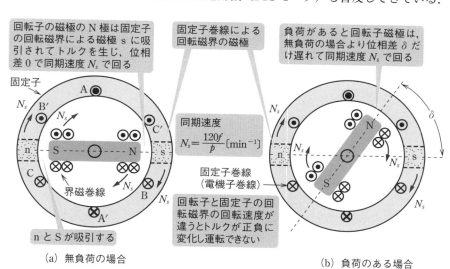

回転子の磁極の N 極は固定子の回転磁界による磁極 s に吸引されてトルクを生じ，位相差 0 で同期速度 N_s で回る

固定子巻線による回転磁界の磁極

負荷があると回転子磁極は，無負荷の場合より位相差 δ だけ遅れて同期速度 N_s で回る

同期速度
$$N_s = \frac{120f}{p} \text{〔min}^{-1}\text{〕}$$

固定子巻線（電機子巻線）

回転子と固定子の回転磁界の回転速度が違うとトルクが正負に変化し運転できない

界磁巻線

n と S が吸引する

（a）無負荷の場合　　　　　　　　　　　　（b）負荷のある場合

●図 4・20　同期電動機の原理

2 入出力とトルク

1 電動機の入出力

　同期電動機の等価回路とベクトル図を図 4・21 に示す．同期機では電機子巻線の抵抗がリアクタンスに比べて小さいため，抵抗 r_a を無視したときのベクトル

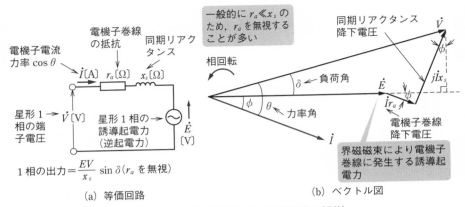

●図4・21 等価回路とベクトル図（星形1相分）

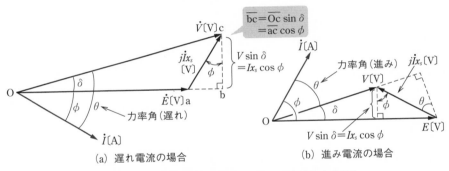

●図4・22 星形1相のベクトル図（r_aを無視した場合）

図は，図4・22のようになる．電動機では，発電機と電流の向きが変わり，外部電源を接続する端子電圧 $\dot{V}$（Vは相電圧換算）に対して誘導起電力 $\dot{E}$ が負荷角 δ だけ遅れる．

三相同期電動機の入力 P_i〔W〕は，三相電源の有効電力であり次式となる．

$$P_i = 3VI\cos\theta = \sqrt{3}\,V_l I\cos\theta \ \text{〔W〕} \tag{4・13}$$

電動機1相の出力 P_1〔W〕は，誘導起電力 $\dot{E}$〔V〕と $\dot{E}$ と同相の電流 $I\cos\phi$ との積であるから

$$P_1 = EI\cos\phi \ \text{〔W〕}$$

また，負荷角 δ との関係は図4・22より，$V\sin\delta = Ix_s\cos\phi$ であるから

$$P_1 = E\cos\phi \times \frac{V\sin\delta}{x_s\cos\phi} = \frac{VE}{x_s}\sin\delta \ \text{〔W〕}$$

　三相同期電動機の出力 P_3〔W〕は，線間の端子電圧および誘導起電力をそれぞれ V_l〔V〕，E_l〔V〕とすれば（E_l は線間電圧換算），次式となる．

$$P_3 = 3P_1 = 3\frac{VE}{x_s}\sin\delta = \frac{V_l E_l}{x_s}\sin\delta \text{〔W〕} \tag{4・14}$$

　P_3 は発生機械出力であるので，機械損や鉄損などを差し引いた値が機械的出力（軸出力）となる．

◀2▶ 電動機のトルク

　電動機のトルク T〔N・m〕は，次のようにして求める．電動機の回転速度（同期速度）を N_s〔min^{-1}〕，周波数を f〔Hz〕とすれば，回転子の角速度は $\omega = 2\pi N_s/60$〔rad/s（ラジアン毎秒）〕である．出力とトルクの関係は

$$P_3 = \omega T = \frac{2\pi N_s}{60} T \text{〔W〕} \tag{4・15}$$

　また，この値は式（4・14）と等しいから，トルク T〔N・m〕は，次式となる．

$$T = \frac{P_3}{\omega} = \frac{V_l E_l}{\omega x_s}\sin\delta \text{〔N・m〕} \tag{4・16}$$

　以上より，同期電動機は一定の角速度 ω〔rad/s〕で回転し，そのトルクは負荷角 δ の正弦に比例し，$\delta = \pi/2$ のときに最大となる．$\pi/2$ より δ が大きくなるとトルクが減少して電動機は停止する．この最大トルクを脱出トルクという．

3 位相特性曲線（V 曲線）

　同期電動機の電機子反作用は，発電機の場合と比べると図 4・23 のようになる．**界磁電流を増やす**と，端子電圧を一定に保つように電機子反作用の**減磁作用**が働くように**進み電流**をとり，逆に**界磁電流を減らす**と**遅れ電流**をとるため，界磁電流の調整により**任意の力率で運転**することができる．

　したがって，同期電動機を**端子電圧一定，出力一定の状態で運転**し，**界磁電流を増減する**と，**電機子電流の大きさと力率は図 4・24 のように変化**する．これを同期電動機の**位相特性曲線（V 曲線）**という．V 曲線の**最下点が力率 1 で電機子電流が最小**となり，界磁を増減すると電機子電流が増加する．力率 1 の点より**界磁を強めると進み力率でコンデンサと同じ役割**となり，**界磁を弱めると遅れ力率でリアクトルと同じ役割**となる．

　同図の無負荷時の特性を利用したものが同期調相機である．

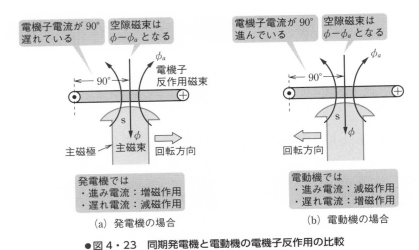

● 図 4・23　同期発電機と電動機の電機子反作用の比較

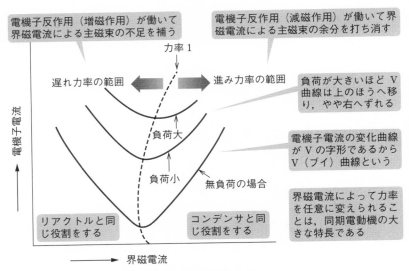

● 図 4・24　同期電動機の V 曲線

4 同期電動機の始動方法

　同期電動機は，同期速度で回転することで，図 4・20 に示した原理により同期速度で回転している状態でトルクを発生する．停止中に回転磁界を与えても，回転磁極はトルクを受けるが方向が交互に変わり，平均トルクは 0 であるため，

始動時にはトルクを発生できない.

このため, 同期電動機は, 他の方法でトルクを与えて始動する. 始動時の運転状態は図 4・25 のように推移する. 同期速度近くまで加速させて (**始動トルク**), 直流励磁を与えて同期運転させる (**引入れトルク**). 負荷のトルクが**脱出トルク**を超えると同期運転できなくなって停止する.

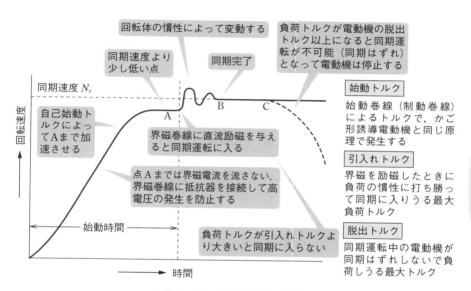

●図 4・25　同期電動機のトルク

◀1▶ 自己始動法

銅または黄銅の導体棒を磁極面のみぞに収め, その両端を短絡環で短絡した**制動巻線**により, 図 4・26 のような方法によって**かご形誘導電動機として始動**する. 始動時に界磁巻線をオープンにしておくと, 電機子電流の作る回転磁界により高電圧を誘導するため, 直流で励磁するまでは抵抗で短絡しておく.

◀2▶ 始動電動機法, 特殊始動法

大容量機では図 4・27 (a) に示すような始動のために専用の電動機を用いる**始動電動機法**がある. また, 同図 (b) に示すように, 電動機と他の発電機を停止状態で電気的に接続し, 両機に励磁を加えた後に発電機を始動し, 発電機の周波数を零から定格値まで徐々に増加させて始動する**同期始動法**やサイリスタ変換装置で低周波から定格周波数まで連続的に加速する**サイリスタ始動法**などが用いられる.

電源電圧をそのまま加えて始動する

制動巻線による始動トルクを利用するもの．操作簡単，始動トルク大，始動電流大である．小容量のものに用いる

SM（Synchronous Motor）：同期電動機

(a)　全電圧始動

直列リアクトルを入れて始動し，後でこれを短絡する

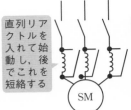

始動電流の低減率の2乗に比例して始動トルクが減少する．始動時の負荷トルクが特に小さいものに用いる

(b)　リアクトル始動

単巻変圧器を利用して電動機の端子電圧を下げて始動する

始動電流の低減率に比例して始動トルクが減少する．始動時の負荷トルクがあまり大きくないものに用いる．同じ低減電圧始動にY△始動があり，揚水用電動機の始動に用いられる

(c)　補償器始動

巻線形誘導電動機の比例推移の原理を応用したもの．始動トルク大，始動電流小である．誘導同期電動機に用いる

二次抵抗器

(d)　二次抵抗器始動

●図4・26　自己始動法

同期電動機が十分加速してから界磁に励磁を与え，端子電圧と電源電圧の大きさと位相を合わせてからスイッチSを投入（並列操作）する

誘導電動機，誘導同期電動機，直流電動機を使用する

始動電流は非常に小さい．高速の大容量機，同期調相機，揚水電動機の始動などに用いる

誘導電動機の場合，その磁極数は主同期電動機SMよりも1対（2極）少なくする（SMの同期速度まで速度上昇可能）

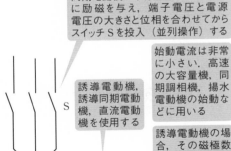

同期電動機　　始動用電動機

(a)　始動電動機法

SGの供給する電力でSMを始動させ，十分加速してからSMの界磁を励磁し，電源に並列操作する

SGが起動前にスイッチSを入れておくのを同期始動法，SGが少し加速してからSを入れるのを低周波始動法という

同期電動機　　始動用同期発電機

大容量の揚水発電所の発電電動機に用いる

(b)　特殊始動法

SM（Synchronous motor）：同期電動機　　**SG**（Synchronous generator）：同期発電機

●図4・27　始動電動機法および特殊始動法

5 同期電動機の乱調

　同期電動機は，機械的負荷に対して δ 遅れて回転している．負荷が急増すると負荷角が増えるが，回転子の慣性のために振動的に変化して新たな負荷角 δ' に収束する．このように，入出力のアンバランスにより負荷角が振動し，**回転子の速度が同期速度を中心に周期的に動揺する現象を乱調**という．乱調の原因には，負荷トルクの脈動，電源電圧・周波数の変動などがある．

　乱調が発生しているとき，回転磁界に対して回転子の回転が動揺するため，磁極面にうず電流が流れて乱調を抑える方向にトルクを発生させる．始動時に用いるかご形巻線は，**回転子の磁極に流れるうず電流を流れやすくし，制動効果が高まるため，制動巻線**という．乱調を防止する観点からは，制動巻線の電流が流れやすいよう抵抗が小さい方が良い．

問題⑰ ✓ ✓ ✓

　次の文章は，同期電動機の特性に関する記述である．記述中の空白箇所の記号は，図中の記号と対応している．

　図は同期電動機の位相特性曲線を示している．形がVの字のようになっているのでV曲線とも呼ばれている．横軸は　(ア)　，縦軸は　(イ)　で，負荷が増加するにつれ曲線は上側へ移動する．図中の破線は，各負荷における力率　(ウ)　の動作点を結んだ線であり，こ

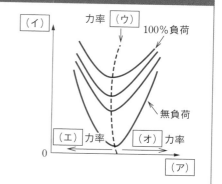

の破線の左側の領域は　(エ)　力率，右側の領域は　(オ)　力率の領域である．

　上記の記述中の空白箇所（ア），（イ），（ウ），（エ）および（オ）に当てはまる組合せとして，正しいものを次の（1）～（5）のうちから一つ選べ．

	(ア)	(イ)	(ウ)	(エ)	(オ)
(1)	電機子電流	界磁電流	1	遅れ	進み
(2)	界磁電流	電機子電流	1	遅れ	進み
(3)	界磁電流	電機子電流	1	進み	遅れ
(4)	電機子電流	界磁電流	0	進み	遅れ
(5)	界磁電流	電機子電流	0	遅れ	進み

解説 同期電動機は，図 4·24 のように**界磁電流**（横軸）を調整することで**電機子電流**（縦軸），力率を変えて運転することができる．

V 曲線の最下点は**力率 1** の動作点であり，界磁を弱めると（左側）**遅れ力率**となり，リアクトルとして機能し，長距離送電線やケーブル系統などの進相電流を補償して電圧上昇を抑制できる．

逆に過励磁（右側）にすると**進み力率**となり，コンデンサとして機能し，遅れ力率の送電線電流の力率を 1 に近づけ，電圧降下を減少することができる．

解答 ▶ (2)

問題⓲ ☑ ☑ ☑

次の文章は，一般的な三相同期電動機の始動方法に関する記述である．同期電動機は始動のときに回転子を同期速度付近まで回転させる必要がある．

一つの方法として，回転子の磁極面に施した （ア） を利用して，始動トルクを発生させる方法があり， （ア） は誘導電動機のかご形 （イ） と同じ働きをする．この方法を （ウ） 法という．

この場合， （エ） に全電圧を直接加えると大きな始動電流が流れるので，始動補償器，直列リアクトル，始動用変圧器などを用い，低い電圧にして始動する．

他の方法には，誘導電動機や直流電動機を用い，これに直結した三相同期電動機を回転させ，回転子が同期速度付近になったとき同期電動機の界磁巻線を励磁し電源に接続する方法があり，これを （オ） 法という．この方法は主に大容量機に採用されている．

上記の記述中の空白箇所 （ア），（イ），（ウ），（エ） および （オ） に当てはまる組合せとして，正しいものを次の (1) ～ (5) のうちから一つ選べ．

	（ア）	（イ）	（ウ）	（エ）	（オ）
(1)	制動巻線	回転子導体	自己始動	固定子巻線	始動電動機
(2)	界磁巻線	回転子導体	Y-△ 始動	固定子巻線	始動電動機
(3)	制動巻線	固定子巻線	Y-△ 始動	回転子導体	自己始動
(4)	界磁巻線	固定子巻線	自己始動	回転子導体	始動電動機
(5)	制動巻線	回転子導体	Y-△ 始動	固定子巻線	自己始動

解説 同期電動機の**自己始動法**は，図 4·26 のとおり回転子の磁極に**制動巻線**を設けるもので，誘導電動機のかご形巻線（**回転子導体**）と同様のものである．**固定子巻線**に電源電圧をそのまま印加すると，始動電流が大きくなりすぎるため，電圧を下げて始動する方法がとられる．

また，同期電動機の**始動電動機法**は，図4・27のとおり誘導電動機などの他の電動機を直結し，外部から直接回転させて同期速度まで上昇させる方法である．

解答 ▶ (1)

問題⑲ ☑ ☑ ☑ R3 A-5

次の文章は，三相同期電動機に関する記述である．三相同期発電機が負荷を担って回転しているとき，回転子磁極の位置と，固定子の三相巻線によって生じる回転磁界の位置との間には，トルクに応じた角度 δ〔rad〕が発生する．この角度 δ を (ア) という．

回転子が円筒形で2極の三相同期電動機の場合，トルク T〔N・m〕は δ が (イ) 〔rad〕のときに最大値になる．さらに δ が大きくなると，トルクは減少して電動機は停止する．同期電動機が停止しない最大トルクを (ウ) という．

また，同期電動機の負荷が急変すると，δ が変化し，新たな δ' に落ち着こうとするが，回転子の慣性のために，δ' を中心として周期的に変動する．これを (エ) といい，電源の電圧や周波数が変動した場合にも生じる．(エ) を抑制するには，始動巻線も兼ねる (オ) を設けたり，はずみ車を取り付けたりする．

上記の記述中の空白箇所（ア）～（オ）に当てはまる組合せとして，正しいものを次の (1)～(5) のうちから一つ選べ．

	（ア）	（イ）	（ウ）	（エ）	（オ）
(1)	負荷角	π	脱出トルク	乱調	界磁巻線
(2)	力率角	π	制動トルク	同期外れ	界磁巻線
(3)	負荷角	$\dfrac{\pi}{2}$	脱出トルク	乱調	界磁巻線
(4)	力率角	$\dfrac{\pi}{2}$	制動トルク	同期外れ	制動巻線
(5)	負荷角	$\dfrac{\pi}{2}$	脱出トルク	乱調	制動巻線

解説 同期電動機の回転子磁極は，負荷がかかると回転磁界に対して位相差 δ だけ遅れて同期速度で回転する．この**負荷角** δ は，負荷トルクに応じて変わる．

円筒形同期電動機のトルクは，式（4・16）となり，$\sin\delta$ に比例するため，$\delta=\pi/2$ のときに最大となる（2極機の場合，電気角と機械角が一致）．さらに δ が大きくなるとトルクが減少して停止するため，**脱出トルク**という．

　同期電動機の負荷等が急変して負荷角が新たな状態 δ' に移行するとき，回転子の慣性のため δ' を中心に周期的な変動をすることを**乱調**という．乱調が生じると，回転子の回転が回転磁界とずれて，回転子磁極面にうず電流が流れて乱調を抑制する．誘導電動機のかご形巻線と同様の巻線を設けると，うず電流が流れやすくなり，制動効果が大きくなるため，**制動巻線**という．

解答 ▶ (5)

問題20 ✓ ✓ ✓　　　　　　　　　　　　　　　　　　　　H14 B-12

　定格電圧 200 V，定格周波数 60 Hz，6 極の三相同期電動機があり，力率 0.9（進み），効率 80 ％ で運転し，トルク 72 N・m を発生している．この電動機において，次の (a) および (b) に答えよ．

(a) 出力〔kW〕の値として，最も近いものを次のうちから一つ選べ．

　　(1) 0.92　　(2) 1.4　　(3) 5.2　　(4) 7.5　　(5) 9.0

(b) 線電流〔A〕の値として，最も近いものを次のうちから一つ選べ．

　　(1) 3.7　　(2) 19　　(3) 30　　(4) 36　　(5) 63

解説　(a) 出力 P_o〔W〕は，同期速度 N_s〔min^{-1}〕，トルク T〔N・m〕とすると，式（4・15）から

$$P_o = \frac{2\pi N_s}{60} T \text{〔W〕}$$

同期速度は，$N_s = 120f / p = 120 \times 60 / 6 = 1\,200\,\text{min}^{-1}$ であるから，題意より

$$P_o = \frac{2 \times 3.14 \times 1\,200}{60} \times 72 ≒ 9\,043\,\text{W} \quad → \quad \textbf{9.0 kW}$$

　(b) 電動機の入力 P〔W〕は，端子の電圧を V_l〔V〕，電流を I〔A〕，力率を $\cos\theta$，効率を η〔％〕とすると

$$P = \frac{P_o}{\eta / 100} = \sqrt{3}\, V_l I \cos\theta$$

$$\therefore \quad I = \frac{P_o}{\sqrt{3}\, V_l \cos\theta\, \eta / 100} = \frac{9\,043}{1.732 \times 200 \times 0.9 \times 0.8} ≒ 36.3 \quad → \quad \textbf{36 A}$$

なお，線電流とは端子の電流 I のことである．

解答 ▶ (a)-(5)，(b)-(4)

問題㉑ ✓ ✓ ✓　　　　　　　　　　　　　　　　　H26　B-15

　周波数が 60 Hz の電源で駆動されている 4 極の三相同期電動機（星形結線）があり，端子の相電圧 V〔V〕は $400/\sqrt{3}$ V，電機子電流 I_M〔A〕は 200 A，力率 1 で運転している．1 相の同期リアクタンス x_s〔Ω〕は 1.00 Ω であり，電機子の巻線抵抗，および機械損などの損失は無視できるものとして，次の (a) および (b) の問に答えよ．

(a) 上記の同期電動機のトルクの値〔N·m〕として最も近いものを，次の (1) ～ (5) のうちから一つ選べ．

　　(1)　12.3　　(2)　368　　(3)　735　　(4)　1 270　　(5)　1 470

(b) 上記の同期電動機の端子電圧および出力を一定にしたまま界磁電流を増やしたところ，電機子電流が I_{M1}〔A〕に変化し，力率 $\cos\theta$ が $\sqrt{3}\,/\,2$（$\theta = 30°$）の進み負荷となった．出力が一定なので入力電力は変わらない．図はこのときの状態を説明するための 1 相の概略のベクトル図である．このときの 1 相の誘導起電力 E〔V〕として，最も近い E の値を次の (1) ～ (5) のうちから一つ選べ．

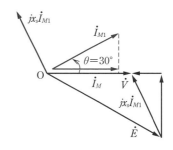

　　(1)　374　　(2)　387　　(3)　400　　(4)　446　　(5)　475

　(a) 三相同期電動機の出力 P は，損失を無視すると式 (4·13) の入力と同じであり

$$P = 3VI_M\cos\theta = 3 \times \frac{400}{\sqrt{3}} \times 200 \times 1 \fallingdotseq 138.6 \times 10^3\,\text{W}$$

トルク T は，式 (4·15) より

$$T = \frac{P}{\omega} = \frac{60}{2\pi N_s}P = \frac{60}{2\pi} \times \frac{p}{120f} \times P$$

$$= \frac{60 \times 4 \times 138.6 \times 10^3}{2\pi \times 120 \times 60} \fallingdotseq \boldsymbol{735\,\text{N·m}}$$

(b) 問題の図より $I_{M1}\cos 30° = I_M$ となるため

$$I_{M1} = \frac{I_M}{\cos 30°} = \frac{200}{\dfrac{\sqrt{3}}{2}} = \frac{400}{\sqrt{3}}$$

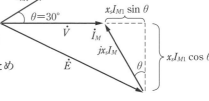

●解図

解図のベクトル図より誘導起電力 E は

$$E = \sqrt{(V+x_s I_{M1}\sin\theta)^2 + (x_s I_{M1}\cos\theta)^2}$$

$$= \sqrt{\left(\frac{400}{\sqrt{3}}+1\times\frac{400}{\sqrt{3}}\times\frac{1}{2}\right)^2 + \left(1\times\frac{400}{\sqrt{3}}\times\frac{\sqrt{3}}{2}\right)^2}$$

$$= \sqrt{\left(\frac{600}{\sqrt{3}}\right)^2 + 200^2} = \boldsymbol{400\,V}$$

解答 ▶ (a)-(3)，(b)-(3)

問題22 ✓ ✓ ✓　　　　　　　　　　　　　　　　　H24 B-16

　三相同期電動機が定格電圧 $3.3\,\mathrm{kV}$ で運転している．ただし，三相同期電動機は星形結線で 1 相当たりの同期リアクタンスは $10\,\Omega$ であり，電機子抵抗，損失および磁気飽和は無視できるものとする．次の (a) および (b) の問いに答えよ.

(a) 負荷電流（電機子電流）110 A，力率 $\cos\phi = 1$ で運転しているときの 1 相当たりの内部誘導起電力〔V〕の値として，最も近いものを次の (1) ～ (5) のうちから一つ選べ.

　　(1)　1 100　　(2)　1 600　　(3)　1 900　　(4)　2 200　　(5)　3 300

(b) 上記 (a) の場合と電圧および出力は同一で，界磁電流を 1.5 倍に増加したときの負荷角（電動機端子電圧と内部誘導起電力との位相差）を δ' とするとき，$\sin\delta'$ の値として，最も近いものを次の (1) ～ (5) のうちから一つ選べ.

　　(1)　0.250　　(2)　0.333　　(3)　0.500　　(4)　0.707　　(5)　0.866

 三相同期電動機の 1 相分の等価回路と (a)，(b) の状態とベクトル図は解図のようになる．$\sin\delta$ は，出力の関係式を活用して求める.

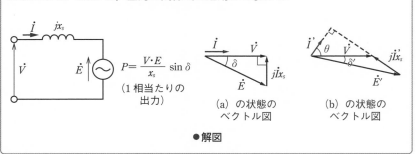

$$P = \frac{V \cdot E}{x_s}\sin\delta$$
（1 相当たりの出力）

(a) の状態のベクトル図　　(b) の状態のベクトル図

● 解図

解説　(a) 力率 $\cos\phi = 1$ であるため，1 相当たりの端子電圧 $\dot{V}$（定格電圧 $/\sqrt{3}$）と電機子電流 $\dot{I}$ が同相であり，解図のベクトル図より，1 相当たりの内部誘導起電力 $\dot{E}$ は

$$E = \sqrt{V^2 + (Ix_s)^2}$$
$$= \sqrt{\left(\frac{3\,300}{\sqrt{3}}\right)^2 + (110 \times 10)^2}$$
$$= \sqrt{3\,630\,000 + 1\,210\,000} = \sqrt{4\,840\,000} = \mathbf{2\,200V}$$

（b）界磁電流を 1.5 倍にした場合，内部誘導起電力 E は，式（4·2）より磁束 ϕ に比例するため，（b）のときの内部誘導起電力 E' は 1.5 倍になる．

$$E' = 1.5E = 1.5 \times 2\,200 = 3\,300\,\mathrm{V}$$

（a）のときの出力 P は，関係式および解図のベクトル図（$\sin\delta = Ix_s/E$）より

$$P = \frac{V \cdot E}{x_s}\sin\delta = \frac{V \cdot E}{x_s} \cdot \frac{Ix_s}{E} = V \cdot I$$

題意より（a）のときの出力 P と（b）のときの出力 P' が同一であるため

$$P' = \frac{V \cdot E'}{x_s}\sin\delta' = V \cdot I \ (=P)$$

$$\therefore \quad \sin\delta' = \frac{x_s}{V \cdot E'} \cdot V \cdot I = \frac{x_s}{E'}I = \frac{10 \times 110}{3\,300} = \mathbf{0.333}$$

解答 ▶ （a）-（4），（b）-（2）

Chap
4

練 習 問 題

■ **1** (H6 B-11)

定格電圧 6 600 V,定格出力 10 000 kV・A の三相同期発電機において,励磁電流 200 A に相当する無負荷端子電圧は 6 600 V であり,短絡電流は 1 000 A である.この発電機の短絡比の値として,最も近いものを次のうちから一つ選べ.

(1) 0.66　　(2) 0.88　　(3) 1.14　　(4) 1.32　　(5) 1.52

■ **2** (H16 A-5)

三相同期発電機があり,定格出力は 5 000 kV・A,定格電圧は 6.6 kV,短絡比は 1.1 である.この発電機の同期インピーダンス〔Ω〕の値として,最も近いものを次のうちから一つ選べ.

(1) 2.64　　(2) 4.57　　(3) 7.92　　(4) 13.7　　(5) 23.8

■ **3** (H19 B-15(b))

6 極,定格周波数 60 Hz,電機子巻線が Y 結線の円筒形三相同期電動機がある.この電動機の 1 相当たりの同期リアクタンスは 3.52 Ω であり,また,電機子抵抗は無視できるものとする.端子電圧(線間)440 V,定格周波数の電源に接続し,励磁電流を一定に保ってこの電動機を運転している.

無負荷誘導起電力(線間)が 400 V,負荷角が 60°のとき,この電動機のトルク〔N・m〕の値として,最も近いものを次のうちから一つ選べ.

(1) 115　　(2) 199　　(3) 345　　(4) 597　　(5) 1 034

■ **4** (H29 A-5)

定格出力 10 MV・A,定格電圧 6.6 kV,百分率同期インピーダンス 80 % の三相同期発電機がある.三相短絡電流 700 A を流すのに必要な界磁電流が 50 A である場合,この発電機の定格電圧に等しい無負荷端子電圧を発生させるのに必要な界磁電流の値〔A〕として,最も近いものを次の (1)〜(5) のうちから一つ選べ.ただし,百分率同期インピーダンスの抵抗分は無視できるものとする.

(1) 50.0　　(2) 62.5　　(3) 78.1　　(4) 86.6　　(5) 135.3

■ **5** (R1 B-15)

並行運転している A および B の 2 台の三相同期発電機がある.それぞれの発電機の負荷分担が同じ 7 300 kW であり,端子電圧が 6 600 V のとき,三相同期発電機 A の負荷電流 I_A が 1 000 A,三相同期発電機 B の負荷電流 I_B が 800 A であった.損失は無視できるものとして,次の (a) および (b) の問いに答えよ.

(a) 三相同期発電機 A の力率の値〔%〕として,最も近いものを次の (1)〜(5) のうちから一つ選べ.

(1) 48　　(2) 64　　(3) 67　　(4) 77　　(5) 80

(b) 2台の発電機の合計の負荷が調整の前後で変わらずに一定に保たれているものとして，この状態から三相同期発電機 A および B の励磁および駆動機の出力を調整し，三相同期発電機 A の負荷電流は調整前と同じ 1 000 A とし，力率は 100 ％ とした．このときの三相同期発電機 B の力率の値〔％〕として，最も近いものを次の（1）～（5）のうちから一つ選べ．ただし，端子電圧は変わらないものとする．

　（1）22　　（2）50　　（3）71　　（4）87　　（5）100

■ 6　(H27 A-4)

　定格電圧，定格電流，力率 1.0 で運転中の三相同期発電機がある．百分率同期インピーダンスは 85 ％ である．励磁電流を変えないで無負荷にしたとき，この発電機の端子電圧は定格電圧の何倍になるか．最も近いものを次の（1）～（5）のうちから一つ選べ．ただし，電機子巻線抵抗と磁気飽和は無視できるものとする．

　（1）1.0　　（2）1.1　　（3）1.2　　（4）1.3　　（5）1.4

■ 7　(H28 B-15)

　定格出力 3 300 kV·A，定格電圧 6 600 V，定格力率 0.9（遅れ）の非突極形三相同期発電機があり，星形接続 1 相当たりの同期リアクタンスは 12.0 Ω である．電機子の巻線抵抗および磁気回路の飽和は無視できるものとして，次の（a）および（b）の問に答えよ．

(a) 定格運転時における 1 相当たりの内部誘導起電力の値〔V〕として，最も近いものを次の（1）～（5）のうちから一つ選べ．

　（1）3 460　　（2）3 810　　（3）6 170　　（4）7 090　　（5）8 690

(b) 上記の発電機の励磁を定格状態に保ったまま運転し，星形結線 1 相当たりのインピーダンスが $13+j5\,\Omega$ の平衡三相誘導性負荷を接続した．このときの発電機端子電圧の値〔V〕として，最も近いものを次の（1）～（5）のうちから一つ選べ．

　（1）3 810　　（2）4 010　　（3）5 990　　（4）6 600　　（5）6 950

Chapter
4

■ 8 (H23 A-5)

交流電動機に関する記述として，誤っているものを次の (1) ～ (5) のうちから一つ選べ．

(1) 同期機と誘導機は，どちらも三相電源に接続された固定子巻線（同期機の場合は電機子巻線，誘導機の場合は一次側巻線）が，同期速度の回転磁界を発生している．発生するトルクが回転磁界と回転子との相対位置の関係であれば同期電動機であり，回転磁界と回転子との相対速度の関数であれば誘導電動機である．

(2) 同期電動機の電機子端子電圧を V〔V〕（相電圧実効値），この電圧から電機子電流の影響を除いた電圧（内部誘導起電力）を E_0〔V〕（相電圧実効値），V と E_0 との位相角を δ〔rad〕，同期リアクタンスを X〔Ω〕とすれば，三相同期電動機の出力は，$3 \times (E_0 \cdot V/X) \sin\delta$〔W〕となる．

(3) 同期電動機では，界磁電流を増減することによって，入力電力の力率を変えることができる．電圧一定の電源に接続した出力一定の同期電動機の界磁電流を減少していくと，V 曲線に沿って電機子電流が増大し，力率 100 % で電機子電流が最大になる．

(4) 同期調相機は無負荷運転の同期電動機であり，界磁電流が作る磁束に対する電機子反作用による増磁作用や減磁作用を積極的に活用するものである．

(5) 同期電動機では，回転子の磁極面に設けた制動巻線を利用して停止状態からの始動ができる．

Chapter

5

パワーエレクトロニクス

学習のポイント

　パワーエレクトロニクスは技術の進歩が速い分野であり，新技術・新用語も多く，問題の範囲が広がりつつある．最近は，毎年 3 問程度（うち 1 問程度が計算問題）が出題されている．整流回路，インバータ回路，直流チョッパ回路は頻繁に出題されるため，動作原理，スイッチの状態と回路に流れる経路，入力，出力波形などの基本事項を確実に理解しておこう．また，太陽光発電システムや最近の技術動向に関する問題も出題されている．以下に示す分野についての学習がポイントである．

(1)　サイリスタや MOSFET，IGBT などの変換素子の特徴
(2)　整流回路の動作原理，電圧波形と平均出力電圧の計算
　　・誘導性負荷，還流ダイオード，平滑回路
(3)　電圧形，電流形インバータの動作原理と波形
(4)　PWM インバータ，交流電力調整装置
(5)　直流チョッパの回路図と平均出力電圧
(6)　ブラシレス DC モータ等のモータ制御
(7)　系統連系装置，太陽光発電システム

5-1

電力用変換素子

[★★]

　パワーエレクトロニクスは，サイリスタなどの電力用変換素子を利用して，電力をオン・オフすることで，交流と直流を変換したり，電圧や電流等の大きさを変えたりする技術である．

　電力用変換素子には，大きく分けるとダイオード，サイリスタ，トランジスタがあり，ターンオン・オフの可制御性や方向性などの特徴によって表5・1のような素子がある．GTO，パワートランジスタ，MOS FET，IGBT など，**素子**

●表5・1　電力用変換素子の特徴

電子用変換素子	制御	オン/オフ	特徴
整流ダイオード	－	－	順方向のみに電流を流す．制御不可
サイリスタ	ゲート電流	オン	ゲート電流により順方向のオン制御可能．
トライアック	ゲート電流	オン	双方向電流のオン制御可能．
GTO	ゲート電流	オン/オフ	ゲート電流に逆電流を流しオフ制御可能．制御容量が最も大きい．
パワートランジスタ	ベース電流	オン/オフ	ベース電流によりオンオフ制御可能．
MOS FET	ゲート電圧	オン/オフ	ゲート電圧によりオンオフ制御可能．最も高速に動作可能．制御容量が小さい．
IGBT	ゲート電圧	オン/オフ	高速動作可能．高耐圧・大電流化が容易．

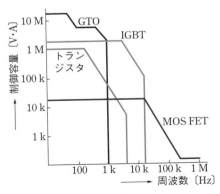

●図5・1　自己消弧形素子の使用範囲例

自体で主電流を**ターンオフできる**ものを，**自己消弧形素子**という．これらの素子の使用範囲（制御容量と動作周波数）を図 5・1 に示す．

1 ダイオード

図 5・2 にダイオードの構造や特性などを示す．ダイオードは，**p 形半導体とn 形半導体**を接合したもので，**p 層から n 層に向かって（順方向）電流が流れる**．逆方向には電圧を加えても電流は流れない．これを**整流作用**と呼び，このような機能をもつ素子を**バルブ**とも呼ぶ．

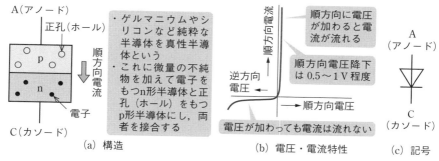

●図 5・2 ダイオードの構造，特性，記号

2 サイリスタ

（逆阻止三端子）サイリスタは，図 5・3 (a) に示すように，**pnpn の 4 層構造をもつスイッチ素子**で，原理的には，pnp トランジスタと npn トランジスタが直列に接続されたものと考えることができる．

サイリスタは図 5・3 (b) のような特性をもつので，同図 (d) に示すように，オフ状態で**ゲート**にパルス状の電流を流すことにより，**ブレークオーバ電圧が下がり導通状態（ターンオン）**になる．これにより主電流を流すタイミングを制御（**位相制御**）することができる．しかし，一度導通状態になると，ゲート信号を取り去っても阻止状態にすることができないため，**逆電圧を加えてゲートの制御能力を回復させ，主電流をオフ状態にする（順方向のみの位相制御ができる）**．

このように，オン（導通）しているサイリスタをオフ状態にすることを**ターンオフ**という．ゲート信号が加わって主電流が流れるまでの時間を**ターンオン時間**，オフ状態にして順阻止能力が回復するまでの時間を**ターンオフ時間**という．また，オン状態を持続できる最小の主電流を**保持電流**という．

Chapter
5

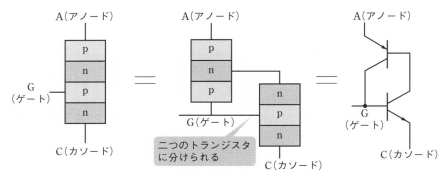

(a) 構造と等価回路

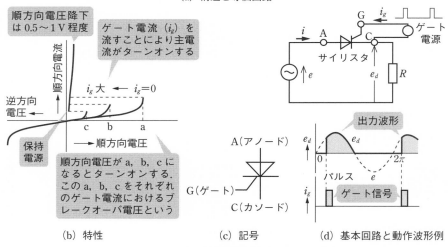

(b) 特性　　　　　　　　(c) 記号　　　　(d) 基本回路と動作波形例

●図5・3　サイリスタの構造，特性，記号，回路例

3 光トリガサイリスタ

光トリガサイリスタはサイリスタの**ゲート信号として**，電流の代わりに**光エネルギーを利用**した素子で，LED やレーザダイオードなどの光源から光ファイバを通してエネルギーがゲート部に与えられると，サイリスタがターンオンする．

　制御系との電気絶縁が容易なことや外部からのノイズの影響がほとんどないため，素子を直列接続して構成する高電圧分野の**直流送電（HVDC**）や**無効電力補償装置（SVC**）などに採用される．

4　トライアック

トライアックは双方向三端子サイリスタともいい，サイリスタを 2 個，逆並列に接続し，ゲートを共通にしたもので，図 5・4 に基本回路と動作波形例を示す．

トライアックは，逆方向の電流を流すことができ，1 個のゲートで主電極間の**双方向に対して位相制御ができる**ので，交流電圧の位相制御などに適している．

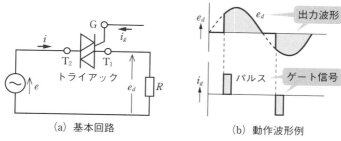

(a) 基本回路　　　　　　　　　　(b) 動作波形例

●図 5・4　トライアックの基本回路と動作波形例

5　GTO サイリスタ

前述の逆阻止三端子サイリスタは，ゲート信号をなくしてもサイリスタをターンオフできないが，**GTO**（ゲートターンオフ）**サイリスタ**は，図 5・5 (a) のようにゲート電極とカソード電極の距離を短くするなど構造を改良することによ

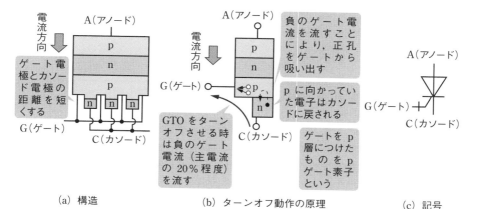

(a) 構造　　　　(b) ターンオフ動作の原理　　　(c) 記号

●図 5・5　GTO サイリスタの構造，動作原理，記号

り，**負のゲート電流を流してターンオフできる**（同図（b）参照）．サイリスタと比べて転流回路が省略でき小型・軽量化ができる．大容量化が容易だが，ターンオフのためのゲート電流が大きいため駆動電力が大きくなり，ターンオフ時間も長いため，高速化が難しい．

6　パワートランジスタ

　トランジスタは図5・6（a）のように**二つのpn接合**をもち，**電流の増幅作用を有する**．「電子」と「正孔」の2種類のキャリアにより動作するため**バイポーラトランジスタ**ともいい，安価で幅広く用いられている．

　トランジスタは一般的に**増幅作用（能動領域）**を利用するが，**電力スイッチとしては遮断領域と飽和領域を利用し，ベース電流の供給の有無でオンオフ制御できる**．少数キャリアの蓄積効果のため動作速度に限界がある．

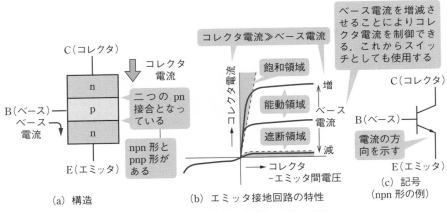

●図5・6　トランジスタの構造，特性，記号

7　MOS FET（電界効果トランジスタ）

　電界効果トランジスタ（**FET**：Field Effect Transistor）は，図5・7（a）のようにソースドレイン間に順電圧を加えた状態で，**ゲート信号（電圧）の有無によりオンオフ制御できる**素子で，**1種類のキャリアで動作**するため**ユニポーラトランジスタ**ともいう．ボディーダイオードを内蔵し，逆方向の電流を流せる．

　小型化が容易であるため，集積回路の素子としてよく使われる．酸化物半導体（MOS：Metal Oxide Semiconductor）を用いた**MOS FET**が主流となって

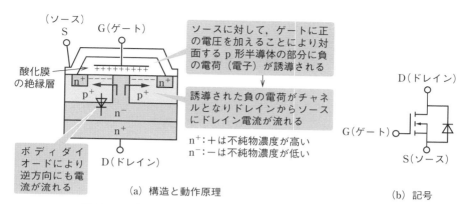

(a) 構造と動作原理　　　　　　　　(b) 記号

●図5・7　パワー MOS FET（n チャネル形）の構造と動作原理，記号

おり，特に大電力を取り扱うように設計されたものがパワー MOS FET である．

ユニポーラ素子で少数キャリアの蓄積効果がないため，他の素子と比べて**スイッチング速度が最も速く**，スイッチング損失も小さい．また，**電圧制御型**であるため，**駆動回路の電力損失も小さく**，低電圧領域での変換効率が高い．一方，バイポーラ形と比べてオン抵抗が大きく，高耐圧化する程大きくなり，大容量化が難しいが，シリコン（Si）の代わりに SiC を用いてオン抵抗が低くできる．

8　IGBT（絶縁ゲートバイポーラトランジスタ）

絶縁ゲートバイポーラトランジスタ（**IGBT**：Insulated Gate Bipolar Transistor）は，図 5・8（a）に示すように，**MOS FET とバイポーラトランジスタ**

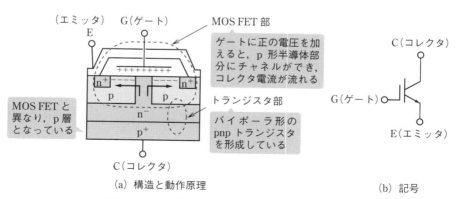

(a) 構造と動作原理　　　　　　　　(b) 記号

●図5・8　IGBT（n チャネル形）の構造と動作原理，記号

を複合化した構造で，それぞれの長所をもち，ゲート信号（電圧）の有無によっ
てコレクタ電流のオンオフ制御ができる素子である．

　特徴は，**スイッチング速度が速く，高耐電圧，オン抵抗が小さく，電圧制御形
なので駆動電力が小さい**ことなどである．

　IGBT は，逆方向には電流を流せないが，逆並列ダイオードと組み合わせると，
逆電圧が印加されたときに還流電流を流すことができる．

問題❶ ✓ ✓ ✓ R2 A-10

　パワー半導体スイッチングデバイスとしては近年，主に IGBT とパワー
MOS FET が用いられている．両者を比較した記述として，誤っているものを
次の (1) ～ (5) のうちから一つ選べ．
- (1) IGBT は電圧駆動形であり，ゲート・エミッタ間の電圧によってオン・オ
　　フを制御する．
- (2) パワー MOS FET は電流駆動形であり，キャリア蓄積効果があることか
　　らスイッチング損失が大きい．
- (3) パワー MOS FET はユニポーラデバイスであり．バイポーラ形のデバイ
　　スと比べてオン状態の抵抗が高い．
- (4) IGBT はバイポーラトランジスタにパワー MOS FET の特徴を組み合わ
　　せることにより，スイッチング特性を改善している．
- (5) パワー MOS FET ではシリコンのかわりに SiC を用いることで，高耐圧
　　化をしつつオン状態の抵抗を低くすることが可能になる．

解説　IGBT は，バイポーラトランジスタにパワー MOS FET を複合化した構造で，
両者の特徴を活かしてスイッチング特性が良い．パワー MOS FET と同様に
電圧駆動型であり，ゲート・エミッタ間の電圧によってオンオフ制御できる．

　パワー MOS FET はユニポーラデバイスであり，オン状態の抵抗が高いが，SiC を
用いることで高耐圧化しつつオン状態の抵抗を低くできる．

(2)　×　パワー MOS FET は，ゲート電圧の印加によりオンオフを制御する電圧駆動
　　型である．また，1 種類の多数キャリアで動作するため，少数キャリアが残りオン
　　状態を保持する蓄積効果はなく，スイッチング損失が小さい．

解答 ▶ (2)

問題2 ☑ ☑ ☑　　　　　　　　　　　　　　　　　　　　H16 A-10

　パワーエレクトロニクスのスイッチング素子として，逆阻止三端子サイリスタは，素子のカソード端子に対して，アノード端子に加わる電圧が（ア）のとき，ゲートに電流を注入するとターンオンする．同様に，npn形のバイポーラトランジスタでは，素子のエミッタ端子に対し，コレクタ端子に加わる電圧が（イ）のとき，ベースに電流を注入するとターンオンする．

　なお，オンしている状態をターンオフさせる機能がある素子は（ウ）である．

　上記の記述中の空白箇所（ア），（イ），および（ウ）に当てはまる組合せとして，正しいものを次のうちから一つ選べ．

	(ア)	(イ)	(ウ)
(1)	正	正	npn形バイポーラトランジスタ
(2)	正	正	逆阻止三端子サイリスタ
(3)	正	負	逆阻止三端子サイリスタ
(4)	負	正	逆阻止三端子サイリスタ
(5)	負	負	npn形バイポーラトランジスタ

解説　サイリスタの端子は，ダイオードと同じでp層のアノード（陽極）→ n層のカソード（陰極）向きに電流が流れ，カソードに対してアノードに**正**の電圧を印加する方向が順方向となる．一方，トランジスタの端子は，エミッタ（少数キャリアをベース領域へ注入）とベース間のp → n方向に電流が流れるため，npn形ではベースからエミッタの方向が順電圧となり，エミッタに対してコレクタに**正**の電圧が印加する方向が順電圧となる．pnp形では電圧方向が逆になるため注意が必要である．

　サイリスタは，一般に逆阻止三端子サイリスタのことを指し，トランジスタは一般にバイポーラトランジスタのことを指す．**npn形のトランジスタ**は，ベース電流がゼロになればコレクタ電流もゼロになるため，ターンオフ機能がある．

解答 ▶ (1)

問題3 /// ☑ ☑ ☑　　　　　　　　　　　　　　　　H23 A-10

　半導体電力変換装置では，整流ダイオード，サイリスタ，パワートランジスタ（バイポーラパワートランジスタ），パワー MOS FET，IGBT などのパワー半導体デバイスがバルブデバイスとして用いられている．バルブデバイスに関する記述として，誤っているものを次の（1）〜（5）のうちから一つ選べ．
- (1) 整流ダイオードは，n 形半導体と p 形半導体とによる pn 接合で整流を行う．
- (2) 逆阻止三端子サイリスタは，ターンオンだけが制御可能なバルブデバイスである．
- (3) パワートランジスタは，遮断領域と能動領域とを切り換えて電力スイッチとして使用する．
- (4) パワー MOS FET は，主に電圧が低い変換装置において高い周波数でスイッチングする用途に用いられる．
- (5) IGBT は，バイポーラと MOS FET との複合機能デバイスであり，それぞれの長所を併せもつ．

解説　図 5・2，図 5・3，図 5・6，「5-1-7　MOS FET」，「5-1-8　IGBT」を参照．
　（3）　×　電力スイッチとして使用する場合は，**飽和領域**（オン）と**遮断領域**（オフ）を切り替える．

解答 ▶ (3)

⑤-2

整流回路（コンバータ）

[★★★]

交流電力を直流電力に変換する装置を**コンバータ**または**順変換装置**といい，その回路を**整流回路**という．

1 単相整流回路

◀1▶ 単相半波整流回路

図 5·9（a）に示すように，単相半波整流回路は，整流素子が 1 個で簡単な構成であるが，交流電圧の半波しか活用しないので効率が悪く，小容量用に限定される．

サイリスタに点弧角 α でゲート信号が与えられるとオン（導通）になり，交流電源電圧 e_d が負荷に印加され，電流 i_d が流れる．サイリスタにかかる電圧が逆方向になると電流が流れなくなり（逆阻止），図 5·9（b）のような間欠波形となる．

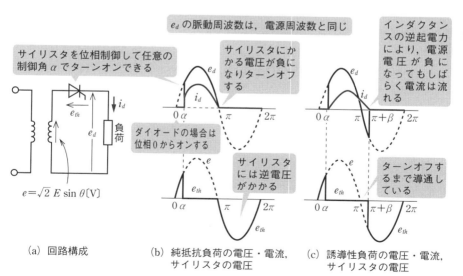

（a）回路構成

（b）純抵抗負荷の電圧・電流，サイリスタの電圧

（c）誘導性負荷の電圧・電流，サイリスタの電圧

●図 5·9 単相半波整流回路の構成と各部の電圧・電流波形例

抵抗負荷の場合，負荷の平均電圧 E_d は電源電圧 $e = \sqrt{2}E\sin\theta$ を α から π まで積分した面積を 2π で割って求められ，次式となる．なお，ダイオードを用いた場合は，$\alpha = 0$ とした場合と同じとなる．

$$E_d = \frac{1}{2\pi}\int_\alpha^\pi \sqrt{2}\,E\sin\theta\,d\theta = \frac{\sqrt{2}E}{2\pi}\left[-\cos\theta\right]_\alpha^\pi$$

$$= \frac{\sqrt{2}E}{2\pi}\{-\cos\pi - (-\cos\alpha)\}$$

$$E_d = \frac{\sqrt{2}E}{\pi}\left(\frac{1+\cos\alpha}{2}\right) \fallingdotseq 0.45E\,\frac{1+\cos\alpha}{2}\ [\mathrm{V}]$$

（純抵抗負荷の場合）　（5・1）

また，**誘導性負荷の場合**，点弧角 α で交流電源電圧が印加されると，位相が遅れた電流が流れる．図 5・9（c）のように**電圧 e が逆方向になっても，インダクタンスの逆起電力により電流が流れている間はサイリスタの導通状態が継続**する．

誘導負荷の場合，**負荷の平均電圧 E_d は電源電圧 $e = \sqrt{2}E\sin\theta$ を α から $\pi + \beta$ まで積分した面積を 2π で割って求められ**，次式となり，負荷のインダクタンスによって変わる．

$$E_d = \frac{1}{2\pi}\int_\alpha^{\pi+\beta} \sqrt{2}E\sin\theta\,d\theta = \frac{\sqrt{2}E}{2\pi}\left[-\cos\theta\right]_\alpha^{\pi+\beta}$$

$$= \frac{\sqrt{2}E}{\pi}\left(\frac{\cos\alpha+\cos\beta}{2}\right)$$

$$E_d \fallingdotseq 0.45E\,\frac{\cos\alpha+\cos\beta}{2}\ [\mathrm{V}]\quad \text{（誘導性負荷の場合）}\qquad (5・2)$$

このように，負荷の平均電圧を求めるには積分計算を要するが，基本的には電験三種のレベルを超えるので，回路の電圧・電流波形と流れる経路を理解し，積分の範囲，計算結果の式（本文のゴシック体の式）を覚え，使える程度でよい．

（2） 還流ダイオード（フリーホイーリングダイオード）

図 5・10（a）のように負荷と並列にダイオード $\mathrm{D_F}$ を接続し，電源電圧が正の期間にリアクトル L に蓄えられたエネルギーを，負の期間に負荷抵抗 R に放電して還流するようにしたものを**還流ダイオード**という．

$\mathrm{D_F}$ がオンになるとサイリスタは負の電源電圧が印加されてオフとなるので，出力電圧 e_d は負荷のインダクタンス L の大きさに関係なく抵抗負荷の場合と同じ波形となる．電源電圧 e の負の半サイクル期間は，リアクトル L の電磁エネ

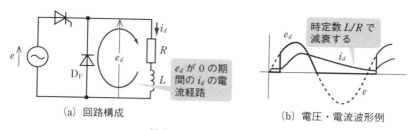

(a) 回路構成

(b) 電圧・電流波形例

● 図 5・10 還流ダイオード

ルギーが，同図 (b) のように $L \rightarrow D_F \rightarrow R \rightarrow L$ の経路で，**時定数 L/R で減衰する電流 i_d** となって流れ電磁エネルギーが抵抗 R で消費される．出力電流 i_d は L に影響され L が大きいほど平滑な直流となる．この還流ダイオードがないと，電磁エネルギーの一部は電源に回収され，i_d は速く減衰する．

【3】 単相全波整流回路

単相全波整流回路の主な構成例を図 5・11 に示す．図 5・11 (a) のように，**単相ブリッジ整流回路**は，中性点が不要で直流巻線の利用率が良いという利点があり，**単相の整流回路で最も多く利用**されている．なお，$A_1 \sim B_2$ を**整流アーム**という．同図 (b) の単相センタタップ整流回路は，単相ブリッジ整流回路の半分の整流素子ですむ利点があるが，直流巻線が半周期ずつしか通電しないので巻線の利用率が悪いという欠点がある．

単相全波整流回路の電圧・電流波形を図 5・12 に示す．図 5・11 (a) の単相ブリッジ整流回路の場合，電源電圧 e の**正の半サイクルの間は，サイリスタ A_1,**

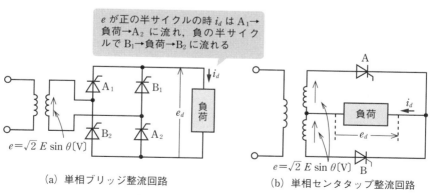

(a) 単相ブリッジ整流回路

(b) 単相センタタップ整流回路

● 図 5・11 単相全波整流回路の構成

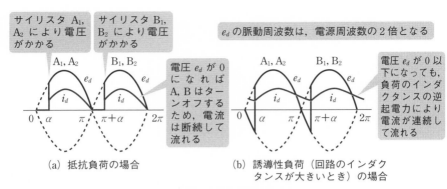

●図5・12　単相全波整流回路の電圧・電流波形例

A_2 に順方向の電圧が印加され，**負の半サイクルの間は，サイリスタ B_1，B_2 に順方向の電圧が印加**され，図5・12（a）のように**同方向の脈流が繰り返され，負荷の平均電圧 E_d は半波整流回路の2倍**となる．

$$E_d \fallingdotseq 0.9E\,\frac{1+\cos\alpha}{2}\ \text{[V]}\quad（純抵抗負荷の場合）\tag{5・3}$$

　誘導性負荷の場合，負荷のインダクタンスが十分大きいと図5・12（b）のように**次の点弧まで電流が連続して流れ，負荷の平均電圧 E_d は電源電圧 $e=\sqrt{2}E\sin\theta$ を α から $\pi+\alpha$ まで積分した面積を π で割って求められ**，次式となる．

$$E_d=\frac{1}{\pi}\int_{\alpha}^{\pi+\alpha}\sqrt{2}E\sin\theta\,d\theta=\frac{\sqrt{2}E}{\pi}\bigl[-\cos\theta\bigr]_{\alpha}^{\pi+\alpha}=\frac{2\sqrt{2}E}{\pi}\cos\alpha$$

$$\fallingdotseq 0.9E\cos\alpha\ \text{[V]}\quad（誘導性負荷でインダクタンス大の場合）\tag{5・4}$$

【4】平滑回路

　整流回路の出力電圧は脈流となるため，回路にコンデンサやリアクトルを挿入して，コンデンサの充電電荷やリアクトルの電磁エネルギーを徐々に負荷抵抗 R に放出することにより，直流出力電圧の平滑化を行う．**平滑回路では時定数 RC や L/R が大きいほど平滑化効果が大きく脈動成分が小さくなる．**

　図5・13（a）のように単相ダイオードブリッジ整流回路に平滑コンデンサを接続して負荷に供給するとき，電源電圧 $e>$ 平滑コンデンサの充電電圧 e_d となる時間に電源から電流が流れ，$e<e_d$ となる時間には平滑コンデンサから負荷に電流が流れるため，**e_d は脈動する波形となるが，直流の電圧源として動作する**．

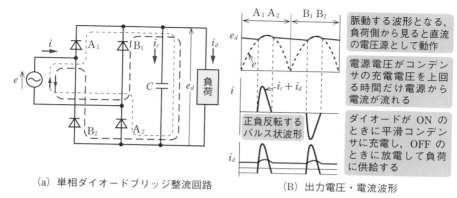

(a) 単相ダイオードブリッジ整流回路 　　(B) 出力電圧・電流波形

● 図5・13 平滑回路の構成と出力電圧波形例

【5】波形歪対策

バルブデバイスにより正弦波交流電圧を整流したり位相制御して使用すると，電圧降下も正弦波に歪を生じ高調波成分を含むようになる．その対策には，**交流電源側へ高調波フィルタを設置**する方法がある．

2 三相整流回路

【1】三相半波整流回路

図5・14（a）のように，三相半波整流回路は，変圧器二次側の星形結線の各相にサイリスタを接続し，カソード端子を共通にして，変圧器の中性点との間に負荷を接続した回路である．同図（b）に出力電圧の波形を示す．三相半波整流回路では，電源の相電圧を $\sqrt{2}E\cos\theta$ とすると，負荷の平均電圧 E_d は次式となる．

$$E_d = \frac{3}{2\pi}\int_{-\pi/3+\alpha}^{\pi/3+\alpha}\sqrt{2}E\cos\theta\,d\theta = \frac{3\sqrt{2}E}{2\pi}\left[\sin\theta\right]_{-\pi/3+\alpha}^{\pi/3+\alpha}$$

$$= \frac{3\sqrt{2}E}{2\pi}\left\{\sin\left(\alpha+\frac{\pi}{3}\right)-\sin\left(\alpha-\frac{\pi}{3}\right)\right\}$$

$$= \frac{3\sqrt{2}E}{2\pi}\left\{\sin\alpha\cos\frac{\pi}{3}+\cos\alpha\sin\frac{\pi}{3}-\left(\sin\alpha\cos\frac{\pi}{3}-\cos\alpha\sin\frac{\pi}{3}\right)\right\}$$

$$E_d = \frac{3\sqrt{6}}{2\pi}E\cos\alpha \doteqdot 1.17E\cos\alpha\ [\mathrm{V}] \tag{5・5}$$

Chapter
5

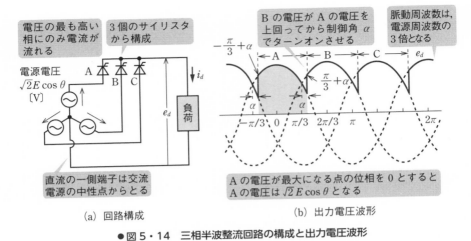

(a) 回路構成　　　　　　　　　(b) 出力電圧波形

● 図 5・14　三相半波整流回路の構成と出力電圧波形

◆2◆ 三相ブリッジ整流回路

図 5・15（a）のように，**三相ブリッジ整流回路**は，三相半波整流回路を二組接続して三相全波整流を行うもので，**三相電圧で最も高電位にある相と最も低電位にある相に接続された二つのサイリスタを導通**させることにより出力電流 i_d が流れる．また，この回路の交流電源側に発生する高調波の次数は，**$6k \pm 1$ である**．

三相ブリッジ整流回路では，線間電圧を $\sqrt{2}V \sin\theta$（$V = \sqrt{3}E$）とすると，負荷の平均電圧 E_d は次式となる．

$$E_d = \frac{3}{\pi} \int_{\pi/3+\alpha}^{2\pi/3+\alpha} \sqrt{2}V \sin\theta \, d\theta = \frac{3\sqrt{2}\,V}{\pi} \left[-\cos\theta\right]_{\pi/3+\alpha}^{2\pi/3+\alpha}$$

$$= \frac{3\sqrt{2}V}{\pi} \left\{ -\cos\left(\frac{2\pi}{3}+\alpha\right) + \cos\left(\frac{\pi}{3}+\alpha\right) \right\}$$

$$= \frac{3\sqrt{2}V}{\pi} \left(-\cos\frac{2\pi}{3}\cos\alpha + \sin\frac{2\pi}{3}\sin\alpha + \cos\frac{\pi}{3}\cos\alpha - \sin\frac{\pi}{3}\sin\alpha \right)$$

$$E_d = \frac{3\sqrt{2}}{\pi} V\cos\alpha \fallingdotseq 1.35V\cos\alpha = 2.34E\cos\alpha \text{ [V]} \qquad (5\cdot6)$$

なお，各サイリスタの転流中（**転流期間**）は，両サイリスタが導通している（この期間を**重なり角**という）ことやサイリスタの順方向電圧降下などにより E_d が若干低下する．

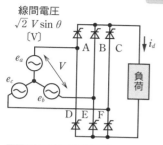

線間電圧
$\sqrt{2}\,V\sin\theta$
〔V〕

e_a　V

e_c

e_b

A　B　C

D　E　F

i_d

負荷

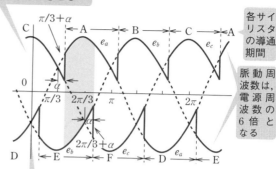

Aの電圧がCの電圧を
上回ってから制御角 α
でターンオンさせる

各サイリスタの導通期間

脈動周波数は，電源周波数の6倍となる

三相ブリッジ整流回路は 6 個の
サイリスタで構成．出力の正側
端子につながる 3 個のサイリス
タと負側端子の 3 個のサイリス
タで転流（電流が次の相へ移る
こと）が交互に行われる

サイリスタ A-E 間の電圧（線間電圧）を基準に
考える．この値が0になる点を位相0とすると，
A-E 間電圧は $\sqrt{2}\,E\sin\theta$ となる

最高電圧	最低電圧
①	$e_a \rightarrow$ A $\rightarrow$ 負荷 $\rightarrow$ E $\rightarrow e_b$
②	$e_a \rightarrow$ A $\rightarrow$ 負荷 $\rightarrow$ F $\rightarrow e_c$
③	$e_b \rightarrow$ B $\rightarrow$ 負荷 $\rightarrow$ F $\rightarrow e_c$
④	$e_b \rightarrow$ B $\rightarrow$ 負荷 $\rightarrow$ D $\rightarrow e_a$
⑤	$e_c \rightarrow$ C $\rightarrow$ 負荷 $\rightarrow$ D $\rightarrow e_a$
⑥	$e_c \rightarrow$ C $\rightarrow$ 負荷 $\rightarrow$ E $\rightarrow e_b$

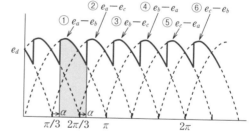

① $e_a - e_b$　② $e_a - e_c$　③ $e_b - e_c$　④ $e_b - e_a$　⑤ $e_c - e_a$　⑥ $e_c - e_b$

e_d

(a)　回路構成

(b)　出力電圧波形

●図 5・15　三相ブリッジ整流回路の構成と出力電圧波形

問題4　☑ ☑ ☑　　　　　　　　　　　　　　　　　　　H24 A-10

　交流電圧 v_a〔V〕の実効値 V_a〔V〕が 100 V で，抵抗負荷が接続された図 1 に
示す半導体電力変換装置において，図 2 に示すようにラジアンで表した制御遅
れ角 α〔rad〕を変えて出力直流電圧 v_d〔V〕の平均電圧 V_d〔V〕を制御する．

　度数で表した制御遅れ角 α〔°〕に対する V_d〔V〕の関数を表す図として，適
切なものを次の (1) ～ (5) のうちから一つ選べ．ただし，サイリスタの電圧降
下は，無視する．

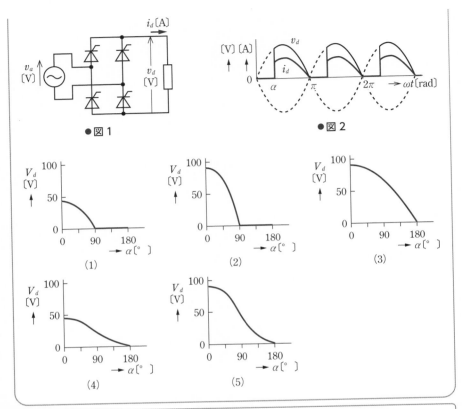

●図1　　　　　　　　　　　●図2

(1)　　　　(2)　　　　(3)

(4)　　　　(5)

 式 (5·3) を用い，各 α に対する V_d (E_d) の値を求め，グラフに描く．

解説　式 (5·3) を用い，$\alpha = 0°$，$90°$，$180°$ に対する V_d は

$$V_{d0} = 0.9V_a \times \frac{1+\cos\alpha}{2} = 0.9 \times 100 \frac{1+\cos 0°}{2} = 90.0\,\text{V}$$

$$V_{d90} = 0.9 \times 100 \times \frac{1+\cos 90°}{2} = 45.0\,\text{V}$$

$$V_{d180} = 0.9 \times 100 \times \frac{1+\cos 180°}{2} = 0\,\text{V}$$

解答 ▶ (5)

問題5　☑☑☑　　H16 A-9

　単相整流回路の出力電圧に含まれる主な脈動成分（脈流）の周波数は，半波整流回路では入力周波数と同じであるが，全波整流回路では入力周波数の　(ア)　倍である．

　単相整流回路に抵抗負荷を接続したとき，負荷端子側の脈動成分を減らすために，平滑コンデンサを整流回路の出力端子間に挿入する．この場合，その静電容量が　(イ)　，抵抗負荷電流が　(ウ)　ほど，コンデンサからの放電が穏やかになり，脈動成分は小さくなる．

　上記の記述中の空白箇所（ア），（イ）および（ウ）に当てはまる組合せとして，正しいものを次のうちから一つ選べ．

	(ア)	(イ)	(ウ)		(ア)	(イ)	(ウ)
(1)	1/2	大きく	小さい	(2)	2	小さく	大きい
(3)	2	大きく	大きい	(4)	1/2	小さく	大きい
(5)	2	大きく	小さい				

解説　単相全波整流回路では，図5・12のように交流側の電圧が正のときも負のときも直流側に電圧が出力されるため，脈動周波数は半波整流のときの2倍となる．平滑回路では時定数 **CR が大きい**ほど脈動成分は小さくなる．

解答 ▶ (5)

問題6　☑☑☑　　H6 A-9

　整流器用変圧器の直流側の線間電圧が E〔V〕である三相ブリッジ整流回路では，E〔V〕の正弦波電圧の最大値を中心とした $60°$ の範囲の電圧波形が交流の1サイクル中に　(ア)　回繰り返して負荷に加わるので，その直流平均電圧値は，星形接続の直流巻線の相電圧が　(イ)　〔V〕である場合の六相半波整流回路の直流電圧平均値と同じ値となり，その大きさは，制御遅れ角が $0°$ の場合には　(ウ)　〔V〕となる．

　上記の記述中の空白箇所（ア），（イ）および（ウ）に当てはまる組合せとして，正しいものを次のうちから一つ選べ．

	(ア)	(イ)	(ウ)		(ア)	(イ)	(ウ)
(1)	6	$E/\sqrt{3}$	$0.78E$	(2)	3	E	$1.17E$
(3)	6	E	$1.35E$	(4)	3	$\sqrt{3}E$	$1.41E$
(5)	6	$\sqrt{3}E$	$1.65E$				

解説 線間電圧が E [V] の三相ブリッジ整流回路では，E [V] の正弦波電圧の最大値 $\sqrt{2}E$ [V] を中心とした $60°$ の範囲の電圧が交流 1 サイクル中に **6 回**繰り返して加わる（解図 1）．

その直流電圧平均値 E_d の値は，星形接続の相電圧が E [V] の六相半波整流回路（解図 2）の直流電圧平均値と同じ値である．三相ブリッジ整流の E_d [V] は，式（5·6）から

$$E_d = 1.35E \cos \alpha = 1.35E \cos 0° = \mathbf{1.35E}$$

解答 ▶ (3)

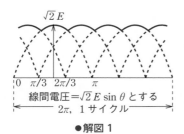

●解図 1

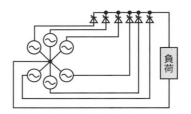

●解図 2　六相半波整流回路

問題7 ✓ ✓ ✓　　　　　　　　　　　　　　　　H26 A-10

　次の文章は，単相半波ダイオード整流回路に関する記述である．抵抗とリアクトルとを直列接続した負荷に電力を供給する単相半波ダイオード整流回路を図に示す．スイッチ S を開いて運転したときに，負荷力率に応じて負荷電圧 e_d の波形は [(ア)] となり，負荷電流 i_d の波形は [(イ)] となった．次にスイッチ S を閉じ，環流ダイオードを接続して運転したときには，負荷電圧 e_d の波形は [(ウ)] となり，負荷電流の流れる期間は，スイッチ S を開いて運転したときよりも [(エ)] ．

　上記の記述中の空白箇所（ア），（イ），（ウ）および（エ）に当てはまる組合せとして，正しいものを次の（1）～（5）のうちから一つ選べ．

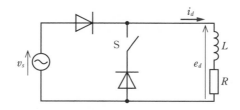

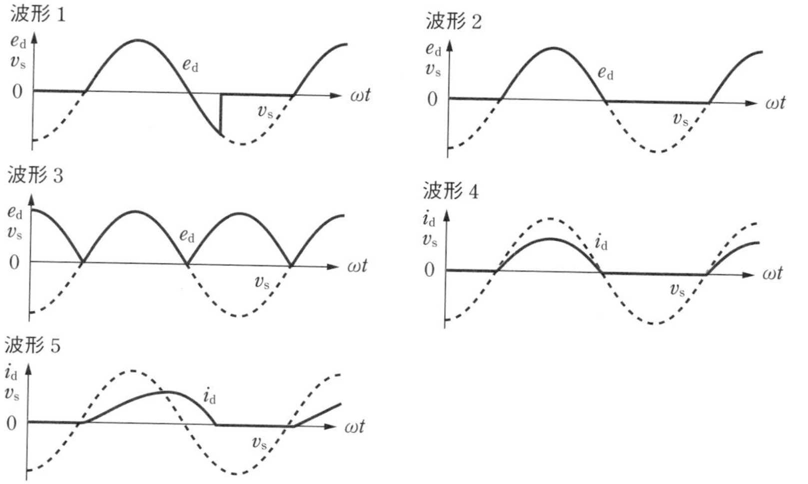

波形1

波形2

波形3

波形4

波形5

	（ア）	（イ）	（ウ）	（エ）
(1)	波形2	波形4	波形3	長くなる
(2)	波形1	波形5	波形2	長くなる
(3)	波形1	波形5	波形3	短くなる
(4)	波形1	波形4	波形2	長くなる
(5)	波形2	波形5	波形3	短くなる

解説 スイッチ S を開いた状態では，図5·9（c）のようにリアクトル L の影響で電源電圧より遅れた負荷電流が流れ，リアクトル L の逆起電力によって電源電圧が負になってもしばらくは同じ方向に電流が流れ，導通状態が続く．

スイッチを閉じた状態では，図5·10のように電源電圧が負のときは環流ダイオードを通して電流が流れ，環流ダイオードの両端の電圧（＝e_d）は 0 となる．出力電流は時定数 L/R で減衰し，スイッチを開いた状態より**長く**流れる．

解答 ▶ (2)

問題8 ☑ ☑ ☑

パワーエレクトロニクス回路で使われる部品としてのリアクトルとコンデンサ，あるいは回路成分としてのインダクタンス成分，キャパシタンス成分と，バルブデバイスの働きに関する記述として，誤っているものを次の (1) ～ (5) のうちから一つ選べ.

(1) リアクトルは電流でエネルギーを蓄積し，コンデンサは電圧でエネルギーを蓄積する部品である.

(2) 交流電源の内部インピーダンスは，通常，インダクタンス成分を含むので，交流電源に流れている電流をバルブデバイスで遮断しても，遮断時に交流電源の端子電圧が上昇することはない.

(3) 交流電源を整流した直流回路に使われる平滑コンデンサが交流電源電圧のピーク値近くまで充電されていないと，整流回路のバルブデバイスがオンしたときに，電源および整流回路の低いインピーダンスによって平滑用コンデンサに大きな充電電流が流れる.

(4) リアクトルに直列に接続されるバルブデバイスの電流を遮断したとき，リアクトルの電流が還流する電流路ができるように，ダイオードを接続して使用することがある. その場合，リアクトルの電流は，リアクトルのインダクタンス値〔H〕とダイオードを通した回路内の抵抗値〔Ω〕とで定まる時定数で減少する.

(5) リアクトルとコンデンサは，バルブデバイスがオン・オフすることによって断続する瞬時電力を平滑化する部品である.

解説 (2) ×　リアクトルに生じる逆起電力は，$L di(t)/dt$ であり，電流を遮断すると急変により**高電圧が発生する**.

(3) ○　コンデンサに流れる電流は，$C dv(t)/dt$ であり，スイッチを入れたときに電源電圧と差があると**大きな充電電流が流れる**.

(4) ○　環流ダイオードは，電流を遮断したときに，リアクトルに蓄えられたエネルギーを抵抗で消費するもので，**時定数 L/R で減衰する**.

解答 ▶ (2)

問題9 ✓ ✓ ✓

純抵抗を負荷とした単相サイリスタ全波整流回路の動作について，次の (a) および (b) の問に答えよ．

(a) 図1に単相サイリスタ全波整流回路を示す．サイリスタ $T_1 \sim T_4$ に制御遅れ角 $\alpha = \pi/2$〔rad〕でゲート信号を与えて運転しようとしている．T_2 および T_3 のゲート信号は正しく与えられたが，T_1 および T_4 のゲート信号が全く与えられなかった場合の出力電圧波形を e_{d1} とし，正しく $T_1 \sim T_4$ にゲート信号が与えられた場合の出力電圧波形を e_{d2} とする．図2の波形1～波形3から，e_{d1} と e_{d2} の組合せとして正しいものを次の (1) ～ (5) のうちから一つ選べ．

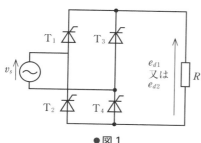

●図1

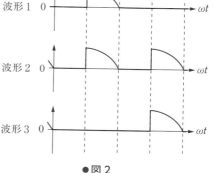

●図2

	電圧波形 e_{d1}	電圧波形 e_{d2}
(1)	波形1	波形2
(2)	波形2	波形1
(3)	波形2	波形3
(4)	波形3	波形1
(5)	波形3	波形2

(b) 単相交流電源電圧 v_s の実効値を V〔V〕とする．ゲート信号が正しく与えられた場合の出力電圧波形 e_{d2} について，制御遅れ角 α〔rad〕と出力電圧の平均値 E_d〔V〕との関係を表す式として，正しいものに近いものを次の (1) ～ (5) のうちから一つ選べ．

(1) $E_d = 0.45V \dfrac{1+\cos\alpha}{2}$ (2) $E_d = 0.9V \dfrac{1+\cos\alpha}{2}$

(3) $E_d = V \dfrac{1+\cos\alpha}{2}$ (4) $E_d = 0.45V \cos\alpha$

(5) $E_d = 0.9V \cos\alpha$

解説 (a) サイリスタはゲート信号を与えるとオンすることができる．電源 v_s が正の反サイクル（$0 \sim \pi$）では，T_1，T_4 に順電圧がかかっているので，T_1，T_4 に制御遅れ角 α でゲート信号が与えられたときに負荷に電圧がかかる．一方，電源 v_s が負の反サイクル（$\pi \sim 2\pi$）では，T_2，T_3 に制御遅れ角 α でゲート信号が与えられたときに負荷に電圧がかかる．

T_1，T_4 にゲート信号が全く与えられない場合，負の反サイクルのみに電圧がかかるため，負荷の電圧波形 e_d は**波形3**となる．正しく $T_1 \sim T_4$ にゲート信号が与えられれば，全波整流回路として機能するため**波形2**となる．

(b) 単相全波整流回路の純抵抗負荷の平均電圧 E_d を覚えていればすぐに解答が求まるが，波形を正しく理解していれば α に適切な値を代入して絞り込むことができる．

$\alpha = \pi/2$ としたとき，波形2のとおり $\alpha = 0$ のときの半分になっていなければならないが，(4)，(5) では $\cos(\pi/2) = 0$ となってしまうため適切ではない．

また，$\alpha = 0$ のときの波形は，正弦波の絶対値をとったものであり，正弦波の波形率（$\pi/2\sqrt{2} \fallingdotseq 1.11$）＝実効値 $V \div$ 平均値 E_d から，$E_d = V/1.11 = 0.9V$ で次式となる．

$$E_d = 0.9V \frac{1+\cos\alpha}{2}$$

解答 ▶ (a)-(5)，(b)-(2)

問題❿ ✓ ✓ ✓　　　　　　　　　　　　　　　　R3 B-16

次の文章は，単相半波ダイオード整流回路に関する記述である．

抵抗 R とリアクトル L とを直列接続した負荷に電力を供給する単相半波ダイオード整流回路を図1に示す．また図1に示した回路の交流電源の電圧波形 $v(t)$ を破線で，抵抗 R の電圧波形 $v_R(t)$ を実線で図2に示す．ただし，ダイオード D の電圧降下およびリアクトル L の抵抗は無視する．次の (a) および (b) の問に答えよ．ただし，必要であれば次の計算結果を利用してよい．

$$\int_0^\alpha \sin\theta\, d\theta = 1-\cos\alpha \qquad \int_0^\alpha \cos\theta\, d\theta = \sin\alpha$$

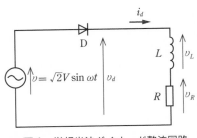

●図1　単相半波ダイオード整流回路

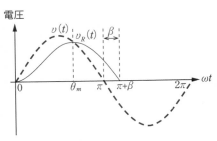

●図2　交流電源及び負荷抵抗の電圧波形

(a) 以下の記述中の空白箇所（ア）～（エ）にあてはまる組合せとして，正しい
ものを次の（1）～（5）のうちから一つ選べ．

　図1の電源電圧 $v(t)>0$ の期間において，ダイオードDは順方向バイアス
となり導通する．$v(t)$ と $v_R(t)$ が等しくなる電源電圧 $v(t)$ の位相を $\omega t=$
θ_m とすると，出力電流 $i_d(t)$ が増加する電源電圧の位相 ωt が $0<\omega t<\theta_m$
の期間においては　(ア)　，$\omega t=\theta_m$ 以降については　(イ)　となる．出力
電流 $i_d(t)$ は電源電圧 $v(t)$ が負となっても $v(t)=0$ の点よりも $\omega t=\beta$ に
相当する時間だけ長く流れ続ける．すなわち，L の磁気エネルギーが
　(ウ)　となる $\omega t=\pi+\beta$ で出力電流 $i_d(t)$ が0となる．出力電圧 $v_d(t)$ の
平均値 V_d は電源電圧 $v(t)$ を $0\sim$ 　(エ)　の区間で積分して一周期である2
π で除して計算でき，このときの L の電圧 $v_L(t)$ を同区間で積分すれば0と
なるので，V_d は抵抗 R の電圧 $v_R(t)$ の平均値 V_R に等しくなる．

	（ア）	（イ）	（ウ）	（エ）
(1)	$v_L(t)>0$	$v_L(t)<0$	0	$\pi+\beta$
(2)	$v_L(t)<0$	$v_L(t)>0$	0	$\pi+\beta$
(3)	$v_L(t)>0$	$v_L(t)<0$	最大	$\pi+\beta$
(4)	$v_L(t)<0$	$v_L(t)>0$	最大	β
(5)	$v_L(t)>0$	$v_L(t)<0$	0	β

(b) 小問（a）において，電源電圧の実効値 100 V，$\beta=\pi/6$ のときの出力電圧
$v_d(t)$ の平均値 V_d 〔V〕として，最も近いものを次の（1）～（5）のうちか
ら一つ選べ．

(1)　3　　(2)　20　　(3)　42　　(4)　45　　(5)　90

Chapter 5

（a）誘導性負荷の場合，リア
クトルに磁気エネルギーを蓄
積，放出することで抵抗に流れる電流が
遅れて流れ，$0\sim\pi+\beta$ の間でダイオー
ドDに順方向電圧が印加されて導通し，
導通している間は，$v=v_d=v_L+v_R$ と
なる．

　$0<\omega t<\theta_m$ の間は，インダクタンス
には電流 i_d の増加による磁束変化を妨

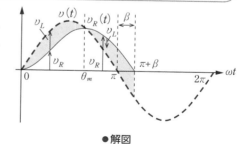

●解図

げるよう $v_L>0$ の電圧が発生して磁気エネルギーを蓄積し，抵抗 R には電源電圧より
小さい v_R が印加される．

一方，$\theta_m < \omega t < \pi + \beta$ の間は，電流 i_d の減少による磁束変化を妨げるよう $v_L < 0$ の電圧が発生し磁気エネルギーを放出し，磁気エネルギーが 0 となるまで抵抗 R には電源電圧に v_L が加算された v_R が印加される．

出力電圧 v_d の平均値は，電源電圧がダイオードを介して接続している $0 \sim \pi + \beta$ の区間で積分して 2π で除して計算できる．解図の網掛け部分の $v_L > 0$ の期間と $v_L < 0$ の期間の面積が等しくなり，V_d は v_R の平均値と等しくなる．

(b) 電源電圧の実効値を E とすると $v(t) = \sqrt{2}E\sin\theta$ であり，$0 \sim \pi + \beta$ の間を積分するため，次式となる．与えられた積分計算結果を利用して計算する．

$$V_d = \frac{1}{2\pi}\int_0^{\pi+\pi/6} \sqrt{2}E\sin\theta\,d\theta = \frac{100\sqrt{2}}{2\pi} \times \left\{1 - \cos\left(\pi + \frac{\pi}{6}\right)\right\}$$

$$= \frac{100\sqrt{2}}{2\pi} \times \left(1 + \frac{\sqrt{3}}{2}\right) \fallingdotseq \mathbf{42\,V}$$

解答 ▶ (a)-(1)，(b)-(3)

インバータ（逆変換装置）

[★★★]

直流電源から，交流を得る装置を**インバータ**（逆変換装置）という．

1 転 流 方 式

全波整流器の点弧位相角 α を図 5・16 のように $\pi/2<\alpha<\pi$ の範囲で制御すると，平均電圧が負となり電力を直流側から交流側へ流す（逆変換）ことができる．逆変換の場合は，順変換（交流を直流に変換すること）のように，主電流が交流の半サイクルごとに自然消滅しないので，**転流**のために陽極に逆電圧を加えるなどの方法が必要である．その方法により，**他励式**と**自励式**の 2 通りに分けられる．

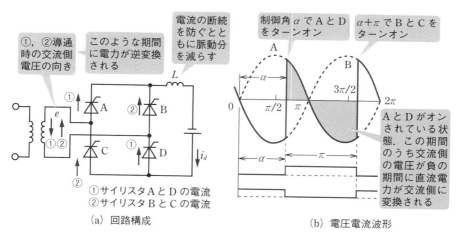

● 図 5・16　インバータの原理（他励式の例）

◀1▶ 他　励　式

図 5・16（a）のように，相手側である交流回路に電力を送り込むために，転流用の逆電圧として，この交流電圧を利用する方法である．この電力返還には，交流側から遅れ無効電力を受けることとなるので，電力用コンデンサなどが必要になることがある．発生する交流は，負荷の交流電源の周波数と同じになる．

■2■ 自 励 式 ■

　回路自体に転流能力をもつか，自己消弧能力をもつ素子を用いて転流制御することで，独立した交流電源を発生できる．この自励式インバータには，出力周波数に近い共振周波数をもつ L-C 回路を利用して逆変換を行う**共振形インバータ**と素子自体の能力を活用して，電圧・電流の切換えを行う**方形波インバータ**がある．

┃2 電圧形インバータと電流形インバータ

　自励式インバータは，負荷側から電源側を見たインピーダンスにより，**電圧形インバータ**と**電流形インバータ**に分けられる．

■1■ 電圧形インバータ ■

　図 5・17 (a) のように負荷と直流電源の間を半導体スイッチで切り換えることにより，同図 (b) のように**負荷に方形波の電圧**を供給するもので，**直流電源側に容量の大きなコンデンサを設置**し，交流出力側から電源側を見ると，インバータのインピーダンスが低く，**電圧源として動作**する．

　スイッチ Q_1，Q_4 とスイッチ Q_2，Q_3 を交互にオン，オフを繰り返すことで，正負に入れ替わる方形波が発生する．抵抗負荷の場合，同じタイミングで電流が流れる．一方，誘導性負荷の場合，スイッチが切り替わった直後にインダクタンスに蓄積されたエネルギーが放出される．Q_1，Q_4 をオフにして，Q_2，Q_3 をオ

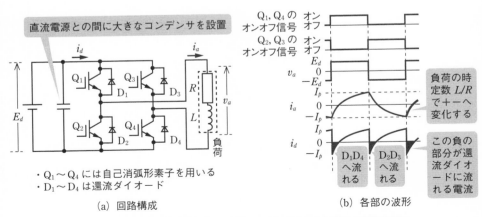

・Q_1〜Q_4 には自己消弧形素子を用いる
・D_1〜D_4 は還流ダイオード

(a) 回路構成　　　　　　　　　　(b) 各部の波形

●図 5・17　電圧形（単相）インバータの動作原理と電圧・電流波形例

ンにすると，インダクタンスの影響で Q_2，Q_3 が逆電圧になるため，スイッチと並列に逆向きの還流ダイオードを接続することで，D_2，D_3 を通して電流を流すことができる．

◖2◗ 電流形インバータ

図 5・18 (a) のように，**直流回路にリアクトルを設けて**，インピーダンスを高くしており，交流出力側から見ると**電流源として動作**する．交流電流は 120°幅の方形波となり，電圧は負荷に応じた値となる．

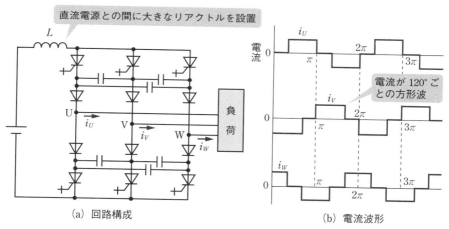

直流電源との間に大きなリアクトルを設置

電流が 120° ごとの方形波

(a) 回路構成　　　　　　　　　　(b) 電流波形

●図5・18　電流形(三相)インバータの動作原理と電流波形例

◖3◗ 用途と使用素子

自励式インバータに使用される電力用半導体デバイスは，容量により使い分けられ，大容量の変換装置では GTO かサイリスタ，数百 kV・A までの中容量機では IGBT かバイポーラトランジスタ，小容量機では MOS FET が使用される．

3　PWM インバータ

パルス幅変調（PWM：Pulse Width Modulation）は，図 5・19 に示す原理で作られた矩形波を用いてインバータのスイッチング素子を制御し，パルスの幅と周期を変えることで出力電圧の大きさ（平均値）と周波数を制御する方式である．低次高調波を低減する目的で多く利用される．

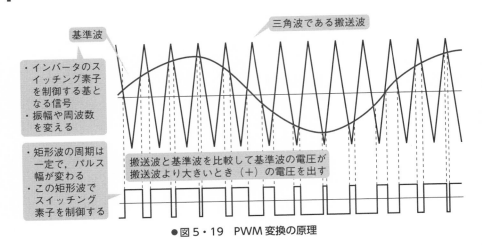

三角波である搬送波

基準波

・インバータのスイッチング素子を制御する基となる信号
・振幅や周波数を変える

・矩形波の周期は一定で，パルス幅が変わる
・この矩形波でスイッチング素子を制御する

搬送波と基準波を比較して基準波の電圧が搬送波より大きいとき（＋）の電圧を出す

●図 5・19　PWM 変換の原理

4　周波数変換装置

　一定周波数の交流電源から，異なった周波数の交流電力を得ることを，周波数変換と呼ぶ．周波数変換装置には，図 5・20 のように直接式と間接式の 2 種類がある．直接式は一つの回路で直接周波数変換を行いサイクロコンバータと呼び，間接式は整流回路とインバータを組み合わせて構成する．

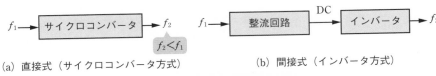

$f_1 \rightarrow$ サイクロコンバータ $\rightarrow f_2$

$f_2 < f_1$

(a) 直接式（サイクロコンバータ方式）

DC

$f_1 \rightarrow$ 整流回路 $\rightarrow$ インバータ $\rightarrow f_2$

(b) 間接式（インバータ方式）

●図 5・20　周波数変換装置の構成

5　交流電力調整装置

　交流電力調整装置（交流電圧調整装置）は，周波数を変えずに出力電圧の大きさを調整するものであり，図 5・21 のようにサイリスタを逆並列に接続するかトライアックを接続したもので，制御信号のタイミングで点弧角 α を制御することで負荷に加わる電圧を制御する．

　純抵抗負荷の場合は，同図 (b) のように電圧が 0 になったタイミングで電流も 0 となるが，誘導性負荷の場合は，同図 (c) のように電流が遅れて流れるた

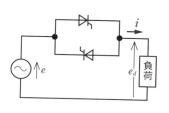

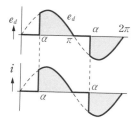

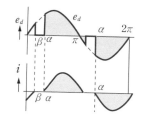

（a）基本回路　　（b）純抵抗負荷の電圧・電流　（c）誘導性負荷の電圧・電流

●図5・21　交流電力調整装置の動作原理と電流波形例

めサイリスタがターンオフするタイミングが消弧角 β となる．負荷のインダクタンスが大きく $\beta \geqq \alpha$ となると電流が連続で流れ位相制御できなくなる．

交流電力調整回路にリアクトルを直列に接続してリアクトル電流を位相制御することでサイリスタ制御リアクトル式無効電力補償装置（TCR式三相SVC）として活用される．コンデンサを並列に接続することにより，進みから遅れの領域にわたる無効電力を連続的に変化させることができる．

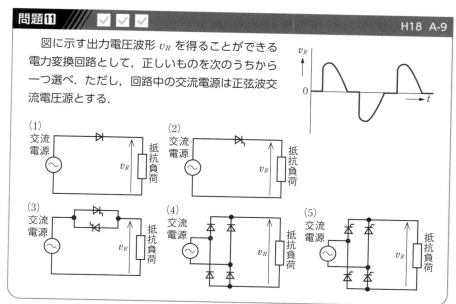

問題⓫　✓ ✓ ✓　　　　　　　　　　　　　　　H18 A-9

図に示す出力電圧波形 v_R を得ることができる電力変換回路として，正しいものを次のうちから一つ選べ．ただし，回路中の交流電源は正弦波交流電圧源とする．

解説　双方向に位相制御ができる回路．図5・21を参照．

解答 ▶ (3)

問題⓬ ✓ ✓ ✓

　図は，単相インバータで誘導性負荷に給電する基本回路を示す．負荷電流 i_0 と直流電流 i_d は図示する矢印の向きを正の方向として，次の (a) および (b) の問に答えよ．

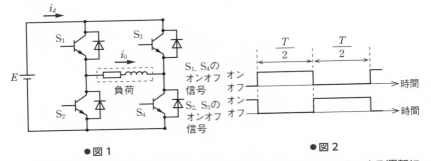

●図 1　　　　　　　　　　　　　　　　　●図 2

(a) 出力交流電圧の 1 周期に各パワートランジスタが 1 回オンオフする運転において，図 2 に示すように，パワートランジスタ $S_1 \sim S_4$ のオンオフ信号が波形に対して，負荷電流 i_0 の正しい波形が（ア）～（ウ），直流電流 i_d の正しい波形が（エ），（オ）のいずれかに示されている．その正しい波形の組合せを次の (1) ～ (5) のうちから一つ選べ．

(1) （ア）と（エ）　　(2) （イ）と（エ）　　(3) （ウ）と（オ）

(4) （ア）と（オ）　　(5) （イ）と（オ）

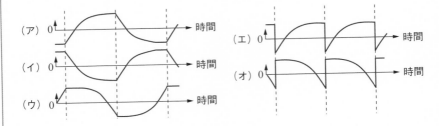

(b) 単相インバータの特徴に関する記述として，誤っているものを次の (1) ～ (5) のうちから一つ選べ．

(1) 図 1 は電圧形インバータであり，直流電源 E の高周波インピーダンスが低いことが要求される．

(2) 交流出力の調整は，$S_1 \sim S_4$ に与えるオンオフ信号の幅 $T/2$ を短くすることによって交流周波数を上げることができる．または，E の直流電圧を高くすることによって交流電圧を高くすることができる．

(3) 図1に示されたパワートランジスタを,IGBTまたはパワーMOS FET に置き換えてもインバータを実現できる.

(4) ダイオードが接続されているのは負荷のインダクタンスに蓄えられたエネルギーを直流電源に戻すためであり,さらにダイオードが導通することによって得られる逆電圧でパワートランジスタを転流させている.

(5) インダクタンスを含む負荷としては誘導電動機も駆動できる.運転中に負荷の力率が悪くなると,電流がダイオードに流れる時間が長くなる.

解説 (a) 誘導性負荷の場合,スイッチング前後で負荷電流 i_0 は急変することができないため,切り替わる前の電流の方向・大きさから始まり,切り替わってしばらく時間が経った状態ではスイッチのオン状態の方向に流れる.

S_2, S_3 をオンにしてしばらく時間が経過した状態では,解図 (a) のように電源から $S_3 \rightarrow$ 負荷 $\rightarrow S_2$ の方向となり,i_0 は負の方向に流れる.

S_1, S_4 をオンにした直後は,インダクタンスから電磁エネルギーが放出され,解図 (b) のように i_0 は負の方向に流れ続け,S_2,S_3 がオフであるため,負荷から $D_1 \rightarrow$ 電源 $\rightarrow D_4$ の方向に流れる.

S_1, S_4 をオンにしてしばらくすると,解図 (c) のように電源から $S_1 \rightarrow$ 負荷 $\rightarrow S_4$ の方向に流れ,i_0 は正の方向に転じるため,(ア) が正しい.

同様に,S_2, S_3 にオン信号が入った直後は,i_0 は正の方向で負荷から $D_3 \rightarrow$ 電源 $\rightarrow D_2$ の方向に流れ,しばらくして電源から $S_3 \rightarrow$ 負荷 $\rightarrow S_2$ の方向に流れる.

直流電源 i_d は,スイッチが切り替わった直後は負荷から電源の方向へ,しばらくすると電源から負荷の方向へ流れるため,(エ) が正しい.

(b)

(1) ○ 問題の図1は電圧が方形波となる電圧形インバータである.直流電流が急激に変化して高周波の電流が流れるため,直流電源は高周波インピーダンスが十

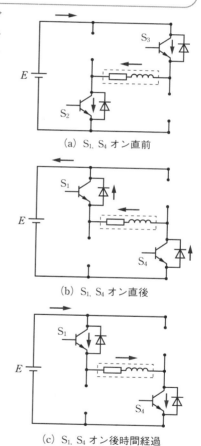

(a) S_1, S_4 オン直前

(b) S_1, S_4 オン直後

(c) S_1, S_4 オン後時間経過

●解図

分低く電圧を一定に保つようにする必要がある.

(2) ○　自励式であり, オンオフ信号の幅を変化させることで発生させる交流周波数を変化させることができる. また, 直流電圧を変化させることで, 交流電圧の大きさを変えることもできる.

(3) ○　IGBT, パワー MOS FET ともに自己消弧形デバイスでオンオフ制御できるため, インバータを構成することができる.

(4) ×　ダイオードはインダクタンスに蓄えられたエネルギーを直流電源に戻すため逆向きに並列されている. 一方, パワートランジスタは素子自体に転流能力をもち, ダイオードは転流とは関係がない.

(5) ○　誘導電動機はインダクタンスを含む負荷であり, 力率が悪くなりインダクタンス分が大きくなると蓄積エネルギーが大きくなり, 電流がダイオードに流れる時間が長くなる.

解答 ▶ (a)-(1), (b)-(4)

問題⑬　✓ ✓ ✓　　　　　　　　　　　　　　　　　　　　H12 A-4

半導体電力変換装置に関する記述として, 誤っているものを次のうちから一つ選べ.

(1) ダイオードを用いた単相ブリッジ整流回路は, コンデンサと組み合わせて逆変換動作を行うことができる.

(2) サイリスタを用いた単相半波整流回路で負荷が誘導性の場合, 還流ダイオード (フリーホイーリングダイオード) を用いると直流平均電圧の低下を抑制することができる.

(3) ダイオードを用いた単相ブリッジ整流回路に抵抗負荷を接続したとき, 直流平均電圧は交流側電圧の最大値の $2/\pi$ 倍に等しい.

(4) パワートランジスタ (バイポーラパワートランジスタ) は, ダーリントン接続形にすれば電流増幅率が大きくなり, 小さいベース電流で動作できる.

(5) 交流電力制御は, 正負の各半サイクルごとに同一の位相制御を行うことが必要である. トライアックはこの用途に適している.

 解説　(1) ×　ダイオードはサイリスタのような**逆変換動作を行うことはできない**.

(4) ○　ダーリントン接続とは, 2 個のトランジスタを組み合わせて一体化したもので, 電流増幅率が個々のトランジスタの積となる.

解答 ▶ (1)

パワーエレクトロニクスの応用

[★★★]

1 直流チョッパ

　直流チョッパとは，スイッチング素子により負荷に供給される直流電圧を制御するものであり，電流のオンオフ制御ができるパワートランジスタや GTO，IGBT などが用いられる．直流チョッパは，電力が直流電源として供給される直流電気鉄道の車両，バッテリーを電源とする電気自動車などの動力用直流電動機の制御などに使われる．

【1】 降圧チョッパ

　図 5・22 に**降圧チョッパ**の基本原理を示す．スイッチ Q をオンオフするとパルス状に電圧がかかるため，リアクトル L と還流ダイオード D を図 5・22 (a) のように挿入すると，**オンの間のエネルギーの一部がリアクトルに蓄えられ，オフの間に L → R → D → L の経路で放出**される．

　図 5・22 (a) でスイッチ Q が閉じている時間を T_{ON}〔s〕，開いている時間を T_{OFF}〔s〕とすると，出力電圧（負荷 R にかかる電圧）波形は同図 (b) のようになり，平均出力電圧 E_R は次式のように入力電圧以下となり降圧チョッパとなる．

$$E_R = \frac{T_{\mathrm{ON}}}{T_{\mathrm{ON}} + T_{\mathrm{OFF}}} E = dE \ \text{〔V〕} \quad (d：通流率) \tag{5・7}$$

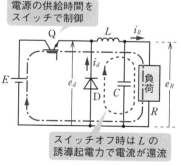

電源の供給時間を
スイッチで制御

スイッチオフ時は L の
誘導起電力で電流が還流

(a) 基本回路

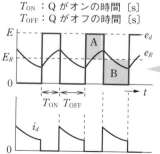

T_{ON}：Q がオンの時間〔s〕
T_{OFF}：Q がオフの時間〔s〕

$T_{\mathrm{ON}} + T_{\mathrm{OFF}}$ の時間をスイッチング周期という

リアクトルにかかる電圧の時間積は定常状態では面積 A＝面積 B

$(E - E_R) T_{\mathrm{ON}} = E_R T_{\mathrm{OFF}}$

$E_R = \dfrac{T_{\mathrm{ON}}}{T_{\mathrm{ON}} + T_{\mathrm{OFF}}} E$

$= dE \quad d$：通流率

(b) 各部の電圧・電流波形例

(c) 平均出力電圧

●図 5・22　降圧チョッパの基本原理

253

【2】昇圧チョッパ

　図 5・23 に**昇圧チョッパ**の基本原理を示す．スイッチ Q がオンの間は，電源のエネルギーがリアクトルに蓄えられ，負荷は電源から切り離されてコンデンサに充電された電流が供給される．**オフの間は，L → D → R → E → L の経路で電源電圧にリアクトルの逆起電力が加わって負荷に供給される．**

　平均出力電圧を E_R とすると，**定常状態ではリアクトルの磁束を増加させる電圧時間積 ET_{ON} と磁束を減少させる電圧時間積 $(E_R-E)T_{OFF}$ が等しくなり，**次式のように入力電圧よりも高い電圧となり昇圧チョッパとなる．

$$E_R = \frac{T_{ON}+T_{OFF}}{T_{OFF}} E = \frac{1}{1-d} E \ [\text{V}] \quad (d：通流率) \tag{5・8}$$

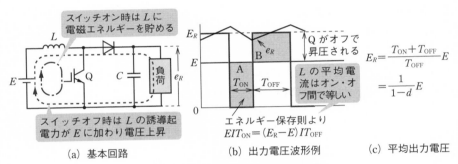

(a) 基本回路　　(b) 出力電圧波形例　　(c) 平均出力電圧

●図 5・23　昇圧チョッパの基本原理

【3】昇降圧チョッパ

　図 5・24 に**昇降圧チョッパ**の基本原理を示す．スイッチ Q がオンの間は，昇圧チョッパと同様に，電源のエネルギーがリアクトルに蓄えられ，負荷は電源から切り離されてコンデンサに充電された電流が供給される．**オフの間は L → R → D → L の経路でリアクトルに蓄えられたエネルギーが負荷に放出される．**

　平均出力電圧を E_R とすると，**定常状態ではリアクトルの磁束を増加させる電圧時間積 ET_{ON} と磁束を減少させる電圧時間積 $E_R T_{OFF}$ が等しくなり，**次式のように **$d>0.5$ のときに昇圧，$d<0.5$ のときに降圧**できる昇降圧チョッパとなる．

$$E_R = \frac{T_{ON}}{T_{OFF}} E = \frac{d}{1-d} E \ [\text{V}] \quad (d：通流率) \tag{5・9}$$

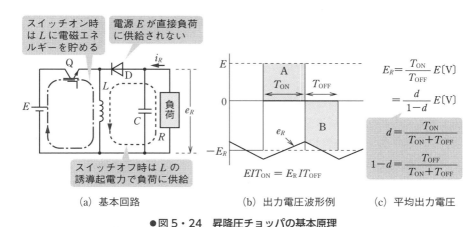

(a) 基本回路　　　　　　　(b) 出力電圧波形例　　　　(c) 平均出力電圧

● 図 5・24　昇降圧チョッパの基本原理

2 電動機制御への応用

　電動機の特性によって様々な速度制御方法があるが，パワーエレクトロニクスの発展によって電源の位相や周波数などを容易に制御できるようになり，半導体変換素子の特徴である，小型，軽量，取扱いの容易性，長寿命を生かし電動機の速度制御として，表 5・2 に示す分野で広く用いられている．

　直流電動機は，交流電源の場合はコンバータを，直流電源の場合は直流チョッパにより電機子電圧を調整して速度制御する．誘導電動機や同期電動機では，イ

● 表 5・2　電動機の速度制御への応用

	速度制御法		電力変換装置
直流電動機	電圧制御		直流チョッパ
		静止レオナード方式	コンバータ
誘導電動機	一次電圧制御		交流電力制御装置
	二次励磁制御	セルビウス方式	整流装置＋インバータ
		超同期セルビウス	サイクロコンバータ
		クレーマ方式	整流装置＋直流電動機
	周波数制御	V/f 制御 すべり周波数制御 ベクトル制御	コンバータ＋インバータ サイクロコンバータ
同期電動機	周波数制御		コンバータ＋インバータ サイクロコンバータ

Chapter
5

ンバータやサイクロコンバータにより可変周波数に変換して一次周波数制御を行
うと広範囲に速度制御することができる.

◀1▶ サイリスタモータ ▶

　サイリスタレオナード方式を更に発展させ，図 5・25 に示すように，他励直流
電動機を三相同期電動機に置き換え，サイリスタインバータと組み合わせて無整
流子化したものが**サイリスタモータ**（無整流子電動機）で，電動機の供給電圧と
周波数（同期速度）を調整し，回転速度とトルクを制御する．サイリスタレオナー
ド方式に比べ，制御特性・効率が向上し保守が容易である．三相同期電動機の可
変速駆動方式として，圧延機，大容量のポンプやブロワなどに採用されている.

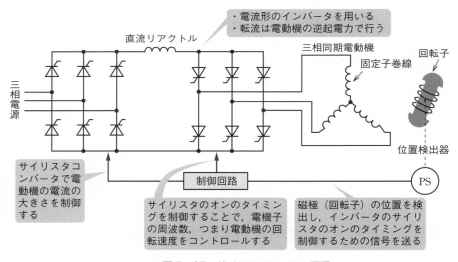

●図 5・25　サイリスタモータの原理

◀2▶ ブラシレス DC モータ ▶

　ブラシレス DC モータは，図 5・26 に示すように，**永久磁石の回転子**と，**三相
のコイルを配置した固定子で構成**されている．三相同期電動機と動作原理は同じ
であり，**直流電源を PWM インバータ**などにより交流に**変換して動作**させる．
ホール素子などのセンサなどにより**回転子の位置を検出**し，スイッチング回路に
より 120°ごとに**各相のコイル電流の方向を順に切り換え回転制御**を行う.

　位置センサや駆動用の制御回路など周辺回路が複雑となるが，一般の DC モー
タに比べてブラシや整流子がないため，機械的な摩耗がなく定速安定回転・低振

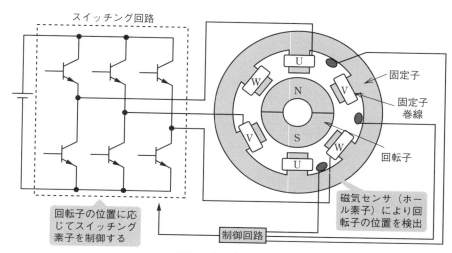

●図 5・26　ブラシレス DC モータの原理

動・低騒音・低消費電力・長寿命といった長所があり，電気自動車やエアコンや冷蔵庫などの省エネ性能が求められる小型モータの分野で広く用いられている．

【3】 ステッピングモータ

　ステッピングモータは，図 5・27 に示すように，**パルス状の電流を巻線に順番に流すことで，一定の角度だけ回転して停止するモータ**である．1 ステップの角度を**ステップ角**といい，**パルス数に応じた回転角度だけ回転**させることができる．**パルス周波数（1 秒間あたりのパルス数）に応じた回転速度**で回転する．位置決

Chapter
5

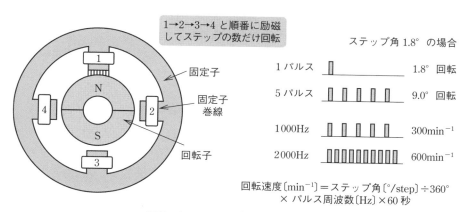

回転速度〔min^{-1}〕＝ステップ角〔°/step〕÷360°
　　　　　　　　× パルス周波数〔Hz〕×60 秒

●図 5・27　ステッピングモータの原理

めが重要であり，保持トルクにより静止状態を保つ．パルス数と回転角度が正確に比例するため，オープンループ制御が可能で誤差が累積しない．

　ステッピングモータには，永久磁石形，可変リラクタンス形，ハイブリッド形があり，永久磁石形とハイブリッド形は永久磁石を用いるため通電していなくても残留トルクにより位置を保持することができる．

3　系統連系インバータ

◀1▶　系統連系装置

　最近は，太陽電池や風力・燃料電池などの再生可能・新エネルギーが開発，実用化されている．これらを交流電力系統に接続するためには，発生電力を交流電力に変換する系統連系インバータが必要である．これらのインバータには交流側に電圧がなくても，単独で商用電源として使える（自立運転）ように，自励式インバータが用いられる．表5・3に適用インバータを示す．

●表5・3　系統連系インバータ

発電方式	発生電力	変換装置
太陽光発電	直流	直流 - 交流
風力発電	交流	交流 - 交流（VVVF）
燃料電池	直流	直流 - 交流
フライホイール*	交流	交流 - 交流（VVVF）

＊　円盤状の回転体にエネルギーを貯蔵するもの

◀2▶　パワーコンディショナ（PCS）

　住宅などに設置する小規模の太陽光発電装置などを交流電力系統に連系するインバータで，通常の逆変換装置の機能に加えて，系統連系保護装置を兼ね備えている．電力系統は定電圧源であり，連系インバータは出力電圧ではなく出力電流を制御する必要がある．電圧形インバータを用いる場合，連系リアクトルを用いることで，出力電圧と位相を制御し，出力電流を調整することができる．

　保護装置の機能として，配電線の故障時に逆充電しないよう，電圧位相や周波数の急変などを常時監視して**単独運転**を検出し，配電線の系統から切り離す機能をもつ．また，交流系統の短絡故障時に起こる**瞬時電圧低下**（短絡故障が除去されるまでのごく短時間の電圧低下現象）時には，単独運転防止回路が不要動作しないような対策がとられている．

4　太陽光発電システム

　太陽電池は，pn 接合ダイオードであり，太陽光エネルギーを光起電力効果により電気エネルギーに変換する．**太陽電池セル**を直列に接続して**モジュール化**し，さらに直並列に接続したものが**太陽電池アレイ**である．太陽光発電システムは，図 5·28 のような構成で昇圧チョッパ回路，インバータ回路，系統連系保護装置などからなるパワーコンディショナを介して交流系統に連系される．

　太陽電池セルに照射される太陽光の量を一定に保ったまま，負荷を変化させたときの出力電流・出力電圧特性は図 5·29（a），このときの出力電力・出力電圧特性は同図（b）のようになる．温度や日射量などの条件が変化すると**最大出力となる出力電圧が変化**するため，常に最大電力を取り出すように電圧を制御するMPPT（**Maximum Power Point Tracking**）制御が行われる．

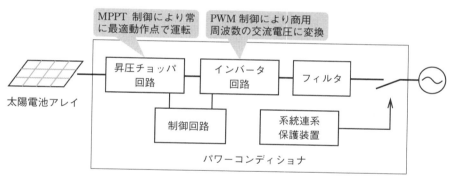

●図 5·28　太陽光発電システムの構成

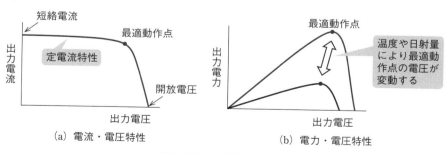

（a）電流・電圧特性　　　　　　（b）電力・電圧特性

●図 5·29　太陽電池の特性曲線

5 無停電電源装置

　無停電電源装置（**UPS**：Uninterruptible Power Source）は，システムの構成として，変換装置とバッテリーを基本的に備えているが，そのうちの変換装置のみを**定電圧定周波数電源装置**（**CVCF**：Constant Voltage Constant Frequency）と呼ぶことがある．

　常時は交流電源を受電して，コンバータとインバータを介して負荷へ電力を供給するが，停電時はバッテリーからインバータを介して電力を供給する．バッテリーの接続方法により，**常時インバータ給電方式**と**常時商用給電方式**（**スタンバイ給電方式**）がある（図5・30）．

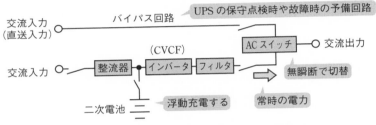

●図5・30　常時インバータ給電方式 UPS の基本構成例

6 エネルギーマネジメントシステム

　エネルギーマネジメントシステム（EMS:Energy Management System）とは，センサーと機器の運転情報を組み合わせ，電気やガス，熱などの使用状況をリアルタイムに把握し，負荷設備や発電機，蓄電池などを自動的に監視・制御することで**需給バランスを最適化**するシステムである．省エネルギーや再エネの最大活用となりコストや CO_2 排出量を低減することができる．

　対象範囲により **HEMS**（住宅管理：Home EMS），**BEMS**（ビル管理：Building EMS），**FEMS**（工場管理：Factory EMS），**CEMS**（地域管理：Community EMS）などがあり，管理範囲と制御対象が異なる．

　電力系統の周波数を安定させるため，需要と供給を常に一致させるよう発電機の出力調整が必要であるが，再生可能エネルギーが増えて火力発電などの調整電源が減少している．需給ひっ迫時の調整や再生可能エネルギーの最大活用のため，電力使用量の減少，時間調整などを行う**デマンドレスポンス**も活用されている．

　図1, 図2は, 2種類の直流チョッパを示している. いずれの回路もスイッチS, ダイオードD, リアクトルL, コンデンサCを用いて, 直流電源電圧 $E = 200\,\mathrm{V}$ を変換し, 負荷抵抗Rの電圧 v_{d1}, v_{d2} を制御するためのものである. これらの回路で, 直流電源電圧は $E = 200\,\mathrm{V}$ 一定とする. また, 負荷抵抗Rの抵抗値とリアクトルLのインダクタンスまたはコンデンサCの静電容量の値とで決まる時定数が, スイッチSの動作周期に対して十分に大きいものとする. 各回路のスイッチSの通流率を0.7とした場合, 負荷抵抗Rの電圧 v_{d1}, v_{d2} の平均値 V_{d1}, V_{d2} の値〔V〕の組合せとして, 最も近いものを次の (1) ～ (5) のうちから一つ選べ.

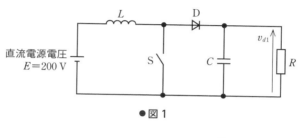

●図1

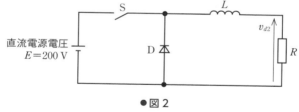

●図2

	V_{d1}	V_{d2}			V_{d1}	V_{d2}
(1)	667	140		(4)	467	140
(2)	467	60		(5)	286	60
(3)	667	86				

　図1は, スイッチオンにより電源とリアクトルのループとなり, エネルギーを蓄え, スイッチオフで電源電圧にリアクトルの逆起電力が加わるので昇圧チョッパとなる (図5・23参照). 一方, 図2は, スイッチのオン・オフで電源供給時間を制御するので, 降圧チョッパとなる (図5・22参照).

解説　昇圧チョッパの出力電圧の平均値は，式 (5・8) より

$$V_{d1} = \frac{1}{1-d}E = \frac{1}{1-0.7} \times 200 ≒ \mathbf{667\,V}$$

降圧チョッパの出力電圧の平均値は，式 (5・7) より

$$V_{d2} = dE = 0.7 \times 200 = \mathbf{140\,V}$$

解答 ▶ **(1)**

問題⑮ ☑☑☑　　　　　　　　　　　　　　　　　　H17　A-8

　　図 1 は直流チョッパ回路の基本構成図を示している．昇圧チョッパを構成するデバイスを図 2 より選んで回路を構成したい．表の降圧チョッパ回路の組合せを参考にして，昇圧チョッパ回路のデバイスの組合せとして，正しいものを次の (1) ～ (5) のうちから一つ選べ．ただし，図 2 に示す図記号の向きは任意に変更できるものとする．

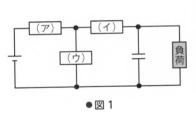

●図 1

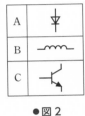

●図 2

(ア)	(イ)	(ウ)
C	B	A

	(ア)	(イ)	(ウ)
(1)	A	C	B
(2)	A	B	C
(3)	C	A	B
(4)	B	A	C
(5)	B	C	A

解説　昇圧チョッパ回路は，リアクトルに流れる電流を制御することで生じる起電力を活用して昇圧する．スイッチがオンの間にリアクトルにエネルギーを蓄え，オフの間にダイオードを通して負荷に供給する（図 5・23 参照）．

解答 ▶ **(4)**

問題16

　図は昇降圧チョッパを示している．スイッチ Q，ダイオード D，リアクトル L，コンデンサ C を用いて，図のような向きに定めた負荷抵抗 R の電圧 v_0 を制御するためのものである．これらの回路で，直流電源 E の電圧は一定とする．また，回路の時定数は，スイッチ Q の動作周期に対して十分に大きいものとする．回路のスイッチ Q の通流率 γ とした場合，回路の定常状態での動作に関する記述として，誤っているものを次の (1)〜(5) のうちから一つ選べ．

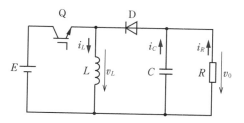

(1)　Q がオンのときは，電源 E からのエネルギーが L に蓄えられる．

(2)　Q がオフのときは，L に蓄えられたエネルギーが負荷抵抗 R とコンデンサ C に D を通して放出される．

(3)　出力電圧 v_0 の平均値は，γ が 0.5 より小さいときは昇圧チョッパ，0.5 より大きいときは降圧チョッパとして動作する．

(4)　出力電圧 v_0 の平均値は，図の v_0 の向きを考慮すると正になる．

(5)　L の電圧 v_L の平均電圧は，Q のスイッチング一周期で 0 となる．

解説　(1) ○　問題図の昇降圧チョッパでは，ダイオードが電源電圧で逆電圧となる方向に接続しているため，Q がオンの間はリアクトルにエネルギーが蓄えられる．

(2) ○　Q がオフになっても L → C・R → D の方向に回路がつながっているため，リアクトルに流れる電流は同じ方向に流れて，リアクトルのエネルギーを放出する．

(3) ×　出力の平均電力を V_0 とすると，電源から供給するエネルギーは $W = EIT_{ON}$ であり，リアクトルから放出するエネルギーは $W = V_0 IT_{OFF}$ となる．定常状態では，オンとオフの期間の平均電流が等しく，リアクトルに蓄えるエネルギーと放出されるエネルギーがバランスするため，$V_0 = (T_{ON} / T_{OFF})E$ となり，$T_{ON} > T_{OFF}$ となる通流率 $\gamma > 0.5$ のときに昇圧チョッパ，$T_{ON} < T_{OFF}$ となる通流率 $\gamma < 0.5$ のときに降圧チョッパとして動作する．

Chapter
5

(4) ○ ダイオードの向きから常に v_0 が正となる方向に電圧が印加される.

(5) ○ リアクトルに蓄えられる電磁エネルギーは L に加わる電圧×時間に比例し,蓄えるエネルギーと放出するエネルギーがバランスする定常状態で 1 周期の期間平均すると 0 になる（リアクトル平均電圧 $V_L = ET_{ON} - V_0 T_{OFF} = 0$）.

解答 ▶ (3)

問題17 ☑ ☑ ☑ R3 A-8

　ブラシレス DC モータに関する記述として，誤っているものを次の (1) ～ (5) のうちから一つ選べ.

(1) ブラシレス DC モータは，固定子巻線に流れる電流と，回転子に取り付けられた永久磁石によってトルクを発生させる構造となっている.

(2) ブラシレス DC モータは，回転子の位置により通電する巻線を切り換える必要があるため，ホール素子などのセンサによって回転子の位置を検出している.

(3) ブラシ付きの直流モータに比べ，ブラシと整流子による機械的な接触部分がないため，火花による電気雑音は低減し，モータの寿命は長くなる.

(4) ブラシ付きの直流モータに比べ，位置センサの信号処理や，駆動用の制御回路が必要となり，モータの駆動に必要な周辺回路が複雑になる.

(5) ブラシレス DC モータは効率がよくないため，エアコンや冷蔵庫のような省エネ性能が求められる大型の家電製品には利用されていない.

---

 (1) ○ ブラシレス DC モータは，通常の直流機と異なり，界磁を回転子として永久磁石を用いることによりブラシと整流子をなくした電動機である.

(2) ○ 直流電源により永久磁石を回転させるには，回転子の位置によって通電する固定子巻線を切り替えて吸引力を働かせる必要がある. そのためにホール素子などの非接触式の位置センサによって回転子の位置を把握する.

(3) ○ 直流電動機は，ブラシと整流子間の火花放電によりブラシの消耗に加えて，放電の際に発生する電気雑音が周囲の電子機器に影響を与える. ブラシがないことにより，これらの欠点がなくなりモータの寿命が長くなる.

(4) ○ 位置センサの信号を受けて半導体素子を用いた駆動回路により通電する巻線を切り替えるため，周辺回路が複雑になる.

(5) × ブラシレス DC モータは，効率が高く，省エネ家電や情報機器など広範囲に用いられている.

解答 ▶ (5)

問題⓲ ✓ ✓ ✓

　ステッピングモータに関する記述として，誤っているものを次の (1)～(5) のうちから一つ選べ.

(1) ステッピングモータは，パルスが送られるたびに定められた角度を1ステップとして回転する.

(2) ステッピングモータは，送られてきたパルスの周波数に比例する回転速度で回転し，入力パルスを停止すれば回転子も停止する.

(3) ステッピングモータは，負荷に対して始動トルクが大きく，常に入力パルスと同期して始動できるが，過大な負荷が加わると脱調・停止してしまう場合がある.

(4) ステッピングモータには，永久磁石形，可変リラクタンス形，ハイブリッド形などがある. 永久磁石を用いない可変リラクタンス形ステッピングモータでは，無通電状態でも回転子位置を保持する力が働く特徴がある.

(5) ステッピングモータは，回転角度センサを用いなくても，1ステップごとの位置制御ができる特徴がある. プリンタやスキャナなどのコンピュータ周辺装置や，各種検査装置，製造装置など，様々な用途に利用されている.

解説

(1) ○　ステッピングモータは，1パルスで1ステップ回転させ，パルス数に応じた回転角度だけ回転させることができる.

(2) ○　パルス周波数（1秒間あたりのパルス数）に比例する回転速度で回転する. 入力パルスがなくなると保持トルクにより停止する.

(3) ○　始動トルク，中・低速でのトルクが大きいが，過負荷により脱調（入力パルスとモータ回転との同期が外れる）することがある.

(4) ×　永久磁石形，ハイブリッド形は永久磁石を用いるため通電していなくても残留トルクがあるが，永久磁石を用いない可変リラクタンス形では保持トルクを発生させるために通電し続けなければならない.

(5) ○　センサやフィードバックが不要なオープンループ制御により位置制御ができ，情報機器や産業用など様々な用途に用いられている.

解答 ▶ (4)

Chapter 5

問題⑲ ✓ ✓ ✓

　次の文章は，太陽光発電設備におけるパワーコンディショナに関する記述である．

　近年，住宅に太陽光発電設備が設置され，低圧配電線に連系されることが増えてきた．連系のためには，太陽電池と配電線との間にパワーコンディショナが設置される．パワーコンディショナは　(ア)　と系統連系用保護装置とが一体になった装置である．パワーコンディショナは，連系中の配電線で事故が生じた場合に，太陽光発電設備が　(イ)　状態を継続しないように，これを検出して太陽光発電設備を系統から切り離す機能をもっている．パワーコンディショナには，　(イ)　の検出のために，電圧位相や　(ウ)　の急変などを常時監視する機能が組み込まれている．ただし，配電線側で発生する　(エ)　に対しては，系統からの不要な切離しをしないような対策がとられている．

　上記の記述中の空白箇所（ア），（イ），（ウ）および（エ）に当てはまる組合せとして，正しいものを次の (1) ～ (5) のうちから一つ選べ．

	(ア)	(イ)	(ウ)	(エ)
(1)	逆変換装置	単独運転	周波数	瞬時電圧低下
(2)	逆変換装置	単独運転	発電電力	瞬時電圧低下
(3)	逆変換装置	自立運転	発電電力	停電
(4)	整流装置	自立運転	発電電力	停電
(5)	整流装置	単独運転	周波数	停電

解説　「5-4-3-(2)　パワーコンディショナ」を参照．自立運転とは，発電設備が設置された構内（住宅）の負荷のみに電力を供給している状態をいい，単独運転とは，発電を継続し，配電線負荷にも有効電力を供給している状態をいう．

解答 ▶ (1)

問題⑳ ☑ ☑ ☑   H27 A-11

次の文章は，太陽光発電システムに関する記述である．図1には，商用交流
系統に接続して電力を供給する太陽光発電システムの基本的な構成の一つを示
す．

シリコンを主な材料とした太陽電池は，通常1V以下のセルを多数直列接続し
た数十ボルト以上の直流電源である．電池の特性としては，横軸に電圧を，縦軸
に　(ア)　をとると，図2のようにその特性曲線は上に凸の形となり，その時々
の日射量，温度などの条件によって特性が変化する．使用するセル数をできるだ
け少なくするために，図2の変化する特性曲線において，△印で示されている
最大点で運転するよう制御を行うのが一般的である．

この最大点の運転に制御し，変動する太陽電池の電圧を一定の直流電圧に変換
する図1のA部分は　(イ)　である．現在家庭用などに導入されている多くの
太陽光発電システムでは，この一定の直流電圧を図1のB部分のPWMインバー
タを介して商用周波数の交流電圧に変換している．交流系統の端子において，イ
ンバータ出力の電流位相は交流系統の電圧位相に対して通常ほぼ　(ウ)　になる
ように運転され，インバータの小形化を図っている．

一般的に，インバータは電圧源であり，その出力が接続される交流系統も電圧
源とみなせる．そのような接続には，　(エ)　成分を含む回路要素を間に挿入す
ることが必須である．

上記の記述中の空白箇所（ア），（イ），（ウ）および（エ）に当てはまる組合せ
として，正しいものを次の（1）～（5）のうちから一つ選べ．

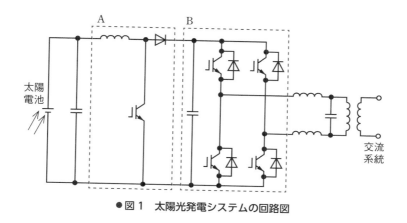

●図1　太陽光発電システムの回路図

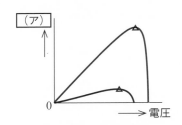

●図2　太陽電池の出力特性

	(ア)	(イ)	(ウ)	(エ)
(1)	電力	昇圧チョッパ	同相	インダクタンス
(2)	電流	昇圧チョッパ	90°位相進み	キャパシタンス
(3)	電力	降圧チョッパ	同相	インダクタンス
(4)	電力	昇圧チョッパ	90°位相進み	インダクタンス
(5)	電流	降圧チョッパ	90°位相進み	キャパシタンス

解説　太陽電池セルの出力電流は，一定の電圧までは定電流特性を示し，それ以上では急激に減少する（図5·29 (a)）．このため，出力電力は一定の電圧まで単調に増加し，一定の電圧以上で急減する特性を示す（図5·29 (b)）．

　A 部分は，図5·23 の**昇圧チョッパ**で，温度や日射量で変わる出力最大点となるように調整される．また，B 部分のインバータ出力は，有効電力が最大となるよう，電流が電圧とほぼ**同相**になるよう調整される．

　電圧形インバータでは，電圧源として動作するが，交流系統と接続する連系インバータとして使用するためには，出力電流を制御する必要がある．連系リアクトル（**インダクタンス**）を直列に介して接続すれば，出力電圧の大きさと位相を制御することで出力電流を制御することができる．

解答 ▶ (1)

練 習 問 題

■ **1** (H29 A-10)

パワー半導体デバイスの定常的な動作に関する記述として，誤っているものを次の (1) ～ (5) のうちから一つ選べ.

(1) ダイオードの導通，非導通は，そのダイオードに印加される電圧の極性で決まり，導通時は回路電圧と負荷などで決まる順電流が流れる.

(2) サイリスタは，オンのゲート電流が与えられて順方向の電流が流れている状態であれば，その後にゲート電流を取り去っても，順方向の電流に続く逆方向の電流を流すことができる.

(3) オフしているパワー MOS FET は，ボディーダイオードを内蔵しているのでオンのゲート電圧が与えられなくても逆電圧が印加されれば逆方向の電流が流れる.

(4) オフしている IGBT は，順電圧が印加されていてオンのゲート電圧を与えると順電流を流すことができ，その状態からゲート電圧を取り去ると非導通となる.

(5) IGBT と逆並列ダイオードを組み合わせたパワー半導体デバイスは，IGBT にとって順方向の電流を流すことができる期間を IGBT のオンのゲート電圧を与えることで決めることができる. IGBT にとって逆方向の電圧が印加されると，IGBT のゲート状態にかかわらず IGBT にとって逆方向の電流が逆並列ダイオードに流れる.

Chapter
5

■ 2 (H26 B-16)

　図のように他励直流機を直流チョッパで駆動する．電源電圧は $E = 200\,\text{V}$ で一定とし，直流機の電機子電圧を V とする．IGBT Q_1 および Q_2 をオンオフ動作させるときのスイッチング周波数は $500\,\text{Hz}$ であるとする．なお，本問では直流機の定常状態だけを扱うものとする．次の (a) および (b) の問に答えよ．

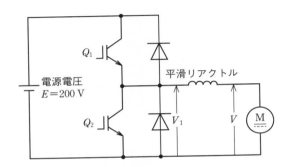

(a) この直流機を電動機として駆動する場合，Q_2 をオフとし，Q_1 をオンオフ制御することで，V を調整することができる．電圧 V_1 の平均値が $150\,\text{V}$ のとき，1 周期の中で Q_1 がオンになっている時間の値〔ms〕として，最も近いものを次の (1) ～ (5) のうちから一つ選べ．

(1)　0.75　　(2)　1.00　　(3)　1.25　　(4)　1.50　　(5)　1.75

(b) Q_1 をオフして Q_2 をオンオフ制御することで，電機子電流の向きを (a) の場合と反対にし，直流機に発電動作（回生制動）をさせることができる．

　この制御において，スイッチングの 1 周期の間で Q_2 がオンになっている時間が $0.4\,\text{ms}$ のとき，この直流機の電機子電圧 V〔V〕として，最も近い V の値を次の (1) ～ (5) のうちから一つ選べ．

(1)　40　　(2)　160　　(3)　200　　(4)　250　　(5)　1000

■3 (H22 B-16)

　図には，バルブデバイスとしてサイリスタを用いた単相全波整流回路を示す．交流電源電圧を $e = \sqrt{2}\,E \sin \omega t$ 〔V〕，単相全波整流回路出力の直流電圧を e_d 〔V〕，サイリスタの電流を i_T 〔A〕として，次の (a) および (b) に答えよ．ただし，重なり角などは無視し，平滑リアクトルにより直流電流は一定とする．

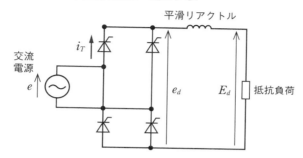

(a) サイリスタの制御遅れ角 α が $\pi/3$ 〔rad〕のときに，e に対する，e_d，i_T の波形として，正しいのは次のうちどれか．

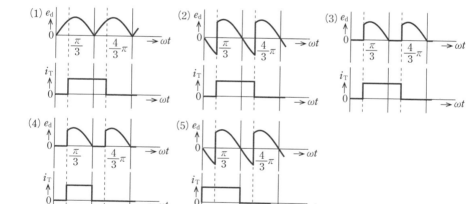

(b) 負荷抵抗にかかる出力の直流電圧 E_d 〔V〕は上記 (a) に示された瞬時値波形の平均値となる．制御遅れ角 α を $\pi/2$ 〔rad〕としたときの電圧〔V〕の値として，正しいのは次のうちどれか．

(1) 0　　(2) $\dfrac{\sqrt{2}}{\pi}E$　　(3) $\dfrac{1}{2}E$　　(4) $\dfrac{\sqrt{2}}{2}E$　　(5) $\dfrac{2\sqrt{2}}{\pi}E$

Chapter

5

■ **4** (R4上 B-16)

　図 1 は，IGBT を用いた単相ブリッジ接続の電圧形インバータを示す．直流電圧 E_d〔V〕は，一定値と見なせる．出力端子には，インダクタンス L〔H〕の誘導性負荷が接続されている．

　図 2 は，このインバータの動作波形である，時刻 $t = 0\mathrm{s}$ で IGBT Q_3 および Q_4 のゲート信号をオフにするとともに Q_1 および Q_2 のゲート信号をオンにすると，出力電圧 v_a は E_d〔V〕となる．$t = T/2$〔s〕で Q_1 および Q_2 のゲート信号オフにするとともに Q_3 および Q_4 のゲート信号をオンにすると，出力電圧 v_a は $-E_d$〔V〕となる．これを周期 T〔s〕で繰り返して方形波電圧を出力する．

　このとき，次の （a）および（b）の問に答えよ．ただし，デバイス（IGBT およびダイオード）での電圧降下は無視するものとする．

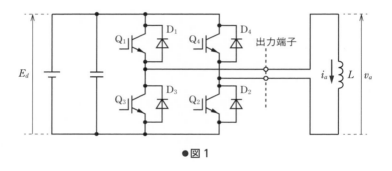

●図 1

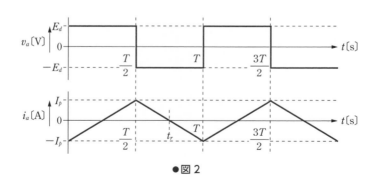

●図 2

(a) $t = 0\,\text{s}$ において $i_a = -I_P$〔A〕とする．時刻 $t = T/2$〔s〕の直前では Q_1 および Q_2 がオンしており，出力電流は直流電源から $Q_1 \rightarrow$ 負荷 $\rightarrow Q_2$ の経路で流れている．$t = T/2$〔s〕で IGBT Q_1 および Q_2 のゲート信号をオフにするとともに Q_3 および Q_4 のゲート信号をオンにした．その直後（図 2 で，$t = T/2$〔S〕から，出力電流が 0A になる $t = t_r$〔s〕までの期間），出力電流が流れるデバイスとして，正しい組合せを次の (1) ～ (5) のうちから一つ選べ．

  (1) Q_1, Q_2 (2) Q_3, Q_4 (3) D_1, D_2 (4) D_3, D_4 (5) Q_3, Q_4, D_1, D_2

(b) 図 1 の回路において $E_d = 100\,\text{V}$，$L = 10\,\text{mH}$，$T = 0.02\,\text{s}$ とする．$t = 0\,\text{s}$ における電流値を $-I_P$ として，$t = T/2$〔s〕における電流値を I_P としたとき，I_P の値〔A〕として最も近いものを次の (1) ～ (5) のうちから一つ選べ．

  (1) 33   (2) 40   (3) 50   (4) 66   (5) 100

Chapter 6

電動機応用

　電動機応用は、ほぼ毎年 1 問が出題されている。エレベータ、揚水ポンプ、はずみ車など定期的に出題される問題は、基本的な問題が多いため、確実に取れるようにしておこう。また、電動機と負荷のトルク特性に関する問題も出題されている。したがって、これらを踏まえての学習と以下に示す分野についての学習がポイントである。

　なお、この章は、Chapter 2〜5 と関連する内容も多いので、ぜひ関連づけて学習し、学習効果を上げてほしい。

- (1)　電動機の運転力学、はずみ車効果に関する計算
- (2)　電動機の所要出力
  - ・揚水ポンプ用電動機、送風機用電動機
  - ・エレベータ用電動機、クレーン用電動機
- (3)　流体負荷、圧縮機、エレベータなどの負荷の特徴
- (4)　電動機の始動と安定運転条件
- (5)　電気車用電動機の速度制御、回生制動などの原理や特徴

電動機運転の基礎事項

[★]

1 物体の移動に要する動力と位置エネルギー

図6・1のように，物体に力で F [N] をかけて距離 x [m] 移動させたときの**エネルギー（仕事） E [J]** は次式である．仕事の単位1Jは，1Nの力を加えながら1m動かす仕事で定義される（1N·m＝1J）．

$$E = Fx \text{ [J]} \tag{6・1}$$

エネルギーは，どれだけの時間がかかるかは関係がないが，機械の能力を示すには動力（仕事率）が重要であり，**時間 t [s] にエネルギー E の仕事をする動力 P [W]** は，移動速度 v [m/s] が一定とすると次式となる．動力の単位1Wは，1秒間に1Jの仕事をするときの動力で定義される（1W＝1J/s＝1N·m/s）．

$$P = \frac{E}{t} = F \cdot \frac{x}{t} = F \cdot v \text{ [W]} \tag{6・2}$$

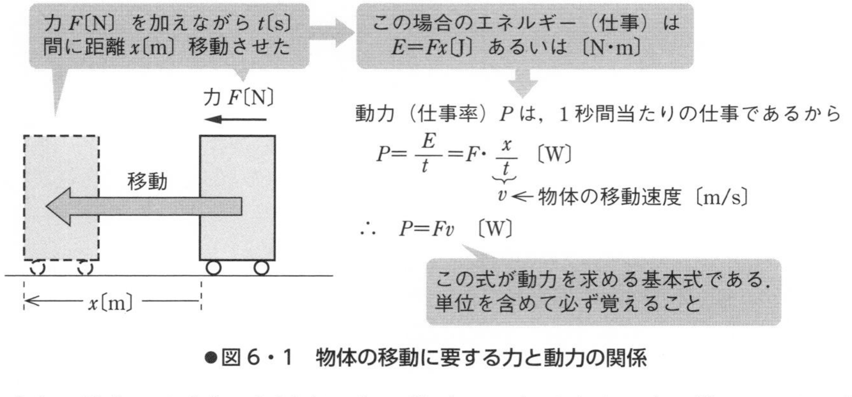

力 F [N] を加えながら t [s] 間に距離 x [m] 移動させた

この場合のエネルギー（仕事）は $E = Fx$ [J] あるいは [N·m]

力 F [N]

移動

x [m]

動力（仕事率） P は，1秒間当たりの仕事であるから

$$P = \frac{E}{t} = F \cdot \frac{x}{t} \text{ [W]}$$

v ← 物体の移動速度 [m/s]

∴ $P = Fv$ [W]

この式が動力を求める基本式である．単位を含めて必ず覚えること

●図6・1 物体の移動に要する力と動力の関係

また，地上では重力の加速度 g [m/s^2]（＝9.8）を与える力が働いており，質量 m [kg] の物体には $F = mg$ [N] の力（重力）が加わっている．**質量 m [g] の物体を高さ h [m] まで持ち上げるときに必要なエネルギー E [J]** は次式となり，**位置エネルギー**となる．なお，力の単位1Nは，質量1kgに働いて加速度1m/s^{2}を与える力である．

$$E = mgh = 9.8mh \text{ [N]} \tag{6・3}$$

2 物体の回転におけるトルクと動力

図6・2 (a) のように，力 F [N] で物体を回転させるとき，回転の中心軸からの距離 R [m] によって回転させる力が異なる．**この回転させる力（モーメント）をトルク T [N・m] といい**，次式となる．

$$T = FR \ [\text{N・m}] \tag{6・4}$$

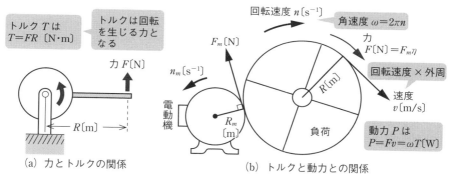

●図6・2 力とトルク，動力との関係

図6・2 (b) のように電動機で負荷を1秒当たりの回転速度 n [s^{-1}] で回転させるとき，1秒当たりの速度は $2\pi Rn$ [m/s] となる．**回転に必要となる動力 P [W] は，力 F [N] と速度 v [m/s] を掛け合わせたもの**であるため，角速度 $\omega = 2\pi n$（1秒当たりの回転角）とすると，次式となる．

$$P = F \cdot v = F \cdot 2\pi Rn = \omega T \ [\text{W}] \tag{6・5}$$

電動機と負荷が**減速比 α**，効率 η の減速機（歯車）で運転されている場合，電動機側の回転速度 n_m，動力 P_m，トルク T_m と負荷側の値 n, P, T との関係は，次のとおり（減速比2の場合，負荷側では回転速度が半分，トルクが2倍となる）．

$$\text{回転速度}: \alpha = \frac{\text{負荷側の歯数}}{\text{電動機側の歯数}} = \frac{\text{電動機側の回転速度}\ n_m}{\text{負荷側の回転速度}\ n} \rightarrow n = \frac{n_m}{\alpha} \tag{6・6}$$

$$\text{動 力}: P_m \eta = P \tag{6・7}$$

$$\text{トルク}: \overbrace{\omega_m T_m \eta} = \overbrace{\omega T} \rightarrow n_m T_m \eta = n T$$

$$\rightarrow T = \frac{n_m}{n} \cdot T_m \eta = \alpha \cdot T_m \eta \tag{6・8}$$

Chapter **6**

3 慣性モーメントとはずみ車効果

1 慣性モーメントとはずみ車効果

図 6·3 に示す半径 R [m]，質量 G [kg]，回転速度 N [min^{-1}]（角速度 $\omega = 2\pi N/60$ [rad / s]）の**回転体の運動エネルギー E [J]** は，次式となる.

$$E = \frac{1}{2}Gv^2 = \frac{1}{2}G\left(2\pi R\frac{N}{60}\right)^2 = \frac{1}{2}(GR^2)w^2 = \frac{1}{2}J\omega^2 \text{ [J]} \qquad (6 \cdot 9)$$

$$= \frac{\pi^2}{1800}GR^2N^2 \qquad (6 \cdot 10)$$

$$J = GR^2 = \frac{GD^2}{4} \text{ [kg·m}^2\text{]} \quad (6 \cdot 11)$$

$J = GR^2$ **を慣性モーメント**，GD^2 **をはずみ車効果**という（直径 D [m]）．慣性モーメントは，物体の回転運動状態の変化のしにくさを表す量であり，回転速度の変化を妨げる役割を果たす.

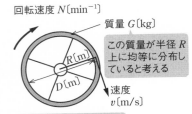

回転速度 N[min^{-1}]

質量 G[kg]

この質量が半径 R 上に均等に分布していると考える

速度 v[m/s]

$J = GR^2$[kg·m^2] を慣性モーメントという

●図 6·3 慣性モーメント

2 直線運動と回転運動

回転運動は，通常の運動（並進運動）の物理量との間で表 6·1 の関係にあり，トルク T が力 F に，慣性モーメント J が質量 m，速度 v が角速度 ω に相当する.

●表 6·1 回転運動と並進運動

回転運動		並進運動	
トルク （力のモーメント）	T [N·m]	力	F [N]
角度	θ [rad]	位置	x [m]
角速度	ω [rad/s]	速度	v [m/s]
慣性モーメント	J [kg·m^2]	質量（慣性質量）	m [kg]
仕事	$E = T\theta$ [J]	仕事	$E = Fx$ [J]
動力（仕事率）	$P = \omega T$ [W]	動力（仕事率）	$P = Fv$ [W]
運動エネルギー	$\dfrac{1}{2}J\omega^2$ [J]	運動エネルギー	$\dfrac{1}{2}mv^2$ [J]

◀3▶ はずみ車の放出・吸収エネルギー

　はずみ車（フライホイール）は，一定の重量を持つ円盤状のもので，負荷の回転速度の変化に対して，回転エネルギーを蓄積・放出することで回転速度の安定化を図ることができる．図6・4に示すように，はずみ車の回転速度が N_1 から N_2 に低下したときに放出されるエネルギー，または N_2 から N_1 まで加速するのに要するエネルギーは，次式で表される．

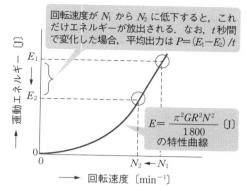

●図6・4　はずみ車の放出エネルギー

$$E_1 - E_2 = \frac{1}{2}J\omega_1^2 - \frac{1}{2}J\omega_2^2 = \frac{\pi^2 GR^2}{1800}(N_1^2 - N_2^2) \ [\text{J}] \tag{6・12}$$

t 秒間で変化したときのはずみ車が放出した平均出力 P は，次式で表される．

$$P = \frac{E_1 - E_2}{t} = \frac{\pi^2 GR^2}{1800\,t}(N_1^2 - N_2^2) \tag{6・13}$$

◀4▶ 慣性モーメントの換算

　図6・5に示す回転体 A の慣性モーメント GR^2 を電動機軸側へ換算するには，回転体 A の運動エネルギーと電動機の運動エネルギーが等しいとおいて，整理すると次式のようになる．N_A / N_m は，減速比 α（＝歯車比）から $1/\alpha$ となる．

$$G_m R_m^2 = GR^2 \left(\frac{N_A}{N_m}\right)^2 = \frac{GR^2}{\alpha^2} \ [\text{kg·m}^2] \tag{6・14}$$

回転体 A

慣性モーメント
$GR^2\,[\text{kg·m}^2]$

（換算係数）
$\times \left(\dfrac{N_A}{N_m}\right)^2$

半径 $R\,[\text{m}]$

$N_A\,[\text{min}^{-1}]$

$N_m\,[\text{min}^{-1}]$

換算後の
慣性モー
メント

$G_m R_m^2$
$[\text{kg·m}^2]$

電動機

回転体 A の GR^2 を電動機軸側の $G_m R_m^2$ へ換算するには
・GR^2 が N_A で回転しているときの運動のエネルギー E_A を求める
・$G_m R_m^2$ が N_m で回転しているときの運動のエネルギー E_m を求める
・$E_A = E_m$ と置き，$G_m R_m^2$ を求める

$$\frac{\pi^2}{1800}G_m R_m^2 N_m^2 = \frac{\pi^2}{1800}GR^2 N_A^2$$

●図6・5　慣性モーメント（GR^2）の換算方法の考え方

Chapter **6**

問題1 ✓✓✓

電動機が，減速比 8 で効率が 0.95 の減速機を介して負荷を駆動している．このときの電動機の回転速度 n_m が 1 150 min^{-1}，トルク T_m が 100 N・m であった．負荷の回転速度 n_L [min^{-1}]，軸トルク T_L [N・m] および軸入力 P_L [kW] の値の組合せとして，正しいものを次の (1) ～ (5) のうちから一つ選べ．

	n_L [min^{-1}]	T_L [N・m]	P_L [kW]
(1)	136.6	11.9	11.4
(2)	143.8	760	11.4
(3)	9 200	760	6 992
(4)	143.8	11.9	11.4
(5)	9 200	11.9	6 992

n_L は式 (6・6)，T_L は式 (6・7)，P_L は式 (6・5) を用いて求める．

解説 式 (6・6) から n_L を求めると

$$n_L = \frac{n_m}{\alpha} = \frac{1\,150}{8} ≒ \mathbf{143.8\,min^{-1}}$$

式 (6・8) から T_L を求めると

$$T_L = \frac{n_m T_m \eta}{n_L} = \frac{1\,150 \times 100 \times 0.95}{143.8} ≒ \mathbf{760\,N・m}$$

式 (6・5) で P_L を求めると

$$P_L = \omega_L T_L = 2\pi \times \frac{n_L}{60} \times T_L = 2\pi \times \frac{143.8}{60} \times 760 ≒ 11\,400\,W \rightarrow \mathbf{11.4\,kW}$$

解答 ▶ (2)

問題2 ✓✓✓

慣性モーメントが 15 kg・m^2 の電動機が，5：1 の減速歯車を介して慣性モーメントが 500 kg・m^2 の負荷を駆動しているとき，電動機軸に換算された全慣性モーメント [kg・m^2] の値として，正しいものを次のうちから一つ選べ．

(1) 22 (2) 25 (3) 30 (4) 35 (5) 40

負荷の慣性モーメントを式 (6・14) を用いて電動機軸側へ換算する．

解説 電動機軸側に換算した全慣性モーメント J_0 は

$$J_0 = J_m + J'_A = J_m + \frac{J_A}{\alpha^2} = 15 + \frac{500}{5^2} = \mathbf{35\,kg \cdot m^2}$$

解答 ▶ **(4)**

問題3 ✓ ✓ ✓   H15 B-17

慣性モーメント $100\,kg \cdot m^2$ のはずみ車が $1\,200\,min^{-1}$ で回転している．このはずみ車について，次の (a) および (b) に答えよ．

(a) このはずみ車が持つ運動エネルギー 〔kJ〕の値として，最も近いものを次のうちから一つ選べ．

   (1) 6.28   (2) 20.0   (3) 395   (4) 790   (5) 1580

(b) このはずみ車に負荷が加わり，4 秒間で回転速度が $1\,200\,min^{-1}$ から $1\,000\,min^{-1}$ まで減速した．この間にはずみ車が放出した平均出力〔kW〕の値として，最も近いものを次のうちから一つ選べ．

   (1) 1.53   (2) 30.2   (3) 60.3   (4) 121   (5) 241

(a) は式 (6·10)，(b) は式 (6·13) を用いて計算する．

 (a) 慣性モーメント $GR^2 = 100kg \cdot m^2$ より運動エネルギー E は式 (6·10) から

$$E = \frac{\pi^2 GR^2 N^2}{1\,800} = \frac{\pi^2 \times 100 \times 1\,200^2}{1\,800} \fallingdotseq 789 \times 10^3\,J \rightarrow \mathbf{790\,kJ}$$

(b) 式 (6·13) から

$$P = \frac{\pi^2 GR^2}{1\,800\,t}(N_1{}^2 - N_2{}^2) = \frac{\pi^2 \times 100 \times (1\,200^2 - 1\,000^2)}{1\,800 \times 4}$$

$$\fallingdotseq 60.3 \times 10^3\,W = \mathbf{60.3\,kW}$$

解答 ▶ **(a)-(4)，(b)-(3)**

Chapter
6

6-2

電動機の所要出力

[★★]

1 揚水ポンプ用電動機の所要出力と入力

1秒間に q [m³/s] の水を揚程 H [m] までくみ上げるのに要する理論動力 P_0 は，1秒あたり移動させる水（質量 $q \times 10^3$ kg）の位置エネルギーに等しく次式となる．

$$P_0 = 9.8qH \times 10^3 \,[\text{W}] \ = 9.8qH \,[\text{kW}] \tag{6・15}$$

図6・6に示すように，**全揚程 H_0** は，**実揚程 H** に**損失水頭 H_l**（摩擦等によるエネルギー損失分）を加えたものとなり，ポンプ効率 η_P，電動機効率 η_m，**余裕係数 k**（余裕を見込む係数）とすれば，毎秒 q [m³/s] を揚水するための電動機入力 P は，次式となる．なお，k は，設計や工作上など計画・設置時に考慮する係数で，1.1 〜 1.2 程度の値である．

$$P = k\frac{P_0}{\eta_p \eta_m} = 9.8kqH_0 \cdot \frac{1}{\eta_p \eta_m} \,[\text{kW}] \tag{6・16}$$

上水槽が圧力タンクの場合には，その圧力（空気圧）を揚程へ換算のうえ，全揚程へ加えて計算する．圧力の単位は，パスカル（1 Pa = 1 N/m²）であり，1 m

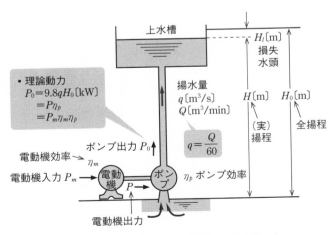

●図6・6 揚水ポンプの所要動力と電動機入力

の揚程の水の圧力は，$1\,\mathrm{mH_2O}=9.8\times10^3\,\mathrm{Pa}$ となる．タンク内圧（圧力）を p 〔kPa〕とすると，揚程（圧力水頭）H_p 〔m〕は次式となる．

$$H_p = p\times10^3/(9.8\times10^3) \fallingdotseq 0.102p \ [\mathrm{m}]$$

(6・17)

2 送風機用電動機の所要出力

送風機から，1 秒間に風量 q 〔$\mathrm{m^3/s}$〕，風圧 p 〔Pa〕の風を送り出すとき，**送風機の理論動力 P_0 〔W〕**は，**風量と風圧の積**となる．

$$P_0 = qp \ [\mathrm{W}]$$

(6・18)

図 6・7 に示すように，送風機の効率を η，余裕係数を k とすれば，送風機用電動機の所要出力 P 〔kW〕は，次式となる．

$$P = \frac{kqp}{\eta}\times10^{-3} \ [\mathrm{kW}]$$

(6・19)

送風機の風速を v 〔m/s〕，断面積を S 〔$\mathrm{m^2}$〕とすると，風量は $q=vS$ 〔$\mathrm{m^3/s}$〕となり，**風量は風速に比例**する．

また，気体密度を ρ 〔$\mathrm{kg/m^3}$〕とすると，1 秒当たりの風量 q の空気が流れる運動エネルギー $\rho qv^2/2$ は，1 秒当たりの仕事量 $P_0=qp$ と等しくなり，次式のように**風圧 p は風速の 2 乗に比例**する．

$$p = \frac{\rho v^2}{2} \ [\mathrm{Pa}]$$

(6・20)

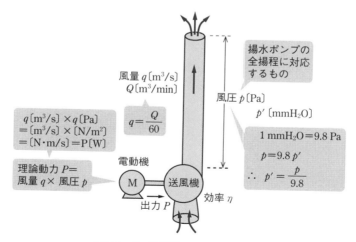

●図 6・7　送風機と送風機用電動機

送風機の風速 v は電動機の回転速度 N に比例するため，**送風機の出力 $P_0 =$ qp は，回転速度 N の 3 乗に比例する**（$\because q \propto v$, $p \propto v^2$, $v \propto N$）．また，**トルク T は，回転速度 N の 2 乗に比例する**（$\because T = P/\omega$）．

3　エレベータ用電動機の所要出力

エレベータは，図 6・8 に示すように，**釣合いおもり**を設けて，かご質量・積載質量とバランスをとり，巻上荷重を減らしている．定格積載質量を M_n〔kg〕，かご質量を M_c〔kg〕，釣合いおもり質量を M_b〔kg〕とすると，定格積載時の合成巻上加重 F_0〔N〕は，次式となる．

$$F_0 = 9.8 M_0 = 9.8 (M_n + M_c - M_b) \,[\text{N}] \tag{6・21}$$

したがって，電動機の所要出力 P は，巻上速度を v〔m/s〕，巻上装置の効率を η，加速に要する係数を k とすれば，次式となる．

$$P = \frac{k F_0 v}{\eta} = \frac{9.8 k (M_n + M_c - M_b) v}{\eta} \times 10^{-3} \,[\text{kW}] \tag{6・22}$$

平均的に電動機の必要トルクが小さくなるように，釣合いおもり質量 M_b〔kg〕を $M_b = M_c + \gamma M_n$ とし，一般的に低乗車率が多いため，γ（オーバランス率：かごと釣合いおもりが釣り合う乗車率）が 1/3 〜 1/2 程度に設計されることが多い．

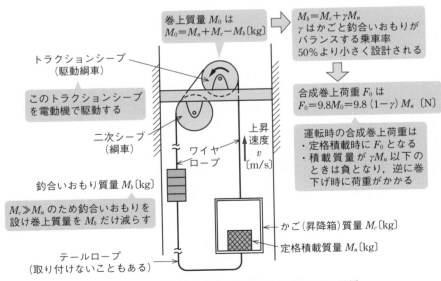

●図6・8　エレベータの基本構造と巻上荷重などの関係

γ よりも高い乗車率のときはかご側の方が重く，上昇させるときは力行運転，下降させるときは回生運転となる（γ よりも低い乗車率の場合は逆となる）．

4 クレーン用電動機の所要出力

【1】 巻上用電動機の所要出力

クレーンや巻上機の巻上用電動機の所要出力 P_1 は，図 6·9 に示すように，巻上力 F_1 [kN] の力で v_1 [m/s] の速度で巻き上げるので，巻上装置の効率を η_1 とすれば，式 (6·2) から次式となる．

$$P_1 = \frac{F_1 v_1}{\eta_1} = \frac{9.8 M_1 v_1}{\eta_1} \text{ [kW]} \qquad (6 \cdot 23)$$

【2】 横行用電動機の所要出力

図 6·9 のクラブの左右方向の横行は，質量 $(M_1 + M_2)$ [t] と走行抵抗 μ_2 [N/t] の積からなる F_2 [N] の力を加えながら v_2 [m/s] の速度で横行させるので，装置の効率を η_2 とすれば，所要出力 P_2 は次式となる．

$$P_2 = \frac{F_2 v_2}{\eta_2} = \frac{\mu_2 (M_1 + M_2) v_2}{\eta_2} \times 10^{-3} \text{ [kW]} \qquad (6 \cdot 24)$$

【3】 走行用電動機の所要出力

図 6·9 の橋げた（ガータ）の前後方向の走行は，質量 $(M_1 + M_2 + M_3)$ [t] と走行抵抗 μ_3 [N/t] の積からなる F_3 [N] の力を加えながら v_3 [m/s] の速度で横行させるので，装置の効率を η_3 とすれば，所要出力 P_3 は，次式となる．

$$P_3 = \frac{F_3 v_3}{\eta_3} = \frac{\mu_3 (M_1 + M_2 + M_3) v_3}{\eta_3} \times 10^{-3} \text{ [kW]} \qquad (6 \cdot 25)$$

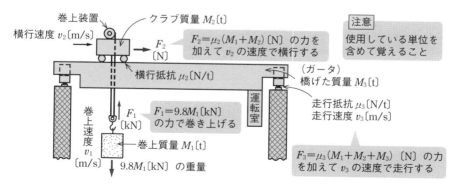

●図 6·9 天井クレーンの構成

問題4 ☑☑☑　　　　　　　　　　　　　　H27 A-12

　　毎分 $5\,\mathrm{m}^3$ の水を実揚程 $10\,\mathrm{m}$ のところにある貯水槽に揚水する場合，ポンプを駆動するのに十分と計算される電動機出力 P の値〔kW〕として，最も近いものを次の (1) ～ (5) のうちから一つ選べ．ただし，ポンプの効率は 80 %，ポンプの設計，工作上の誤差を見込んで余裕をもたせる余裕係数は 1.1 とし，さらに全揚程は実揚程の 1.05 倍とする．また，重力加速度は $9.8\,\mathrm{m/s^2}$ とする．

　(1)　1.15　　(2)　1.20　　(3)　9.43　　(4)　9.74　　(5)　11.8

解説　揚水ポンプの電動機の出力は，式（6・16）から

$$P = 9.8k\frac{Q}{60}H_0 \cdot \frac{1}{\eta_p} = 9.8 \times 1.1 \times \frac{5}{60} \times 10 \times 1.05 \times \frac{1}{0.8} \fallingdotseq \mathbf{11.8\,kW}$$

解答 ▶ (5)

問題5 ☑☑☑　　　　　　　　　　　　　　H18 A-10

　　電動機で駆動するポンプを用いて，毎時 $100\,\mathrm{m}^3$ の水を揚程 $50\,\mathrm{m}$ の高さに揚水したい．ポンプの効率は 74 %，電動機の効率は 92 % で，パイプの損失水頭は $0.5\,\mathrm{m}$ であり，他の損失水頭は無視できるものとする．このとき必要な電動機入力〔kW〕の値として，最も近いものを次のうちから一つ選べ．

　(1)　18.4　　(2)　18.6　　(3)　20.2　　(4)　72.7　　(5)　74.1

解説　式（6・16）へ数値を代入し，P_m を求めると

$$P_m = 9.8kqH_0 \cdot \frac{1}{\eta_p\eta_m} = 9.8 \times 1.0 \times \frac{100}{3\,600} \times (50+0.5) \times \frac{1}{0.92 \times 0.74}$$

$$\fallingdotseq \mathbf{20.2\,kW}$$

解答 ▶ (3)

問題6 /// ☑☑☑　　　　　　　　　　　　　　H14 A-7

　　面積 $1\,\mathrm{km}^2$ に降る 1 時間当たり 60 mm の降雨を貯水池に集め，これを 20 台の同一仕様のポンプで均等に分担し，全揚程 12 m を揚水して河川に排水する場合，各ポンプの駆動用電動機の所要出力〔kW〕の値として，最も近いものを次のうちから一つ選べ．ただし，1 時間当たりの排水量は降雨量に等しく，ポンプの効率は 0.82，設計製作上の余裕係数は 1.2 とする．

　(1)　96.5　　(2)　143　　(3)　492　　(4)　600　　(5)　878

面積 $1\,\mathrm{km}^2$ の 1 時間降雨量から，ポンプ 1 台当たりの 1 秒間降雨量を求め，式 (6·16) で電動機の所要出力を計算する．

解説 ポンプ 1 台当たりの 1 秒間降雨量（排水量，揚水量）q は

$$q = \frac{(1\times10^6)\,[\mathrm{m}^2]\times(60\times10^{-3})\,[\mathrm{m}]}{3600\,[\mathrm{s}]\ \times20\,[台]} \fallingdotseq 0.833\,\mathrm{m}^3/\mathrm{s}\,台$$

式 (6·16) で所要出力を求めると

$$P = 9.8kqH_0\cdot\frac{1}{\eta_p} = 9.8\times1.2\times0.833\times12\times\frac{1}{0.82} \fallingdotseq \mathbf{143\,kW}$$

解答 ▶ (2)

問題7 ☑☑☑ H4 B-23〈改〉

ビルの空気調和装置用に送風機を使用して，風量 $600\,\mathrm{m}^3/\mathrm{min}$，風圧 $1500\,\mathrm{Pa}$ の空気を送出する場合，この送風機用電動機の所要出力〔kW〕の値として，最も近いものを次のうちから一つ選べ．ただし，送風機の効率は 0.6，設計製作上の余裕係数は 1.2 とする．

(1) 3 (2) 15 (3) 18 (4) 25 (5) 30

送風機の所要出力は，風量 q 〔m^3/s〕と風圧 p 〔Pa〕の積となる．

解説 式 (6·19) から

$$P = kq\cdot\frac{p}{1000}\cdot\frac{1}{\eta} = 1.2\times\frac{600}{60}\times\frac{1500}{1000}\times\frac{1}{0.6} = \mathbf{30\,kW}$$

解答 ▶ (5)

問題8 ☑☑☑ H28 A-11

かごの質量が $200\,\mathrm{kg}$，定格積載質量が $1000\,\mathrm{kg}$ のロープ式エレベータにおいて，釣合いおもりの質量は，かごの質量に定格積載質量の 40 % を加えた値とした．このエレベータで，定格積載質量を搭載したかごを一定速度 $90\,\mathrm{m/min}$ で上昇させるときに用いる電動機の出力の値〔kW〕として，最も近いものを次の (1)〜(5) のうちから一つ選べ．ただし，機械効率は 75 %，加減速に要する動力およびロープの質量は無視するものとする．

(1) 1.20 (2) 8.82 (3) 11.8 (4) 23.5 (5) 706

解説 エレベータの電動機の所要出力は，式 (6·22) より

$$P = \frac{9.8k(M_n + M_c - M_b)v}{\eta} = \frac{9.8k(M_n + M_c - (M_c + 0.4\,M_n))v}{\eta}$$

$$= \frac{9.8 \times 1 \times 0.6 \times 1\,000 \times (90/60)}{0.75} = 11\,760\,\mathrm{W} \to \mathbf{11.8\,kW}$$

解答 ▶ **(3)**

問題9 ✓ ✓ ✓　　　　　　　　　　　　　　　　　　H22 A-11

　エレベータの昇降に使用する電動機の出力 P を求めるためには，昇降する実質の質量 M 〔kg〕，一定の昇降速度を v 〔m/min〕，機械効率を η 〔%〕とすると

$$P = 9.8 \times M \times \frac{v}{60} \times \boxed{(ア)} \times 10^{-3}$$

となる．ただし，出力 P の単位は〔 $\boxed{(イ)}$ 〕であり，加速に要する動力およびロープの質量は無視している．

　昇降する実質の質量 M 〔kg〕は，かご質量 M_c 〔kg〕と積載質量 M_L 〔kg〕とのかご側合計質量と，釣合いおもり質量 M_b 〔kg〕との $\boxed{(ウ)}$ から決まる．定格積載質量を M_n 〔kg〕とすると，平均的に電動機の必要トルクが $\boxed{(エ)}$ なるように，釣合いおもり質量 M_b 〔kg〕は

$$M_b = M_c + \alpha \times M_n$$

とする．ただし，α は 1/3〜1/2 程度に設計されることが多い．

　電動機は，負荷となる質量 M 〔kg〕を上昇させるときは力行運転，下降させるときは回生運転となる．したがって，乗客がいない（積載質量がない）かごを上昇させるときは $\boxed{(オ)}$ 運転となる．

　上記の記述中の空白箇所（ア），（イ），（ウ），（エ）および（オ）に当てはまる組合せとして，正しいものを次のうちから一つ選べ．

	（ア）	（イ）	（ウ）	（エ）	（オ）
(1)	$\dfrac{100}{\eta}$	kW	差	小さく	力行
(2)	$\dfrac{\eta}{100}$	kW	和	大きく	力行
(3)	$\dfrac{100}{\eta}$	kW	差	小さく	回生
(4)	$\dfrac{\eta}{100}$	W	差	小さく	力行
(5)	$\dfrac{100}{\eta}$	W	和	大きく	回生

図6·8で，エレベータの巻上荷重を理解し，式 (6·22) を活用する．

解説 （ア）　電動機の所要出力は，機械効率が下がれば大きくなる．
（イ）　P を求める式中で 10^{-3} を掛けてあるから，**kW** の単位となる．
（オ）　乗客がいないと，かご側の方が軽くなり，釣合いおもり側の負荷を下降させる
回生運転となる．

解答 ▶ (3)

問題10 ☑ ☑ ☑   H8 A-6 〈改〉

巻上機によって質量 $1500\,\mathrm{kg}$ の物体を $0.3\,\mathrm{m/s}$ の一定速度で巻き上げるのに
必要な電動機出力〔kW〕の値として，最も近いものを次のうちから一つ選べ．
ただし，ロープの質量および加速に要する動力は無視するものとし，機械装置の
効率を $95\,\%$ とする．

（1）　4.0　　（2）　4.4　　（3）　4.7　　（4）　5.0　　（5）　5.4

巻上機の所要出力 P は，巻上荷重 $F=9.8M$ と速度 v の積となる．

解説 式 (6·23) から
$$P_1 = \frac{9.8 M_1 v_1}{\eta_1} = \frac{9.8 \times (1\,500/1\,000) \times 0.3}{0.95} \fallingdotseq 4.64 \quad \rightarrow \quad \textbf{4.7 kW}$$

解答 ▶ (3)

問題11 ☑ ☑ ☑   H3 B-23 〈改〉

巻上質量 $50\,\mathrm{t}$，巻上速度 $3\,\mathrm{m/min}$，横行速度 $12\,\mathrm{m/min}$，走行速度 $18\,\mathrm{m/min}$，
クラブ質量 $10\,\mathrm{t}$，ガータ質量 $30\,\mathrm{t}$ の天井クレーンがある．このとき，次の (a)
および (b) に答えよ．ただし，機械効率は巻上装置 $70\,\%$，走行装置 $80\,\%$ とし，
また，走行抵抗は $300\,\mathrm{N/t}$ とする．なお，加速に要する動力については，考慮し
ないものとする．

(a) 巻上用電動機の最小所要容量〔kW〕の値として，正しいものを次のうちか
　　ら一つ選べ．

　　（1）　18.5　　（2）　22　　（3）　30　　（4）　35　　（5）　45

(b) 走行用電動機の最小所要容量〔kW〕の値として，正しいものを次のうちか
　　ら一つ選べ．

　　（1）　10　　（2）　15　　（3）　18.5　　（4）　22　　（5）　30

Chapter **6**

走行用電動機の所要出力は，動かすために必要な力（＝質量×抵抗）と走行速度の積となる．天井クレーンの構造を理解しておこう．

式 (6·23)，式 (6·25) により求めると

巻上用：$P_1 = \dfrac{9.8M_1v_1}{\eta_1} = \dfrac{9.8 \times 50 \times (3/60)}{0.7} = \mathbf{35\,kW}$

走行用：$P_3 = \dfrac{\mu_3(M_1+M_2+M_3)v_3}{\eta_3} \times 10^{-3}$

$\quad\quad\quad = \dfrac{300 \times (50+10+30) \times (18/60)}{0.8} \times 10^{-3} \fallingdotseq \mathbf{10\,kW}$

解答 ▶ (a)-(4)，(b)-(1)

負荷の特徴と電動機特性

[★★]

1 負荷のトルク速度特性と所要動力

電動機で運転される負荷のトルク (T) −速度(N) 特性と負荷の例ならびに所要動力 P を図6・10に示す.

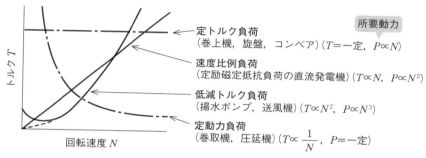

所要動力

← 定トルク負荷
（巻上機，旋盤，コンベア）$(T=一定,\ P \propto N)$

← 速度比例負荷
（定励磁定抵抗負荷の直流発電機）$(T \propto N,\ P \propto N^2)$

← 低減トルク負荷
（揚水ポンプ，送風機）$(T \propto N^2,\ P \propto N^3)$

← 定動力負荷
（巻取機，圧延機）$(T \propto \dfrac{1}{N},\ P=一定)$

●図6・10 負荷のトルク速度特性と負荷の例，所要動力

2 各負荷の特徴

◀1▶ 定トルク負荷の例

巻上機のように一定荷重 F を動かす場合は，回転速度に関わらずトルク T が一定であることから，電動機に必要な電力 P は回転速度に比例する $(T=一定,\ P \propto N)$. 図6・11および表6・2に定トルク負荷の例を示す.

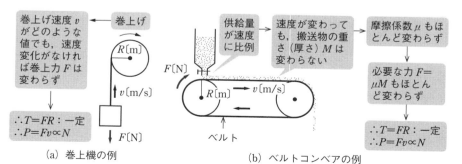

（a）巻上機の例　　　　（b）ベルトコンベアの例

●図6・11 定トルク負荷の例

●表6・2　定トルク負荷の特徴と所要特性

負　荷	特　　徴
巻上機・クレーン	・始動・停止・運転・逆転が頻繁 ・広範囲の速度調節を要し，加重の変化も大きい ・巻下しの際は負性負荷となるので，加速しないことが必要
エレベータ	・始動・停止・逆転が頻繁 ・マイナス負荷から過負荷まで広範囲に負荷が変化 ・電動機の所要特性 　始動トルクが大きいこと．慣性モーメントや始動電流，トルクの脈動 　などが小さいこと，広範囲の負荷変化に対する制御特性が良いこと． 　騒音のないこと
エスカレータ	・通常は定速度連続運転 ・始動は無負荷でできるが，慣性が相当大きい ・停電時などに逆方向に動かないよう，ウォーム歯車装置などで減速し 　たり，機械式ブレーキを設ける．
往復(動)圧縮機	・ピストンの往復運動により容積を変化させて圧縮する ・負荷トルクが脈動するので，同期電動機を使用するときは，GD^2 の検 　討を要することもある ・GD^2 は，電動機の GD^2 と同じくらいか，少し大きい程度 ・始動トルクは，始動アンローダの使用により抑制

【2】 低減トルク負荷の例

　流体負荷は低減トルク特性を示す．風量は速度に比例し，電動機に必要な電力が回転速度の 3 乗に比例する $(T \propto N^2,\ P \propto N^3)$．このため，流量を絞って運転する機会が多い場合は電動機で速度制御することで省エネルギー効果が大きい．図 6・12 および表 6・3 に低減トルク負荷の例を示す．

【3】 定動力負荷の例

　電動機に必要な電力が一定となるように制御する負荷では，トルクが回転速度に反比例して変動する$(T \propto 1/N)$．図 6・13 および表 6・4 に定動力負荷の例を示す．

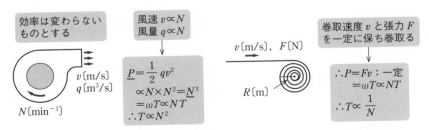

●図6・12　(低減トルク負荷)送風機の特性　　●図6・13　(定動力負荷)巻取機の特性

●表6・3　低減トルク負荷の特徴と所要特性

負　荷	特　徴
揚水ポンプ	・揚水量は回転速度にほぼ比例
送風機	・送風量は回転速度にほぼ比例 ・GD^2 が大きく，始動時間が長くかかる ・始動時に，回転体の運動エネルギーと等しい熱量が電動機の回転子巻線に発生するので，回転子の過熱に注意 ・風量調節のため，通風路にダンパなどを設けて流路抵抗を調整する方法は，ダンパや送風機の種類にもよるが流路抵抗を上げ風量を下げる場合の所要動力は若干減少する程度である
ターボ型圧縮機	・回転機により気体に速度エネルギーを与え気体を圧縮する ・増速ギアによって高速で回転する場合が多く，電動機軸換算の GD^2 は比較的大きい

●表6・4　定動力負荷の特徴と所要特性

負　荷	特　徴
圧延機	・反復する衝撃的な負荷がかかる ・最大トルクは工程により異なるが 300 % 程度にとり，許容以上の負荷にははずみ車を設ける（イルグナ方式） ・圧延方法により，定速運転，可変速度運転，可変速度可逆運転がある ・機械的・電気的に頑丈で，防じん対策なども必要

3 電動機の始動と安定運転の条件

　図 6・14 に示すように，電動機の始動から始動完了までは，電動機のトルクが負荷トルクと加速トルクの合計よりも大きくなければ加速しない．また，定常運転時には，電動機のトルク速度特性曲線 T_m と負荷のトルク速度特性曲線 T_l との交点 N_0 が平衡運転速度となる．

　電動機のトルク速度特性と負荷のトルク特性の交点が図 6・15 の **P$_2$ 点のよう**

Chapter
6

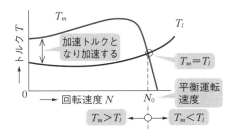

●図6・14　平衡運転速度 N_0

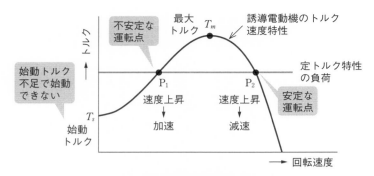

●図6・15 誘導電動機と負荷のトルク特性

な状態のとき，**安定運転可能**である．**外乱により速度が上昇したとしても，電動機のトルクが負荷の要求するトルクよりも小さいため減速して交点に戻り，**また，**速度が下降したとしても，電動機のトルクの方が大きいため加速して交点に戻る．**

　一方，同図の P_1 点のような状態では，速度が上昇すると電動機が加速し，速度が下降すると減速するため，安定的な運転ができない．

4 電気車用電動機の特性と速度制御

◀1▶ 列車抵抗と加速抵抗

　列車を走行させる際，図6・16 に示すように，列車を止めようとする各種の力が働き，これらを加えたものを**列車抵抗**という．**加速抵抗**とは，列車を加速するために要する力をいう．

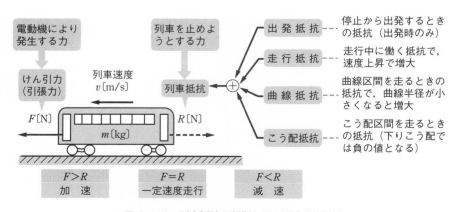

●図6・16 列車抵抗の種類とけん引力（引張力）

◀2▶ 電動機の所要出力

電動機の所要出力は，列車抵抗と加速抵抗を加えた値に等しいけん引力を発生させる必要がある．電動機の台数を N〔台〕，けん引力を F〔N〕，列車速度を v〔m/s〕，力伝達効率を η とすると，電動機 1 台当たりの所要出力 P は

$$P = \frac{Fv}{N\eta} \times 10^{-3} \ \text{〔kW/台〕} \tag{6・26}$$

◀3▶ 直流電気車の速度制御

直流直巻電動機が用いられ，表 6・5 に示すような方法をいくつか組み合わせて，電気車の速度制御を行う．逆変換可能なインバータと三相交流電動機を組み合わせて速度制御と制動を行う直流電気車がある．

●表 6・5　直流電気車の速度制御

速度制御法	方　法　と　原　理
電 圧 制 御	・抵抗制御……多数のタップを設けた直列抵抗を調整する． ・直並列制御……電動機の直列・並列切換え（ブリッジ渡り，短絡渡りなどで切換え）． ・チョッパ制御……主回路電流を断続させ，電流の平均値を調節する．
界 磁 制 御	・界磁タップ制御……界磁巻線にタップを設け，切り換える． ・界磁分流制御……界磁巻線にタップ付の分流抵抗を並列に接続，抵抗のタップを切り換える．

◀4▶ 交流電気車の速度制御

表 6・6 に示すような方法があり，インバータ式が主流となっている．また，インバータと三相同期電動機とを組み合わせた方式がある．

●表 6・6　交流電気車の速度制御

方　式	速度制御方法と原理
整流器式 （直流に変換）	・直巻整流子電動機を使用する． ・タップ制御……変圧器のタップを切り換えて，電圧を調節する． ・位相制御……サイリスタを位相制御して，電圧を調節する． ・弱め界磁制御を併用する．
インバータ式 VVVF(可変電圧可変周波数)変換装置	・三相誘導電動機を使用する． ・滑り周波数制御……電動機の回転周波数に滑り周波数を加算（力行時）・減算（制動時）した周波数で電動機を駆動する． ・ベクトル制御……電動機の一次電流を磁束成分とトルク成分に分けてトルクを制御する．車輪の空転や滑走時の応答遅れを改善する．

Chapter
6

5 電動機の制動法と適用例

　表6・7に主な制動法と適用例を示す．電車が坂を下るときや巻上機で荷物を下ろすときには，電動機が外部から回されて発電機として動作する．発生した電力を電源に返還することによってブレーキをかけることを**回生ブレーキ**，外部抵抗で消費することを**発電ブレーキ**という．また，三相電動機の電源の3線中2本を入れ換えて回転磁界の方向を反転させ，大きな制動トルクをかけることを**逆転ブレーキ**という．なお，電気式ブレーキは，ある速度以下ではブレーキ力を維持できないので，機械式ブレーキを併用する．

● 表6・7　各種制動法と適用例

制　動　法		原　理，特　徴，適　用　例
電気式ブレーキ	**発電ブレーキ**	電動機を電源から切り離し，発電機として動作させ，外部抵抗で熱エネルギーとして消費させる． 巻上機，圧延機，電車の制動
	（電力）**回生ブレーキ**	・直流電動機を電源に接続（直巻電動機では界磁回路を逆接続に切換）したまま，界磁を強めて内部誘導起電力を電源電圧より高くすると発電機となり，発生電力を電源へ戻す． ・かご形三相誘導電動機や永久磁石形三相同期電動機と逆変換可能なインバータ（交流電力―インバーター平滑用コンデンサーインバーター電動機の構成）と組み合わせ，電動機を発電機として運転し発生電力を電源へ戻す． ・巻上機の巻下し，エレベータ，電車の制動，電気自動車の制動
	単相ブレーキ（不平衡ブレーキ）	・巻線形三相誘導電動機を単相で運転し，二次抵抗を調整して制動トルクを発生させる． ・不平衡ブレーキは，一次巻線の一相のみ逆接続する方法． 巻上機の制動
	逆転ブレーキ	・電動機の電源回路を逆回転の接続に切り換え，逆トルクを発生させて急停止させる． ・三相誘導電動機の場合，逆相制動（プラッギング）という． 圧延機の制動
機械式ブレーキ	摩擦ブレーキ	制動シューを制動輪へ押しつけ，摩擦力によって制動を加える．発熱を伴う．制動シューと制動輪の磨耗を伴う．

　電動機の負荷となる機器では，損失などを無視し，電動機の回転数と機器において制御対象となる速度が比例するとすると，速度に対するトルクの代表的な特性が以下に示すように二つある．一つは，エレベータなどの鉛直方向の移動体で

速度に対して ［（ア）］ トルク，もう一つは，空気や水などの流体の搬送で速度に対して ［（イ）］ トルクとなる特性である．

後者の流量制御の代表的な例は送風機であり，通常はダンパなどを設けて圧損を変化させて流量を制御するのに対し，ダンパなどを設けずに電動機で速度制御することでも流量制御が可能である．このとき，風量は速度に対して ［（ウ）］ して変化し，電動機に必要な電力は速度に対して ［（エ）］ して変化する特性が得られる．したがって，必要流量に絞って運転する機会の多いシステムでは，電動機で速度制御することで大きな省エネルギー効果が得られる．

上記の記述中の空白箇所（ア），（イ），（ウ）および（エ）に当てはまる組合せとして，正しいものを次の（1）〜（5）のうちから一つ選べ．

	（ア）	（イ）	（ウ）	（エ）
(1)	比例する	2乗に比例する	比例	3乗に比例
(2)	比例する	一定の	比例	2乗に比例
(3)	比例する	一定の	2乗に比例	2乗に比例
(4)	一定の	2乗に比例する	比例	3乗に比例
(5)	一定の	2乗に比例する	2乗に比例	2乗に比例

解説 図6・11のようにエレベータなどでは，一定速度に対して要する力が変わらないため，トルクは**一定**となる．一方，流体の搬送では，図6・12のように風量 q，風速 v が回転速度 N に**比例**し，必要な電力は $P \propto qv^2 \propto N^3$ となるため，速度の**3乗**に比例する．また，$P = \omega T \propto NT$ となるため，トルクは速度の**2乗**に比例する．

解答 ▶ （4）

問題13 ✓ ✓ ✓

次の文章は，電動機と負荷のトルク特性の関係について述べたものである．横軸が回転速度，縦軸がトルクを示す図において2本の曲線A，Bは，一方が電動機トルク特性，他方が負荷トルク特性を示している．

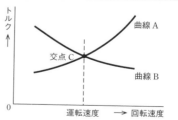

いま，曲線Aが ［（ア）］ 特性，曲線Bが ［（イ）］ 特性のときは，2本の曲線の交点C
は不安定な運転点である．これは，何らかの原因で電動機の回転速度がこの点から下降すると，電動機トルクと負荷トルクとの差により電動機が ［（ウ）］ されるためである．具体的に，電動機が誘導電動機であり，回転速度に対してトルクが

変化しない定トルク特性の負荷のトルクの大きさが，誘導電動機の始動トルクと最大トルクとの間にある場合を考える．このとき，電動機トルクと負荷トルクとの交点は，回転速度零と最大トルクの回転速度との間，および最大トルクの回転速度と同期速度との間の2箇所にある．交点Cは，　(エ)　との間の交点に相当する．

上記の記述中の空白箇所（ア），（イ），（ウ）および（エ）に当てはまる組合せとして，正しいものを次の (1) ～ (5) のうちから一つ選べ．

	（ア）	（イ）	（ウ）	（エ）
(1)	電動機トルク	負荷トルク	減速	回転速度零と最大トルクの回転速度
(2)	電動機トルク	負荷トルク	減速	最大トルクの回転速度と同期速度
(3)	負荷トルク	電動機トルク	減速	回転速度零と最大トルクの回転速度
(4)	負荷トルク	電動機トルク	加速	回転速度零と最大トルクの回転速度
(5)	負荷トルク	電動機トルク	加速	最大トルクの回転速度と同期速度

解説 誘導電動機のトルク速度特性と定トルク特性の負荷トルクの交点は，図 6・15 のように P_1，P_2 と二つあるが，問題図の交点 C は P_1 に相当する．

電動機のトルクが負荷のトルクよりも小さいとき電動機は減速するため，電動機トルク特性と負荷トルク特性の交点よりも低速側で負荷トルクの方が大きい場合は安定運転ができない．

解答 ▶ (1)

問題14 ✓ ✓ ✓ R2 A-7

電動機と負荷の特性を，回転速度を横軸，トルクを縦軸に描く，トルク対速度曲線で考える．電動機と負荷の二つの曲線が，どのように交わるかをみると，その回転数における運転が，安定か不安定かを判定することができる．誤っているものを次の (1) ～ (5) のうちから一つ選べ．

(1) 負荷トルクよりも電動機トルクが大きいと回転は加速し，反対に電動機トルクよりも負荷トルクが大きいと回転は減速する．回転速度一定の運転を続けるには，負荷と電動機のトルクが一致する安定な動作点が必要である．

(2) 巻線形誘導電動機では，回転速度の上昇とともにトルクが減少するように，二次抵抗を大きくし，大きな始動トルクを発生させることができる．この電動機に回転速度の上昇とともにトルクが増える負荷を接続すると，両曲線の交点が安定な動作点となる．

(3) 電源電圧を一定に保った直流分巻電動機は，回転速度の上昇とともにトルクが減少する．一方，送風機のトルクは，回転速度の上昇とともにトルクが増大する．したがって，直流分巻電動機は，安定に送風機を駆動することができる．

(4) かご形誘導電動機は，回転トルクが小さい時点から回転速度を上昇させるとともにトルクが増大，最大トルクを超えるとトルクが減少する．この電動機に回転速度でトルクが変化しない定トルク負荷を接続すると，電動機と負荷のトルク曲線が 2 点で交わる場合がある．この場合，加速時と減速時によって安定な動作点が変わる．

(5) かご形誘導電動機は，最大トルクの速度より高速な領域では回転速度の上昇とともにトルクが減少する．一方，送風機のトルクは，回転速度の上昇とともにトルクが増大する．したがって，かご形誘導電動機は，安定に送風機を駆動することができる．

解説 (1) ○ 電動機トルクは回転させる力，負荷トルクは回転を止める力であり，電動機トルク>負荷トルクのときに加速し，電動機トルク<負荷トルクのときに減速するため，両者が一致する安定な動作点が必要となる．

(2) ○ 巻線形誘導電動機では，解図のように二次抵抗を大きくすると，比例推移により回転速度が上がるとトルクが下がる特性に変えることができる．負荷トルクが速度上昇によりトルクが増える場合，両トルク特性の交点 P_1 では，速度が上昇すると電動機トルク<負荷トルクとなって減速し，逆に速度が低下すると電動機トルク>負荷トルクとなって加速し，安定運転点となる．

(3) ○ 直流分巻電動機のトルクは，電機子電流に比例し（$T \propto I_a$），回転速度は，電機子電流が増加すると低下（$N \propto V - I_a r_a$）するため，回転速度が上昇するとトルクが減少する．送風機は回転速度の 2 乗に比例してトルクが上昇するため，安定な動作点となる．

(4) × かご形誘導電動機のトルク特性は，解図のように最大トルクまでは増加し，さらに回転速度を上昇すると低下する特性である．定トルク負荷を接続すると，安定な運転点 P_2，不安定な運転点 P_3 の 2 つの交点が生じる．常に P_2 が安定点となるため，加速時と減少時で安定な動作点は変わらない．

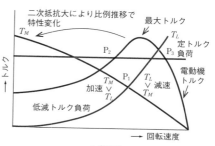

● 解図

(5) ○　かご形誘導電動機は，最大トルクよりも高速な領域で運転され，回転速度の２乗に比例してトルクが上昇する送風機を安定に運転することができる．

解答 ▶ （4）

問題⑮ ✓✓✓　　　　　　　　　　　　　　　　　　H21　A-6

　電気車を駆動する電動機として，直流電動機が広く使われてきた．近年，パワーエレクトロニクス技術の発展によって，電気車用駆動電動機の電源として，可変電圧・可変周波数の交流を発生することができるインバータを搭載する電気車が多くなった．そのシステムでは，構造が簡単で保守が容易な　(ア)　三相誘導電動機をインバータで駆動し，誘導電動機の制御方法としてすべり周波数制御が広く採用されていた．電気車の速度を目標の速度にするためには，誘導電動機が発生するトルクを調節して電気車を加減速する必要がある．誘導電動機の回転周波数はセンサで検出されるので，回転周波数にすべり周波数を加算して得た　(イ)　周波数で誘導電動機を駆動することで，目標のトルクを得ることができる．電気車を始動・加速するときには　(ウ)　のすべりで運転し，回生制動によって減速するときには　(エ)　のすべりで運転する．最近はさらに電動機の制御技術が進展し，誘導電動機のトルクを直接制御することができる　(オ)　制御の採用が進んでいる．また，電気車用駆動電動機のさらなる小形・軽量化を目指して，永久磁石形同期電動機を適用しようとする技術的動向がある．

　上記の記述中の空白箇所（ア），（イ），（ウ），（エ）および（オ）に当てはまる組合せとして，正しいものを次の（1）～（5）のうちから一つ選べ．

	（ア）	（イ）	（ウ）	（エ）	（オ）
(1)	かご形	一次	正	負	ベクトル
(2)	かご形	一次	負	正	スカラ
(3)	かご形	二次	正	負	スカラ
(4)	巻線形	一次	負	正	スカラ
(5)	巻線形	二次	正	負	ベクトル

誘導電動機は，原動機で駆動し同期速度以上に回転（すべりが負）させると発電機となる．したがって，逆に回転速度未満の同期速度に一次周波数を下げれば発電機となる．

解説　**かご形**誘導電動機は，ブラシと整流子がなく堅ろうで保守性がよい．速度制御には**一次周波数制御**に**ベクトル**制御を加え，空転や滑走時の応答特性遅れの改善を図っている．すべり s が**正**の時は電動機，**負**の時は発電機となる．

解答 ▶ （1）

次の文章は, 電動機に関する記述である.

交流電源—整流器—平滑用コンデンサ—インバータで構成される回路によって電動機を駆動する場合, （ア） の大きな負荷を減速するときには, 電動機からインバータに電力が流れ込む.

このとき直流電圧が上昇するので, （イ） とパワー半導体デバイスとの直列回路を平滑コンデンサと並列に設け, パワー半導体デバイスをスイッチングして電流を調整することによって, 電動機からの電力を消費させることができる. この方法を一般に （ウ） 制動と呼んでいる.

一方, 電力を消費するのではなく, 逆変換できる整流器を介して交流電源に電力を戻し, 他の用途などに有効に使うこともできる. この方法を一般に （エ）制動と呼んでいる.

上記の記述中の空白箇所 （ア）, （イ）, （ウ） および （エ） に当てはまる組合せとして, 正しいものを次の （1）〜（5） のうちから一つ選べ.

	（ア）	（イ）	（ウ）	（エ）
(1)	慣性モーメント	抵抗	発電	回生
(2)	慣性モーメント	抵抗	降圧	発電
(3)	摩擦係数	抵抗	降圧	発電
(4)	慣性モーメント	リアクトル	発電	回生
(5)	摩擦係数	リアクトル	降圧	回生

解説　**慣性モーメント**が大きな負荷を減速するとき, 負荷に蓄えられたエネルギーにより電動機が回転させられて, 発電機として動作し, インバータを通して直流側にエネルギーが流れ込む.

半導体スイッチを介して**抵抗**を接続することで, 電動機からの減速エネルギーを消費する方法を**発電**制動といい, 逆変換できる整流器を介して電源側に減速エネルギーを戻す方法を**回生**制動という.

解答 ▶ (1)

Chapter **6**

練 習 問 題

■ **1** (R2 A-11)

慣性モーメント $50\,\mathrm{kg \cdot m^2}$ のはずみ車が，回転数 $1500\,\mathrm{min^{-1}}$ で回転している．この
はずみ車に負荷が加わり，2 秒間で回転数が $1000\,\mathrm{min^{-1}}$ まで減速した．この間にはずみ車が放出した平均出力の値〔kW〕として，最も近いものを次の（1）～（5）のうちから一つ選べ．ただし，軸受の摩擦や空気の抵抗は無視できるものとする．

(1) 34　　(2) 137　　(3) 171　　(4) 308　　(5) 343

■ **2** (H6 A-6〈改〉)

電動機出力 $7.5\,\mathrm{kW}$，ポンプ効率 $70\,\%$ の電動ポンプで，実揚程 $10\,\mathrm{m}$，容積 $50\,\mathrm{m^3}$ のタンクに満水になるまで水をくみ上げたい．揚水に必要な時間〔min〕の値として，最も近いものを次のうちから一つ選べ．ただし，全揚程は，実揚程の 1.1 倍とする．

(1) 15　　(2) 17　　(3) 19　　(4) 21　　(5) 23

■ **3** (H30 A-10)

貯水池に集められた雨水を，毎分 $300\,\mathrm{m^3}$ の排水量で，全揚程 $10\,\mathrm{m}$ を揚水して河川に排水する．このとき，$100\,\mathrm{kW}$ の電動機を用いた同一仕様のポンプを用いるとすると，必要なポンプの台数は何台か．最も近いものを次の（1）～（5）のうちから一つ選べ．ただし，ポンプの効率は $80\,\%$，設計製作上の余裕係数は 1.1 とし，複数台のポンプは排水を均等に分担するものとする．

(1) 1　　(2) 2　　(3) 6　　(4) 7　　(5) 9

■ **4** (H12 A-5)

定格積載質量にかごの質量を加えた値が $1800\,\mathrm{kg}$，昇降速度が $2.5\,\mathrm{m/s}$，釣合いおもりの質量が $800\,\mathrm{kg}$ のエレベータがある．このエレベータに用いる電動機の出力〔kW〕の値として，正しいのは次のうちどれか．ただし，機械効率は $70\,\%$，加速に要する動力及びロープの質量は無視するものとする．

(1) 9　　(2) 17　　(3) 25　　(4) 35　　(5) 63

■ **5** (R1 A-11)

かごの質量が $250\,\mathrm{kg}$，定格積載質量が $1500\,\mathrm{kg}$ のロープ式エレベータにおいて，釣合いおもりの質量は，かごの質量に定格積載質量の $50\,\%$ を加えた値とした．このエレベータの電動機出力を $22\,\mathrm{kW}$ とした場合，一定速度でかごが上昇しているときの速度の値〔m/min〕はいくらになるか，最も近いものを次の（1）～（5）のうちから一つ選べ．ただし，エレベータの機械効率は $70\,\%$，積載量は定格積載質量とし，ロープの質量は無視するものとする．

(1) 54　　(2) 94　　(3) 126　　(4) 180　　(5) 377

Chapter 7

照　　　　明

学習のポイント

　照明関係は，出題されない年もあるが，出題される場合は照度計算が多く出題されている．基本事項を理解しておくだけで解ける問題もあるため，光度や照度などの用語の定義と単位，関係式を確実に理解しておこう．これらをふまえて以下に示す分野の学習をするのがポイントである．

(1)　照明の基礎事項

　　・光源の光束と光度，照度，輝度などの計算．

　　・光束発散度，完全拡散面の関係を用いた計算．

(2)　照明計算

　　・点光源や配光特性の異なる複数灯による照度計算．

　　・無限長直線光源による照明，屋内照明，道路照明に関する計算．

(3)　各種照明の構造と特性

　　・発光現象と発光原理

　　・白熱電球，蛍光灯，LED ランプ，EL ランプ

　　・高圧水銀灯，ナトリウム灯など

7-1

照明の基礎事項

[★]

1 可視光と光束

　可視光（可視放射）は，一般的に光といい，**電磁波**の一種である．電磁波は，波長の短い方から γ 線，**X 線，光（紫外線，可視光，赤外線），マイクロ波**，通信用電波であり，人間の目に感じることのできる可視光の波長の範囲は，およそ **360〜830 nm** である．

　電磁波として **放出されるエネルギーの量を放射束**，そのうち **人間の目で光として感じることのできる量**（明るさ）を **光束** という．

　ある波長の光束 F〔lm〕と放射束 Φ〔W〕の比 F/Φ〔lm/W〕を **視感度** という．視感度は，人によっていくらかの差異はあるが，その最大値（最大視感度）を示す波長は，一般に **555 nm** で，その視感度は 683 lm/W である．

　最大視感度に対するほかの波長の視感度の比を **比視感度** という．図 7·1 に，

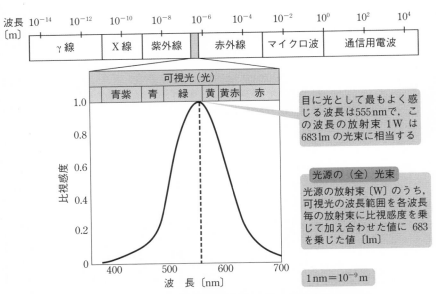

●図 7·1　比視感度曲線と光源の(全)光束との関係

比視感度曲線と光源の光束との関係を示す．各波長の放射束に視感度（比視感度
×683 lm）を乗じたものが光源の全光束となる．

2 光　度

　光源の**光度 I 〔cd〕**（カンデラ）は，光源から放射される光の**単位立体角（1 sr）**（ステラジアン）**当たりの
光束の量〔lm〕**で表され，**ある方向に対する光の強さ**を示す．図7·2に示すよ
うに立体角 ω 〔sr〕内に放射される**光束を F 〔lm〕**とすると，光度 I は次式となる．

$$I = \frac{F}{\omega} \ \text{〔cd〕} \tag{7·1}$$

　したがって，光度 I 〔cd〕の点光源から，ω 〔sr〕内に放射される光束 F 〔lm〕は，
次式となり，距離と関係なく一定である．

$$F = \omega I \ \text{〔lm〕} \tag{7·2}$$

$I = \dfrac{F}{\omega}$ 〔cd〕　光度 I〔cd〕

大きさが十分小さい光源　点光源

立体角 ω〔sr〕

光束 F〔lm〕

●図7·2　光　度

　ここで，**立体角 ω** は，ある点からの空間的な広がりを表し，**半径 1 m の球を
切り取る面積**で表される．**球全体の立体角は 4π** であり，図7·3のように，点O
から半径 r の距離にある面積 S の立体角 ω は，次式となる．

$$\omega = \frac{S}{r^2} \ \text{〔sr〕} \tag{7·3}$$

　また，立体角 ω と**平面角 θ**（図7·4）との関係は次式で表される．

$$\omega = 2\pi(1 - \cos\theta) \ \text{〔sr〕} \tag{7·4}$$

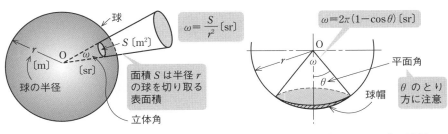

球

r〔m〕
O
ω〔sr〕
S〔m²〕

$\omega = \dfrac{S}{r^2}$〔sr〕

面積 S は半径 r の球を切り取る表面積

球の半径

立体角

●図7·3　立体角

$\omega = 2\pi(1 - \cos\theta)$〔sr〕

O
r
ω
θ
平面角
球帽

θ のとり方に注意

●図7·4　立体角と平面角の関係

Chapter
7

3 照　　度

図7・5に示す被照面の**照度 E 〔lx〕**は，**平面内に照射された光の明るさ**を示し，次式で表され，**単位面積（$1\,\mathrm{m^2}$）当たりの入射光束の量〔lm〕**である．

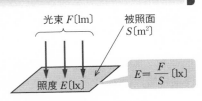

●図7・5　照　度

$$E = \frac{F}{S} \ \text{〔lx〕} \qquad (7\cdot5)$$

したがって，被照面 S〔$\mathrm{m^2}$〕の平均照度を E〔lx〕とするのに必要な光束 F〔lm〕は，次式となる．

$$F = ES \ \text{〔lm〕} \qquad (7\cdot6)$$

点光源の単位角当たりの光束は一定であるが，**距離が遠くなると単位角当たり**

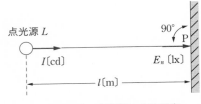

●図7・6　点光源による照度

の面積が大きくなるため，**光源に近いほど明るく，遠いほど暗くなる**．図7・6に示す被照面の**法線照度 E_n** は，点 P が半径 l の球面上の点と考え，照度の式（7・5）へ光束と光度との関係式（7・2）を代入し，次式で表される．この式は，点光源による照度計算の最も基礎となる式で，**距離の逆2乗法則**という．

$$E_n = \frac{F}{S} = \frac{\omega I}{S} = \frac{（球の立体角）\times I}{（球の表面積）} = \frac{4\pi I}{4\pi l^2} = \frac{I}{l^2} \qquad (7\cdot7)$$

4 輝　　度

輝度は，**人が光源を見た時の光の強さ**であり，図7・7のような発光面（光の反射面や透過面を含む）のその方向の輝度 L は，次式で表される．すなわち，**その方向の光度をその方向の見かけの面積 S' で割った値**である．

球光源の場合，P方向から平面へ投影すると円となる．この面積 S' を見かけの面積という

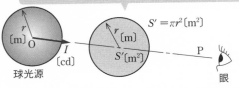

●図7・7　光源の形と見かけの面積との関係

$$L = \frac{光度}{見かけの面積} = \frac{I}{S'} \ \text{〔cd/m}^2\text{〕} \qquad (7\cdot8)$$

5 光束発散度

光束発散度は，発光面（反射面，透過面を含む）の**単位面積から発散する光束**であり，ある面から発散する光束を F [lm]，その**実表面積**を S [m²] とすると，光束発散度 M [lm/m²] は次式となる．

$$M = \frac{F}{S} \ [\text{lm/m}^2] \tag{7・9}$$

照度と同じ式になるが，照度は照射される側の指標で，光束発散度は光源側の指標であり，ある面に入射した光束がどれだけ反射あるいは透過するかを表す．図 7・8 のように，被照面の照度を E [lx]，**反射率を** ρ，**透過率を** τ とすると，反射面の光束発散度 M_ρ および透過面の光束発散度 M_τ は次式となる．

$$M_\rho = \rho E, \ M_\tau = \tau E \ [\text{lm/m}^2] \tag{7・10}$$

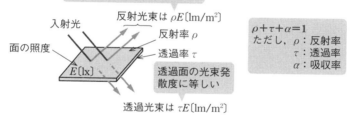

●図 7・8　光束の反射，透過，吸収と反射面・透過面の光束発散度

どの方向から見ても輝度の等しい面を**完全拡散面**（均等拡散面）といい，光束発散度 M と輝度 L との間に次の関係がある．

$$M = \pi L \ [\text{lm/m}^2] \tag{7・11}$$

6 熱放射（温度放射）に関する法則

黒体（完全放射体）とは，投射された放射を全部吸収すると仮定した仮想的な物体で，すべての波長において最大の熱放射をする．炭素や白金黒が黒体に近い物体である．黒体では，その温度により色も定まるので，この現象を利用して高温物体（非黒体）の光色と同じ光色の黒体の温度 [K] を高温物体の温度とし，この温度を**色温度**という．

◖1▐ ステファン・ボルツマンの法則

「**黒体の表面から出る放射束**（放射エネルギー）Φは，**絶対温度 T の 4 乗に比例する**」ことを**ステファン・ボルツマンの法則**という．すなわち

$$\Phi = \varepsilon \sigma S T^4 \, [\mathrm{W}] \tag{7・12}$$

ただし，ε：放射率（黒体は $\varepsilon = 1$，一般の物体は $0 < \varepsilon < 1$）

σ：ステファン・ボルツマン定数（$= 5.68 \times 10^{-8}\,\mathrm{W/(m^2 \cdot K^4)}$）

S：表面積 $[\mathrm{m^2}]$，T：温度 $[\mathrm{K}]$（$\fallingdotseq t\,[\mathrm{℃}] + 273$）

◖2▐ ウィーンの変位則

「熱放射をする黒体の表面から出る各波長のエネルギーのうち，**最大エネルギーとなる波長 λ_m は，絶対温度 T に反比例**する」ことを**ウィーンの変位則**という．すなわち

$$\lambda_m T = K \tag{7・13}$$

ただし，λ_m：波長 $[\mathrm{\mu m}]$，T：温度 $[\mathrm{K}]$，K：定数（$= 2989\,\mathrm{\mu m \cdot K}$）

◖3▐ 両法則の関係

前記の両法則を図示すると図 7・9 のようになる．すなわち，$6000K$ の黒体は $3000K$ の黒体に比べて $16\,(= 2^4)$ 倍のエネルギーを放射し，放射束が最大となる波長は $1/2$ となる．光色は，温度の上昇とともに赤から橙，黄，…青紫へ移行する．

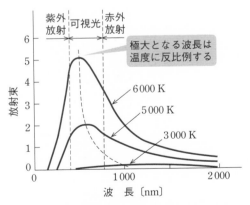

●図 7・9　黒体の温度と放射束（プランクの法則）

7 配光と配光曲線

光源の光度分布を**配光**といい，各方向の光度分布状態を図 7・10 のように極座標で表したものを**配光曲線**という．完全拡散面を有する代表的な形をした光源の配光曲線を表 7・1 に示す．

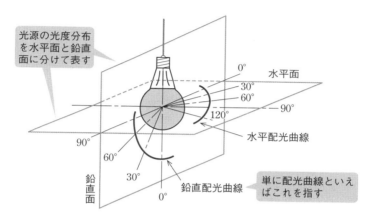

● 図 7・10　光源の配光曲線の表し方

● 表 7・1　完全拡散光源の配光曲線

	点光源・球面光源	平板光源	円筒光源	半球面光源
配光	$I=F/4\pi$	$I_\theta=I_0\cos\theta$	$I_\theta=I_{90}\sin\theta$	

8 演色性

　ある光で物を照らしたとき，その物体の色の見え方を**演色性**といい，試料光源と基準光源で照明したときの色の見え方を比較し，**色ずれの程度で評価**する．
　代表的な指数に，**平均演色評価数（R_a）**があり，色の異なる数枚の演色評価色票を用いて色ずれを評価し，その平均値を求めたものである．したがって，

R_a 100 が基準光と同じで，数値が小さいほど色ずれが大きい.

R_a は，色の再現の忠実度を表した指数で，色の好ましさを表すものではない.

9 測光用機器

図 7・11 に主な測光用機器を示す.光電池式照度計のように光エネルギーを電気エネルギーに変換し，メータの読みで測る測光法を**物理測光**といい，その分光分布感度は比視感度と一致させてある.

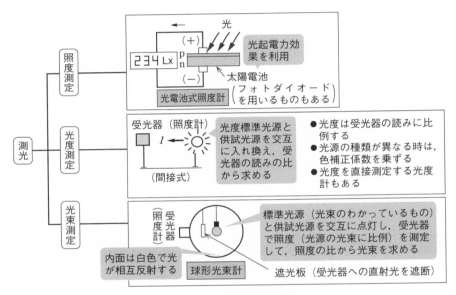

●図 7・11　主な測光用機器

問題1　　　　　　　　　　　　　　　　　　H6 A-3

　ある光源の平均球面光度が 200 cd であった.この光源の全光束〔lm〕の値として，最も近いものを次のうちから一つ選べ.

(1) 1 880　(2) 2 510　(3) 3 140　(4) 4 240　(5) 5 020

 式 (7・2) を用いて全光束を求める.光源から全方向を見た立体角は 4π〔sr〕である.

式 (7・2) から，光源の全光束 $F = \omega I = 4\pi \times 200 \fallingdotseq \mathbf{2510\,lm}$ となる．

解答 ▶ (2)

問題2 ✓ ✓ ✓   H14 B-13

　光束 $5\,000\,\mathrm{lm}$ の均等放射光源がある．その全光束の $60\,\%$ で面積 $4\,\mathrm{m}^2$ の完全拡散性白色紙の片方の面（A 面）を一様に照射して，その透過光により照明を行った．これについて，次の (a) および (b) に答えよ．ただし，白色紙は平面で，その透過率は 0.40 とする．

(a) 透過して白色紙の他の面（B 面）から出る面積 $1\,\mathrm{m}^2$ 当たりの光束（光束発散度）$[\mathrm{lm/m}^2]$ の値として，最も近いものを次のうちから一つ選べ．

　(1)　150　　(2)　300　　(3)　500　　(4)　750　　(5)　1 200

(b) 白色紙の B 面の輝度 $[\mathrm{cd/m}^2]$ の値として，最も近いものを次のうちから一つ選べ．

　(1)　23.9　　(2)　47.8　　(3)　95.5　　(4)　190　　(5)　942

 図 7・8 に示す入射光束による面の照度，透過光束・光束発散度の関係式を用いる．

 (a) A 面の照度を式 (7・5) で求めた後，B 面の光束発散度を式 (7・10) で求めると

$$E = \frac{F}{S} = \frac{5\,000 \times 0.6}{4} = 750\,\mathrm{lx}$$

$$\therefore \quad M_\tau = \tau E = 0.4 \times 750 = \mathbf{300\,lm/m^2}$$

(b) 式 (7・11) から輝度 L を求めると

$$M = \pi L \quad \rightarrow \quad L = \frac{M}{\pi} \fallingdotseq \frac{300}{3.14} \fallingdotseq \mathbf{95.5\,cd/m^2}$$

解答 ▶ (a)–(2)，(b)–(3)

問題3 ✓ ✓ ✓   H9 A-6

　完全拡散性の直管形蛍光灯があり，管の直径が $38\,\mathrm{mm}$，管の発光部分の長さが $600\,\mathrm{mm}$，その軸と直角方向の光度は $114\,\mathrm{cd}$ で一定である．この蛍光灯の輝度 $[\mathrm{cd/m}^2]$ の値として，最も近いものを次のうちから一つ選べ．

　(1)　795　　(2)　1 590　　(3)　2 500　　(4)　2 600　　(5)　5 000

 蛍光灯の直径を d [m]，長さを l [m] とすれば，見かけの面積は $S' = dl$ [m²] となる．輝度 L は，式 (7・8) から

Chapter **7**

$$L = \frac{I}{S'} = \frac{I}{dl} = \frac{114}{38 \times 10^{-3} \times 600 \times 10^{-3}} = \textbf{5 000 cd/m}^2$$

解答 ▶ (5)

問題4 ☑☑☑　　　　　　　　　　　　　　　　　　H4 B-21 〈改〉

　　1 kW の電球を取り付けた図のような投光器がある．その配光は光柱の軸線に対して対称であって，全光束は光柱の開き 20 度の平面角内に投射されるものとする．器具効率が 85 %，電球の効率を 18 lm/W とすると，光柱の平均光度〔cd〕として，正しいものは次のうちどれか．ただし，cos 10° = 0.985，cos 20° = 0.940 とする．

1 kWの電球

(1)　1.62×10^3　　(2)　4.06×10^3　　(3)　1.62×10^4

(4)　4.06×10^4　　(5)　1.62×10^5

 全光束 F は，電球の消費電力 P〔W〕に発光効率 K〔lm/W〕，器具効率 η〔%〕を乗じて求める．光柱の立体角は式（7·4）を用いて求める．

 光柱の平均光度 I〔cd〕は，式（7·1）から

$$I = \frac{F}{\omega} = \frac{PK\eta}{2\pi(1 - \cos\theta)} = \frac{1 \times 10^3 \times 18 \times 0.85}{2\pi\ (1 - \cos 10°)} \fallingdotseq \textbf{1.62} \times \textbf{10}^5\ \textbf{cd}$$

解答 ▶ (5)

問題5 ☑☑☑　　　　　　　　　　　　　　　　　　H19 A-11 〈改〉

　　円形テーブルの中心点の直上に全光束 1500 lm で均等放射する電球を取り付けた．この円形テーブル面の平均照度〔lx〕の値として，最も近いものを次のうちから一つ選べ．ただし，電球から円形テーブル面までの距離に比べ電球の大きさは無視できるものとし，電球から円形テーブル面を見た立体角は 0.74 sr，円形テーブルの面積は 2 m² とする．

(1)　14　　(2)　34　　(3)　44　　(4)　88　　(5)　177

 均等放射する光源から発散する光束は，立体角に比例する．テーブルの平均照度は，式（7·5）を用いて求める．

 テーブルへ入射する光束は，$F = 1500 \times (0.74/4\pi)$ lm

$$\therefore\quad \text{平均照度}\ E = \frac{\text{入射光束〔lm〕}}{\text{テーブル面積〔m}^2\text{〕}} = \frac{1500 \times (0.74/4\pi)}{2} \fallingdotseq \textbf{44 lx}$$

解答 ▶ (3)

照　明　計　算

[★★★]

1 平面照度

【1】 点光源による水平面照度

光束 F [lm] が水平面 S_2 [m²] へ入射角 θ で斜めから入射しているとき，図7・12 (a) のように法線面 S_1 [m²] より広い面積を照射することになり，垂直から照射したときよりも照度が低くなる．

法線面 S_1 と水平面 S_2 との関係は，$S_1 = S_2 \cos\theta$ から $S_2 = S_1/\cos\theta$ となり，光度 I の光源によって生じる**水平面照度** E_h は次式となる．

$$E_h = \frac{F}{S_2} = \frac{F}{S_1/\cos\theta} = \frac{F}{S_1}\cos\theta = E_n\cos\theta = \frac{I}{l^2}\cos\theta \ [\text{lx}] \qquad (7 \cdot 14)$$

水平面照度は，入射角を θ としたとき，法線照度 E_n の $\cos\theta$ 倍の値となることから，これを**入射角余弦の法則**という．図7・12 (b) に入射角，水平面照度と法線照度との関係を示す．

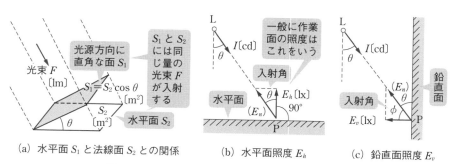

(a) 水平面 S_1 と法線面 S_2 との関係 　　(b) 水平面照度 E_h 　　(c) 鉛直面照度 E_v

●図7・12　点光源による直接照度の代表的な表し方

【2】 点光源による鉛直面照度

図7・12 (c) に示した**鉛直面照度** E_v は，壁面上の照度に対応するもので，入射角を ϕ とすると，$\phi + \theta = 90°$ であるから，次式で表される．

$$E_v = E_n\cos\phi = E_n\sin\theta = \frac{I}{l^2}\sin\theta \ [\text{lx}] \qquad (7 \cdot 15)$$

◖3◗ 多数の点光源による水平面照度

図7·13のように点光源が2個以上の場合には，それぞれの光源によって点P
に生じる水平面照度を求め，その和が水平面照度 E_h となる．

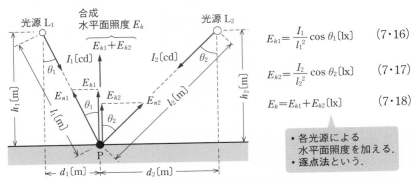

$$E_{h1} = \frac{I_1}{l_1^2} \cos \theta_1 \, [\text{lx}] \qquad (7·16)$$

$$E_{h2} = \frac{I_2}{l_2^2} \cos \theta_2 \, [\text{lx}] \qquad (7·17)$$

$$E_h = E_{h1} + E_{h2} \, [\text{lx}] \qquad (7·18)$$

・各光源による
水平面照度を加える．
・逐点法という．

●図7·13 多数の点光源による水平面照度（2個の光源による水平面照度の例）

2 無限長直線光源による直接照度の計算

無限に長い直線光源による直接照度の計算は，図7·14のように，求めようと
する点Pを含む長さ1mの光源と仮想円筒を考え，光源の全光束（反射光束を
無視）が仮想円筒の円筒面を通過することとなるので，その円筒面 $1\,\text{m}^2$ 当たり
の通過光束を求めれば，その値が法線照度となる．

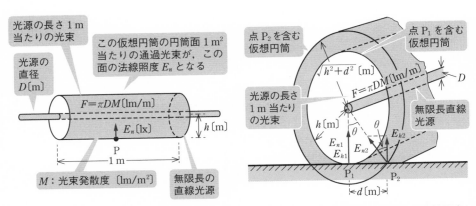

●図7·14 直線光源による直接照度の考え方

●図7·15 無限長直線光源による直接照度

したがって，図 7·15 の点 P_1 の法線照度 E_{n1}，水平面照度 E_{h1}，点 P_2 の法線照度 E_{n2}，水平面照度 E_{h2} は，光源の長さ 1 m 当たりの光束を F〔lm/m〕，光源の直径を D〔m〕，光束発散度を M〔lm/m^2〕，仮想円筒の長さ 1 m 当たりの表面積を S〔m^2〕とすれば，次のようになる．

$$E_{n1} = E_{h1} = \frac{F}{S} = \frac{F}{2\pi h} \;[\mathrm{lm}] \tag{7・19}$$

$$E_{n2} = \frac{F}{2\pi\sqrt{h^2+d^2}} \;[\mathrm{lm}] \tag{7・20}$$

$$E_{h2} = E_{n2}\cos\theta = \frac{F}{2\pi\sqrt{h^2+d^2}} \times \frac{h}{\sqrt{h^2+d^2}} = \frac{Fh}{2\pi(h^2+d^2)} \;[\mathrm{lm}] \tag{7・21}$$

$$F = (光源 1\,\mathrm{m} 当たりの表面積) \times M = \pi DM \;[\mathrm{lm/m}] \tag{7・22}$$

3 屋内照明計算

【1】照 明 率

屋内全般照明などの被照面の照度は，光源からの**直接光束による直接照度**と天井・壁・床からの**反射光束による間接照度**の和となるので，両者の光束を考慮して**照明率 U** が用いられ，次式で表される．

$$U = \frac{被照面へ達する光束}{光源の光束} \tag{7・23}$$

照明率は，照明器具の効率，室の形状・寸法から定まる**室指数**，室の内装の色合や反射率などをもとに，メーカのカタログ（**照明率表**）から求める．

照明率や器具効率などの関係を図 7·16 に示す．

【2】保 守 率

光源の光束は時間とともに減退し，照明器具も汚れて器具効率が低下するので，設計当初にこれらを見込んでおく．この係数を**保守率 M** という．

【3】平均照度計算

図 7·17 において，1 灯あたり光束 F の照明を N 灯としたとき，被照面（床面，作業面：床上 85 cm が標準）へ入射する光束は $NFUM$〔lm〕であり，被照面の平均照度 E は，式（7·5）から次式となる．

$$E = \frac{NFUM}{S} \;[\mathrm{lx}] \tag{7・24}$$

Chapter
7

被照面の所要照度が与えられたときの必要灯器具数 N は次式となる.

$$N = \frac{ES}{FUM} \text{〔個〕} \tag{7・25}$$

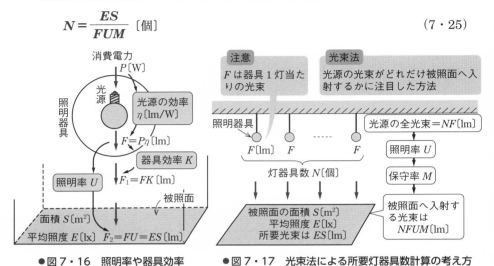

●図7・16　照明率や器具効率などの関係

●図7・17　光束法による所要灯器具数計算の考え方

4 道路照明計算

図7·18のような千鳥配列に照明器具を配置したとき, 1灯当たりの被照面積 S を求めた後, 式 (7·24) で $N = 1$ とおけば, 被照面の平均照度 E は次式となる.

$$E = \frac{FUM}{S} \text{〔lx〕} \tag{7・26}$$

したがって, 所要照度が与えられたときの1灯当たりの所要光束は次式となる.

$$F = \frac{ES}{UM} = \frac{EBL}{UM} \text{〔lm〕} \tag{7・27}$$

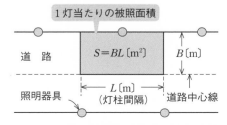

●図7・18　道路照明の考え方（照明器具が千鳥配列の例）

問題6 ✓ ✓ ✓

図のように，看板を照らす光源 L がある．看板上の点 P の照度を 200 lx とするために必要な光源の $\overrightarrow{\mathrm{LP}}$ 方向の光度〔cd〕の値として，最も近いものを次のうちから一つ選べ．ただし，点 P は，光源 L を含み看板に直角な平面上にあるものとし，$\sin 30° = 0.5$，$\cos 30° = 0.866$ とする．

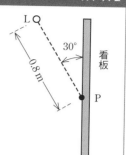

(1)　113　　(2)　185　　(3)　256　　(4)　320
(5)　400

 式（7・15）を用いて，光源の必要な光度 I を求める．

 式（7・15）から

$$I = \frac{E_v l^2}{\sin\theta} = \frac{200 \times 0.8^2}{\sin 30°} = \frac{200 \times 0.64}{0.5} = \mathbf{256\,cd}$$

解答 ▶ (3)

問題7 ✓ ✓ ✓

図に示すような幅 6 m，奥行 8 m の長方形の駐車場の四隅に柱を立て，各柱の地上から 5 m の頂点に全光束 5 000 lm の水銀灯を設置した．駐車場の中心 O の水平面照度〔lx〕の値として，最も近いものを次のうちから一つ選べ．ただし，各水銀灯は均等光源とする．

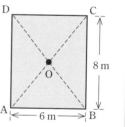

(1)　5.6　　(2)　22.5　　(3)　31.8　　(4)　141
(5)　283

 光源の光度の計算，光源から点 O までの距離計算，入射角 θ の cos の計算がポイントで，解図のように図に描くとわかりやすい．

 均等光源の光度 I を式（7・1）で求めた後，1 灯分の水平面照度 E_h を式（7・14），解図を用いて求め，4 灯分を足し合わせる．

$$I = \frac{F}{\omega} = \frac{5\,000}{4\pi} \fallingdotseq 398\,\mathrm{cd}$$

$$\therefore\ E_h = \frac{I}{l^2}\cos\theta \times 4 = \frac{398}{(\sqrt{5^2+5^2})^2} \times \frac{5}{\sqrt{5^2+5^2}} \times 4 = \frac{398}{50} \times \frac{5}{5\sqrt{2}} \times 4 \fallingdotseq \mathbf{22.5\,lx}$$

Chapter **7**

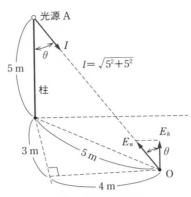

●解図　光源と点 O との距離，入射角 θ

解答 ▶ (2)

　図に示すように，床面上の直線距離 3 m 離れた点 O および点 Q それぞれの直上 2 m のところに，配光特性の異なる 2 個の光源 A，B をそれぞれ取り付けたとき，$\overline{\text{OQ}}$ 線上の中点 P の水平面照度に関して，次の (a) および (b) に答えよ．ただし，光源 A は床面に対し垂直な方向に最大 I_0 〔cd〕で，この I_0 の方向と角 θ をなす方向に $I_A(\theta)=1000\cos\theta$ 〔cd〕の配光をもつ．光源 B は全光束 5 000 lm で，どの方向にも光度が等しい均等放射光源である．

(a) まず，光源 A だけを点灯したとき，点 P の水平面照度〔lx〕の値として，最も近いものを次の (1)〜(5) のうちから一つ選べ．

(1) 57.6 (2) 76.8 (3) 96.0 (4) 102 (5) 192

(b) 次に，光源 A と光源 B の両方を点灯したとき，点 P の水平面照度〔lx〕の値として，最も近いものを次の (1)〜(5) のうちから一つ選べ．

(1) 128 (2) 141 (3) 153 (4) 172 (5) 256

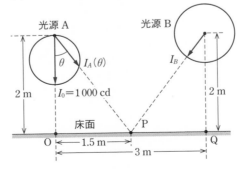

与えられた光源の配光により，光度 I が異なることに注意．
平板光源 $I_A(\theta) = I_0\cos\theta$，点光源 $I_B = F/4\pi$

解説 （a）式（7·14）から，点 P の照度 E_{h1} は

$$E_{hA} = \frac{I_A(\theta_A)}{l_A^2}\cos\theta_A = \frac{1\,000\cos\theta_A}{(\sqrt{2^2+1.5^2})^2}\cdot\cos\theta_A = \frac{1\,000}{2^2+1.5^2}\cos^2\theta_A$$

ここで，$\cos\theta_A = \dfrac{2}{\sqrt{2^2+1.5^2}} = \dfrac{2}{2.5}$ を上式に代入すれば

$$E_{hA} = \frac{1\,000}{6.25}\times\left(\frac{2}{2.5}\right)^2 \fallingdotseq \mathbf{102\,lx}$$

（b）光源 B の光度 I_B は，式（7·1）から

$$I_B = \frac{F_B}{\omega} = \frac{5\,000}{4\pi} \fallingdotseq 398\,cd$$

光源 B による水平面照度 E_{hB} は，式（7·14）から

$$E_{hB} = \frac{I_B}{l_B^2}\cos\theta_B = \frac{398}{(\sqrt{2^2+1.5^2})^2}\times\frac{2}{\sqrt{2^2+1.5^2}} \fallingdotseq 50.9\,lx$$

したがって，光源 A と光源 B の両方を点灯したときの点 P の照度 E_h は

$$E_h = E_{hA}+E_{hB} = 102.4+50.9 = 153.3 \fallingdotseq \mathbf{153\,lx}$$

解答 ▶ (a)-(4)，(b)-(3)

問題9 ✓✓✓　　　　　　　　　　H29 B-17 (a)

　均等拡散面とみなせる半径 0.3 m の円板光源の片面のみが発光する．円板光源中心における法線方向の光度 I_0 は 2 000 cd であり，鉛直角 θ 方向の光度 I_θ は $I_\theta = I_0\cos\theta$ で与えられる．

　図に示すように，この円板光源を部屋の天井面に取り付け，床面を照らす方向で部屋の照明を行った．床面 B 点における水平面照度の値〔lx〕と B 点から円板光源の中心を見たときの輝度の値〔cd/m²〕として，最も近い値の組合せを次の（1）～（5）のうちから一つ選べ．ただし，この部屋にはこの円板光源以外に光源はなく，天井，床，壁など，周囲からの反射光の影響はないものとする．

	水平面照度〔lx〕	輝度〔cd/m²〕
(1)	64	5 000
(2)	64	7 080
(3)	90	1 060
(4)	90	1 770
(5)	255	7 080

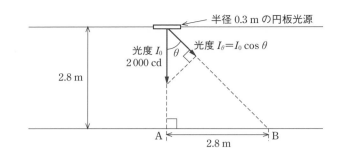

半径 0.3 m の円板光源

光度 I_0
2 000 cd

光度 $I_\theta = I_0 \cos\theta$

θ

2.8 m

A

2.8 m

B

輝度は，光度を見かけの面積で割ったものであり，B 点から見た円板光源の見かけの大きさは，$\cos\theta$ 倍に圧縮されただ円となることから求める．

 B 点の水平面照度 E_h は，式（7・14）より

$$E_h = \frac{I}{l^2}\cos\theta = \frac{I_0\cos\theta}{l^2}\cos\theta = \frac{2\,000\times(1/\sqrt{2})^2}{(2.8\sqrt{2})^2} \fallingdotseq \mathbf{64\,lx}$$

円板光源の面積 S_2 と B から見た見かけの面積 S_1 は，図 7・12（a）と同様の関係にあり

$$S_1 = S_2\cos\theta = \pi r^2\cos\theta$$

輝度 L は，式（7・8）より

$$L = \frac{I}{S_1} = \frac{I_0\cos\theta}{\pi r^2\cos\theta} = \frac{2\,000}{\pi\times0.3^2} \fallingdotseq \mathbf{7\,080\,cd/m^2}$$

解答 ▶ **(2)**

問題10　　　✓ ✓ ✓　　　　　　　　　　　　H18 B-17〈改〉

床面上 3 m の高さに，管径 28 mm の完全拡散性無限長直線光源が床面に平行に設置されている．光源からは単位長当たり 3 000 lm/m の光束を一様に発散しているとき，次の（a）および（b）に答えよ．

(a) 直線光源の光束発散度 M〔lm/m²〕の値として，最も近いものを次のうちから一つ選べ．

(1) 4.2×10^3　　(2) 8.5×10^3　　(3) 34.1×10^3　　(4) 68.2×10^3

(5) 107×10^3

(b) 光源直下の床面の水平面直接照度 E_h〔lx〕の値として，最も近いものを次のうちから一つ選べ．

(1) 80　　(2) 159　　(3) 239　　(4) 318　　(5) 333

光束発散度は，光源から発散する光束の単位面積当たりの値であり，光源 1 m 当たりの光束と表面積（π×直径×1 m）から求める．無限長直線光源の水平面直接照度は，光源 1 m 当たりの光束と被照面積（$2\pi h \times 1\,\text{m}$）から求める．

解説 (a) 光源の光束発散度 M [lm/m²] は，式 (7·22) から

$$M = \frac{F}{\pi D} = \frac{3\,000}{\pi \times 28 \times 10^{-3}} \fallingdotseq \mathbf{34.1 \times 10^3\,lm/m^2}$$

(b) 光源直下の床面照度 E は，式 (7·19) から

$$E = \frac{F}{2\pi h} = \frac{3\,000}{2\pi \times 3} \fallingdotseq \mathbf{159\,lx}$$

解答 ▶ **(a)‑(3)，(b)‑(2)**

問題⓫ ✓ ✓ ✓   H12 A-6

間口 4 m，奥行 6 m の室の天井に 40 W 蛍光灯 2 灯用照明器具（下面開放形）を 4 基取り付けた．床面の平均照度〔lx〕の値として，正しいものを次のうちから一つ選べ．ただし，蛍光灯の効率は 75 lm/W，保守率は 0.7，床面に対する照明率は 0.4 とする．

(1) 140   (2) 200   (3) 280   (4) 400   (5) 570

 平均照度 E は，被照面へ到達する単位面積当たりの入射光束である．入射光束は，全照明の光束（灯数×ワット数〔W〕×効率〔lm/W〕）に照明率，保守率を乗じたものになる．

解説 式 (7·24) から，床面の平均照度 E は

$$E = \frac{NFUM}{S} = \frac{4 \times (40 \times 75 \times 2) \times 0.4 \times 0.7}{4 \times 6} = \mathbf{280\,lx}$$

解答 ▶ **(3)**

問題⓬ ✓ ✓ ✓   H24 B-17

開口 10 m，奥行 40 m のオフィスがある．夏季の節電のため，天井の照明を間引き点灯することにした．また，間引くことによる冷房電力の削減効果も併せて見積もりたい．節電電力（節電による消費電力の減少分）について，次の (a) および (b) の問に答えよ．

(a) このオフィスの天井照明を間引く前の作業面平均照度は 1 000 lx（設計照度）である．間引いた後は 750 lx（設計照度）としたい．天井に設置してある照明器具は 2 灯用蛍光灯器具（蛍光ランプ 2 本と安定器）で，消費電力は 70 W である．また，蛍光ランプ 1 本当たりのランプ光束は 3 520 lm である．照明率 0.65，保守率 0.7 としたとき，天井照明の間引きによって期待される節電電力〔W〕の値として，最も近いものを次の（1）～（5）のうちから一つ選べ．

  （1）　420　　　（2）　980　　　（3）　1 540　　　（4）　2 170　　　（5）　4 340

(b) この照明の節電によって照明器具から発生する熱が減るためオフィスの空調機の熱負荷（冷房負荷）も減る．このため，冷房電力の減少が期待される．空調機の成績係数（COP）を 3 とすると，照明の節電によって減る空調機の消費電力は照明の節電電力の何倍か．最も近いものを次の（1）～（5）のうちから一つ選べ．

  （1）　0.3　　　（2）　0.33　　　（3）　0.63　　　（4）　1.3　　　（5）　1.33

(a) 節電前後の平均照度を得るための灯器具数を求め，その差分が間引き灯器具数となるので，その差分に 1 灯器具の消費電力を乗ずれば，全節電電力となる．

(b) 空調機の COP は，（冷房能力（熱負荷）〔W〕）（冷房電力〔W〕）で求めた値である．詳細は，後述の図 8・9 を参照．

（a）節電前の所要灯器具数 N_1〔灯〕は，式（7・25）から

$$N_1 = \frac{ES}{FUM} = \frac{1\,000 \times (10 \times 40)}{(3\,520 \times 2) \times 0.65 \times 0.7} \fallingdotseq 125 \text{ 灯}$$

同様に，節電後の所用灯器具数 N_2〔灯〕は，平均照度が節電前の 0.75 倍であるから

$$N_2 = N_1 \times 0.75 = 125 \times 0.75 \fallingdotseq 93.8 \quad \rightarrow \quad 94 \text{ 灯}$$

したがって，節電のため，減らした灯器具数は $N_1 - N_2 = 31$ 灯となる．

節電電力は，$\Delta P = 31$〔灯〕$\times 70$〔W/灯〕$= \mathbf{2\,170\,W}$ となる．

（b）COP の定義から，熱負荷を P〔W〕，冷房電力（空調機の消費電力）を P_C とすれば

$$\text{COP} = \frac{P}{P_C} \quad \therefore \quad P_C = \frac{P}{\text{COP}}$$

となり，空調機の節電電力は，照明器具の節電電力の 1/(COP) = 1/3 ≒ **0.33** 倍となる．

解答 ▶ **(a)-(4)**，**(b)-(2)**

照　明　器　具

[★]

1 発光の種類と発光原理

　発光現象には，**熱放射**と**ルミネセンス**があり，様々な照明に活用されている．表7・2に，発光の種類と発光原理を示す．

　ルミネセンスとは，**物質が外部からのエネルギーを吸収して励起**（電子の軌道が安定状態からエネルギーが高い状態に移る）し，**元の状態に戻る際にエネルギーを電磁波として放出**することで発光する現象である．

　分光分布とは，光源に含まれる放射束の波長ごとの割合を示したもので，**熱放射では連続スペクトル**になるが，**ルミネセンスでは線または帯スペクトル**となる．

●表7・2　発光の種類と発光原理

		発光原理	応用例
熱放射		・物質を高温にして，内部の原子や分子などの熱振動によって放射エネルギーを放出し発光	白熱電球 ハロゲン電球
ルミネセンス	放電発光	・気体の放電により物質内部の原子や分子などが電離または励起され，電子状態の遷移に伴って発光	ナトリウム灯
	フォトルミネセンス	・蛍光体などに外部から光を照射し，物質中の電子が励起され，放射エネルギーを放出し発光 ・発光する光の波長は，刺激放射の波長より長い（**ストークスの法則**）	蛍光灯 水銀灯 (蛍光形) 白色 LED (蛍光体)
	エレクトロルミネセンス	・物質に直接電界を印加し発光する現象 ・電界を加えて発光させる真正 EL(無機 EL) ・電子・正孔の再結合による注入型 EL (LED, 有機 EL)	LED 無機/有機 EL
	カソードルミネセンス	・電子線を物質に衝突させて発光する現象	ブラウン管

2 白熱電球

1 構　造

　照明用白熱電球（タングステン電球）は，ガラス球の中心に，**タングステンフィラメント**（2重コイル）を配し，球内へ微量の不活性ガス（クリプトン，アルゴ

Chapte

7

ン，窒素など）を封入し，口金をつけたものである．なお，白熱電球は蛍光灯や LED ランプに比べて効率が低いため，省エネルギーの点から代替のきかない白熱電球を除き，国内では 2012 年に生産がほぼ中止された．

【2】 白熱電球の特性

効率は，約 10 ～ 20 lm/W で，消費電力の大きいものほど高い．100 V-100 W の効率は**約 16 lm/W**，寿命（残存率：半数の電球のフィラメントが切れるまでの時間）は**1 000 時間**（クリプトン電球は 2 000 時間）である．

図 7・19 に一般照明用のタングステン電球の電圧特性例を示す．例えば，定格電圧より 10 ％ 高い電圧では，光束は約 40 ％ 増，効率は約 20 ％ 高くなるが，寿命は約 30 ％ と極端に短くなる．

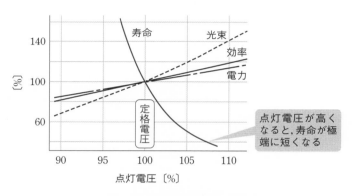

●図 7・19　白熱電球の電圧特性例

【2】 ハロゲン電球

ハロゲン電球は図 7・20（a）のように，白熱電球の管内に**ハロゲン元素（ヨウ素，臭素など）を封入**したもので，同図（b）に示すようにタングステンとハロゲンが化合と分解を繰り返す．これを**ハロゲンサイクル**と呼ぶ．また，臭素化合物も封入され，寿命や特性を安定化している．

小型，高効率（約 15 ～ 25 lm/W）で一般の白熱電球に比べ高色温度，長寿命，光束低下がほとんどないなどの特長がある．用途は，各種の投光照明，スポット照明，自動車の前照灯などに利用される．

石英ガラス管

外側に透光性赤
外反射膜を塗
布：効率の向上

タングステン
フィラメント

微量のハロゲン
物質と不活性ガ
スを封入

アンカ

口金

(a) 構造例

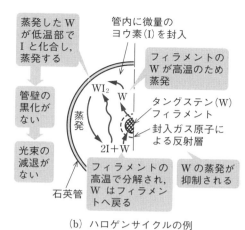

蒸発したW
が低温部で
Iと化合し，
蒸発する

管壁の
黒化が
ない

光束の
減退が
ない

管内に微量の
ヨウ素(I)を封入

フィラメントの
Wが高温のため
蒸発

タングステン(W)
フィラメント

封入ガス原子に
よる反射層

WI_2

W

蒸発

$2I+W$

石英管

フィラメントの
高温で分解され，
Wはフィラメン
トへ戻る

Wの蒸発が
抑制される

(b) ハロゲンサイクルの例

●図7・20　ハロゲン電球の構造とハロゲンサイクル

3 蛍 光 灯

1 構造と発光原理

蛍光灯は，**熱陰極低圧放電灯（水銀灯）の一種**であり，図7・21に，（予熱始動形）蛍光灯の構造と発光原理を示す．

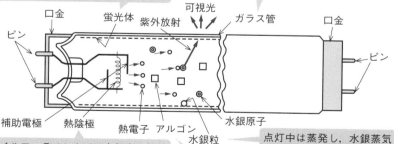

・アーク放電で水銀蒸気から発する253.7 nm
の紫外放射によって可視光を発する．線スペクトルで赤外放射はほとんど発しない
・蛍光体の種類により各種の光色が得られる

電球形蛍光灯やコンパクト形蛍光灯は，管径
を細くし，ガラス管を折り曲げ・接合などして
片口金としたもの．直管形に比べ輝度が高い

可視光

口金　　蛍光体　紫外放射　　　ガラス管　　　　口金

ピン

ピン

補助電極　　熱陰極　　熱電子　アルゴン　　　水銀原子
　　　　　　　　　　　　　　水銀粒

・二重コイルフィラメントで，点灯中は熱電
子の衝突により赤熱される
・熱電子を放出しやすくするため，バリウム
などの酸化物（エミッタ）を被覆してある

点灯中は蒸発し，水銀蒸気
圧が約1 Paとなる量を封入

始動を容易にするため数hPaの圧力で封入
してある

●図7・21　蛍光灯の構造と発光原理

Chapter 7

　フィラメントが加熱されると電極から熱電子が放出され，電極間の電圧により反対側の電極に到達する放電状態となる．放電状態となった熱電子がガラス管内で蒸発して気体となっている水銀原子に衝突することで，水銀原子から紫外線が放出される（**放電発光**）．この紫外線がガラス管の内側に塗布された蛍光体に衝突すると，可視光となって外部に放出され発光する（**フォトルミネセンス**）．

　白熱電球に比べて，熱放射が少なく，ランプ表面の輝度も低い．蛍光体の組合せにより，効率を重視した昼光色（色温度約 6500 K）をはじめ，昼白色，白色，温白色，電球色がある．また，青，緑，赤の 3 成分蛍光体を配合した高効率高演色性の 3 波長域発光形蛍光灯が普及している．

　蛍光灯では，寿命末期に端部が黒くなる**エンドバンド黒化**，エミッタの飛散による**スポット黒化**，水銀粒子による**斑点現象**などが生じる．

◀2▶ 蛍光灯の点灯方式

　点灯方式には，大別してスタータ式（予熱始動式），ラピッドスタート式，インバータ式（電子式）がある．

　スタータ式は，図 7·22 のように，**点灯管のグロー放電により熱陰極を予熱して点灯**させる方式であり，点灯までに時間がかかる．

　ラピッドスタート式は，図 7·23 のように，始動補助導体を持つラピッド蛍光灯と磁気漏れ変圧器形の安定器を使用して即時点灯する．**点灯管が不要で比較的低い電圧でも始動**し，始動に無理が少ないので寿命が長い．多数の蛍光灯の一斉点灯が可能で，調光装置を付けることにより，明るさを変える**調光が可能**である．

　インバータ式（Hf蛍光灯）は，商用周波電源を全波整流した後，数十 kHz の高周波に変換し高周波安定器により点灯する方式で，50 Hz，60 Hz 両用である．特長は，ランプのちらつきがなく，**即時点灯**する．点灯システムの**電力損失が**

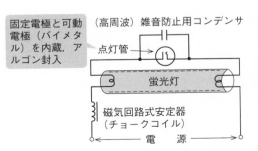

●図 7・22　スタータ式蛍光灯の回路例（点灯管使用の例）と始動原理

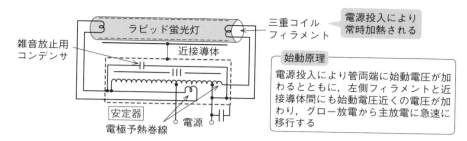

三重コイル
フィラメント

電源投入により
常時加熱される

始動原理

電源投入により管両端に始動電圧が加わるとともに、左側フィラメントと近接導体間にも始動電圧近くの電圧が加わり、グロー放電から主放電に急速に移行する

●図7・23 ラピッドスタート式蛍光灯の回路例と始動原理

少なく小型・軽量で，騒音もほとんどない．**調光装置付加が可能**である．

【3】 蛍光灯の特性

蛍光灯の温度特性は，図7・24のように，周囲温度による光束の変化が大きい．

図7・25に従来形の磁気回路式安定器を使用した蛍光灯の点灯電圧が変化したときの電圧特性例を示す．この特性は，ランプの種類や品質，安定器の良否に左右される．インバータ式は，特性の変化が少ない．

効率（光束/消費電力）はランプ電力の大きなものほど高くなり，10W以上のもので**ランプ効率は約 40〜90 lm/W**，安定器損失を含めると約 30〜70 lm/W となる．また，高周波インバータで最高効率となる高周波点灯専用蛍光灯（**Hf 蛍光灯**）が普及しており，ランプ効率は**約 90〜100 lm/W**と高い．

蛍光灯の寿命は，ランプが点灯しなくなるまでの点灯時間（**電極寿命**），または，光束（光束維持率）が初光束（100時間点灯後の光束）の70%に下がるまでの

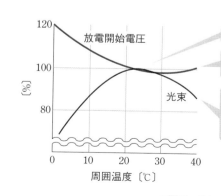

20〜25℃で光束最大となる

温度が上がっても下がっても始動電圧は高くなる

・温度変化で水銀蒸気圧が変わり，紫外放射の発生効率や蛍光体の発光効率が変わる
・特に低温や高温の場所では，保温や放熱に留意
・極端な低温や高温での使用には不向き

●図7・24 蛍光灯の温度特性例

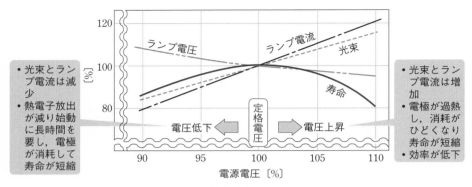

●図7・25　蛍光灯の電圧特性例（磁気回路式安定器を使用したもの）

点灯時間（**光束寿命**）のいずれか短いほうをいい，**平均寿命は 5 000 〜 15 000 時間**である．一方，点滅によって 1 回当たり 30 分〜 1 時間程度電極寿命が短くなる．

4　LEDランプ

　LED は，シーリングライト，表示灯，交通信号灯，文字画像表示用，バックライト，プリンタヘッド，植物育成用，捕虫器，リモコン，光通信，車の前照灯や表示灯などに広く用いられている．

【1】LEDランプの構造

　発光ダイオード（**LED**：Light Emitting Diode）は，図 7・26（a）に示すように，**pn 接合における電子と正孔（ホール）の再結合**に伴う発光（**電流励起形エレクトロルミネセンス**）を利用したものである．pn 接合半導体に電圧をかけると，p 型半導体では正孔（電子が足りない状態）が，n 型半導体では余剰の電子がそれぞれ接合面に移動し再結合する．再結合の後のエネルギーは正孔と電子が持っていたエネルギーよりも低いため，その差分のエネルギーが光と熱に変換され，放出されることで発光する．

【2】LEDランプの光色

　図 7・26（b）に LED 素子の構造例を示す．LED 素子の発光色には，赤，黄，緑，青，白色などがあり，LED ランプや LED 照明器具用には，これらを適宜組み合わせる．**白色 LED ランプは，青色 LED により黄色の蛍光体を発光させる方法が最も効率的**で普及している．また，（順方向）電流を増減させることに

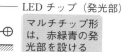
主流は，青色LED
＋(黄)蛍光体方式
(この場合白色光
となる)

蛍光体を混合して,色々
な発光色を得る

光

pn 接合面で
電子と正孔
(ホール) の
再結合に伴
う発光

p

基板

n

LEDチップ (発光部)

マルチチップ形
は，赤緑青の発
光部を設ける

(a) 発光原理　　　　　　(b) 素子の構造例 (シングルチップ形)　　(c) 記号

●図7・26　LEDの発光原理，素子の構造，記号

より**調光が可能**である.

　LED ランプや LED 照明器具用には，高輝度 LED（ハイパワー LED）素子を多数直列や直並列に接続し，配光に配慮した配置を行って，光源のまぶしさ防止，光の拡散や素子の保護・防塵などのため，全体を乳白色などの材料で外装する.

【3】 LED ランプの特徴

　LED ランプの特徴は次のとおり.

① 調色や調光が容易. ただし，調光により高出力（電流大）になると効率が低下する.

② 紫外線や赤外線はほとんど含まない.

③ 配光特性は，平面光源タイプが多いが，発光素子の配置・構造の工夫で一般白熱電球に近いものもある.

④ 図7·27のように温度上昇によりゆるやかに光束が減少する.

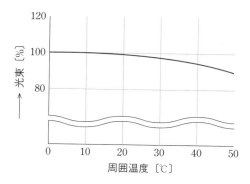

●図7・27　LED ランプの温度特性例

【4】 LED ランプの効率と寿命

　LED ランプには，電球形 LED ランプ（LED 電球），直管形や丸形 LED ランプなどがあり，総合効率は光色や消費電力などにより異なり，蛍光灯の 1〜2 倍，寿命（点灯しなくなるまでか，光束（光束維持率）または光度が初期の70％に低下するまでの時間のいずれか短い時間）は**約40 000 時間**である.

5 EL ランプ

　照明用などに用いられる固体発光素子には，前述の LED と **EL ランプ**（エレクトロルミネセンスランプ）がある．図 7·28 に有機 EL ランプの構造例を示す．有機 EL（注入型）は，LED と基本的な原理は同じで有機化合物中に注入された電子と正孔の再結合によって放出するエネルギーを発光層の化学物質を励起させて発光する．点光源で指向性の強い LED に対して，有機 EL は**面光源**で，**応答速度も速く**，照明，電飾，表示用デバイス，バックライトなどに用いられる．

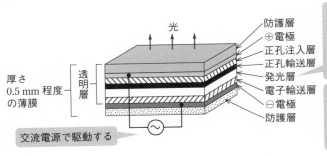

●図 7·28　有機 EL ランプの構造例

6 高圧水銀灯

◀1▶ 高圧水銀灯の構造

　高圧水銀蒸気中のアーク放電によって**輝線スペクトル**が現れ，白色に近い光色を発することを利用したもので，図 7·29 に構造を示す．街路照明，高天井照明，投光照明，高速道路照明などに用いられる．

　高圧水銀灯，**メタルハライドランプ**，**高圧ナトリウム灯**などの**高輝度放電灯**を総称して **HID ランプ**（High Intensity Discharge Lamp）と呼んでいる．

◀2▶ 高圧水銀灯の特徴

　特徴は，**高効率**，1 灯当たりの**光束大**，**長寿命**で，始動してから定常状態に達するまでに**数分の時間を要する**こと，いったん消灯すると発光管が冷却し放電電圧が低くなるまで再始動できず**再始動までに数分を要する**こと，などである．

　演色性を改善した蛍光水銀灯などがあり，効率は **40 ～ 60 lm/W**，寿命は **6 000 ～ 12 000 時間**である．

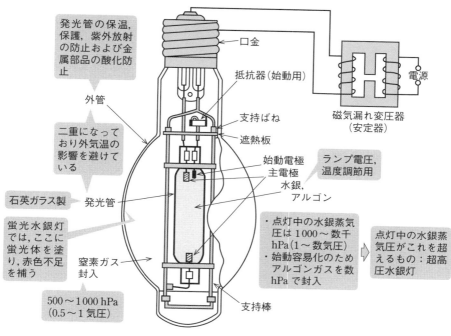

発光管の保温,保護,紫外放射の防止および金属部品の酸化防止

口金

抵抗器(始動用)

外管

支持ばね

二重になっており外気温の影響を避けている

遮熱板

始動電極
主電極
水銀,
アルゴン

石英ガラス製　発光管

ランプ電圧,温度調節用

蛍光水銀灯では,ここに蛍光体を塗り,赤色不足を補う

窒素ガス封入

・点灯中の水銀蒸気圧は1000〜数千hPa(1〜数気圧)
・始動容易化のためアルゴンガスを数hPaで封入

点灯中の水銀蒸気圧がこれを超えるもの:超高圧水銀灯

500〜1000 hPa
(0.5〜1 気圧)

支持棒

磁気漏れ変圧器
(安定器)

電源

●図7・29　高圧水銀灯の構造

【3】 メタルハライドランプ

　水銀灯の発光管内に,水銀,アルゴン以外に数種類の**ハロゲン化金属**(ナトリウム,タリウム,インジウムなどのヨウ化物)を封入し,水銀の発光スペクトルに金属の発光スペクトルを加えたものである.発光管に透光性セラミックを使用し,効率や演色性の向上,長寿命化を図ったランプも開発されている.

　透明水銀灯よりも白色光に近く,色温度は3000〜6000K,効率は**70〜120 lm/W**,寿命は**6000〜12000 時間**である.

7　ナトリウム灯

　ナトリウム灯は,ナトリウム蒸気中の放電による発光を利用したもので,始動してから**発光が安定するまで数分を要する**.

【1】 低圧ナトリウム灯

　点灯中の蒸気圧が低く(0.5 Pa 程度),**D 線**(波長 589 nm)の**黄橙色の単色光**なので演色性は良くないが,発光色が最高視感度の波長に近いので**約130〜**

170 lm/W と**人工光源中で最高効率**である．寿命は **9 000 時間**である．煙霧中の透視性が優れ，物体がシャープに見えるので，トンネル，道路照明に広く用いられる．

【2】 高圧ナトリウム灯

点灯中の蒸気圧を高く（13 kPa 程度）すると，**可視域全域にわたる連続スペクトル光**となり，黄白色光を放つ．電源電圧変動に対して，ランプ電力の変動が大きい．始動時間は，高圧水銀灯より若干長いが，再始動時間は，ほぼ同様である．効率は **100～150 lm/W**，寿命は **12 000～24 000 時間**である．道路，広場，高天井，投光照明などに用いられる．

9 その他の放電灯

図 7・30 に各種の放電灯を示す．

【1】 ネオンランプ

ガラス球内に電極を 2～3 mm の間隔に置き，ネオンガスを封入して 100～

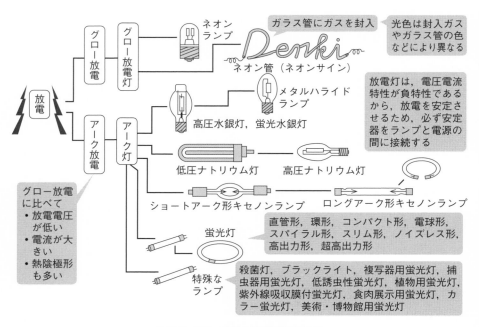

●図 7・30　各種の放電灯（ランプ）

200 V の電圧を加え，小電流で放電させると，**負グロー**が橙赤色に発光する．この発光を利用したものがネオンランプである．交流でも直流でも発光し，検電器や表示灯などに用いられる．

◖2◗ ネオン管

管の直径は 15 mm 程度で，1 本の長さが 0.5 ~ 10 m 程度の細管の両対に電極（冷陰極）を設けガスを封入し，電圧を加え小電流を流してグロー放電させ，その**陽光柱の発光**を利用する．放電開始電圧は，管 1 m 当たり 500 ~ 1 000 V である．点灯には，**ネオントランス**（磁気漏れ変圧器）を用いる．

◖3◗ キセノンランプ

ショートアーク形キセノンランプは，丸形の石英バルブを用い，点灯中の封入ガス圧が 2 000 ~ 3 000 kPa（20 ~ 30 気圧）程度となる．効率 **25 ~ 35 lm/W**，寿命 **1 000 時間程度**であるが，光色が自然昼光に似ており，最も優れた高輝度点光源のため，ユニークなディスプレイ照明，空を利用したスケールの大きな照明，映写用光源，標準白色光源，退色試験用光源などに用いられる．

ロングアーク形キセノンランプは，長形の石英管の両端に電極を設けたもので，封入ガス圧は 100 kPa（1 気圧）程度となっており，広場の照明などに用いられる．

問題⓭　　✓ ✓ ✓　　　　　　　　　　　　　　H17 A-11

蛍光ランプの始動方式の一つである予熱始動方式には，電流安定用のチョークコイルと点灯管より構成されているものがある．

点灯管には管内にバイメタルスイッチと ｜ (ア) ｜ を封入した放電管式のものが広く利用されている．点灯管は蛍光ランプのフィラメントを通してランプと並列に接続されていて，点灯回路に電源を投入すると，点灯管内で ｜ (イ) ｜ が起こり放電による熱によってスイッチが閉じ，蛍光ランプのフィラメントを予熱する．スイッチが閉じて放電が停止すると，スイッチが冷却して開こうとする．このとき，チョークコイルのインダクタンスの作用によって ｜ (ウ) ｜ が発生し，これによってランプが点灯する．

この方式は，ランプ点灯中はスイッチは動作せず，フィラメントの電力損がない特徴を持つが，電源投入から点灯するまでに多少の時間を要すること，電源電圧や周囲温度が低下すると始動し難いことの欠点がある．

上記の記述中の空白箇所（ア），（イ）および（ウ）に当てはまる組合せとして，正しいものを次の（1）~（5）のうちから一つ選べ．

Chapter
7

	（ア）	（イ）	（ウ）
(1)	アルゴン	グロー放電	振動電圧
(2)	ナトリウム	アーク放電	インパルス電圧
(3)	窒素	アーク放電	スパイク電圧
(4)	ナトリウム	火花放電	振動電圧
(5)	アルゴン	グロー放電	スパイク電圧

解説　点灯管は，**アルゴンガス**を封入したガラス球内で**グロー放電**を起こし，その熱で電極が接触して通電する．放電がなくなり冷却すると電極が開放され，コイルのインダクタンスによる自己誘導作用により**スパイク電圧**が発生する（図7・22参照）.

解答 ▶ (5)

問題⚙ ✓ ✓ ✓　　　　　　　　　　　　　　　　　　　　　　　　H21 A-11

　ハロゲン電球では，　(ア)　バルブ内に不活性ガスとともに微量のハロゲンガスを封入してある．点灯中に高温のフィラメントから蒸発したタングステンは，対流によって管壁付近に移動するが，管壁付近の低温部でハロゲン元素と化合してハロゲン化物となる．管壁温度をある値以上に保っておくと，このハロゲン化物は管壁に付着することなく，対流などによってフィラメント近傍の高温部に戻り，そこでハロゲンと解離してタングステンはフィラメント表面に析出する．このように，蒸発したタングステンを低温部の管壁付近に析出することなく高温部のフィラメントに移す循環反応を，　(イ)　サイクルと呼んでいる．このような化学反応を利用して管壁の　(ウ)　を防止し，電球の寿命や光束維持率を改善している.

　また，バルブ外表面に可視放射を透過し，　(エ)　を　(オ)　するような膜（多層干渉膜）を設け，これによって電球から放出される　(エ)　を低減し，小形化，高効率化を図ったハロゲン電球は，店舗や博物館などのスポット照明用や自動車前照灯などに広く利用されている.

　上記の記述中の空白箇所（ア），（イ），（ウ），（エ）および（オ）に当てはまる語句の組合せとして，正しいものを次の（1）～（5）のうちから一つ選べ.

	（ア）	（イ）	（ウ）	（エ）	（オ）
(1)	石英ガラス	タングステン	白濁	紫外放射	反射
(2)	鉛ガラス	ハロゲン	黒化	紫外放射	吸収
(3)	石英ガラス	ハロゲン	黒化	赤外放射	反射
(4)	鉛ガラス	タングステン	黒化	赤外放射	吸収
(5)	石英ガラス	ハロゲン	白濁	赤外放射	反射

解説 ハロゲン電球は, 耐熱性を有する**石英ガラス**バルブ内にハロゲンガスを封入し, フィラメントのタングステンとの間で化合と分解を繰り返す**ハロゲンサイクル**により**黒化**を防止する. また透過性赤外**反射**膜により**赤外放射**の放出を低減し効率を向上している (図 7·20 参照).

解答 ▶ (3)

問題⑮ ☑ ☑ ☑ H25 A-11

次の文章は, 照明用 LED (発光ダイオード) に関する記述である.

効率の良い照明用光源として LED が普及してきた. LED に順電流を流すと, LED の pn 接合部において電子とホールの ｜ (ア) ｜ が起こり, 光が発生する. LED からの光は基本的に単色光なので, LED を使って照明用の白色光をつくるにはいくつかの方法が用いられている. 代表的な方法として ｜ (イ) ｜色 LED からの ｜ (イ) ｜色光の一部を ｜ (ウ) ｜色を発行する蛍光体に照射し, そこから得られる ｜ (ウ) ｜色光に LED からの ｜ (イ) ｜色光が混ざることによって, 疑似白色光を発生させる方法がある. この疑似白色光のスペクトルのイメージをよく表しているのは図 ｜ (エ) ｜である.

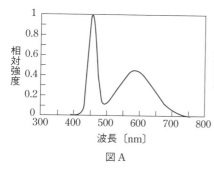

図 A

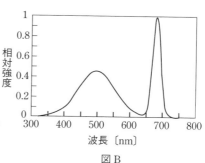

図 B

上記の記述中の空白箇所 (ア), (イ), (ウ) および (エ) に当てはまる組合せとして, 正しいものを次の (1) ～ (5) のうちから一つ選べ.

	(ア)	(イ)	(ウ)	(エ)
(1)	分離	青	青緑	A
(2)	再結合	赤	黄	A
(3)	分離	青	黄	B
(4)	再結合	青	黄	A
(5)	分離	赤	青緑	B

Chapter **7**

LED では，pn 接合した半導体に順電流を流して p 層からホール（正孔），n 層から電子を注入し pn 接合部で電子とホールを**再結合**させて発光させる．照明用に用いる白色光は，**青色** LED からの発光を**黄色**を発光する蛍光体に照射して，青色光と黄色光を混ぜて疑似白色光を発生させる方法が多く用いられている．この場合，波長の短い青色光（450 nm 程度）が多く，補色である黄色光（590 nm 程度）の光が加わった **A** のようなスペクトルとなる．

解答 ▶ (4)

問題⓰ /// ✓ ✓ ✓ H16 A-11

発光現象に関する記述として，正しいのは次のうちどれか．

(1) タングステン電球からの放射は，線スペクトルである．

(2) ルミネセンスとは黒体からの放射をいう．

(3) 低圧ナトリウムランプは，放射の波長が最大視感度に近く，その発光効率は蛍光ランプに比べて低い．

(4) 可視放射（可視光）に比べ，紫外放射（紫外線）は長波長の，また，赤外放射（赤外線）は短波長の電磁波である．

(5) 蛍光ランプでは，管の内部で発生した紫外放射（紫外線）を，管の内壁の蛍光物質にあてることによって，可視放射（可視光）を発生させている．

解説 (1) × タングステン電球は熱放射であり，連続スペクトルになる．

(2) × ルミネセンスとは物質が光や電界などからエネルギーを吸収して光を放出する現象で黒体放射ではない．

(3) × 低圧ナトリウム灯は，放射の波長が最大視感度に近いので，人工光源中で最高効率である．

(4) × 紫外放射は波長が短く，赤外放射は波長が長い．

(5) ○ 蛍光灯は，アーク放電により水銀原子から紫外線を放出させ（放電発光），ガラス管内側に塗布された蛍光体に衝突させることによって，可視光を外部に放出する（フォトルミネセンス）．

解答 ▶ (5)

練　習　問　題

■ 1 (H15 A-10)

床面積 $20\,\text{m} \times 60\,\text{m}$ の工場に，定格電力 $400\,\text{W}$，総合効率 $55\,\text{lm/W}$ の高圧水銀灯 20 個と，定格電力 $220\,\text{W}$，総合効率 $120\,\text{lm/W}$ の高圧ナトリウム灯 25 個を取り付ける設計をした．照明率を 0.60，保守率を 0.70 としたときの床面の平均照度 $[\text{lx}]$ の値として，最も近いものを次のうちから一つ選べ．ただし，総合効率は安定器の損失を含むものとする．

(1) 154　　(2) 231　　(3) 385　　(4) 786　　(5) 1 069

■ 2 (H8 B-13)

図のように，道路の幅 $16\,\text{m}$ の街路の両側に千鳥配列に街路灯を設置して路面の平均照度を $20\,\text{lx}$ としたい．$L\,[\text{m}]$ の値として，最も近いものを次のうちから一つ選べ．ただし，取り付けた光源のワット数と効率はそれぞれ $400\,\text{W}$ および $50\,\text{lm/W}$ とし，また，照明率は 0.3，保守率は 0.8 とする．

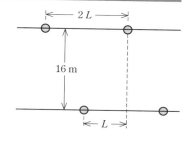

(1) 10　　(2) 15　　(3) 20

(4) 25　　(5) 30

■ 3 (H27 B-16)

図に示すように，LED1 個が，床面から高さ $2.4\,\text{m}$ の位置で下向きに取り付けられ，点灯している．この LED の直下方向となす角（鉛直角）を θ とすると，この LED の配光特性（θ 方向の光度 $I(\theta)$）は，LED 直下方向光度 $I(0)$ を用いて $I(\theta) = I(0)\cos\theta$ で表されるものとする．次の (a) および (b) の問に答えよ．

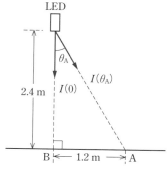

(a) 床面 A 点における照度が $20\,\text{lx}$ であるとき，A 点がつくる鉛直角 θ_A の方向の光度 $I(\theta_\text{A})$ の値 $[\text{cd}]$ として，最も近いものを次の (1) ～ (5) のうちから一つ選べ．ただし，この LED 以外に光源はなく，天井や壁など，周囲からの反射光の影響もないものとする．

(1) 60　　(2) 119　　(3) 144　　(4) 160　　(5) 319

(b) この LED 直下の床面 B 点の照度の値 $[\text{lx}]$ として，最も近いものを次の (1) ～ (5) のうちから一つ選べ．

(1) 25　　(2) 28　　(3) 31　　(4) 49　　(5) 61

■ 4 (H26 B-17)

均等放射の球形光源（球の直径は 30 cm）がある．床からこの球形光源の中心までの高さは 3 m である．また，球形光源から放射される全光束は 12 000 lm である．次の (a) および (b) の問に答えよ．

(a) 球形光源直下の床の水平面照度の値〔lx〕として，最も近いものを次の (1) ～ (5) のうちから一つ選べ．ただし，天井や壁など，周囲からの反射光の影響はないものとする．

    (1) 35   (2) 106   (3) 142   (4) 212   (5) 425

(b) 球形光源の光度の値〔cd〕と輝度の値〔cd/m²〕との組合せとして，最も近いものを次の (1) ～ (5) のうちから一つ選べ．

	光度	輝度		光度	輝度
(1)	1 910	1 010	(4)	1 910	27 000
(2)	955	3 380	(5)	3 820	13 500
(3)	955	13 500			

■ 5 (H30 B-17)

どの方向にも光度が等しい均等放射の点光源がある．この点光源の全光束は 15 000 lm である．この点光源二つの (A および B) を屋外で図のように配置した．地面から点光源までの高さはいずれも 4 m であり，A と B との距離は 6 m である．次の (a) および (b) の問に答えよ．ただし，考える空間には，A および B 以外に光源はなく，地面や周囲などからの反射光の影響もないものとする．

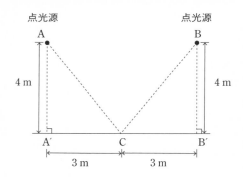

(a) 図において，点光源 A のみを点灯した．A の直下の地面 A′ 点における水平面照度の値〔lx〕として，最も近いものを次の (1) ～ (5) のうちから一つ選べ．

    (1) 56   (2) 75   (3) 100   (4) 149   (5) 299

(b) 図において，点光源 A を点灯させたまま，点光源 B も点灯した．このとき，地面 C 点における水平面照度の値〔lx〕として，最も近いものを次の (1) ～ (5) のうちから選べ．

    (1) 46   (2) 57   (3) 76   (4) 96   (5) 153

電 気 加 熱

学習のポイント

電熱関係は，ほぼ毎年1問が出題されている．なかでも，ヒートポンプを利用した昇温の計算問題は必ず理解しておこう．また，誘導加熱やマイクロ波加熱などの電気加熱方式の原理・特徴，熱流（熱伝導，対流熱放射）に関する説明が多く出題されている．これらをふまえて以下に示す分野の学習をするのがポイントである．

(1) 物体の加熱昇温，融解・蒸発に要する電力，電力量の計算．
・ヒートポンプの原理，成績係数（COP）と冷房電力の計算．
・融解・蒸発潜熱を含んだ昇温計算

(2) 各種の電気加熱方式の原理・特徴，用途など．
・誘導加熱，電磁調理器の原理，特徴．
・誘電加熱とマイクロ波加熱，電子冷凍の原理，特徴．
・電気炉の種類，加熱原理，構造，特徴．

(3) 熱の伝わり方と熱流計算
・熱回路のオームの法則を用いた熱流，熱伝導率の計算．
・電熱線の抵抗，消費電力，発生熱量に関する計算．
・工業用の温度測定器の種類と測定原理．

電気加熱の基礎事項

[★★]

1 熱の伝わり方

　熱の伝わり方には，熱伝導，対流，熱放射の 3 種類あり，熱エネルギーは高い方から低い方へ移動する．

【1】熱伝導

　熱伝導は，形がある物体の内部を原子，分子の粒子振動によって熱が伝わる現象で，物質の移動を伴わない．材料によって熱伝導による熱の伝わりやすさが異なり，**熱伝導率** λ 〔W/m・K〕が**大きい材料ほど熱が伝わりやすい**．

　材料の両端に温度差があると熱流が流れ，両端の温度が等しくなると熱流が流れなくなる（熱平衡）．1 秒当たりの熱量 Q 〔J〕の流れである**熱流** Φ 〔W〕は**温度差** θ（高温側 t_2，低温側 t_1）に比例し，次式の関係となる．

$$\text{熱流 } \Phi = \frac{\text{熱量 } Q}{\text{時間 } t} = \frac{\text{温度差}(t_2 - t_1)}{\text{熱抵抗 } R} = \frac{\theta}{R} \text{〔W〕} \qquad (8 \cdot 1)$$

　熱抵抗 R 〔K/W〕は，熱の伝わりにくさを表し，材料の長さ l 〔m〕と断面積 S 〔m²〕から次式となる．

$$\text{熱抵抗 } R = \frac{\text{長さ } l}{\text{熱伝導率 } \lambda \times \text{断面積 } S} \text{〔K/W〕} \qquad (8 \cdot 2)$$

　式（8・1）は，**熱回路におけるオームの法則**といい，図 8・1，表 8・1 のように熱回路と電気回路は同様に扱うことができる．

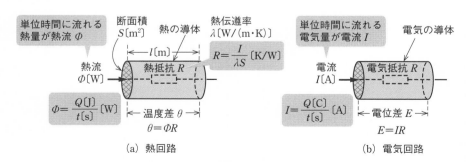

●図 8・1　熱回路と電気回路の相似性

●表8・1 熱回路と電気回路の対応

熱回路		電気回路		熱回路		電気回路	
温度差 θ	[K]	電圧 E	[V]	熱伝導率 λ	[W/m・K]	導電率 σ	[S/m]
熱流 Φ	[W]	電流 I	[A]	熱量 Q	[J]	電気量 Q	[C]
熱抵抗 R	[W/K]	電気抵抗 R	[Ω]	熱容量 C	[J/K]	静電容量 C	[F]

※温度の単位 K は絶対温度（0℃＝273K）で，相対的な計算をするときは℃で扱っても同じ．

【2】 対流（熱伝達）

　気体や液体では，温度が上昇すると膨張（密度小）して軽くなり，流体内で上昇し，周囲の温度の低い部分との間で循環が起こり，**対流（熱伝達）**する．高温の物質そのものが移動することで，熱伝導に比べて多くの熱を伝えることができる．

　図8・2に示すように物体の表面積 S [m²]，固体の温度を t_2，流体の温度を t_1（温度差 θ）とすると，**固体表面から対流によって伝達する熱流 Φ は，温度差 θ と表面積 S に比例**し，次式となる．

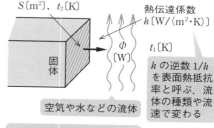

熱流 Φ は，温度差 (t_2-t_1)，S，h に比例する

●図8・2 対流による熱の流れ

$$\Phi = hS(t_2-t_1) = hS\theta = \frac{\theta}{R_s} \ [\text{W}] \tag{8・3}$$

　熱伝達係数 h [W/m²・K] は，**伝達のしやすさを表し**，流体の流速や表面形状等によって変わる．$R_s = 1/hS$ は表面熱抵抗で，電気回路の接触抵抗に相当する．

　流体の温度差で発生する上昇流に伴うものを自然対流といい，温度差が大きいほど対流が促進され熱抵抗が低くなる．また，ポンプなどの外力で流れが生じるものを強制対流といい，流速が速いほど熱抵抗が低くなる．

【3】 熱放射（輻射）

　すべての物体からは，温度に応じた強さの電磁波が放出されており，空間を伝わって伝達先の物体を振動させることで熱が移動し，物体の温度が変化する現象を**熱放射（輻射）**という．真空中でも熱を伝達することができる．

Chapter
8

ステファン・ボルツマンの法則より電磁波の放射エネルギー Φ は，絶対温度 t の4乗に比例する．図8・3に示すように高温物体から低温物体へ伝達する熱量 Φ は，双方の放射エネルギーの差となり，式（7・12）から次式となる．

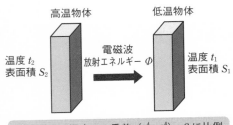

●図8・3　放射による熱の流れ

$$\Phi = \varepsilon\sigma S_2 F_{21}\,(t_2^4 - t_1^4)\ \text{〔W〕}\tag{8・4}$$

ただし，　ε：放射率，σ：ステファン・ボルツマン定数〔W/(m²·K⁴)〕

F_{21}：形態係数（両物体の大きさ，形状，相対位置などで決まる）

2　物体の加熱昇温，融解・蒸発

物質の温度を1K（1℃）上昇させるのに要する熱量を**熱容量** C〔J/K〕という．図8・4 (a) に示すように，質量 m〔kg〕，比熱 c〔J/(kg·K)〕の物質を温度 t_1 から t_2 に**昇温するのに必要な熱量** Q_1（顕熱）は次式となる．**比熱が大きく質量が大きい物質ほど温度上昇に大きな熱量が必要**で，温まりにくく，冷めにくい．熱容量は電気回路におけるコンデンサの静電容量に相当する．

$$Q_1 = C\,(t_2 - t_1) = cm\,(t_2 - t_1)\ \text{〔J〕}\tag{8・5}$$

同図 (b) に示すように，質量 m〔kg〕，潜熱〔J/kg〕の**物体を融解・蒸発（熱を吸収），凝縮・凝固（熱を放出）させるのに要する熱量** Q_2（潜熱）は次式となる．物体を昇温して同時に融解や蒸発をさせるには，$Q_1 + Q_2$〔J〕の熱量を要する．

$$Q_2 = \beta m\ \text{〔J〕}\tag{8・6}$$

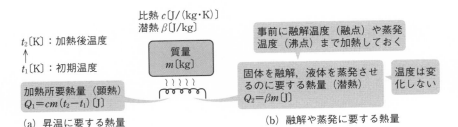

●図8・4　物体の加熱昇温・融解などに要する熱量

3　各種温度計の測温原理

　抵抗温度計は，金属などの物体の電気抵抗が温度によって規則的に変わることを利用する温度計で，図8・5（a）のようにブリッジ回路で電気抵抗を測定する．測温抵抗体には，**白金**，**銅**などの金属や**サーミスタ**と呼ばれる半導体が用いられている．精度が高く，極低温も測定できるが，高温測定には適さない．

　熱電温度計は，図8・5（b）のように2種類の異なる金属線を接続し，両接点に温度差を与えると接点間に熱起電力が発生する**ゼーベック効果**を利用した温度計である．高温測定ができ，主に工業用として用いられる．

　光高温計は，可視光を利用した放射温度計の一種で，図8・5（c）のように被測温体の輝度と一致するように電球に流す電流を調整して測定する．非接触形で高温のみ測定できる．

　放射温度計は，ステファン・ボルツマンの法則を応用したもので，図8・5（d）のように放射エネルギーを受熱板に集めて，その温度を熱電対などで測定する．

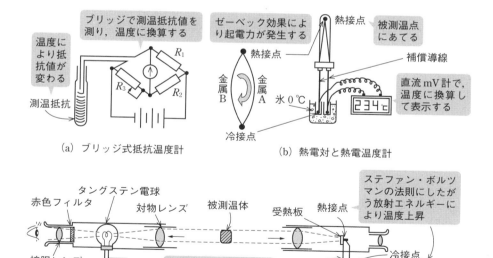

●図8・5　代表的な温度計の測温原理

赤外線を対象とする場合には，**サーミスタ**などを用いるものと**光電素子**を用いる
ものがある．非接触形で常温から高温まで測定できる．

問題❶　✓ ✓ ✓　　　　　　　　　　　　　　　　　　　　　　H11 A-7

　　電気炉の壁の外面に垂直に小穴をあけ，温度計を挿入して壁の外面から $10\,\mathrm{cm}$
と $30\,\mathrm{cm}$ の箇所で壁の内部温度を測定したところ，それぞれ $72℃$ と $142℃$ の
値が得られた．炉壁の熱伝導率を $0.94\,\mathrm{W/(m \cdot K)}$ とすれば，この炉壁からの単
位面積当たりの熱損失〔$\mathrm{W/m^2}$〕の値として，最も近いものを次のうちから一つ
選べ．ただし，壁面の垂直な方向の温度こう配は一定とする．

　(1)　3.29　　　(2)　14.9　　　(3)　165　　　(4)　329　　　(5)　1490

熱エネルギーは，壁内を熱伝導により伝わるから，式 (8・1)，(8・2) を活用し
て，壁面 $1\,\mathrm{m^2}$ 当たりの熱流（炉壁から流出する熱損失）を計算する．

　式 (8・1)，(8・2) から単位面積当たりの熱損失（熱流）$\varPhi$ は

$$\varPhi = \frac{(t_2 - t_1)}{R} = \frac{\lambda S\ (t_2 - t_1)}{l}$$

$$\therefore\quad \frac{\varPhi}{S} = \frac{\lambda}{l}\ (t_2 - t_1)\ = 0.94\,\mathrm{W/(m \cdot K)} \cdot \frac{1}{(0.3 - 0.1)\,\mathrm{m}}(142 - 72)\,\mathrm{K}$$

$$= \boldsymbol{329\,\mathrm{W/m^2}}$$

解答 ▶ (4)

問題❷　✓ ✓ ✓　　　　　　　　　　　　　　　　　　　　　　H18 A-11

　　物体とその周囲の外界（気体または液体）との間の熱の移動は，対流と
　(ア)　によって行われる．そのうち，表面と周囲の温度差が比較的小さいとき
は対流が主になる．

　　いま，物体の表面積を S〔$\mathrm{m^2}$〕，周囲との温度差を t〔K〕とすると，物体か
ら対流によって伝達される熱流 I〔W〕は次式となる．

　　　$I = \alpha S t$〔W〕

　　この式で，α は　(イ)　と呼ばれ，単位は〔$\mathrm{W/(m^2 \cdot K)}$〕で表される．この値
は主として，物体の周囲の流体および流体の流速によって大きく変わる．また，
α の逆数 $1/\alpha$ は　(ウ)　と呼ばれる．

　　上記の記述中の空白箇所（ア），（イ）および（ウ）に当てはまる組合せとして，
正しいものを次のうちから一つ選べ．

	(ア)	(イ)	(ウ)
(1)	放射	熱伝達係数	表面熱抵抗率
(2)	伝導	熱伝達係数	表面熱抵抗率
(3)	伝導	熱伝導率	体積熱抵抗率
(4)	放射	熱伝達係数	体積熱抵抗率
(5)	放射	熱伝導率	表面熱抵抗率

解説 伝導は物体内部の熱の移動であり，物体と外界の熱の移動は，表面熱抵抗を介した熱伝達（対流）と温度に応じた電磁波を放出する**放射**によって行われる．

式（8·3）のように α は**熱伝達係数**と呼ばれ，熱の伝達のしやすさを表す．$R = 1/\alpha S$ が表面熱抵抗になり，$1/\alpha$ を**表面熱抵抗率**という．

解答 ▶ (1)

問題3 ✓ ✓ ✓　　　　　　　　　　　　　　　　　　R3 B-17

熱の伝わり方について，次の (a) 及び (b) の問に答えよ．

(a) (ア) は，熱媒体を必要とせず，真空中でも熱を伝達する．高温側で温度 T_2〔K〕の面 S_2〔m²〕と，低温側で温度 T_1〔K〕の面 S_1〔m²〕が向かい合う場合の熱流 ϕ〔W〕は，$S_2 F_{21} \sigma$ ((イ)) で与えられる．ただし，F_{21} は， (ウ) である．また，σ〔W/(m²·K⁴)〕は， (エ) 定数である．

上記の記述中の空白箇所（ア）～（エ）に当てはまる組合せとして，正しいものを次の (1)～(5) のうちから一つ選べ．

	(ア)	(イ)	(ウ)	(エ)
(1)	熱伝導	$T_2{}^2 - T_1{}^2$	形状係数	プランク
(2)	熱放射	$T_2{}^2 - T_1{}^2$	形態係数	ステファン・ボルツマン
(3)	熱放射	$T_2{}^4 - T_1{}^4$	形態係数	ステファン・ボルツマン
(4)	熱伝導	$T_2{}^4 - T_1{}^4$	形状係数	プランク
(5)	熱伝導	$T_2{}^4 - T_1{}^4$	形状係数	ステファン・ボルツマン

(b) 下面温度が 350 K，上面温度が 270 K に保たれている直径 1 m，高さ 0.1 m の円柱がある．伝導によって円柱の高さ方向に流れる熱流 ϕ の値〔W〕として，最も近いものを次の (1)～(5) のうちから一つ選べ．ただし，円柱の熱伝導率は 0.26 W/(m·k) とする．また，円柱側面からのその他の熱の伝達および損失はないものとする．

(1) 3　　(2) 39　　(3) 163　　(4) 653　　(5) 2 420

解説 (a) **熱放射**は，電磁波を放出することで熱を伝達するため，熱媒体が不要で真空中でも熱を伝達できる．放出する電磁波のエネルギーは，絶対温度 t の 4 乗

Chapter 8

に比例し，高温側から低温側に伝達する熱流は，双方の放射エネルギーの差で表される．

$$\Phi = S_2 F_{21} \sigma (T_2{}^4 - T_1{}^4)$$

F_{21} は，**形態係数**と呼ばれ，高温側の物体と低温側の物体の形状，相対位置などで決まる．σ は**ステファン・ボルツマン**定数という．

（b）熱伝導における熱抵抗 R は，式（8・2）より

$$R = \frac{l}{\lambda S} = \frac{0.1}{0.26 \times \pi \times 0.5^2} \fallingdotseq 0.49\,\mathrm{K/W}$$

熱流 Φ は，式（8・1）より

$$\Phi = \frac{t_2 - t_1}{R} = \frac{350 - 270}{0.49} \fallingdotseq \mathbf{163\,W}$$

解答 ▶ (a) － (3)，(b) － (3)

問題4 ✓ ✓ ✓

電気的に温度を測定する温度計の測温原理に関する記述として，誤っているものを次のうちから一つ選べ．

(1) 抵抗温度計は，白金や銅などの純粋な金属やサーミスタの抵抗が温度によって規則的に変化する特性を利用したものである．

(2) 熱電温度計は，熱電対の熱起電力が熱接点と冷接点間の温度差に応じて生じるというゼーベック効果を利用したものである．

(3) 半導体温度計は，トランジスタのベース‐エミッタ間電圧が負の温度係数を持つことを利用したものである．

(4) 放射温度計は，被測温体からの全放射エネルギーが，その絶対温度の 3 乗に比例する法則を利用したものである．

(5) 赤外線温度計は，波長 700〜20 000 nm 程度の赤外放射を，サーミスタや光電素子，熱電対などの検出素子に受け，測温するものである．

解説　(1) ○　金属の電気抵抗は温度にほぼ比例して変化する．

(2) ○　異なる金属を組み合わせた閉回路を熱電対といい，温度差により熱起電力が生じて電流が流れる（ゼーベック効果）．

(3) ○　ダイオードの順方向電圧あるいはトランジスタのベース・エミッタ間電圧の温度係数を利用して温度を計測する．

(4) ×　被測温体の全放射エネルギーは，ステファン・ボルツマンの法則にしたがい，その絶対温度の **4 乗**に比例する（式（8・4）参照）．

(5) ○　放射温度計の一種で，赤外線を熱電対などで測温する．

解答 ▶ (4)

電 熱 計 算

[★★★]

1 物体の昇温，融解・蒸発

　電熱線や電気炉などの加熱装置の熱効率を η とすると，電力と熱量の単位には $1\,\mathrm{W \cdot s} = 1\,\mathrm{J}$，$1\,\mathrm{kWh} = 3\,600\,\mathrm{kJ}$ の関係があり，発生熱量 Q [J] は，所要電力 P [kW] と所要時間 T [h] から次式となる．

$$Q = 3\,600\,PT\eta \times 10^3 \ [\mathrm{J}] \tag{8・7}$$

　物体を加熱して昇温し，物体の状態を相変化（固体→液体，液体→気体）させるには，昇温するための顕熱と相変化させるための潜熱が必要である．図8・6に示すように，t_1 [℃] から t_2 [℃] に昇温し，融解または蒸発させるためには，式 (8・5) と式 (8・6) の合計に一致する熱量が必要となり，次式の関係が成り立つ．

$$3\,600\,PT\eta \times 10^3 = cm\,(t_2 - t_1) + \beta m \ [\mathrm{J}] \tag{8・8}$$

$$P = \frac{cm\,(t_2 - t_1) + \beta m}{3\,600\,T\eta \times 10^3} \ [\mathrm{kW}] \tag{8・9}$$

c: 比熱 [J/(kg・K)]，β: 潜熱 [J/kg]，m: 質量 [kg]

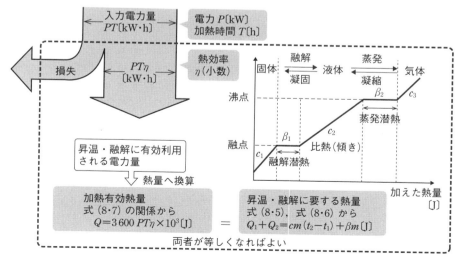

●図8・6　昇温・融解に要する熱量と電力・電力量との関係

水や金属など物体の種類により比熱 c や潜熱 β が異なり，物体の状態（固体，液体，気体）によっても比熱が異なる．

2 電熱線の発熱

間接式抵抗加熱に用いる発熱体は，被加熱物温度より必ず高温度を要する．抵抗率が比較的大きく，温度によって抵抗値の変化が小さい（抵抗温度係数小）こと，耐熱性や耐食性が大きいこと，熱膨張率が小さいことなどが求められる．

電熱線の**表面電力密度** P_s は，電熱線の温度を決める重要な要素であり，図8・7に示すように，電熱線の表面積 $1\,\mathrm{m^2}$ 当たりの消費電力で，次式となる．

$$P_s = \frac{P}{S_1} = \frac{P}{\pi d l} \quad [\mathrm{W/m^2}] \tag{8・10}$$

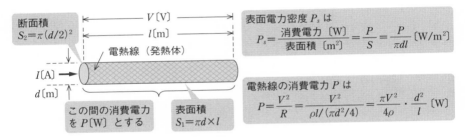

●図8・7　電熱線の表面電力密度

この電熱線の**加熱所要電力**を P [W] とすると，必要な抵抗値 R_1 は次式となる．

$$R_1 = \frac{V}{I} = \frac{V^2}{VI} = \frac{V^2}{P} \quad [\Omega] \tag{8・11}$$

また，抵抗率を ρ [Ω・m] とすると，長さ l [m]，断面積 S_2 [$\mathrm{m^2}$] の電熱線の抵抗値 R_2 は次式となる．

$$R_2 = \frac{\rho \cdot l}{S_2} \quad [\Omega] \tag{8・12}$$

式 (8・11) ＝式 (8・12) として必要な電熱線の長さ l を求めると，次式となる．

$$\frac{V^2}{P} = \frac{\rho \cdot l}{S_2} \rightarrow \therefore l = \frac{V^2}{P} \cdot \frac{S_2}{\rho} = \frac{V^2}{P} \cdot \frac{\pi (d/2)^2}{\rho} = \frac{V^2}{P} \cdot \frac{\pi d^2}{4\rho} \quad [\mathrm{m}] \tag{8・13}$$

電熱線が経年使用により細くなったり，短くなったりした場合，電圧を一定とすると，**消費電力は直径の2乗に比例し，長さに反比例する**．

$$P = \frac{\pi V^2}{4\rho} \cdot \frac{d^2}{l} \ [\mathrm{W}] \tag{8・14}$$

3 換気扇の所要容量計算

変圧器などの発熱物体を屋内に設置したとき，その発生熱を換気扇により屋外へ排出する場合の換気扇容量は，以下の方法で求める．なお，換気扇容量は，1時間の排気量〔m³/h〕で表すことが多いので，単位に注意すること．

換気扇容量 V〔m³/s〕，排気温度を t_2，吸気温度を t_1 とすると，毎秒の換気扇排出熱量 Q_1〔m³/s〕は次式となる．

$$Q_1 = cmV(t_2 - t_1) \ [\mathrm{J/s}] \tag{8・15}$$

ただし，c：空気の比熱〔J/(kg・K)〕，m：空気の密度〔kg/m³〕

毎秒の発熱量 Q_2 は変圧器損失 w〔W→J/s〕であり，これらの熱量が等しくなるように換気扇の所要容量 V を求めると，次式となる．

$$w = cmV(c_2 - c_1) \rightarrow \therefore V = \frac{w}{cm(t_2 - t_1)} \ [\mathrm{m^3/s}] \tag{8・16}$$

4 ヒートポンプ（熱ポンプ）

ヒートポンプは，気体を圧縮すると温度が上がり，膨張させると温度が下がる性質を利用し，少ないエネルギーで空気中から熱を集めて大きなエネルギーを得ることができる．冷蔵庫，冷凍庫，エアコン，給湯器などに使われている．

【1】原理

図 8・8 に示すように，**冷媒**が①**圧縮機**で高温・高圧のガスに圧縮されて，②**凝縮器**で熱を放出して液体になり，③**膨張弁**で減圧されて温度が下がり，④**蒸発器**で吸熱して気化され，①の圧縮機へと循環する．熱を低温のところから高温のところへポンプのようにくみ上げることができ，**逆カルノーサイクル**を行うもので，これらの動作を（カルノー）**冷凍サイクル**という．なお，エアコンの場合，**四方弁**を取り付けて 90°回転させると，冷媒が逆に流れるので蒸発器と凝縮器が入れかわり，冷房と暖房の切換ができる．

【2】成績係数（COP）

図 8・9 に示すように投入エネルギー（入力電力）に対して，得られる冷房・暖房エネルギー（利用熱量）の比を**成績係数**（COP：Coefficient Of Performance）という．ヒートポンプの消費電力 P〔kW〕，外気からの吸熱（暖

Chapter 8

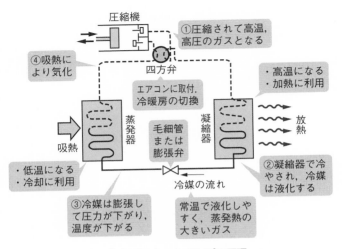

●図8・8　ヒートポンプの原理

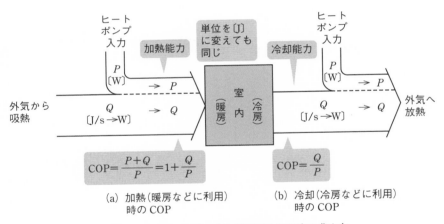

●図8・9　ヒートポンプの成績係数（COP）の求め方

房時）または外気への放熱（冷房時）を Q〔kW〕とすると次式となる.

$$\mathrm{COP} = \frac{Q}{P}\ (\text{冷却時}),\quad \mathrm{COP} = \frac{P+Q}{P} = 1 + \frac{Q}{P}\ (\text{加熱時})\qquad (8\cdot17)$$

暖房の場合，圧縮機に使った電気エネルギーも熱エネルギーとして使われるため分母に P が加算される．通常 3〜7 程度の値で，高温部と低温部との温度差にも影響され，温度差が小さいほど大きい値となる．

問題5 ☑☑☑ H15 A-11

電気炉により，質量 500 kg の鋳鋼を加熱し，20 分間で完全に融解させるのに必要な電力〔kW〕の値として，最も近いものを次のうちから一つ選べ．ただし，鋳鋼の加熱前の温度は 15℃，融解潜熱は 314 kJ/kg，比熱は 0.67 kJ/(kg·K) および融点は 1535℃ であり，電気炉の効率は 80％ とする．

(1) 444　(2) 530　(3) 555　(4) 694　(5) 2900

 昇温には比熱 c×質量 m×温度差 (t_2-t_1)，融解には融解潜熱 β×質量 m のエネルギーを要する．一方，電力 P，効率 η の電気炉では 1 秒あたり $P\eta$ の熱量を発生できる．

 式 (8・9) を用いて求めると

$$P = \frac{cm(t_2-t_1)+\beta m}{3600T\eta} = \frac{0.67 \times 500(1535-15)+314 \times 500}{3600 \times (20/60) \times (80/100)} \fallingdotseq \mathbf{694\,kW}$$

解答 ▶ (4)

問題6 ☑☑☑ H9 A-7

1 気圧で 20℃ の水 5.6 l を一定割合で加熱し，4 時間ですべての水を蒸発させるのに要する電熱装置の容量〔kW〕の値として，最も近いものを次のうちから一つ選べ．ただし，水の比熱を 4.186 kJ/(kg·K)，蒸発潜熱を 2260 kJ/kg とし，電熱装置の効率を 70％ とする．

(1) 0.19　(2) 1.2　(3) 1.4　(4) 1.8　(5) 2.1

解説 水を t_1 から 100℃ まで昇温させ，すべて蒸発させるのに必要な電熱装置の電力 P は，式 (8・9) より

$$P = \frac{4.186m(100-t_1)+2260m}{3600T\eta}$$

$$= \frac{4.186 \times 5.6 \times (100-20)+2260 \times 5.6}{3600 \times 4 \times (70/100)} \fallingdotseq 1.44 \quad \rightarrow \quad \mathbf{1.4\,kW}$$

解答 ▶ (3)

問題7 ☑☑☑ H17 B-17

20℃ において含水量 70 kg を含んだ木材 100 kg がある．これを 100℃ に設定した乾燥器によって含水量が 5 kg となるまで乾燥したい．次の (a) および (b) に答えよ．ただし，木材の完全乾燥状態での比熱を 1.25 kJ/(kg·K)，水の比熱

と蒸発潜熱をそれぞれ $4.19\,\mathrm{kJ/(kg \cdot K)}$，$2.26 \times 10^3\,\mathrm{kJ/kg}$ とする.

(a) この乾燥に要する全熱量〔kJ〕の値として，最も近いものを次のうちから一つ選べ.

    (1)　14.3×10^3　　(2)　23.0×10^3　　(3)　147×10^3

    (4)　161×10^3　　(5)　173×10^3

(b) 乾燥器の容量（消費電力）を $22\,\mathrm{kW}$，総合効率を $55\,\%$ とするとき，乾燥に要する時間〔h〕の値として，最も近いものを次のうちから一つ選べ.

    (1)　1.2　　(2)　4.0　　(3)　5.0　　(4)　14.0　　(5)　17.0

(a) 式（8・8）を用いて，（右辺）乾燥に要する全熱量を求める. 水の昇温（70 kg），蒸発（70－5 kg）と木材の昇温（100－70 kg）に分けて必要な熱量を計算する.

(b) (a) で求めた値と題意の値を代入して，乾燥時間を求める.

（a）式（8・8）の右辺に与えられた値を代入し，全熱量を求める.

$$Q = c_1 m_1 (t_2 - t_1) + \beta m_2 + c_3 m_3 (t_2 - t_1)$$
$$= 4.19 \times 70 \times (100 - 20) + 2.26 \times 10^3 \times (70 - 5)$$
$$\quad + 1.25 \times (100 - 70) \times (100 - 20)$$
$$\fallingdotseq \mathbf{173 \times 10^3\,kJ}$$

（b）式（8・7）を用いて求める.

$$T = \frac{Q}{3\,600 P \eta} = \frac{173.4 \times 10^3}{3\,600 \times 22 \times (55/100)} \fallingdotseq \mathbf{4.0\,h}$$

解答 ▶ (a)－(5)，(b)－(2)

問題8　✓✓✓　　　　　　　　　　　　　　　　　　H4 A-6

ヒートポンプの作用について次の記述のうち，誤っているのはどれか.

(1) 高温側で放出される熱量は，加えた動力の熱量より多いので，加熱用としては電熱を利用する場合に比べ極めて効率的である.

(2) 低温度で利用のみちのない廃熱を高温度の熱に変えて，再利用が可能である.

(3) 低温側における冷却作用は，冷房用に適している.

(4) 外部から機械的な仕事を受け，低温熱源から熱を吸収してこれを高温熱源へ放出する逆カルノーサイクルを行うものである.

(5) 高温部と低音部の温度差が大きいほど効率的なので，温度差の大きい高温熱源の必要なところでは極めて有効である.

(1) ○　ヒートポンプは，冷媒を利用して熱を低温側から高温側へ移動させ，圧縮機に使った動力以上の熱量が放出されるため，電熱と比べて極めて効率的である．

(2) ○　産業用のヒートポンプでは，廃熱の温度を回復させて再利用し，工場の投入エネルギーを減らすことに用いている．

(3) ○　低温側の熱の吸収による冷却作用が冷房に活用される．

(4) ○　ヒートポンプは，圧縮機により機械的仕事を受け，温度の低い所から高い所へ移動させる逆カルノーサイクルである．

(5) ×　温度差が少ないほど高効率（COP 大）となり，温度差の大きい高温熱源の必要な用途には適さない．

解答 ▶ (5)

問題9　　✓ ✓ ✓　　　　　　　　　　　　　　　　　　　　H20 A-12

　広く普及してきたヒートポンプは，外部から機械的な仕事 W〔J〕を与え，　(ア)　熱源より熱量 Q_1〔J〕を吸収して，　(イ)　部へ熱量 Q_2〔J〕を放出する機関のことである．この場合（定常状態では），熱量 Q_1〔J〕と熱量 Q_2〔J〕の間には　(ウ)　の関係が成り立ち，ヒートポンプの効率 η は，加熱サイクルの場合　(エ)　となり 1 より大きくなる．この効率 η は　(オ)　係数（COP）と呼ばれている．

　上記の記述中の空白箇所（ア），（イ），（ウ），（エ）および（オ）に当てはまる組合せとして，正しいものを次の (1)〜(5) のうちから一つ選べ．

	（ア）	（イ）	（ウ）	（エ）	（オ）
(1)	低温	高温	$Q_2 = Q_1 + W$	Q_2/W	成績
(2)	高温	低温	$Q_2 = Q_1 + W$	Q_1/W	評価
(3)	低温	高温	$Q_2 = Q_1 + W$	Q_1/W	成績
(4)	高温	低温	$Q_2 = Q_1 - W$	Q_2/W	成績
(5)	低温	高温	$Q_2 = Q_1 - W$	Q_2/W	評価

解説　ヒートポンプは，少ない投入エネルギーで**低温熱源から熱を集めて，高温部へ**熱を移動させるポンプの役割を果たす．高温部へ放出する熱量 Q_2 は，低温熱源から吸収した熱量 Q_1 と圧縮に用いられる仕事 W の和（$Q_2 = Q_1 + W$）となり，投入エネルギー W を基準とした加熱能力 Q_2 の比（Q_2/W）を**成績係数**（COP）といい，加熱サイクルでは必ず 1 より大きくなる（$\mathrm{COP} = 1 + Q_1/W$）．

解答 ▶ (1)

Chapter 8

問題⑩ ☑ ☑ ☑

　温度 20℃，体積 $0.37\,\mathrm{m^3}$ の水の温度を 90℃ まで上昇させたい．次の（a）および（b）に答えよ．ただし，水の比熱（比熱容量）と密度はそれぞれ $4.18\times10^3\,\mathrm{J/(kg\cdot K)}$，$1.00\times10^3\,\mathrm{kg/m^3}$ とし，水の温度に関係なく一定とする．

(a) 電熱器容量 $4.44\,\mathrm{kW}$ の電気温水器を利用する場合，これに必要な時間 $t\,\mathrm{[h]}$ の値として，最も近いものを次の（1）～（5）のうちから一つ選べ．ただし，貯湯槽を含む電気温水器の総合効率は 90％ とする．

　　(1)　3.15　　　(2)　6.10　　　(3)　7.53　　　(4)　8.00　　　(5)　9.68

(b) 上記（a）の電気温水器の代わりに，最近普及してきた自然冷媒（CO_2）ヒートポンプ式電気給湯器を使用した場合，消費電力が $1.25\,\mathrm{kW}$ で，これに必要な時間は $6\,\mathrm{h}$ であった．水が得たエネルギーと消費電力量とで表せるヒートポンプユニットの成績係数（COP）の値として，最も近いものを次の（1）～（5）のうちから一つ選べ．ただし，ヒートポンプユニットおよび貯湯槽の電力損，熱損失はないものとする．

　　(1)　0.25　　　(2)　0.33　　　(3)　3.01　　　(4)　4.01　　　(5)　4.19

(a) 式（8・9）を活用して，加熱所要時間 T を求める．

(b) ヒートポンプを加熱に用いる場合の COP は，投入エネルギー（$W=3600PT$）を基準とした加熱能力（得られる熱量 $Q=cm(t_2-t_1)$）の比で与えられる（$\mathrm{COP}=Q/W$）．

解説

(a) 式（8・9）から T を求めると

$$T=\frac{cm(t_2-t_1)}{3600P\eta}=\frac{(4.18\times10^3\times10^{-3})\times0.37\times10^3(90-20)}{3600\times4.44\times(90/100)}\fallingdotseq\boldsymbol{7.53\,\mathrm{h}}$$

(b) $\mathrm{COP}=\dfrac{\text{水の得た熱量〔kJ〕}}{\text{消費電力量を熱量に換算〔kJ〕}}=\dfrac{cm(t_2-t_1)}{3600PT}$

$$=\frac{(4.18\times10^3\times10^{-3})\times0.37\times10^3(90-20)}{3600\times1.25\times6}\fallingdotseq\boldsymbol{4.01}$$

解答 ▶ （a）-（3），（b）-（4）

8-3 電気加熱方式

[★★]

1 電気加熱方式と対応する電気炉

表8・2に主な電気加熱方式と原理および対応する電気炉を示す.

●表8・2 主な電気加熱方式と原理および対応する電気炉

方 式	原 理	電 気 炉
抵 抗 加 熱	I → 抵抗 R ── I^2R の発熱 ── 電流によるジュール熱を利用	直接式抵抗炉 間接式抵抗炉
アーク加熱	電極 アーク放電 ── アークによる発熱を利用	直接式アーク炉 間接式アーク炉
誘導加熱 (Induction Heating) (IH)	うず電流 交流電源 交番磁界 導電性被熱物 うず電流損が大部分 うず電流損やヒステリシス損による発熱を利用	直接式誘導炉 間接式誘導炉 (誘導加熱装置)
誘 電 加 熱	絶縁性被熱物 高周波電源 双極子の振動が交番電界に追随できなくなり，ずれ（摩擦のようなもの）が生じエネルギーが熱となる：誘電損失の発熱を利用	──
赤 外 加 熱	赤外放射・遠赤外放射を被熱物へ投射して加熱する	(赤外炉)

熱源として電力を使用して加熱する場合は，石炭，重油，ガスなどの燃料による場合に比べて，以下のような優れた特徴がある.

① 高効率（被加熱物を直接加熱し，不要なエネルギーを軽減）

② 高温加熱（アーク加熱では5000℃を超える高温が得られる）

③ 内部加熱，局所加熱，急速加熱，均一加熱が可能

④ 雰囲気加熱（ガスの発生がなく，不活性ガスや真空中での加熱が可能）

⑤ 制御性（遠方制御や自動制御が容易で作業環境が良い）

⑥ 製品の品質，歩留りが良い（品質にムラが生じにくく，不良品が少ない）

2　抵　抗　炉

抵抗炉は，物体に直接電気を流してジュール熱を発生させることで加熱する方式で，以下のような特徴がある．

① 清浄な熱源で，清浄な雰囲気で処理でき，**雰囲気制御**も容易．

② 温度の利用範囲が広く，高精度の温度制御が可能．

③ 正確かつ容易にエネルギー管理ができ，熱効率が高く，騒音がない．

〔1〕 直接式抵抗炉

被加熱物に大電流を直接流して加熱する電気炉で，急速に高温まで加熱できるが，用途が限られる．**黒鉛化炉**（図 8·10 (a)），炭化ケイ素を製造する**カーボランダム炉**などがある．一般に総合力率が悪いので**力率改善**を行う．

〔2〕 間接式抵抗炉

抵抗発熱体に電流を流し，伝導，対流，放射の組み合わせで間接的に被加熱物を加熱する電気炉で，被加熱物の材質に制限がなく，最も多く利用されている．発熱体には**ニッケル-クロム系**などの金属発熱体と**炭化ケイ素**などの非金属発熱体がある．

箱形やるつぼ形の炉の内面に電熱線などを配置し，その内側に被加熱物を入れて加熱する**発熱体炉**の他，被加熱物を黒鉛管に入れて加熱する**タンマン炉**，溶融塩内で加熱する**ソルトバス炉**，黒鉛粒子内で加熱する**クリプトール炉**（図 8·10 (b)）などがある．

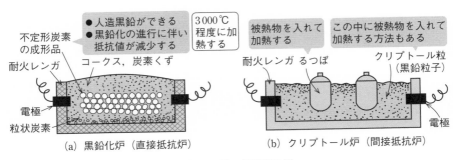

●図 8·10　抵抗炉の例

3 アーク炉

アーク加熱は，アーク放電によって生じる**アークプラズマ**の熱によって被加熱物を加熱する方式で，**5 000°C 以上の高温を容易に発生**できる．被加熱物自身との間でアーク放電を発生させる直接式アーク炉と，電極間にアークを発生させて主に放射で間接的に加熱する間接式アーク炉がある．

直接式アーク炉の代表例として，図 8・11 に示す**製鋼用アーク炉**（エルー炉）や**カーバイド炉**がある．製鋼用アーク炉として，大容量の直流式も設置される．小容量の炉として，単相交流を用いたジロー炉，真空アーク炉（直流式），プラズマジェット溶解炉などがある．

アーク炉は，溶解期にアークが不安定で電流の変化が大きいので，大容量アーク炉は，**電圧フリッカ**（照明のちらつき）が生じることがある．その対策として，①専用の給電線や電圧階級の高い電力系統から供給，②送配電線に直列コンデンサを設け電圧降下を補償，③炉側に直列リアクトルの設置，④同期調相機の併設，⑤フリッカ補償装置を設け無効電力変動分を吸収，などの方法がある．

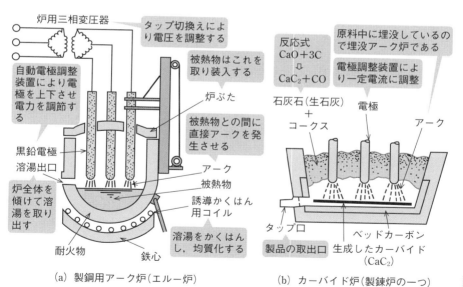

(a) 製鋼用アーク炉（エルー炉）　　(b) カーバイド炉（製錬炉の一つ）

● 図 8・11　直接式アーク炉の代表例

4 誘導加熱

(1) 原理

図8·12 (a) のように被加熱物の周囲にコイルを配置し，**交番磁界**を発生させると，**導電性の被加熱物の内部に起電力が誘導**されて，**うず電流が流れる**. **誘導加熱**は，このうず電流によるジュール熱を利用して加熱する方式であり，被加熱物に直接電流を流す**直接加熱方式**と，導電性の容器を誘導加熱して熱伝達させる**間接加熱方式**がある.

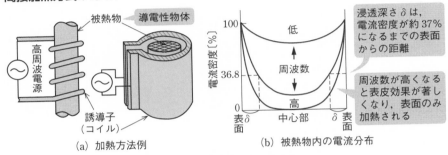

●図8·12 誘導加熱と電流分布

うず電流は，磁界を打ち消す方向に流れ，**表面に近いほど大きく，内部にいくほど小さくなる（表皮効果）**ため，被熱物内の電流分布の状態は，同図 (b) のようになる. **浸透深さ δ** は，電源の周波数を f，被熱物の透磁率を μ，導電率（抵抗率の逆数）を σ とすると次式で表され，**周波数が高く，誘磁率，導電率が大きいほど浅くなる**. このため，被加熱物の表面だけを選択的に加熱することができる.

$$\delta \propto \sqrt{\frac{1}{f\mu\rho}} \tag{8·18}$$

(2) 誘導炉

誘導炉は，図8·13 のように耐火物の中に被加熱物を入れて誘導加熱する. 溶湯に交番磁界によるうず電流が流れ，**磁束との間に電磁力が働いて攪拌される（ピンチ効果）**. **力率が非常に悪いので**力率改善用コンデンサを設ける.

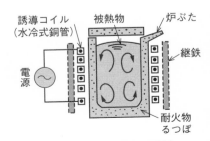

●図8·13 誘導炉の構造例

◀3▶ 電磁調理器，IH 炊飯器 ▶

渦巻状の加熱コイルへ高周波電流（数十 kHz）を流し，その上へ底の平らな導電体鍋を乗せることにより，鍋の底が交番磁界によるうず電流損で加熱される．その熱で調理や炊飯を行う．鉄のように透磁率が高く，抵抗も大きいものが適している．銅やアルミは透磁率が低く，抵抗も小さいため発熱しにくいが，周波数を高くして使えるようにした機器もある．

5 誘電加熱

◀1▶ 原　理 ▶

誘電加熱は，図 8・14 に示すように 1〜100 MHz の高周波の交番電界内におかれた誘電体（絶縁性の被加熱物）に生じる誘電損失を利用して加熱する方式である．

電界中に誘電体をおくと，内部の分子に分極が生じ，双極子となる．高周波数の交番電界により高速で向きが変わると，双極子の向きも追従して分子が激しく振動し発熱する．

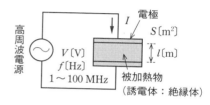

●図 8・14　誘電加熱の原理

発熱量は，図 8・15（a）の等価抵抗 R の消費電力（**誘電損失，誘電損**）P_d であり，次式で表され，**周波数と電圧の 2 乗に比例**する．

$$P_d = VI_R = VI_C \tan\delta = V \times 2\pi fCV \times \tan\delta$$
$$= 2\pi fCV^2 \tan\delta \ [\text{W}] \tag{8・19}$$

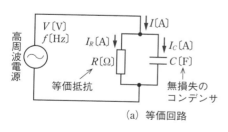

（a）等価回路

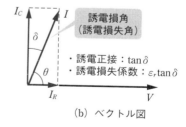

（b）ベクトル図

・誘電正接：$\tan\delta$
・誘電損失係数：$\varepsilon_r\tan\delta$

●図 8・15　誘電加熱の等価回路とベクトル図

Chapter
8

(2)　マイクロ波加熱

　誘電加熱の一種で，マグネトロン発振器を用い，導波管によりエネルギーを電波の形で炉室へ送る．炉室にはスターラ（電波のかく乱用回転羽根）を設け，炉壁による電波の乱反射が繰り返される．**水などの有極性分子を含む被熱物に高周波の交番電界が照射**されることで，分子レベルの振動が生じる．電界の極性変化と振動に差が生じて**誘電損**となり，**被熱物自体が発熱**する．周波数は，$300\,\mathrm{MHz} \sim 300\,\mathrm{GHz}$ を用いる．

　身近には，食品の加熱に利用される電子レンジ（$2\,450\,\mathrm{MHz}$ のマイクロ波を使用）がある．

(3)　特　徴

① 内部の**均一加熱**が可能．
② 周波数を加減して特定部分のみ**選択加熱**が可能．
③ 周波数を高くすると内部までの加熱が困難．
④ $\tan\delta$ の小さいものは加熱することが困難．
⑤ 電波の漏えいによるテレビや通信線への誘導障害を起こすおそれがある．

6　熱電加熱と冷却（電子冷凍）

　図 8・16 に示すように，半導体と金属を組み合わせた**熱電素子**に電流を流すと，接合部で熱の発生または吸収が起こる（**ペルチェ効果**という）．この吸熱現象を利用したものが，電子冷凍である．

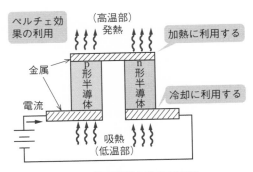

●図 8・16　熱電加熱と冷却の原理

問題11 H13 A-8

電気加熱に関する記述として，誤っているものを次のうちから一つ選べ．

(1) 抵抗加熱は，電流によるジュール熱を利用して加熱するものである．

(2) アーク加熱は，アーク放電によって生じる熱を利用するもので，直接加熱方式と間接加熱方式がある．

(3) 誘導加熱は，交番磁界中におかれた導電性物質中のうず電流によって生じるジュール熱（うず電流損）により加熱するものである．

(4) 赤外加熱において，遠赤外ヒータの最大放射束の波長は，赤外電球の最大放射束の波長より長い．

(5) 誘電加熱は，静電界中におかれた絶縁性物質中に生じる誘電損により加熱するものである．

解説 (5) × 誘電加熱は，静電界ではなく**交番磁界中**におかれた絶縁性物質（誘電体）の誘電損による加熱である． **解答 ▶ (5)**

問題12 H24 A-12

誘導性の被加熱物を交流磁界内におくと，被加熱物内に起電力が生じ，うず電流が流れる． (ア) 加熱はこのうず電流によって生じるジュール熱によって被加熱物自体が昇温する加熱方式である．抵抗率の (イ) 被加熱物は相対的に加熱されにくい．

また，交番磁束は (ウ) 効果によって被加熱物の表面近くに集まるため，うず電流も被加熱物の表面付近に集中する．この電流の表面集中度を示す指標として電流浸透深さが用いられる．電流浸透深さは，交番磁束の周波数が (エ) ほど浅くなる．したがって，被加熱物の深部まで加熱したい場合には，交番磁束の周波数は (オ) 方が適している．

上記の記述中の空白箇所 (ア)，(イ)，(ウ)，(エ) および (オ) に当てはまる組合せとして，正しいものを次の (1) ～ (5) のうちから一つ選べ．

	(ア)	(イ)	(ウ)	(エ)	(オ)
(1)	誘導	低い	表皮	低い	高い
(2)	誘電	高い	近接	低い	高い
(3)	誘導	低い	表皮	高い	低い
(4)	誘電	高い	表皮	低い	高い
(5)	誘導	高い	近接	高い	低い

誘導加熱の原理と電流の浸透深さに関する問題で，式（8.18）を活用する.

解説 **誘導加熱**は，被加熱物を交番磁界において生じる起電力によりうず電流を流し，発生するジュール熱で加熱するため，抵抗率が**低い**と加熱されにくい.

　交番磁束により被加熱物にうず電流が流れるが，そのうず電流が反作用磁束を生じさせ，中心に近いほど合成磁束が小さくなる．この**表皮効果**は周波数が**高く**なるほど強く，浸透深さが浅くなりうず電流も表面に集中する．このため，深部を加熱するのは**低い**周波数の方が適している.

解答 ▶ (3)

問題13 ✓ ✓ ✓　　　　　　　　　　　　　　　　　　　　　　H22 A-12

　マイクロ波加熱の特徴に関する記述として，誤っているものを次のうちから一つ選べ.
- (1) マイクロ波加熱は，被加熱物自体が発熱するので，被加熱物の温度上昇（昇温）に要する時間は熱伝導や対流にほとんど無関係で，照射するマイクロ波電力で決定される.
- (2) マイクロ波出力は自由に制御できるので，温度調節が容易である.
- (3) マイクロ波加熱では，石英ガラスやポリエチレンなど誘電損失係数の小さい物も加熱できる.
- (4) マイクロ波加熱は，被加熱物の内部でマイクロ波のエネルギーが熱になるため，加熱作業環境を悪化させることがない.
- (5) マイクロ波加熱は，電熱炉のようにあらかじめ所定温度に予熱しておく必要がなく熱効率も高い.

 (3) ×　マイクロ波加熱は，誘電加熱の一つで，誘電損失係数（誘電正接 $\tan \delta$ と比誘電率 ε_r の積）が大きい方が加熱しやすい．石英ガラスやポリエチレンなどは損失係数が小さいため，マイクロ波加熱では**加熱が困難**である.

解答 ▶ (3)

問題⚃14 ☑ ☑ ☑

　一般に市販されている電子レンジには，主に　(ア)　の電磁波が使われている．この電磁波が電子レンジの加熱室に入れた被加熱物に照射されると，被加熱物は主に電磁波の交番電界によって被加熱物自体に生じる　(イ)　によって被加熱物自体が発熱し，加熱される．被加熱物が効率よく発熱するためには，被加熱物は水などの　(ウ)　分子を含む必要がある．また，一般に，　(イ)　は電磁波の周波数に　(エ)　，被加熱物への電磁波の浸透深さは電磁波の周波数が高いほど　(オ)　．

　上記の記述中の空白箇所 (ア)，(イ)，(ウ)，(エ) および (オ) に当てはまる組合せとして，正しいものを次の (1) 〜 (5) のうちから一つ選べ．

	(ア)	(イ)	(ウ)	(エ)	(オ)
(1)	数 GHz	誘電損	有極性	無関係で	小さい
(2)	数 GHz	誘電損	有極性	比例し	小さい
(3)	数 MHz	ジュール損	無極性	無関係で	大きい
(4)	数 MHz	誘電損	無極性	比例し	大きい
(5)	数 GHz	ジュール損	有極性	比例し	大きい

解説　電子レンジは誘電加熱の一種で**数 GHz** の高周波の交番電界で有極性分子を振動させて生じる**誘電損**により発熱する．式 (8・19) から誘電損は周波数に**比例**する．周波数が高いほど電磁波が誘電体の内部に浸透する深さは**小さい**（周波数に反比例）．

解答 ▶ (2)

練 習 問 題

■ **1** (H25 B-17(b))

すべての物体はその物体の温度に応じた強さのエネルギーを [(ア)] として放出している．その量は物体表面の温度と放射率から求めることができる．

いま図に示すように，面積 S_1 [m²]，温度 T_1 [(イ)] の面 A と，面積 S_2 [m²]，温度 T_2 [(イ)] の面 B とが向き合っている．両面の温度に $T_1 > T_2$ の関係があるとき，エネルギーは面 A から面 B に放射によって伝わる．そのエネルギー流量（1 秒当たりに面 A から面 B に伝わるエネルギー）Φ [W] は $\Phi = \varepsilon \sigma S_1 F_{12} \times$ [(ウ)] で与えられる．

ここで ε は放射率，σ は [(エ)]，および F_{12} は形態係数である．ただし，ε に波長依存性はなく，両面において等しいとする．また，F_{12} は面 A，面 B の大きさ，形状，相対位置などの幾何学的な関係で決まる値である．

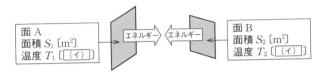

上記の記述中の空白箇所（ア），（イ），（ウ）および（エ）に当てはまる組合せとして，正しいものを次の（1）～（5）のうちから一つ選べ．

	（ア）	（イ）	（ウ）	（エ）
(1)	電磁波	K	$(T_1 - T_2)$	プランク定数
(2)	熱	K	$(T_1{}^4 - T_2{}^4)$	ステファン・ボルツマン定数
(3)	電磁波	K	$(T_1{}^4 - T_2{}^4)$	ステファン・ボルツマン定数
(4)	熱	℃	$(T_1 - T_2)$	ステファン・ボルツマン定数
(5)	電磁波	℃	$(T_1{}^4 - T_2{}^4)$	プランク定数

■ **2** (H6 A-11 〈改〉)

直径 20 cm，長さ 3 m の円柱状の物体がある．その一端の温度を 200 ℃ とするとき，温度 100 ℃ の他端へ 1 時間につき 200 kJ の熱が伝わったという．この物体の熱伝導率 [W/(m・K)] の値として，最も近いものを次のうちから一つ選べ．ただし，この物体の側面からの熱放散はないものとする．

(1) 13.3 　 (2) 17.7 　 (3) 53.1 　 (4) 167 　 (5) 206

■ **3** (H7 A-9 〈改〉)

電圧 100 V，容量 600 W の電熱器がある．電熱線の直径が 0.7 mm，表面電力密度（電熱線表面の熱流密度）は 5×10^4 W/m² である．電熱線の長さ [m] の値として，最も近いものを次のうちから一つ選べ．

(1) 2.73 　 (2) 3.30 　 (3) 4.28 　 (4) 5.46 　 (5) 6.55

■ **4** (H29 A-13)

誘導加熱に関する記述として，誤っているものを次の (1) ～ (5) のうちから一つ選べ．
(1) 産業用では金属の溶解や金属部品の熱処理などに用いられ，民生用では調理加熱に用いられている．
(2) 金属製の被加熱物を交番磁界内に置くことで発生するジュール熱によって被加熱物自体が発熱する．
(3) 被加熱物の透磁率が高いものほど加熱されやすい．
(4) 被加熱物に印加する交番磁界の周波数が高いほど，被加熱物の内部が加熱されやすい．
(5) 被加熱物として，銅，アルミよりも，鉄，ステンレスの方が加熱されやすい．

■ **5** (H8 A-5)

誘電加熱に関する次の記述のうち，誤っているのはどれか．
(1) 発熱量は印加電圧の周波数に比例するので，高周波電源が用いられる．
(2) 被加熱物自身の発熱であるから一様に加熱できる．
(3) 誘電損失の大きい物質は熱伝導率が大きく誘電加熱に適さない．
(4) 複合誘電体を加熱する場合に選択加熱ができる．
(5) 発熱量は印加電圧の 2 乗に比例するので温度上昇速度を簡単に制御できる．

■ **6** (H28 B-17)

ヒートポンプ式電気給湯器におけるヒートポンプユニットの消費電力は $1.34\,\mathrm{kW}$，COP（成績係数）は 4.0 である．また，貯湯タンクには $17\,℃$ の水 $460\,\mathrm{L}$ が入っている．この水全体を $88\,℃$ まで加熱したい．次の (a) および (b) の問に答えよ．
(a) この加熱に必要な熱エネルギー W_h の値〔MJ〕として，最も近いものを次の (1) ～ (5) のうちから一つ選べ．ただし，貯湯タンク，ヒートポンプユニット，配管などからの熱損失はないものとする．また，水の比熱容量は $4.18\,\mathrm{kJ/(kg\cdot K)}$，水の密度は $1.00\times10^3\,\mathrm{kg/m^3}$ であり，いずれも水の温度に関係なく一定とする．
(1) 37　(2) 137　(3) 169　(4) 202　(5) 297
(b) この加熱に必要な時間 t の値〔h〕として，最も近いものを次の (1) ～ (5) のうちから一つ選べ．ただし，ヒートポンプユニットの消費電力および COP はいずれも加熱の開始から終了まで一定とする．
(1) 1.9　(2) 7.1　(3) 8.8　(4) 10.5　(5) 15.4

Chapter
8

Chapter

9

電気化学

学習のポイント

　電気化学は，出題されない年もある．近年は蓄電池に関する説明問題が多く出題されている．充放電それぞれの正極活物質および負極活物質における酸化・還元反応を正しく理解しておこう．これらをふまえて以下に示す分野の学習をするのがポイントである．

(1) 主な二次電池の構造，特性，化学反応，公称電圧などに関する問題．
　　・鉛蓄電池（サルフェーションなど）
　　・ニッケル水素電池（メモリ効果など）
　　・リチウムイオン電池
　　・ナトリウム硫黄電池
(2) 主な一次電池の構造，特性，公称電圧など．
(3) 燃料電池の構造，特性，化学反応など．
(4) 電気分解に関するファラデーの法則を用いた電解計算，電気エネルギー計算．
(5) 主な工業電解プロセスの種類と特徴．
　　・水溶液電解，電極電解（電解精製，めっきなど），溶融塩電解
　　・界面電解（電気浸透，電気泳動，電気透析）

電気化学の基礎事項と電気分解の計算
[★]

1 電解質とイオン伝導

【1】 電解質と非電解質

図 9·1 (a) のように，水その他の溶媒に溶解し，**陽イオンと陰イオンに分かれることを電離といい，電離する物質を電解質，その溶液を電解質溶液（電解液）**という．これに対し，**電離しない物質を非電解質**という．

電解質には，**電離度の大きな強電解質と小さな弱電解質がある**．同じ物質でも，**温度が高いほど，濃度が低いほど電離度が大きくなる**．

電 解 質 の 例……塩化ナトリウム，水酸化ナトリウム，水酸化カリウム，硫酸，
　　　　　　　　　塩酸，硝酸，一部の高分子材料

非電解質の例……砂糖，アルコール，尿素，ブドウ糖，ベンゼン，水銀

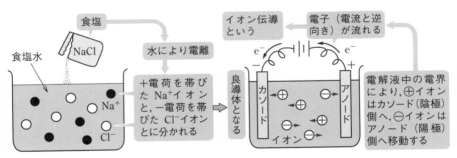

(a) 食塩の電離　　　　　　　　(b) 電解液の電気伝導

●図 9・1　電離とイオン電導

【2】 電解液の電気伝導

電解液の電気伝導は，イオン伝導であり，図 9·1 (b) のように，電極を入れて電圧を加えると，電解液中で**陽イオンは陰極（カソード）へ，陰イオンは陽極（アノード）へ移動**し，電流が流れる．

電解液の導電率は，電解質の濃度（一定の濃度まで）と**イオンの移動度に比例**する．イオンの移動度は，温度が高くなると大きくなる．

【3】 イオン化傾向

金属が水溶液中で電子を放出して陽イオンになる（酸化）性質を**イオン化傾向**といい，大きな順に並べると図 9・2 のようになる．2 種類の金属を電極とすると，**イオン化傾向の大きい方が電子を放出して陽イオンになる**（電池の負極）．また，イオン化傾向の差が大きいほど電位差が大きくなる．

●図 9・2 イオン化列

【4】 酸性・アルカリ性の判別 （pH）

pH は溶液の酸性やアルカリ性の強さを示す値で，図 9・3 （a）に示すように溶液中の**水素イオン濃度の逆数の常用対数**（$-\log_{10}[H^+]$）で表し，**酸性は pH＜7，アルカリ性は pH＞7** となる．その測定は，図 9.3 （b）に示す **pH 計**や **pH 指示薬**などで行う．

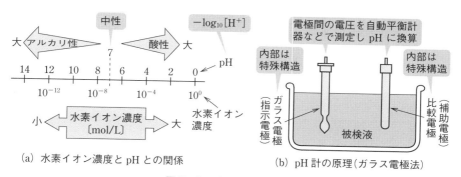

（a）水素イオン濃度と pH との関係　　（b）pH 計の原理（ガラス電極法）

●図 9・3 pH と pH 計の原理

【5】 原子価 （価数）

原子価（価数）とは，他の原子と結合する数を表し，図 9・4 に示すように，水素原子 n 個と結合しうる元素は，その原子価が n である．

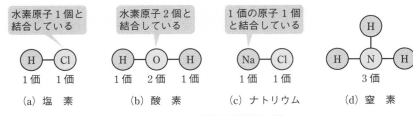

●図9・4　元素の原子価の例

2　電気分解（電解）とその原理

◀1▶　電気分解 ▶

　電解質の水溶液または溶融塩に電流を流すと，各電極で化学変化が起きる．このように，電気エネルギーを利用して化学変化を起こすことを**電気分解**という．

◀2▶　電気分解の原理 ▶

　図9・5に示す例のように電気分解を行うと，**カソードでは電源から供給される e^- を受け取り還元反応が起き鉛**が析出，**アノードでは e^- を放出する酸化反応が起き塩素**ガスが発生する．

　この反応は，二次電池（蓄電池）の充電時の反応と同一である．

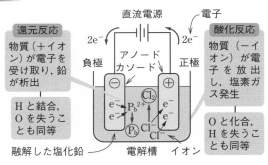

●図9・5　電気分解の原理（塩化鉛の例）

3　電気分解のファラデーの法則

　電気分解における物質の変化量に関して，ファラデーは，実験結果をもとに図9・6の法則を導き出した．したがって，**電気分解により電極に析出する物質の量（析出量）** w〔g〕は，次式のように**電気量 Q〔C〕と化学当量（原子量/原子価）に比例**する．

$$w = KQ\eta = \underbrace{\frac{1}{F} \times \underbrace{\frac{m}{n}}_{\text{第二法則}}} \times \underbrace{It}_{\text{第一法則}} \times \eta \ \text{〔g〕} \tag{9・1}$$

電気化学当量

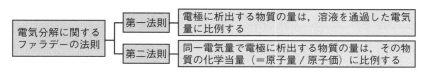

●図9・6　電気分解に関するファラデーの法則

Q：電気量〔C〕（＝電流 I〔A〕×通電時間 t〔s〕）

K：電気化学当量〔g/C〕，η：電流効率

F：ファラデー定数〔C/mol〕（＝96 500 C/mol）

m：**原子量**〔g/mol〕（イオン 1 mol の質量），n：**原子価**（イオンの価数）

4 化学当量と析出量

化学当量（グラム当量）とは，イオン 1 mol 当たりの原子の質量である原子量 m を原子価 n で割ったもので，**96 500 C の電気量で析出される物質の量**となる．この 1 グラム当量 m/n〔g〕を析出するために必要な電気量 96 500 C をファラデー定数 F という．

また，電気化学当量 K〔g/C＝g/(A·s)〕は，1 C の電気量で析出する物質の量で，化学当量をファラデー定数で割った m/Fn となる．

例えば，亜鉛（Zn）の場合，原子量 $m = 65.4$，原子価 $n = 2$ であり，1 グラム当量は $m/n = 65.4/2 = 32.7$ g となり，96 500 C の電気量で電気分解すると 32.7 g の亜鉛が析出（理論析出量）する．

実際の電気分解では，漏れ電流や副反応，電解液の抵抗などのため，理論析出量より少なくなり，電流効率 η を乗じて実際析出量を算出する．効率には，図9・7 に示すように，**電流効率**と**エネルギー効率**がある．

$$\text{電流効率} = \frac{\text{理論電気量}}{\text{実際電気量}} = \frac{\text{実際析出量}}{\text{理論析出量}} \quad (9\cdot2)$$

$$\text{エネルギー効率} = \frac{\text{理論電力量}}{\text{実際の電力量}} \quad (9\cdot3)$$

●図9・7　電気分解の電流効率とエネルギー効率

問題1 H4 A-14 〈改〉

電池あるいは，電解プロセスで用いられる電解質に関する記述として，誤っているものを次のうちから一つ選べ.
(1) 電解質濃度が増すと，導電度は大きくなる.
(2) 高分子材料にも電解質になるものがある.
(3) 電解質中では，電気は電子で運ばれる.
(4) 電解質中を流れる電流と電圧の間には，オームの法則が成立する.
(5) 電解質温度が上昇すると，移動度は大きくなる.

解説 (3) ✕　電解質は，陽イオンと陰イオンに電離する物質であり，電子ではなく**イオンが移動**して電気が流れる.

解答 ▶ (3)

問題2 H19 A-13

硫酸亜鉛 ($ZnSO_4$)／硫酸系の電解液の中で陽極に亜鉛を，陰極に鋼帯の原板を用いた電気メッキ法はトタンの製造法として広く知られている. いま，両電極間に 2A の電流を 5h 通じたとき，原板に析出する亜鉛の量〔g〕の値として，最も近いものを次の (1)〜(5) のうちから一つ選べ. ただし，亜鉛の原子価（反応電子数）は 2，原子量は 65.4，電流効率は 65 %，ファラデー定数 $F = 9.65 \times 10^4$ C/mol とする.
(1) 0.0022　　(2) 0.13　　(3) 0.31　　(4) 7.9　　(5) 16

 電気分解で析出する量は，電気量（電流×時間（秒）×効率）と化学当量（原子量／原子価）に比例する. 1 グラム当量を電気分解するのに必要な電気量が 96 500 C となる.

解説 式 (9・1) から

$$w = \frac{1}{F} \times \frac{m}{n} \times It\eta = \frac{1}{96\,500} \times \frac{65.4}{2} \times 2 \times (5 \times 3\,600) \times \frac{65}{100} \fallingdotseq \mathbf{7.9\,g}$$

解答 ▶ (4)

問題❸ ✓ ✓ ✓

H12 A-10

水の電気分解は次の反応により進行する.

$$2H_2O \rightarrow 2H_2 + O_2$$

このとき,アルカリ水溶液中ではアノード（陽極）において,次の反応により酸素が発生する.

$$4OH^- \rightarrow O_2 + 2H_2O + 4e^-$$

いま,$2.7\,kA \cdot h$ の電気量が流れたとき,理論的に得られる酸素の質量〔kg〕の値として,正しいものを次のうちから一つ選べ.ただし,酸素の原子量は 16,電流効率は 1,ファラデー定数は $96\,500\,C/mol$ とする.

(1) 0.4　　(2) 0.8　　(3) 6.4　　(4) 13　　(5) 32

反応式から,酸素 O の原子価は,$4e^-/2 = 2e^-$ となり 2 価である.電気分解で得られる酸素の量を式 (9・1) を用いて求める.

解説 式 (9・1) から

$$w = \frac{1}{F} \times \frac{m}{n} \times It\eta = \frac{1}{96\,500} \times \frac{16}{2} \times (2.7 \times 10^3 \times 3\,600) \times 1$$

$$= 806\,g \fallingdotseq \mathbf{0.8\,kg}$$

解答 ▶ (2)

⑨-2

電　　　　　池

[★★★]

1 一次電池

■【1】一次電池の構成■

　一度放電させてしまった後は電池として使えないものを**一次電池**という．一次電池には，電解質がのり状または含浸状の**乾電池**と，電解質が液状のままの**湿電池**とがある．

　電池は，図9・8に示すように，正極，**正極活物質**，電解質（液），**負極活物質**（負極と兼ねることもある），負極から構成される．電池では，**放電時に負極で酸化反応が起こり電子を放出**し，**正極で電子を受け取り還元反応**が起こる．

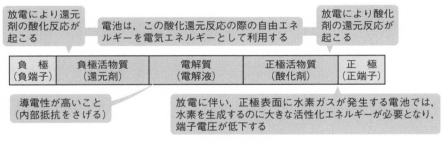

●図9・8　電池の基本構成

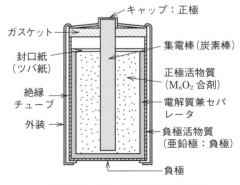

●図9・9　マンガン乾電池の構造例

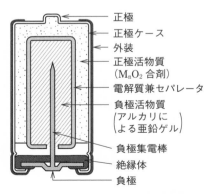

●図9・10　アルカリ乾電池の構造例

◀️【2】一次電池の種類 ▶️

一般に乾電池と呼ばれるマンガン乾電池の構造を図9・9に，アルカリ乾電池の構造を図9・10に示す．また，主な一次電池を表9・1に示す．

●表9・1　主な一次電池

電 池 名	正極活物質（正極）	電解質（液）	負極活物質（負極）	公称電圧〔V〕	特徴，用途など
マンガン乾電池	MnO_2	$NH_4Cl +$ $ZnCl_2$	Zn	1.5	灯火用，通信用 間欠使用や低負荷に適する
マンガン乾電池（塩化亜鉛形）	MnO_2	$ZnCl_2$	Zn	1.5	大電流放電特性が良い 普通形より低温特性良
アルカリ乾電池	MnO_2	KOH	Zn	1.5	高率放電，低温特性良 マンガン乾電池より電池容量大，内部抵抗小
ニッケル系乾電池（オキシライド乾電池）	$NiOOH$ $+MnO_2$	KOH	Zn	1.5	瞬間的な大電流特性良 上記電池より電圧が若干高く，電池容量も大
酸化銀電池（銀電池）	Ag_2O	KOH または NaOH	Zn	1.5	大電流特性良，低温特性良 水銀電池の代替
空気乾(湿)電池	空気中のO_2	KOH	Zn	1.3	低負荷用に限る．放電電圧安定，エネルギー密度大
リチウム電池	MnO_2や$(CF)_n$	$LiClO_4$，有機溶媒など	Li	3.0	電池電圧高,低高温特性良，エネルギー密度大，高価

◀️【3】電池の放電特性と容量 ▶️

使用開始から定められた放電電流を流したとき，その放電持続時間と端子電圧との関係を**放電特性**といい，放電特性が良好なものほど，寿命末期まで端子電圧の低下が小さい．端子電圧と放電電流との関係を図9・11に示す．

電池容量は，電池を放電して，その端子電圧が規定の**放電終止電圧**に達するまでに得られる電気量〔A·h〕（＝放電電流〔A〕×放電時間〔h〕）で表す．放電終止電圧とは，放電を続けたとき電圧が急に低下し，実用にならなくなるか，使用上その電圧になったら放電をやめなけ

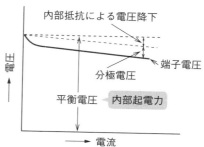

●図9・11　電池の電圧電流特性

ればならない最終の電圧をいう.

◀4▶ 電池の自己放電

電池がもっている電気エネルギーが電池内部で消耗する現象を**自己放電**といい，自己放電量は，温度の上昇とともに増加する.

2 二次電池（蓄電池）

◀1▶ 二次電池の種類

起電力が低下した場合，外部から放電と逆向きに電流を流して**充電すれば起電力が回復して再び使用できる電池**を，**二次電池**または**蓄電池**といい，代表的なものに，**鉛蓄電池，アルカリ蓄電池，リチウムイオン電池**がある. 主な二次電池を表 9·2 に示す.

●表 9·2 主な二次電池

電池名	正極	負極	電解質	公称電圧	用途
鉛蓄電池	PbO_2	Pb	H_2SO_4	2.0	自動車 無停電電源装置　等
ニッケルカドミウム電池	NiOOH	Cd	KOH	1.2	電動工具, 玩具　等
ニッケル・水素電池	NiOOH	金属水素化合物 MH	KOH	1.2	乾電池型充電池, AV 機器, ハイブリッド車　等
リチウムイオン電池	$LiCoO_2$	C	有機電解質	3.7	モバイル機器 ハイブリッド車　等
ナトリウム硫黄電池	S	Na	ベータアルミナ	2.0	電力貯蔵用

◀2▶ 蓄電池の容量

蓄電池の定格容量〔A·h〕は，**鉛蓄電池では 10 時間率放電**または 5 時間率放電，**アルカリ蓄電池**の標準放電形では **5 時間率放電**での容量を表すのが標準である.
図 9·12 に時間率（放電電流）と電池容量との関係を示す.

時間率とは，定電流で充（放）電したときの電流値の目安で，定格容量〔A·h〕を電流値〔A〕で割った値をいう.

◀3▶ 蓄電池の充放電特性と効率

図 9·13 は蓄電池の定電流充放電特性の例で，充放電の初期と末期には電圧の変化が大きく，充電末期にはガスの発生が急増する特徴がある.

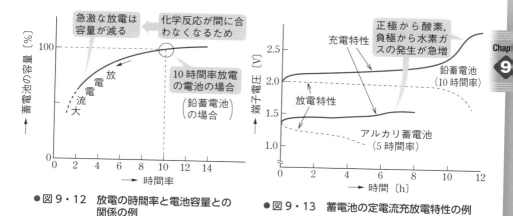

●図9・12 放電の時間率と電池容量との関係の例

●図9・13 蓄電池の定電流充放電特性の例

蓄電池の効率には, 以下に示す**アンペア時効率** η_{Ah} と**ワット時効率** η_{Wh} がある.

$$\eta_{Ah} = \frac{\text{放電電気量}〔A \cdot h〕}{\text{充電電気量}〔A \cdot h〕} = \frac{\text{放電電流×放電時間}}{\text{充電電流×充電時間}} \qquad (9 \cdot 4)$$

$$\eta_{Wh} = \frac{\text{放電電力量}〔Wh〕}{\text{充電電力量}〔Wh〕} = \frac{\text{放電電圧×放電電流×放電時間}}{\text{充電電圧×充電電流×充電時間}} \qquad (9 \cdot 5)$$

【4】蓄電池の充電方法

充電器により電池を単独で充電する方法のほか, 以下に示す方式がある.

①浮動（フロート）充電方式

蓄電池と充電器および負荷を並列に接続し, 充電器から常に蓄電池を充電するとともに負荷へ電力を送る方式である. この方式では, 各蓄電池間の容量のばらつきを減らすため, 1カ月に1回程度の均等充電を行う.

②トリクル充電方式

AC 電源が停電した時（非常時）のみ動作する電池で, 自己放電電流に近い電流で絶えず充電する方式である.

【5】二次電池のエネルギー密度

電池の容量や重さなどは, 活物質の体積エネルギー密度〔Wh/L〕, 質量エネルギー密度〔Wh/kg〕に関係する. これらの値は, 鉛蓄電池（約 30～40 Wh/kg）, ニッケル・カドミウム電池（約 40～60 Wh/kg）, ニッケル・水素電池（約 60～120 Wh/kg）, ナトリウム硫黄電池（約 100 Wh/kg）, リチウムイオン電池（約 100～250 Wh/kg）の順に大きい.

3 鉛蓄電池

【1】構 造

図 9·14 (a) に鉛蓄電池の構造を示す．公称電圧は 2 V である．

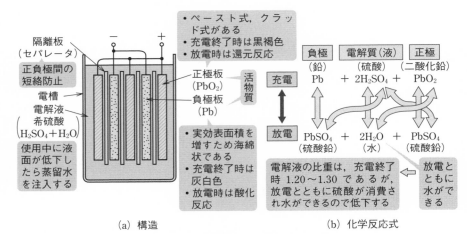

(a) 構造　　　(b) 化学反応式

● 図 9·14 鉛蓄電池の構造と化学反応式

【2】化学反応式

鉛蓄電池は，放電・充電により図 9·14 (b) に示すような可逆反応を行う．**放電時（→）は正極で還元反応，負極で酸化反応**，充電時（←）は逆の反応となる．

$$正極：PbO_2 + 4H^+ + SO_4^{2-} + 2e^- \rightleftarrows PbSO_4 + 2H_2O$$
$$負極：Pb + SO_4^{2-} \qquad\qquad\qquad \rightleftarrows PbSO_4 + 2e^-$$

【3】特 徴

① 放電中の電圧変化が少ない．

② 比較的大電流の放電にも耐える．

③ 放電により水が生成され，希硫酸の濃度が下がり，電解液の比重が小さくなる．

④ 過放電や放電したまま放置した場合，極板上に白色の硫酸鉛が生じる現象を**サルフェーション**といい，充電ができなくなる．

⑤ **過充電**すると水が電気分解して**正極から O_2 ガス，負極から H_2 ガス**が発生する．

⑥　電解液の温度が上昇すると，**電池の端子電圧が上昇**，取り出せる電気量も増加，自己放電量も増加する．

4　ニッケル・水素電池

電解質に水酸化カリウム（KOH）などのアルカリ性のものを用いる電池をアルカリ蓄電池といい，**ニッケル・カドミウム電池**，**ニッケル・水素電池**などがある．

【1】構　造

ニッケル・水素電池は，**正極にオキシ水酸化ニッケル（NiOOH）**，**負極には水素吸蔵合金 M** を用い，**電解質には KOH** などが用いられる．それぞれごく薄くシート状にした電極とし，セパレータではさみ，絶縁シールとともに渦巻状や積層状などに巻いてケースに収める．形状には，タンク形や乾電池形がある．

【2】化学反応式

ニッケル・水素電池の化学反応式は次式となる．

正極：$NiOOH + H_2O + e^- \rightleftarrows Ni(OH)_2 + OH^-$
負極：$MH（金属水酸化物） + OH^- \rightleftarrows M（水素吸蔵合金） + H_2O + e^-$

【3】特　徴

①　**公称電圧は，1.2 V** と鉛蓄電池より低い．
②　重負荷特性が良く，**サイクル寿命（充放電回数）が長い**．
③　ニッケル・カドミウム電池に比べて，電池の容量が約 2〜2.5 倍と大きい．
④　電池の容量は，温度の低下とともに小さくなる．
⑤　鉛蓄電池に比べ内部抵抗が高いので，電圧変動率が大きく，アンペア時効率，ワット時効率が低い．
⑥　完全に放電してしまうと電池が傷み，充電できなくなるおそれがあるので，放電終止電圧までの使用で止める．
⑦　サルフェーション現象はないが，つぎ足し充電を行ったとき，つぎ足した充電分しか使用（放電）できなくなる**メモリ効果**が多少はあるので，つぎ足し充電のくり返しは寿命を縮める．
⑧　メモリ効果の防止には，充電する前に必ず放電終止電圧まで全て放電してから再び充電する（**リフレッシュ**という）．

5 リチウムイオン（二次）電池

【1】構 造

　正極は**コバルト酸リチウム（$LiCoO_2$）等のリチウム遷移金属酸化物**，**負極は特殊カーボン（C）をごく薄くシート状にした電極**とし，セパレータではさみ，絶縁シールとともに渦巻状などに巻いてケースに収める．**電解質には有機電解質**（水酸化物では電圧が高いので電気分解してしまい使用できない）が用いられる．

【2】化学反応式

　この電池は，充・放電時に**リチウムイオンが電解質（液）中を移動**することで，電子の受渡しを行う．**充電時に正極のコバルト酸リチウム（$LiCoO_2$）中のリチウムがイオンとなり（酸化）**，負極材料である炭素材料に吸蔵され，放電時にはリチウムイオンが正極に移動してコバルト酸リチウムに戻る（還元）．反応式中の $Li_{(1-x)}CoO_2$ は，$LiCoO_2$ と CoO_2 が混ざった状態を意味し，$0 \leqq x < 1$ の値をとる．

正極：$Li_{(1-x)}CoO_2$ ＋ xLi^+ ＋ xe^- ⇄ $LiCoO_2$
負極：Li_xC ⇄ C ＋ xLi^+ ＋ xe^-

【3】特 徴

① 他の二次電池に比べ，**公称電圧は 3.7 V** と高い．
② エネルギー密度が大きい．
③ 満充電状態での保存は劣化が速いので，トリクル充電などには適さない．
④ 内部抵抗がやや高い．メモリ効果が小さい．自己放電は少ない．
⑤ 充電は，酸化物から Li を引き抜きすぎると結晶構造が崩れ，また有機電解質の分解のおそれがあるので，専用の充電器を用いる必要がある．また，正負を逆にしての充電は，爆発などの危険があり，絶対に行わない．
⑥ 過放電は，電池性能を劣化させ異常発熱の原因となる．
⑦ この電池は，⑤，⑥のため高精度の充放電制御が必要である．

6 ナトリウム硫黄電池（NaS 電池）

　正極に硫黄（S），**負極にナトリウム（Na）**が使われ，**電解質はナトリウムイオンだけを透過するベータアルミナという酸化物の固体**で構成され，**約 300℃の温度で運転**される．

公称電圧は **2.0 V** であり，直並列に接続してモジュール化している．大容量，高エネルギー密度，長寿命であり，電力貯蔵用として用いられている．

7 燃 料 電 池

◖1◗ 燃料電池の原理

　燃料電池は，水素等の燃料を供給して空気中の酸素と反応させることで水と電気を取り出す．図 9・15 のように，天然ガスなどの燃料を**燃料改質器**に通して**水素を生成**する．**負極で電子を放出して水素イオンとなり，電解質を通って正極で電子を受け取って酸素と結合して水が生成**される．反応により**発熱反応**が生じる．

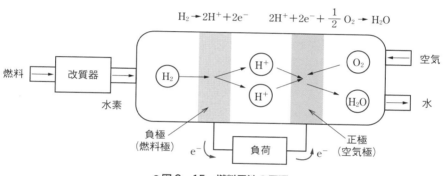

$$H_2 \rightarrow 2H^+ + 2e^-$$ $$2H^+ + 2e^- + \frac{1}{2}O_2 \rightarrow H_2O$$

●図 9・15　燃料電池の原理

◖2◗ 燃料電池の種類

　電解質材料によって動作温度が異なり，さまざまな種類の燃料電池が開発されている．**固体高分子形燃料電池**（PEFC）は，**イオン交換膜**を電解質に使用し，**比較的低温（80〜100℃程度）で動作**するため，小型化ができ，主に**家庭用**などで使われている．**リン酸形燃料電池**（PAFC）は，リン酸水溶液（H_3PO_4）を電解質に使用し，200℃程度で動作する．**工場やビルなどのコジェネレーションシステムで実用化**されている．溶融炭酸塩形燃料電池（MCFC）や固体酸化物形燃料電池（SOFC）は，高温形（600〜1000℃）で効率が高く，研究開発が進められている．

問題**4**　✓ ✓ ✓　　　　　　　　　　　　　H20 A-13

　二次電池は，電気エネルギーを化学エネルギーに変えて電池内に蓄え（充電という），貯蔵した化学エネルギーを必要に応じて電気エネルギーに変えて外部負荷に供給できる（放電という）電池である．この電池は充放電を反復して使用できる．

　二次電池としてよく知られている鉛蓄電池の充電時における正・負両電極の化学反応（酸化・還元反応）に関する記述として，正しいものを次の（1）～（5）のうちから一つ選べ．なお，鉛蓄電池の充放電反応全体をまとめた化学反応式は次のとおりである．

　　　$2PbSO_4 + 2H_2O \rightleftarrows Pb + PbO_2 + 2H_2SO_4$

（1）充電時には正極で酸化反応が起き，正極活物質は電子を放出する．
（2）充電時には負極で還元反応が起き，$PbSO_4$ が生成する．
（3）充電時には正極で還元反応が起き，正極活物質は電子を受けとる．
（4）充電時には正極で還元反応が起き，$PbSO_4$ が生成する．
（5）充電時には負極で酸化反応が起き，負極活物質は電子を受けとる．

　蓄電池の充電は電気分解と同じで，正極で酸化反応，負極で還元反応となる（図 9・14 参照）．放電時は逆に正極で還元反応，負極で酸化反応となる．

 解説　充電時に**正極**では $PbSO_4$ が**酸化**（電子を放出）され，PbO_2 を生成する．負極では $PbSO_4$ が還元され，Pb を生成する．

解答 ▶ （1）

問題**5**　✓ ✓ ✓　　　　　　　　　　　　　H14 A-8

　据置型鉛蓄電池に関する記述として，誤っているものは次のうちどれか．
（1）周囲温度が上がると，電池の端子電圧は上昇する．
（2）電解液の液面が低下した場合には，純水を補給する．
（3）単セル（単電池）の交渉電圧は 2.0 V である．
（4）周囲温度が低下すると，電池から取り出せる電気量は増加する．
（5）放電に伴い，電解液の比重は低下する．

 解説　（1）○　周囲温度が上がると，電解液や電極における化学反応速度が速くなり，内部抵抗が小さくなることにより端子電圧（端子電圧＝起電圧－電流×内部抵抗）が上昇する．
（2）○　電解液が減少すると，硫酸濃度が高くなり，腐食や劣化が進むため，純水（蒸

留水）を補充する．
(3)○　鉛蓄電池の公称電圧は 2.0 V である．
(4)×　周囲温度が低下すると，化学反応が不活性化し，端子電圧が低下する．放電終始電圧に早く到達することにより，**取り出せる電気量が低下**する．
(5)○　鉛蓄電池の電解液は希硫酸（$H_2SO_4 + H_2O$）であり，放電反応により硫酸鉛と水が生成され，硫酸濃度が減少し，電解液の比重が低下する．

解答 ▶ (4)

問題6　✓ ✓ ✓　　　　　　　　　　　　　　　　　　　　H18 A-12

　ニッケル・水素蓄電池は，電解液として ［(ア)］ 水溶液を用い，［(イ)］ にオキシ水酸化ニッケル，［(ウ)］ に水素吸蔵合金をそれぞれ活物質として用いている．
　公称電圧は ［(エ)］ 〔V〕である．
　この電池は，形状，電圧特性などはニッケル・カドミウム蓄電池に類似し，さらに，ニッケル・カドミウム蓄電池に比べ，［(オ)］ が大きく，カドミウムの環境問題が回避できる点が優れているので，携帯形電子機器用，携帯用電動工具の電池として使用されている．
　上記の記述中の空白箇所（ア），（イ），（ウ），（エ）および（オ）に当てはまる組合せとして，正しいものを次のうちから一つ選べ．

	(ア)	(イ)	(ウ)	(エ)	(オ)
(1)	H_2SO_4	正極	負極	1.5	耐過放電特性
(2)	KOH	負極	正極	1.2	体積エネルギー密度
(3)	KOH	正極	負極	1.5	耐過放電特性
(4)	KOH	正極	負極	1.2	体積エネルギー密度
(5)	H_2SO_4	負極	正極	1.2	耐過放電特性

解説　ニッケル水素蓄電池は，アルカリ蓄電池の一種で電解質に水酸化カリウム（**KOH**）が用いられる．**正極**にオキシ水酸化ニッケル（NiOOH），**負極**に水素吸蔵合金（MH）を活物質として用いる．放電時には，負極に蓄えられている水素原子と水酸化物イオンが水に変化するとともに電極に電子を放出し，正極では電極から電子を受け取り，オキシ水酸化ニッケルが水と反応して水酸化ニッケルと水酸化物イオンが生成される（正負電極における水の生成，分解により．水酸化物イオン OH^- がキャリアとなる）．公称電圧は，乾電池の 1.5 V よりも低い **1.2 V** だが，作動終了電圧が 1.0 V 程度に設定されている機器では乾電池の代わりに使える．

体積エネルギー密度がニッケル・カドミウム蓄電池の 2 倍以上であり，環境面で問題のあるカドミウムを使わない点からもニッケルカドミウムに置き換わった.

解答 ▶ (4)

問題7 ✓ ✓ ✓ H30 A-12

　次の文章は，リチウムイオン二次電池に関する記述である.

　リチウムイオン二次電池は携帯用電子機器や電動工具の電源として使われているほか，電気自動車の電源としても使われている.

　リチウムイオン二次電池の正極には (ア) が用いられ，負極には (イ) が用いられている. また，電解液には (ウ) が用いられている. 放電時には電解液中をリチウムイオンが (エ) へ移動する. リチウムイオン二次電池のセル当たりの電圧は (オ) V 程度である.

　上記の空白箇所（ア），（イ），（ウ），（エ）および（オ）に当てはまる組合せとして，正しいものを次の (1) ～ (5) のうちから一つ選べ.

	(ア)	(イ)	(ウ)	(エ)	(オ)
(1)	リチウムを含む金属酸化物	主に黒鉛	有機電解液	負極から正極	3～4
(2)	リチウムを含む金属酸化物	主に黒鉛	無機電解液	負極から正極	1～2
(3)	リチウムを含む金属酸化物	主に黒鉛	有機電解液	正極から負極	1～2
(4)	主に黒鉛	リチウムを含む金属酸化物	有機電解液	負極から正極	3～4
(5)	主に黒鉛	リチウムを含む金属酸化物	無機電解液	正極から負極	1～2

解説　負極にリチウムを用いるリチウム一次電池と異なり，リチウムイオン二次電池では，正極にコバルト酸リチウム（$LiCoO_2$）などの**リチウム含有金属酸化物**，負極に**黒鉛**（C）を用いる. どちらもリチウムイオンを吸蔵することができ，**有機電解液**を介して，充放電により正極と負極の間をリチウムイオンが往復する.

　放電時には，電子 e^- が負極から外部を通って正極へ，リチウムイオン Li^+ が有機電解液中を**負極から正極**へ移動する.

　リチウムはイオン化傾向が大きく，他の二次電池と比べて起電力が高く，セル当たりの電圧が **3～4V** となる.

解答 ▶ (1)

問題8 ✓ ✓ ✓ H26 A-12

次の文章は，燃料電池に関する記述である．

  (ア) 燃料電池は 80～100℃ 程度で動作し，家庭用などに使われている．燃料には都市ガスなどが使われ， (イ) を通して水素を発生させ，水素は燃料極へと導かれる．燃料極において水素は電子を (ウ) 水素イオンとなり，電解質の中へ浸透し，空気極において電子を (エ) 酸素と結合し，水が生成される．放出された電子が電流として負荷に流れることで直流電源として動作する．また，発電時には (オ) 反応が起きる．

上記の記述中の空白箇所（ア），（イ），（ウ），（エ）および（オ）に当てはまる組合せとして，正しいものを次の (1)～(5) のうちから一つ選べ．

	(ア)	(イ)	(ウ)	(エ)	(オ)
(1)	固体高分子形	改質器	放出して	受け取って	発熱
(2)	りん酸形	燃焼器	受け取って	放出して	吸熱
(3)	固体高分子形	改質器	放出して	受け取って	吸熱
(4)	りん酸形	改質器	放出して	受け取って	発熱
(5)	固体高分子形	燃焼器	受け取って	放出して	発熱

解説 80～100℃ 程度の低温で動作するのは**固体高分子形**で，リン酸形は 200℃程度で動作し，工場やビルなどで用いられる．

燃料極（負極）： $H_2 \rightarrow 2H^+ + 2e^-$ （**電子を放出**）

空気極（正極）： $2H^+ + 2e^- + \dfrac{1}{2}O_2 \rightarrow H_2O$ （**電子を受け取る**）

解答 ▶ (1)

工業電解プロセスと界面電解，電気防食

[★]

1 工業電解プロセス（電解化学工業）の種類

電気分解を応用した電解プロセスには，図9·16に示すような種類がある．

水溶液の電解 ── 食塩水の電解………水酸化ナトリウム（苛性ソーダ），塩素，水素の製造
水の電解…………水素，酸素の製造
金属の電解採取……亜鉛，クロム，マンガン，ニッケル，コバルト，カドミウム，ガリウムなどの採取

電極の電解（水溶液中で）── 金属の電解析出 ── 電解精製……………電気銅，鉛などの実用金属の精製
電気めっき，電鋳…クロームめっき，CDなどの原盤製作
電解研磨，電解加工
陽極酸化処理………アルマイト，電解コンデンサ

溶融塩の電解 ── アルミニウム，マグネシウム，ナトリウム，リチウムなどの軽合金の製造
電解合成 ── 化合物製造………二酸化マンガン，二酸化鉛などの製造

●図9·16　工業電解プロセスの種類と主な製品

2 電解プロセスにおける槽電圧

電解中の電解槽両極間の電圧 E を**槽電圧**といい，**浴電圧**ともいう．**理論分解電圧** E_0 に両極における反応の抵抗による**過電圧** E_v や電解液等での抵抗降下 IR を加えたものになる．

$$E = E_0 + E_v + IR \tag{9·6}$$

電解プロセスのエネルギー効率を高めるには，槽電圧を小さくすることが必要であり，以下の方法で抵抗を小さくするか，電流を小さくする．

・**電極の面積を大きく**　→　電流密度が減少
・**電極間の距離を小さく**　→　電解液の電圧降下が減少
・**電解質濃度を高く**　→　イオンが増加し，電導度が増加

・槽温度を高く　　　　→　電解液の比抵抗を低下

　　　　　　　　　　　　　電極表面の活性が増し，過電圧も低下

2　水溶液の電解

◀1▶ 食塩水の電解（食塩電解）

食塩水の電気分解は，わが国では図 9·17 に示す**イオン交換膜法**で行われ，次の反応が起き，水酸化ナトリウム（NaOH：苛性ソーダ），塩素，水素が生成される．

$$2NaCl + 2H_2O \rightarrow 2NaOH + Cl_2 + H_2 \qquad (9·7)$$

このほか，隔膜法（隔膜に石綿を用いる）と水銀法（アノードに金属電極，カソードに水銀を用いる）があるが，環境上から用いられない．

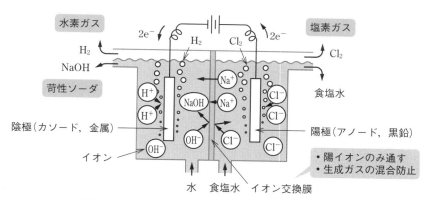

●図 9·17　イオン交換膜法による食塩電解（電解ソーダ工業）

◀2▶ 水の電解（水電解）

水（H_2O）を電気分解して水素（H_2）と酸素（O_2）を製造するもので，各種工業の原料に用いられる．図 9·18 は水電解槽の例である．

◀3▶ 金属の電解採取（電解抽出）

図 9·19 に示すように，前処理を施した電解液中の金属イオンを電気分解によってカソードに析出させ，採取する方法である．

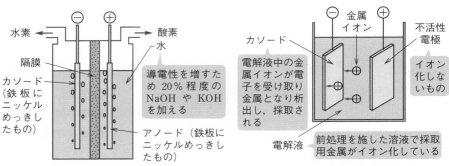

●図9・18　水電解槽の構造例　　　　　　●図9・19　金属の電解採取の原理

3 電極の電解

【1】 金属の電解精製

　粗金属から高純度の金属を得る方法として，図9·20 に示すように，**陽極の粗金属を溶出**（酸化反応）させ，**陰極に純金属として析出**（還元反応）させる**電解精製**があり，能率の最も良い安価な金属精製法である．電気銅，鉛，すず，鉄，ニッケル，アルミニウム，金，銀などの実用金属の精製に用いられている．

【2】 電気めっき

　図9·21 に示すように，電解液に電流を流して，めっきしようとする金属の表面に金属を析出させることを**電気めっき**という．電解液には，金・銀・銅めっきなどではシアン化合物が用いられる．めっきには，クロム・ニッケル・金・銀・銅・亜鉛めっきなどがあり，耐食性，耐摩耗性，装飾などの付与に用いられる．

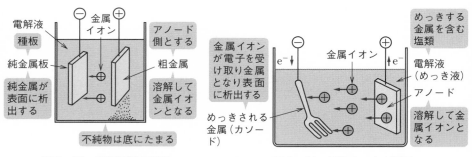

●図9・20　電解精製の原理　　　　　●図9・21　電気めっきの原理

【3】 電　鋳

電気めっきによって原形を複製することを電鋳という．CD や DVD などのプレス用原盤製作，プレス型ロールの製作，彫刻工芸品の複製などに利用されている．

【4】 電 解 研 磨

図 9・22 に示すように電解液中に被研磨体をアノードにして電気分解を行い，凹凸のある表面を平滑面にすることを**電解研磨**という．複雑な形や，表面積が小さく機械研磨のできないものの研磨に適し，めっきの下地研磨などにも用いられる．

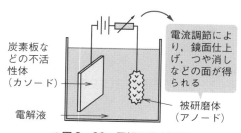

炭素板などの不活性体（カソード）

電解液

電流調節により，鏡面仕上げ，つや消しなどの面が得られる

被研磨体（アノード）

●図 9・22　電解研磨の原理

【5】 電 解 加 工

電解加工は，不溶性電極（加工電極）をカソードとし，被加工金属をアノードとして，両極間の間げきを極端に小さくして電気分解を行い，被加工金属を急速溶解させて加工電極と逆の形に加工する方法である．

【6】 陽極酸化処理（陽極皮膜処理）

アルミニウムをアノードとして適当な電解液中で電気分解を行うと，その表面に発生する酸素により酸化アルミニウム（Al_2O_3）の皮膜ができる．この酸化皮膜は自然にできた皮膜よりも厚く，耐食性が大きい**アルマイト**と呼ばれるもので，食器や家庭用品などの製造に利用されている．また，絶縁性の良い酸化皮膜は，**電解コンデンサの製造**に利用され，酸化皮膜で静電容量と耐電圧をもたせている．

4 溶融塩（融解塩）電解

アルミニウム（Al）以上のイオン化傾向の金属イオンは，水溶液中で電気分解しても陰極で水素が発生して金属が析出しない．このため，加熱溶解して液体とした**溶融塩を電気分解して精製**する．

溶融塩電解の代表的なものはアルミニウムの製造である．その製法は，**氷晶石にアルミナ（酸化アルミニウム）**を配合して約 1000℃ の溶融塩とし，これを両極に炭素を用いた**アルミニウム電解炉**で電解してカソードにアルミニウムを液体で析出させ，一定時間ごとに取り出す．

5 界面電解

　気体，液体および固体などの二相の界面には，電気二重層の現象により電位の違う状態が生じる．この現象を利用して電解を行うことを**界面電解**といい，**電気浸透**，**電気泳動**，**電気透析**がある．

【1】 電気浸透

　図 9・23 に示すように，隔膜で隔てた容器へ溶液を入れ，両極間に直流高電圧を加えると，**隔膜を通じて液の移動が起き**，液位の差が生じる現象を**電気浸透**という．この現象を利用して，汚泥処理などに利用される．

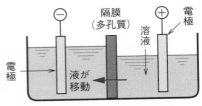

●図9・23　電気浸透の原理

【2】 電気泳動

　図 9・24 に示すように溶液中に分散している粘土粒子やコロイド（$10^{-9} \sim 10^{-7}$ m 程度の粒子）のうち**帯電している微粒子**が，**電界下で一方の電極へ移動する現象**を**電気泳動**という．たんぱく質の分離や電着塗装などに利用されている．

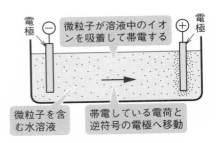

●図9・24　電気泳動の原理

【3】 電気透析（法）

　図 9・25 に示すように，容器を（陰，陽）**イオン交換膜**で仕切り，中央室の両側に電解質溶液を入れ，両極間に直流電圧を加えると，イオン交換膜を通して，図のように**イオンが移動し**，**電解質を除去**できる．これを**電気透析**という．海水の淡水化や濃縮による食塩の製造，工場廃液の処理などに用いられている．

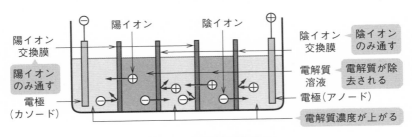

●図9・25　電気透析の原理

6 電気防食

地中埋設金属などの腐食は，**局部電池**が構成され，**イオン化傾向の大きい金属**側が陽イオンとなって溶け出し，腐食される．電気的腐食の原因である被防食金属からの電流流出を防止するため，図9·26に示すような方法がある．

外部電源法や**犠牲陽極法**は，地中埋設鉄管や鉛管，海水を利用する鉄管などに，**選択排流法**や外部電源法（強制排流法）は，直流式電気鉄道に用いられている．

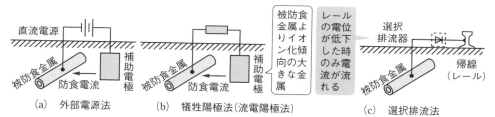

<table>
<tr><td>（a）　外部電源法</td><td>（b）　犠牲陽極法（流電陽極法）</td><td>（c）　選択排流法</td></tr>
</table>

●図 9・26　電気防食法

問題9 ✓ ✓ ✓　　　　　　　　　　　　　　　　　　　　H21 A-12

食塩水を電気分解して，水酸化ナトリウム（NaOH：苛性ソーダ）と塩素（Cl_2）を得るプロセスは食塩電解と呼ばれる．食塩電解の工業プロセスとして，現在，わが国で採用されているものは， (ア) である．

この食塩電解法では，陽極側と陰極側を仕切る膜に (イ) イオンだけを選択的に透過する密隔膜が用いられている．外部電源から電流を流すと，陽極側にある食塩水と陰極側にある水との間で電気分解が生じてイオンの移動が起こる．陽極側で生じた (ウ) イオンが密隔膜を通して陰極側に入り (エ) となる．

上記の記述中の空白箇所（ア），（イ），（ウ）および（エ）に当てはまる組合せとして，正しいものを次の (1)〜(5) のうちから一つ選べ．

	（ア）	（イ）	（ウ）	（エ）
(1)	隔膜法	陽	塩素	Cl_2
(2)	イオン交換膜法	陽	ナトリウム	NaOH
(3)	イオン交換膜法	陰	塩素	Cl_2
(4)	イオン交換膜法	陰	ナトリウム	NaOH
(5)	隔膜法	陰	水酸	NaOH

解説 **イオン交換膜法**では，陽イオンだけを選択的に透過する隔膜が用いられ，食塩水を分解してできる**ナトリウム**イオン Na^+ が隔膜を通過して水酸化ナトリウム（**NaOH**）が生成される．

解答 ▶ (2)

問題10 ☑ ☑ ☑　　　　　　　　　　　　　　　　　　H7 A-6

水溶液の電気分解でつくれない物質として，正しいものを次のうちから一つ選べ．

(1) 銅　　(2) 亜鉛　　(3) アルミニウム　　(4) 水素　　(5) 塩素

解説 アルミニウムやマグネシウムなどの金属は，イオン化傾向が大きいため，水溶液中ではイオン化傾向の小さい水中の水素だけが発生し，電気分解によって析出することができず，水素イオン H^+ のない溶融塩電解のみにて析出できる．

解答 ▶ (3)

問題11 ☑ ☑ ☑　　　　　　　　　　　　　　　　　　H25 A-12

金属塩の溶液を電気分解すると　(ア)　に純度の高い金属が析出する．この現象を電着と呼び，めっきなどに利用されている．ニッケルめっきでは硫酸ニッケルの溶液にニッケル板（　(イ)　）とめっきを施す金属板（　(ア)　）とを入れて通電する．硫酸ニッケルの溶液は，ニッケルイオン（　(ウ)　）と硫酸イオン（　(エ)　）とに電離し，ニッケルイオンがめっきを施す金属板表面で電子を　(オ)　金属ニッケルとなり，金属板表面に析出する．

上記の記述中の空白箇所（ア），（イ），（ウ），（エ）および（オ）に当てはまる組合せとして，正しいものを次の (1)～(5) のうちから一つ選べ．

	(ア)	(イ)	(ウ)	(エ)	(オ)
(1)	陽極	陰極	負イオン	正イオン	放出して
(2)	陰極	陽極	正イオン	負イオン	受け取って
(3)	陽極	陰極	正イオン	負イオン	受け取って
(4)	陰極	陽極	負イオン	正イオン	受け取って
(5)	陽極	陰極	正イオン	負イオン	放出して

解説 金属は電解液中で正イオンになるため，電気分解により電子を受け取れる**陰極**に金属として析出する．このため，めっきの材料を**陽極**，メッキを施す金属を陰極とする．硫酸ニッケルの溶液は，ニッケルイオン（**正イオン**）と硫酸イオン（**負イオン**）に電離し，電子を**受け取って**金属ニッケルとなる．

解答 ▶ (2)

問題12 ✓ ✓ ✓   H17 A-12

　水溶液中に固体の微粒子が分散している場合，微粒子は溶液中の　(ア)　を吸着して帯電することがある．この溶液中に電極を挿入して直流電圧を加えると，微粒子は自身の電荷と　(イ)　の電極に向かって移動する．この現象を　(ウ)　という．この現象を利用して，陶土や粘土の精製，たんぱく質や核酸，酵素などの分離精製や分析などが行われている．

　また，良い導電性の　(エ)　合成樹脂塗料またはエマルジョン塗料を含む溶液を用い，被塗装物を一方の電極として電気を通じると，塗料が　(ウ)　によって被塗装物の表面に析出する．この塗装は電着塗装と呼ばれ，自動車や電気製品などの大量生産物の下地塗装に利用されている．

　上記の記述中の空白箇所（ア），（イ），（ウ）および（エ）に当てはまる組合せとして，正しいものを次のうちから一つ選べ．

	(ア)	(イ)	(ウ)	(エ)
(1)	水分	同符号	電気析出	油性
(2)	イオン	逆符号	電気泳動	水溶性
(3)	イオン	同符号	電気析出	水溶性
(4)	イオン	逆符号	電気泳動	揮発性
(5)	水分	逆符号	電気透析	油性

解説 微粒子が**イオン**を吸着して帯電し，自身の電荷と**逆符号**の電極に移動する現象を**電気泳動**という．電着塗装は電気泳動の原理を用いており，**水溶性**の塗料を満たした中に被塗装物を入れ，電気を流して塗膜を得る．

解答 ▶ (2)

練習問題

■ **1** (H16 A-12 〈改〉)

鉛蓄電池の放電反応は次のとおりである.

$$\underset{\text{(負極)}}{Pb} + 2H_2SO_4 + \underset{\text{(正極)}}{PbO_2} \rightarrow \underset{\text{(負極)}}{PbSO_4} + 2H_2O + \underset{\text{(正極)}}{PbSO_4}$$

この電池を一定の電流で 2 時間放電したところ, 鉛の消費量は 35 g であった. このとき流した電流〔A〕の値として, 最も近いものを次のうちから一つ選べ. ただし, 鉛の原子量は 210, ファラデー定数は 96 500 C/mol とする.

(1) 1.5 (2) 2.3 (3) 4.5 (4) 9.2 (5) 13

■ **2** (H13 B-13)

燃料電池は, 水素と酸素の化学反応を利用したものである. 燃料電池の電圧が 0.8 V, 電流効率が 90 % であるとき, 次の (a) および (b) に答えよ. ただし, 水素の原子量は 1.0, ファラデー定数は 96 500 C/mol とする.

(a) 反応によって 30 kg の水素が消費されたとき, 燃料電池から得られた電気量〔kA·h〕の値として, 最も近いものを次のうちから一つ選べ.

(1) 360 (2) 410 (3) 580 (4) 720 (5) 900

(b) このとき得られた電気エネルギー〔kW·h〕の値として, 最も近いものを次のうちから一つ選べ.

(1) 290 (2) 520 (3) 580 (4) 720 (5) 910

■ **3** (H28 A-12)

電池に関する記述として, 誤っているものを次の (1) 〜 (5) のうちから一つ選べ.

(1) 充電によって繰り返し使える電池は二次電池と呼ばれている.

(2) 電池の充放電時に起こる化学反応において, イオンは電解液の中を移動し, 電子は外部回路を移動する.

(3) 電池の放電時には正極では還元反応が, 負極では酸化反応が起こっている.

(4) 出力インピーダンスの大きな電池ほど大きな電流を出力できる.

(5) 電池の正極と負極の物質のイオン化傾向の差が大きいほど開放電圧が高い.

■ **4**

鉛蓄電池に関する記述として, 誤っているものを次のうちから一つ選べ.

(1) 放電したまま放置すると硫酸鉛が結晶化し, 容量が減少する.

(2) 過充電すると正極から水素ガス, 負極から酸素ガスの発生が急増する.

(3) 電解質に希硫酸が用いられ, 放電の進行により比重が小さくなる.

(4) 定電流で充電すると端子電圧は緩やかに上昇し, 充電末期に急増する.

(5) 公称電圧は 2.0 V で, 放電により低下する.

Chapter 9

■ 5

蓄電池に関する記述として，誤っているものを次のうちから一つ選べ．
(1) ナトリウム硫黄電池は 300 ℃ の高温に維持する必要がある．
(2) 公称電圧はニッケル水素電池，鉛蓄電池，リチウムイオン電池の順に大きい．
(3) リチウムイオン電池は，満充電状態で保存すると電池の劣化が急激に進行する．
(4) リチウムイオン電池は，実用化されている二次電池の中で最もエネルギー密度が高い．
(5) リチウムイオン電池は，メモリ効果が大きい．

Chapter

10

自動制御

　自動制御関係は，毎年1問程度出題されており，出題傾向は以下のようになっているので，これに対応した学習がポイントである．

(1) フィードバック制御系の構成，分類，各要素の働き，フィードフォワード制御の働きに関する問題．

(2) ブロック線図や簡単な電気回路の伝達関数や周波数伝達関数の計算．

(3) ブロック線図の等価変換に関する問題．

(4) 伝達関数とブロック線図のブロックの値との対応に関するもの．

(5) ボード線図の描き方，一次遅れ要素のボード線図上での特徴，フィードバック制御系の伝達関数とボード線図との対応などに関するもの．

(6) フィードバック制御系の応答に関するもの．

(7) フィードバック制御系の安定運転条件，安定判別に関するもの．

(8) サーボ機構，プロセス制御とPID動作に関するもの．

(9) ナイキスト線図における実軸や虚軸などを切るゲインの値や角周波数を求める問題．

(10) ディジタル制御をアナログ制御と比較したときの特徴に関する問題．

10-1

自動制御の基礎事項

[★★]

1 自動制御の分類

　自動制御には，大別してフィードバック制御とシーケンス制御の2種類がある．

【1】 フィードバック制御

　「**フィードバックによって制御量の値を目標値と比較し，両者を一致させるよ**うに**訂正動作を行う制御**」である．この制御系は，信号が一巡する**閉ループ制御系**である．この制御は主に外乱がある制御系に用いられる．

【2】 シーケンス制御

　「あらかじめ定められた順序または手続きに従って**制御の各段階を遂次進めていく制御**」で，**開ループ制御系（オープンループ制御系）**である．

　なお，この制御は，主に外乱があまりない制御系に用いられる．

　シーケンス制御の概要は，「10-5　シーケンス制御回路」を参照のこと．

2 フィードバック制御

【1】 制御系各部の働き

　図10・1に示すような要素から構成されており，それぞれ図に示す働きをする．

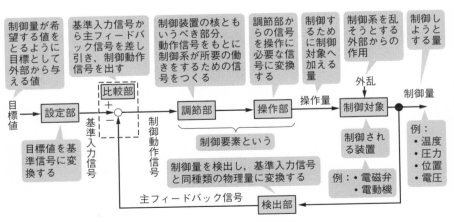

●図10・1　フィードバック制御系の構成と各部の働き

◀2▶ 分 類

フィードバック制御を分類すると表 10・1 のようになる.

● 表 10・1 フィードバック制御系の分類

分 類	名 称		制 御 内 容
目標値の時間的性質による分類	定値制御		目標値が変化しない一定の制御
	追値制御 （目標値が時間経過とともに変化する）	追従制御	目標値が時間的に任意に変化する場合の制御
		比率制御	目標値が他の量と一定の比率で変化する制御
		プログラム制御	目標値が時間経過とともにあらかじめ定められた値に変化する制御
使用分野による分類	自動調整		電圧・速度・周波数などの目標値を一定に保つ定値制御
	プロセス制御		制御量が温度，流量，圧力などの工業プロセス量の制御
	サーボ機構		追従制御で，制御量が機械的位置，回転角などを主体とする制御

◀3▶ 目標値の時間的変化による制御方式の例

図 10・2 に例を示す．比率制御の例には，化学反応，燃焼，混合などの流量制御が，プログラム制御には，熱処理炉やゴムの加硫工程などの温度制御がある．

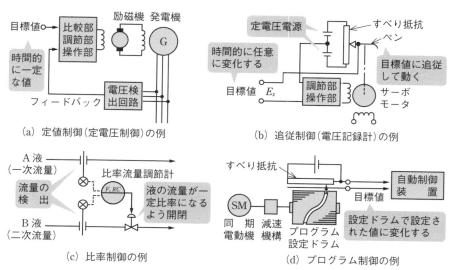

(a) 定値制御（定電圧制御）の例

(b) 追従制御（電圧記録計）の例

(c) 比率制御の例

(d) プログラム制御の例

● 図 10・2 目標値の時間的性質で分類されるフィードバック制御の例

3 プロセス制御（プラント制御）

【1】 制御系の構成

図 10・3 にプロセス制御系の構成を示す．

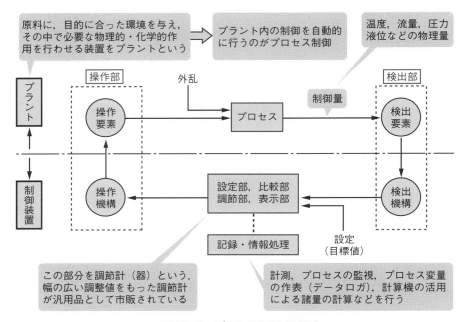

●図 10・3　プロセス制御系の構成

【2】 制御系の特徴

定値制御の場合が多く，ときには比率制御やプログラム制御なども用いられる．
応答性は，サーボ機構に比べて，はるかに低いことが多い．

4 PID 制御

自動制御系の調節部は，図 10・4 に示す **PID 動作**を適宜組み合わせて構成する．図 10・3 に示したプロセス制御には，PID 制御がよく用いられ，**調節計（調節器）**もこの PID 動作形が圧倒的に多い．

調節計は，マイクロプロセッサを内蔵したディジタル形が主流となっている．

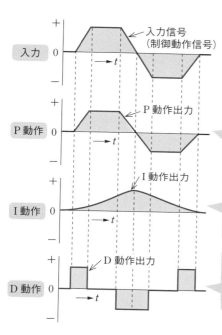

PID 調節計の伝達関数の近似式

$$G(s) = K_P \left(1 + \frac{1}{T_i s} + T_d s \right) \qquad (10 \cdot 1)$$

ただし，K_P：比例感度（比例ゲイン）
T_i：積分時間（リセットタイム）
T_d：微分時間（レートタイム）
s：ラプラス演算子

P（比例）動作は，出力が入力に比例する動作
[特徴] 比例感度を大きくすると，制御系は，応答速度増加，安定度減少，オフセット減少

I（積分）動作は，出力が入力の積分値となる動作
[特徴] 目標値が変化した直後の制御量小で制御遅れを生ずる．オフセットを 0 にできる．定常特性の改善．I 動作が強すぎると安定度減少，応答速度増加

D（微分）動作は，出力が入力の微分値となる動作
[特徴] 伝達遅れやむだ時間の大きなプロセス制御などに適用すると，制御遅れの改善，過渡特性の改善に有効．強すぎると安定度減少

●図 10・4　PID 動作

5　フィードフォワード制御

図 10・5 に**フィードフォワード制御**の構成と目的・効果を示す．

- 外乱を検出したら，前向き経路によりすぐ補正動作
- フィードバックの訂正動作の遅れを防ぎ，制御結果を良好に保つ
- 外乱の影響が予測補正できる場合に採用される

⇐ 外乱が制御量の変化として検出されるのが遅い場合

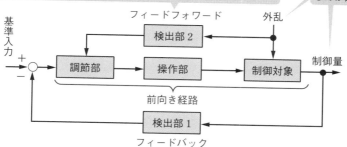

●図 10・5　フィードフォワード制御を加えたフィードバック制御

6 サーボ機構（サーボ系）の構成

図10·6にサーボ機構の構成を示す．この制御は，目標値が時間とともに任意に変化する追従制御である．

用途は，工作機械の制御，数値制御，装置の遠隔操作，計器の指示，船舶の自動操舵，航空機の自動操縦などに用いられる．

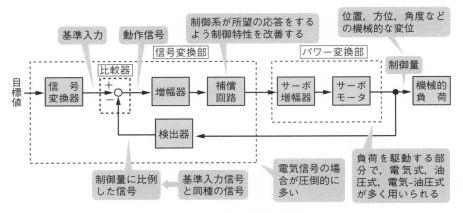

基準入力

動作信号

制御系が所望の応答をするよう制御特性を改善する

位置，方位，角度などの機械的な変位

信号変換部

パワー変換部

比較器

制御量

目標値 ─ 信号変換器 ─ ＋ − 比較器 ─ 増幅器 ─ 補償回路 ─ サーボ増幅器 ─ サーボモータ ─ 機械的負荷

検出器

制御量に比例した信号

基準入力信号と同種の信号

電気信号の場合が圧倒的に多い

負荷を駆動する部分で，電気式，油圧式，電気-油圧式が多く用いられる

●図10·6 サーボ機構の構成

7 ディジタル制御方式（コンピュータ制御方式）

制御回路内にディジタル計算機を用いて構成された自動制御である．**DDC**（Direct Digital Control）とも呼ばれる．計算機の性能も向上し，あらゆる分野で採用されている．

この方式は，制御量（アナログ量：連続した量）を入力装置により一定周期でサンプリングのうえ，その瞬時瞬時の値をディジタル変換して計算機処理されるので，**サンプル値制御**である．

以下にディジタル制御方式の特徴を示す．

・プログラムにより PID 動作をはじめ種々の複雑な制御方式が実現できる

・制御装置としてドリフトを生じない

・制御特性がサンプリング周期に依存する

・ノイズ除去や制御特性の改善が容易

・大規模なプラントを制御するのに適する
・データ処理，記録，監視が容易

問題1　☑☑☑　　　　　　　　　　　　　　　　　H26 A-13

シーケンス制御に関する記述として，誤っているものを次の（1）〜（5）のうちから一つ選べ．

(1) 前もって定められた工程や手順の各段階を，スイッチ，リレー，タイマなどで構成する制御はシーケンス制御である．

(2) 荷物の上げ下げをする装置において，扉の開閉から希望階への移動を行う制御では，シーケンス制御が用いられる．

(3) 測定した電気炉内の温度と設定温度とを比較し，ヒータの発熱量を電力制御回路で調節して，電気炉内の温度を一定に保つ制御はシーケンス制御である．

(4) 水位の上限を検出するレベルスイッチと下限を検出するレベルスイッチを取り付けた水のタンクがある．水位の上限から下限に至る容積の水を次段のプラントに自動的に送り出す装置はシーケンス制御で実現できる．

(5) プログラマブルコントローラでは，スイッチ，リレー，タイマなどをソフトウェアで書くことで，変更が容易なシーケンス制御を実現できる．

シーケンス制御とフィードバック制御の違いを理解しよう

解説　電気炉の設定温度が目標値なので，温度を一定に保つ制御は，シーケンス制御ではなくフィードバック制御である．

解答 ▶ (3)

問題2　☑☑☑　　　　　　　　　　　　　　　　　H14 A-9

図は，自動制御系の構成を示す．制御対象の出力信号である（ア）が検出部1によって検出される．その出力が比較器で（イ）と比較され，その差が調節部に加えられる．その調節部の出力によって操作部で（ウ）が決定され，制御対象に加えられる．このような制御方式を（エ）制御と呼ぶ．また，外乱を検出部2によって検出し，その出力を調節部に加えられただちに適正に補正動作をする系を付加することがあり，この制御が（オ）制御系である．

上記の記述中の空白箇所（ア），（イ），（ウ），（エ）および（オ）に当てはまる組合せとして，正しいものを（1）〜（5）のうちから一つ選べ．ただし，（ア），（イ）および（ウ）は図中のそれぞれに対応している．

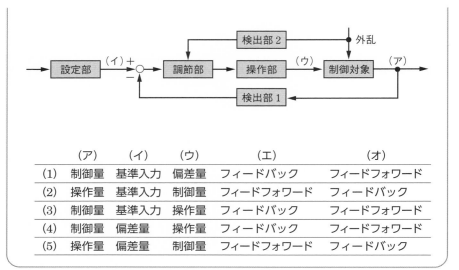

	（ア）	（イ）	（ウ）	（エ）	（オ）
(1)	制御量	基準入力	偏差量	フィードバック	フィードフォワード
(2)	操作量	基準入力	制御量	フィードフォワード	フィードバック
(3)	制御量	基準入力	操作量	フィードバック	フィードフォワード
(4)	制御量	偏差量	操作量	フィードバック	フィードフォワード
(5)	操作量	偏差量	制御量	フィードフォワード	フィードバック

解説 **フィードバック制御**は，制御した結果の制御量をセンサで読み取り，基準入力（目標値）と比較して制御信号を出す閉ループの制御系である（図10・1参照）．フィードバック制御に加えて，外乱が制御の乱れに現れる前に修正動作を行う制御を**フィードフォワード制御**という（図10・5参照）．

解答 ▶ (3)

問題3 ✓ ✓ ✓ H21 A-13

　自動制御系には，フィードフォワード制御系とフィードバック制御系がある．
　常に制御対象の ［（ア）］ に着目し，これを時々刻々検出し，［（イ）］ との差を生じればその差を零にするような操作を制御対象に加える制御が ［（ウ）］ 制御系である．外乱によって ［（ア）］ に変動が生じれば，これを検出し修正動作を行うことが可能である．この制御システムは ［（エ）］ を構成するが，一般には時間的な遅れを含む制御対象を ［（エ）］ 内に含むため，安定性の面で問題を生じることもある．しかしながら，汎用性の面で優れているため，定値制御や追値制御を実現する場合，基本になる制御である．
　上記の記述中の空白箇所（ア），（イ），（ウ）および（エ）に当てはまる語句として，正しいものを組み合わせたものは次のうちどれか．

	（ア）	（イ）	（ウ）	（エ）
(1)	操作量	入力信号	フィードフォワード	閉ループ
(2)	制御量	目標値	フィードフォワード	開ループ
(3)	操作量	目標値	フィードバック	開ループ
(4)	制御量	目標値	フィードバック	閉ループ
(5)	操作量	入力信号	フィードバック	閉ループ

解答 ▶ （4）

問題4 ✓ ✓ ✓　　　　　　　　　　　　　　　H12 A-7

　サーボ機構は，目標値の変化に対する　（ア）　制御であり，その過渡特性が良好であることが要求される．一方，プロセス制御は，目標値が一定の　（イ）　制御が一般的であり，外乱に対する抑制効果を　（ウ）　する場合が多い．しかし，プロセス制御でも比率制御や　（エ）　制御のように目標値に対する追値制御もあるが，過渡特性に対する要求はサーボ機構ほど厳しくはない．

　上記の記述中の空白箇所（ア），（イ），（ウ）および（エ）に当てはまる組合せとして，正しいものを次のうちから一つ選べ．

	（ア）	（イ）	（ウ）	（エ）
(1)	追従	定値	無視	シーケンス
(2)	追値	多値	無視	プログラム
(3)	追値	多値	重視	シーケンス
(4)	追従	定値	重視	プログラム
(5)	追従	多値	無視	プログラム

解説　サーボ機構は，物体の位置や方向などの機械的変位を制御量として目標値に自動で**追従**する機械制御である（図10・6参照）．一方，プロセス制御は，工業プラントにおける物質の温度や流量などの物理量を制御するので，**定値制御**である場合が多い（図10・3参照）．プログラム制御は，追値制御の一つである（表10・1参照）．

解答 ▶ （4）

問題5

プロセス制御系には PID 制御が非常によく用いられている．その中で積分動作は主として ［(ア)］ 特性の改善に，微分動作は ［(イ)］ 特性の改善に有効であり，また ［(ウ)］ 動作は両方の特性を，ともにある程度改善することができる．これらの動作をディジタル処理で行う DDC が良く用いられる．

上記の記述中の空白箇所（ア），（イ）および（ウ）に当てはまる組合せとして，正しいものを次のうちから一つ選べ．

	(ア)	(イ)	(ウ)
(1)	定常	過渡	加算
(2)	定常	過渡	減算
(3)	過渡	定常	比例
(4)	過渡	定常	加算
(5)	定常	過渡	比例

解説 積分動作はオフセットをなくすように動くため，**定常特性**が改善し，微分動作は変化の度合いに応じて制御するため，**過渡特性**が改善する．**比例動作**は偏差に比例して制御するため，両方をある程度改善するが，オフセットが残る．

解答 ▶ (5)

ブロック線図と伝達関数の計算

[★★★]

1 ブロック線図

　図 10·7 (a) に示すように，制御系を構成している各要素を四角のわくで囲んだものを**ブロック**といい，これらのブロック間を同図 (b) のように，信号の流れを表す線で結んだ線図を**ブロック線図**という（単にブロック図ともいう）.

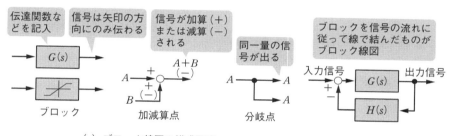

（a）ブロック線図の構成要素　　　　　（b）ブロック線図の例

●図 10·7　ブロック線図と構成要素

2 伝 達 関 数

　自動制御系の各ブロックの特性を数式で表す方法には，図 10·8 のように**伝達関数**で表す方法と，図 10·9 のように**周波数伝達関数**で表す方法がある.（本シ

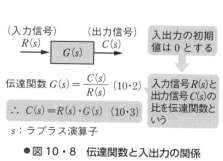

伝達関数 $G(s) = \dfrac{C(s)}{R(s)}$ (10·2)

$\therefore\ C(s) = R(s) \cdot G(s)$ (10·3)

s：ラプラス演算子

入出力の初期値は 0 とする

入力信号 $R(s)$ と出力信号 $C(s)$ の比を伝達関数という

●図 10·8　伝達関数と入出力の関係

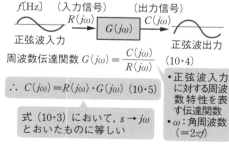

周波数伝達関数 $G(j\omega) = \dfrac{C(j\omega)}{R(j\omega)}$ (10·4)

$\therefore\ C(j\omega) = R(j\omega) \cdot G(j\omega)$ (10·5)

式 (10·3) において，$s \to j\omega$ とおいたものに等しい

・正弦波入力に対する周波数特性を表す伝達関数
・ω：角周波数$(= 2\pi f)$

●図 10·9　周波数伝達関数と入出力の関係

リーズ『電気数学 7 章』参照）

　ブロック線図は，前者の伝達関数で表すのが一般的である.

　入力信号と出力信号の関係を，式（10・3），式（10・5）に示す.

3　伝達関数の計算方法

◀1▶ ラプラス変換とは

　時間領域（t）の関数を（s）領域の関数へ変換し，周波数伝達関数を計算しやすくすることを**ラプラス変換**という.

$$\left[\begin{array}{l} f(t) \quad \Rightarrow \quad F(s) = \int_0^\infty f(t)e^{-st}dt \\ (t\,領域) \qquad\qquad\qquad\quad (s\,領域) \end{array}\right]$$

◀2▶ 周波数伝達関数の求め方

　図 10・10 のようにインピーダンス $\dot{Z}_1$ および $\dot{Z}_2$ の電気回路で構成された要素の周波数伝達関数は，次のようになる.

　①　入力を $E_i(j\omega)$，出力を $\dot{Z}_2$ の端子電圧 $E_o(j\omega)$ としたとき

$$G(j\omega) = \frac{E_o(j\omega)}{E_i(j\omega)} = \frac{I(j\omega)\cdot\dot{Z}_2}{I(j\omega)\cdot(\dot{Z}_1+\dot{Z}_2)} = \frac{\dot{Z}_2}{\dot{Z}_1+\dot{Z}_2} \tag{10・6}$$

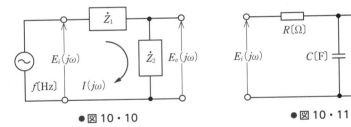

●図 10・10

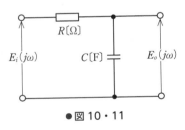

●図 10・11

［計算例］　図 10・11 に示す回路の周波数伝達関数 $E_o(j\omega)/E_i(j\omega)$ は，図 10・10 と対比すると $\dot{Z}_1 = R$，$\dot{Z}_2 = 1/(j\omega C)$ となるので，この値を式（10・6）へ代入すると

$$G(j\omega) = \frac{E_o(j\omega)}{E_i(j\omega)} = \frac{\dot{Z}_2}{\dot{Z}_1+\dot{Z}_2} = \frac{1/(j\omega C)}{R+1/(j\omega C)} = \frac{1}{j\omega CR+1}$$

$$= \frac{1}{1+j\omega CR} = \frac{1}{1+j\omega T} \tag{10・7}$$

ただし，ω：入力電圧の**角周波数** $2\pi f$ [rad/s]，T：**時定数** [s]（$=CR$）

◖3◗ 伝達関数の求め方

図 $10\cdot11$ の入力を $E_i(s)$，出力を $E_o(s)$ としたときの伝達関数 $G(s)$ は，式 $(10\cdot7)$ において $j\omega$ を s と置き換えればよく，次式のようになる．

$$G(s) = \frac{E_o(s)}{E_i(s)} = \frac{1}{1+sCR} = \frac{1}{1+sT} = \frac{K}{1+sT} \tag{10·8}$$

ただし，K：**ゲイン定数**（この式では $K=1$）

式 $(10\cdot8)$ で，最も右側の式が**一次遅れ要素**（一次遅れ系）の伝達関数を表す一般的な形である．

4 ブロック線図の等価変換

等価変換は，制御系が複雑なときの簡略化や，目的に合うようなブロックに変換する手段として用いる．

図 $10\cdot12$ に等価変換の計算方法を，表 $10\cdot2$ および表 $10\cdot3$ に変換例を示す．

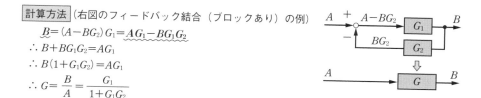

計算方法 （右図のフィードバック結合（ブロックあり）の例）

$\underline{B} = (A - BG_2)G_1 = \underline{AG_1 - BG_1G_2}$

$\therefore\ B + BG_1G_2 = AG_1$

$\therefore\ B(1 + G_1G_2) = AG_1$

$\therefore\ G = \dfrac{B}{A} = \dfrac{G_1}{1 + G_1G_2}$

●図 10・12 ブロック線図の等価変換の方法

●表 10・2 配置変換によるブロック線図の変換例

	変 換 前	変 換 後
ブロックの置換	$A \to G_1 \to G_2 \to B$	$A \to G_2 \to G_1 \to B$
加減算点の置換	$A \xrightarrow{+}\ _B{\overset{-}{\ }}\ A(\pm)B\ \xrightarrow{+}\ _C{\overset{-}{\ }}\ A(\pm)B(\pm)C$	$A \xrightarrow{+}\ _C{\overset{-}{\ }}\ A(\pm)C\ \xrightarrow{+}\ _B{\overset{-}{\ }}\ A(\pm)C(\pm)B$
加減算点の移動	$A \xrightarrow{+}\ _B{\overset{-}{\ }}\ G \to C$	$A \to G\ \xrightarrow{+}\ _{\ }{\overset{-}{\ }}\ C,\ \ B \to G$

● 表 10・3 結合変換によるブロック線図の変換例

	変 換 前	変 換 後
前向き経路から ブロックを除去	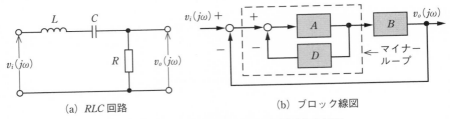	
フィードバック結合 （ブロックあり）		
フィードバック結合 （ブロックなし）		

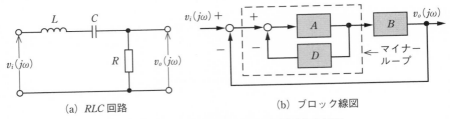

Point 複雑なブロック線図を簡略化するのに活用できるので覚えておくとよい.

5 周波数伝達関数とブロック線図との対応計算

図 10・13 (a) に示す RLC 回路を同図 (b) のブロック線図で表したとき，おのおのの伝達要素 A, B, D は，次のように求める.

(a) RLC 回路　　　　　　　(b) ブロック線図

● 図 10・13 RLC 回路とブロック線図との対応

RLC 回路の入力を $v_i(j\omega)$，出力を $v_o(j\omega)$ としたときの周波数伝達関数 $G(j\omega)$ は，式（10・6）から

$$G(j\omega) = \frac{v_o(j\omega)}{v_i(j\omega)} = \frac{\dot{Z}_2}{\dot{Z}_1 + \dot{Z}_2} = \frac{R}{j\omega L + 1/j\omega C + R}$$

$$= \frac{R}{\{(j\omega)^2 LC + 1 + j\omega CR\}/j\omega C}$$

$$= \frac{j\omega CR}{1 + j\omega CR + (j\omega)^2 LC} \tag{10・9}$$

となる.

一方，ブロック線図の合成伝達関数 $G(j\omega)$ は，等価変換を行うと，**マイナールー**
プの伝達関数を G_1 とすれば，$G_1 = A/(1+AD)$ であるから次のようになる．

$$G(j\omega) = \frac{G_1 B}{1+G_1 B} = \frac{AB/(1+AD)}{1+AB/(1+AD)} = \frac{AB}{1+AB+AD} \tag{10・10}$$

上の式（10・9）と式（10・10）を等しくするためには，$j\omega CR = AB$，$(j\omega)^2 LC = AD$ とすればよいことがわかる．したがって，両者の比をとって計算すると

$$\frac{AB}{AD} = \frac{j\omega CR}{(j\omega)^2 LC} \quad \rightarrow \quad \frac{B}{D} = \frac{R}{j\omega L}$$

$$\therefore \quad \boldsymbol{B = R}, \quad \boldsymbol{D = j\omega L}, \quad \boldsymbol{A = \frac{j\omega CR}{B} = \frac{j\omega CR}{R} = j\omega C}$$

となる．

6 フィードバックによる特性の変化

図 10・14（a）に示す**一次遅れ要素** $G(s) = K/(1+Ts)$ を**直結フィードバック**した制御系の**閉ループ伝達関数** $W(s) = K'/(1+T's)$ は，次のようになる．

$$W(s) = \frac{K/(1+Ts)}{1+K/(1+Ts)} = \frac{K}{1+K+Ts} = \frac{K}{(1+K)\{1+Ts/(1+K)\}}$$

$$= \frac{K/(1+K)}{1+Ts/(1+K)} = \frac{K'}{1+T's} \tag{10・11}$$

したがって，直結フィードバックにより，ゲイン定数 K' と時定数 T' は，次のように変化する（図 10・14（b）参照）．

$$K' = \frac{K}{1+K} \qquad T' = \frac{T}{1+K} \tag{10・12}$$

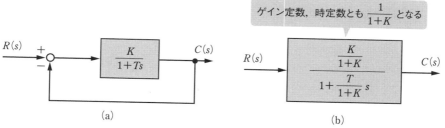

ゲイン定数，時定数とも $\dfrac{1}{1+K}$ となる

(a)　　　　　　　　　　(b)

●図 10・14　一次遅れ要素を直結フィードバックした場合の特性変化

問題**6**

図は，調節計の演算回路などによく用いられるブロック線図を示す．次の (a) および (b) に答えよ．

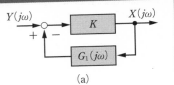
(a)

(a) 図 (b) は，図 (a) のブロック $G_1(j\omega)$ の詳細を示し，静電容量 C 〔F〕と抵抗 R 〔Ω〕からなる回路を示す．この回路の入力量 $V_1(j\omega)$ に対する出力量 $V_2(j\omega)$ の周波数伝達関数 $G_1(j\omega) = V_2(j\omega)/V_1(j\omega)$ を表す式として，正しいものを次の (1)〜(5) のうちから一つ選べ．

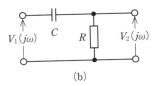
(b)

(1) $\dfrac{1}{CR+j\omega}$ (2) $\dfrac{1}{1+j\omega CR}$

(3) $\dfrac{CR}{CR+j\omega}$ (4) $\dfrac{CR}{1+j\omega CR}$ (5) $\dfrac{j\omega CR}{1+j\omega CR}$

(b) 図 (a) のブロック線図において，閉ループ周波数伝達関数 $G(j\omega) = X(j\omega)/Y(j\omega)$ で，ゲイン K が非常に大きな場合の近似式として，正しいものを次の (1)〜(5) のうちから一つ選べ．なお，この近似式が成立する場合，この演算回路は比例プラス積分要素と呼ばれる．

(1) $1+j\omega CR$ (2) $1+\dfrac{CR}{j\omega}$ (3) $1+\dfrac{1}{j\omega CR}$ (4) $\dfrac{1}{1+j\omega CR}$

(5) $\dfrac{1+CR}{j\omega CR}$

(a) は式 (10・6) を利用する．(b) は表 10・3 の (負) フィードバック結合により等価変換し，K が非常に大きいとして近似式を求める．

(a) 式 (10・6) により

$$G_1(j\omega) = \frac{\dot{Z}_2}{\dot{Z}_1+\dot{Z}_2} = \frac{R}{(1/j\omega C)+R} = \frac{j\omega CR}{1+j\omega CR}$$

(b) 問題図 (a) の閉ループ周波数伝達関数 $G(j\omega)$ は，表 10・3 から

$$G(j\omega) = \frac{G}{1+GH} = \frac{K}{1+KG_1(j\omega)} = \frac{K}{1+K\cdot\dfrac{j\omega CR}{1+j\omega CR}}$$

$$= \frac{(1+j\omega CR)K}{1+j\omega CR+j\omega CRK} = \frac{1+j\omega CR}{\dfrac{1}{K}(1+j\omega CR)+j\omega CR}$$

となる．ここで，題意から $K \gg 1$ とすると，次のようになる．

$$G(j\omega) \doteqdot \frac{1+j\omega CR}{j\omega CR} = 1 + \frac{1}{j\omega CR}$$

解答 ▶ (a)-(5)，(b)-(3)

問題7 ✓ ✓ ✓ H30 A-13

図のようなブロック線図で示す制御系がある．出力信号 $C(j\omega)$ の入力信号 $R(j\omega)$ に対する比，すなわち $\dfrac{C(j\omega)}{R(j\omega)}$ を示す式として，正しいものを次の (1) ～ (5) のうちから一つ選べ．

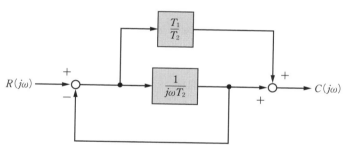

(1) $\dfrac{T_1+j\omega}{T_2+j\omega}$ (2) $\dfrac{T_2+j\omega}{T_1+j\omega}$ (3) $\dfrac{j\omega T_1}{1+j\omega T_2}$ (4) $\dfrac{1+j\omega T_1}{1+j\omega T_2}$

(5) $\dfrac{1+j\omega \dfrac{T_1}{T_2}}{1+j\omega T_2}$

解説

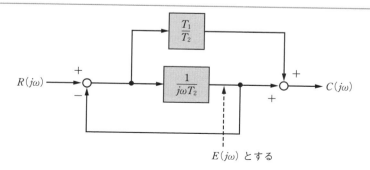

$E(j\omega)$ とする

$$(R-E)\frac{1}{j\omega T_2}=E \quad \cdots\cdots\cdots\cdots\cdots\cdots\cdots\cdots\cdots\cdots\cdots\cdots ①$$

$$(R-E)\frac{T_1}{T_2}+E=C \quad \cdots\cdots\cdots\cdots\cdots\cdots\cdots\cdots\cdots\cdots ②$$

式①より

$$R-E=j\omega T_2\cdot E \quad \Rightarrow \quad E=\frac{1}{1+j\omega T_2}R$$

よって，式②より

$$\frac{T_1}{T_2}R+\left(1-\frac{T_1}{T_2}\right)\frac{1}{1+j\omega T_2}R=C$$

$$\therefore \quad \frac{C}{R}=\frac{T_1}{T_2}+\left(1-\frac{T_1}{T_2}\right)\frac{1}{1+j\omega T_2}=\frac{T_1(1+j\omega T_2)+T_2-T_1}{(1+j\omega T_2)T_2}=\boldsymbol{\frac{1+j\omega T_1}{1+j\omega T_2}}$$

解答 ▶ (4)

問題8 ✓ ✓ ✓　　　　　　　　　　　　　　　　　　　　H19 A-17

図は $R-C_1$ による一次遅れ要素の過渡特性を改善するために，C_2 を付加した回路を示す．この回路の周波数伝達関数を $G(j\omega)=\dfrac{1+j\omega T_2}{1+j\omega T_1}$ で表したとき，T_1〔s〕および T_2〔s〕を示す式の組合せとして，正しいものを次のうちから一つ選べ．

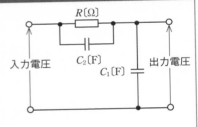

	T_1	T_2			T_1	T_2
(1)	RC_2	RC_1		(2)	RC_1	RC_2
(3)	$R(C_1+C_2)$	RC_2		(4)	RC_2	$R(C_1+C_2)$
(5)	RC_1	$R(C_1+C_2)$				

 式（10·6）を用いて周波数伝達関数を求め，題意の式と同じ形に整理のうえ，両者が等しくなるような T_1 と T_2 を求める．

解説 式（10·6）から周波数伝達関数 $G(j\omega)$ は，R と C_2 の並列回路全体のインピーダンスを $\dot{Z}_1$ として

$$G(j\omega)=\frac{\dot{Z}_2}{\dot{Z}_1+\dot{Z}_2}=\frac{1/(j\omega C_1)}{1/(1/R+j\omega C_2)+1/(j\omega C_1)}=\frac{1+j\omega RC_2}{1+j\omega R(C_1+C_2)}$$

$$= \frac{1+j\omega T_2}{1+j\omega T_1} \quad \longleftarrow \text{題意の式}$$

となるから，題意の式と比べ，等しくするための T_1 と T_2 は次のようになる．

$$T_1 = R(C_1 + C_2)$$
$$T_2 = RC_2$$

解答 ▶ (3)

問題9 ✓ ✓ ✓　　　　　　　　　　　　　　　H14 A-10

図のようなブロック線図での示す制御系がある．入力信号 $R(j\omega)$ と出力信号 $C(j\omega)$ 間の合成の周波数伝達関数 $\dfrac{C(j\omega)}{R(j\omega)}$ を示す式として，正しいのは次のうちどれか．

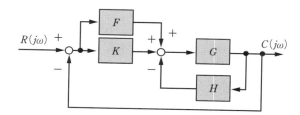

(1) $\dfrac{G(F+K)}{1+G(H+F+K)}$　　(2) $\dfrac{G(F-K)}{1+G(H+F-K)}$

(3) $\dfrac{G(F+K)}{1-G(H+F+K)}$　　(4) $\dfrac{GH(F+K)}{1-GH(H+F+K)}$

(5) $\dfrac{GHK}{1+G(H+F+K)}$

 ブロック線図の等価変換は，問題7と同様にマイナーループから行う．

 表 $10\cdot3$ に従って，F, K と G, H からなる二つのマイナーループを変換すると，解図のようになる．

これをさらに変換すると

$$\frac{C(j\omega)}{R(j\omega)} = \frac{\dfrac{G(F+K)}{1+GH}}{1+\dfrac{G(F+K)}{1+GH}} = \frac{G(F+K)}{1+GH+G(F+K)} = \frac{G(F+K)}{1+G(H+F+K)}$$

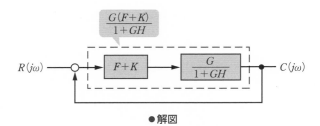

● 解図

解答 ▶ (1)

問題10 ☑ ☑ ☑   H22 A-13

図は，負荷に流れる電流 i_L 〔A〕を電流センサで検出して制御するフィードバック制御系である．

減算器では，目標値を設定する電圧 v_r 〔V〕から電流センサの出力電圧 v_f 〔V〕を減算して，誤差電圧 $v_e = v_r - v_f$ を出力する．電源は，減算器から入力される入力電圧（誤差電圧）v_e 〔V〕に比例して出力電圧 v_p 〔V〕が変化し，入力信号 v_e 〔V〕が 1 V のときには出力電圧 v_p 〔V〕が 90 V となる．負荷は，抵抗の値が 2 Ω の抵抗器である．電流センサは，検出電流（負荷に流れる電流）i_L 〔A〕が 50 A のときに出力電圧 v_f 〔V〕が 10 V となる．

この制御系において目標値設定電圧 v_r 〔V〕を 8 V としたときに負荷に流れる電流 i_L 〔A〕の値として，最も近いものを次の（1）～（5）のうちから一つ選べ．

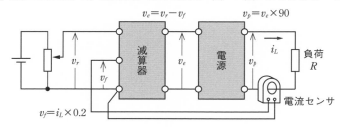

(1) 8.00　　(2) 36.0　　(3) 37.9　　(4) 40.0　　(5) 72.0

出力電圧 v_p と電流センサの出力電圧 v_f との関係式を求め，各要素のゲイン定数を電圧に統一した後，設定電圧 8 V を基準にして出力電圧 v_p との関係式を求めて v_p を算出すれば，2 Ω に流れる電流が求まる．

v_p と v_f との関係は，問題図から次のようになる．

$$v_f = i_L \times 0.2 = \frac{v_p}{R} \times 0.2 = \frac{v_p}{2} \times 0.2 = 0.1 v_p$$

題意より $v_r = 8\,\mathrm{V}$ であるから，v_p の値は次のようになる．

$$v_p = v_e \times 90 = (v_r - v_f) \times 90 = (8 - 0.1 v_p) \times 90 = 720 - 9 v_p$$

$$\therefore \quad 10 v_p = 720 \quad \rightarrow \quad v_p = 72\,\mathrm{V}$$

したがって，負荷に流れる電流 i_L は

$$i_L = \frac{v_p}{R} = \frac{72}{2} = \mathbf{36\,A}$$

【別解】 問題の条件から以下の等式が成り立つ

$$v_e = v_r - v_f \dotfill ①$$

$$v_p = v_e \times 90 = R i_L = 2 i_L$$

$$\therefore \quad v_e = \frac{i_L}{45} \dotfill ②$$

$$v_f = 0.2 i L = \frac{i_L}{5} \dotfill ③$$

式②と式③を式①へ代入すると

$$\frac{i_L}{45} = v_r - \frac{i_L}{5} \dotfill ④$$

となる．題意より，$v_r = 8$ を式④に代入すると

$$\frac{i_L}{45} = 8 - \frac{i_L}{5}$$

$$i_L = 360 - 9 i_L$$

$$i_L = \mathbf{36\,A}$$

解答 ▶ （2）

ボード線図とベクトル軌跡

[★★]

1 ボード線図

【1】 ボード線図の表し方

フィードバック制御系の全体あるいは各ブロックの周波数特性を表す方法の一つが**ボード線図**で，図 10・15 に示すように**片対数グラフ**を用いて表す．

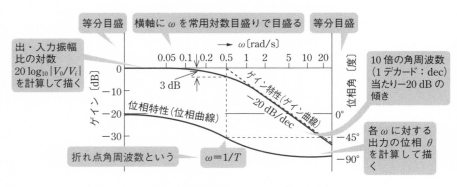

等分目盛　横軸に ω を常用対数目盛りで目盛る　等分目盛

出・入力振幅比の対数 $20\log_{10}|V_0/V_i|$ を計算して描く

ω〔rad/s〕

0.05 0.1 0.2 0.5 1 2 5 10 20

10 倍の角周波数（1 デカード：dec）当たり−20 dB の傾き

3 dB

ゲイン特性（ゲイン曲線）

−20 dB/dec

位相角〔度〕

位相特性（位相曲線）

各 ω に対する出力の位相 θ を計算して描く

折れ点角周波数という

$\omega = 1/T$

ゲイン〔dB〕

●図 10・15　一次遅れ要素 $G(j\omega) = \dfrac{1}{1+j2\omega}$ のボード線図

【2】 一次遅れ要素のボード線図の描き方

一次遅れ要素（一次遅れ系）の周波数伝達関数は一般に次式で表される．（本シリーズ『電気数学 7 章』参照）

$$G(j\omega) = \frac{K}{1+j\omega T} \tag{10・13}$$

ただし，K：ゲイン定数，ω：角周波数〔rad/s〕，T：時定数〔s〕

いま，式（10・13）の**ゲイン**（振幅比）の常用対数を求め 20 倍した値を g，**位相角**を θ とすれば，それぞれ次式で表される．

$$g = 20\log_{10}|G(j\omega)| = 20\log_{10}\frac{K}{\sqrt{1+(\omega T)^2}}\ \text{〔dB：デシベル〕}$$

$$= 20\log_{10}K - 10\log_{10}\{1+(\omega T)^2\}\ \text{〔dB〕} \tag{10・14}$$

$$\theta = -\tan^{-1}\omega T \ [°] \tag{10 \cdot 15}$$

ここで，$K=1$，$T=2$ とすれば，$G(j\omega)$，g，θ はそれぞれ

$$G(j\omega) = \frac{1}{1+j2\omega} \tag{10 \cdot 16}$$

$$g = 0 - 10\log_{10}\{1+(2\omega)^2\} = -10\log_{10}\{1+(2\omega)^2\} \ [\text{dB}] \tag{10 \cdot 17}$$

$$\theta = -\tan^{-1}2\omega \ [°] \tag{10 \cdot 18}$$

となるので，ゲイン特性は式（10·17），位相特性は式（10·18）へ，それぞれいくつかの ω を代入して値を求め，ボード線図上に描けば図 10·15 のようになる．なお，以下に示す特徴を考慮すると描きやすい．

① $\underline{\omega T \ll 1}$，すなわち，$T=2$ であるから　$2\omega \ll 1$ のとき
$g \fallingdotseq -10\log_{10}1 = \underline{0\,\text{dB}}$，$\theta \fallingdotseq -\tan^{-1}0 = \underline{0°}$

② $\underline{\omega T = 1}$，すなわち折れ点角周波数 $\omega = 0.5$（または $2\omega = 1$）のとき
$g \fallingdotseq -10\log_{10}(1+1) \fallingdotseq \underline{-3\,\text{dB}}$ で，$\theta = -\tan^{-1}1 = \underline{-45°}$

③ $\underline{\omega T \gg 1}$，すなわち $2\omega \gg 1$ のとき
$g \fallingdotseq -10\log_{10}(2\omega)^2 = \underline{-20\log_{10}2\omega\,\text{dB}}$ となり，$\underline{\omega\,\text{が}\,10\,\text{倍ごとに}}$
$\underline{g\,\text{は}\,20\,\text{dB ずつ減少する．}}$　$\theta \fallingdotseq -\tan^{-1}\infty = \underline{-90°}$

④ （参考）ゲイン定数が K のときは，式（10·14），式（10·15）からわかるようにゲイン特性のみ $20\log_{10}K$ [dB] だけ上下へ平行移動する．

2 ベクトル軌跡とナイキスト線図

【1】 ベクトル軌跡

フィードバック制御系の周波数特性を表す一つの方法で，図 10·16 のように，ω を $0 \sim \infty$ と変化させたときの $G(j\omega)$ の**ベクトルの先端が複素平面上に描く軌跡**として表したものである．（本シリーズ『電気数学 6-7 節』参照）

【2】 一次遅れ要素のベクトル軌跡の描き方

いま，式（10·13）のゲイン（振幅比）を G，位相角を θ とすれば

$$G = |G(j\omega)| = \frac{K}{\sqrt{1+(\omega T)^2}} \tag{10 \cdot 19}$$

> **Point** ボード線図ではゲイン（振幅比）の常用対数×20 倍だが，ナイキスト線図では，ゲイン（振幅比）の値をそのまま使う．

$$\theta = -\tan^{-1}\omega T \ [°] \tag{10 \cdot 20}$$

となる．この2式は，$\omega = 0 \sim \infty$ と変化させた場合，① $\omega = 0$ のとき $G = K$，$\theta = 0°$，② $\omega = 1/T$（折れ点角周波数）のとき $G = K/\sqrt{2}$，$\theta = -45°$，③ $\omega = \infty$ のとき $G = 0$，$\theta = -90°$ となるので，このベクトル軌跡は図 10·16 のようになる．

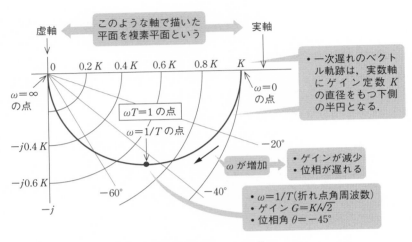

● 図 10·16　一次遅れ要素 $G(j\omega) = \dfrac{K}{1 + j\omega T}$ のベクトル軌跡

■3■ ナイキスト線図

　図 10·7（b）に示したようなフィードバック制御系の **開ループ周波数伝達関数（一巡周波数伝達関数）$G(j\omega) \cdot H(j\omega)$ のベクトル軌跡をナイキスト線図** といい，系の安定判別に用いられる．

　次の文章は，図に示す抵抗 R，並びにキャパシタ C で構成された一次遅れ要素に関する記述である．

　図の回路において，入力電圧に対する出力電圧を，一次遅れ要素の周波数伝達関数として表したとき，折れ点角周波数 ω_c は （ア） rad/s である．ゲイン特性は，ω_c よりも十分低い角周波数ではほぼ一定の （イ） dB であり，ω_c よりも十分高い角周波数では，角周波数が 10 倍になるごとに （ウ） dB 減少する直線となる．また，位相特性は，ω_c よりも十分高い角周波数でほぼ一定の （エ） °の遅れとなる．

　上記の記述中の空白箇所（ア）～（エ）に当てはまる組合せとして，正しいも

のを次の (1) ～ (5) のうちから一つ選べ.

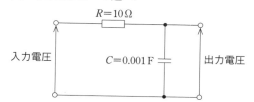

	(ア)	(イ)	(ウ)	(エ)
(1)	100	20	10	45
(2)	100	0	20	90
(3)	100	0	20	45
(4)	0.01	0	10	90
(5)	0.01	20	20	45

解説 入力電圧を $V_i(j\omega)$, 出力電圧を $V_o(j\omega)$ とすると, 周波数伝達関数 $G(j\omega)$ は

$$G(j\omega) = \frac{Vo(j\omega)}{Vi(j\omega)} = \frac{\dfrac{1}{j\omega C}}{R + \dfrac{1}{j\omega C}} = \frac{1}{1+j\omega CR} = \frac{1}{1+j0.01\omega}$$

折れ点角周波数は $0.01\omega = 1$ より, $\omega_c = \mathbf{100\,rad/s}$

ゲイン $g = 20\log_{10}|G(j\omega)| = 20\log_{10}\dfrac{1}{\sqrt{1+(0.01\omega)^2}}$

①$\omega \ll \omega_c\,(=100)$ のとき, $0.01\omega \ll 1$ より

$$g \fallingdotseq 20\log_{10}\frac{1}{\sqrt{1}} = 20\log_{10}1 = \mathbf{0}$$

②$\omega \gg \omega_c\,(=100)$ のとき, $0.01\omega \gg 1$ より

$$g \fallingdotseq 20\log_{10}\frac{1}{\sqrt{1+(0.01\omega)^2}} = -20\log_{10}(0.01\,\omega)$$

よって, ω が 10 倍になると **20 dB** 減少する. また, このときの位相特性は

$$G(j\omega) \fallingdotseq \frac{1}{j0.01\omega} = -j\frac{1}{0.01\omega}$$

より, **90°** の遅れとなる.

解答 ▶ (2)

問題⓬

図は，ある周波数伝達関数 $W(j\omega)$ のボード線図の一部であり，折れ線近似ゲイン特性を示している．次の（a）および（b）の問いに答えよ．

(a) 図のゲイン特性を示す周波数伝達関数として，最も適切なものを次の（1）～（5）のうちから一つ選べ．

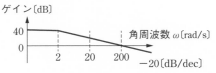

(1) $\dfrac{40}{1+j\omega}$ (2) $\dfrac{40}{1+j0.005\omega}$ (3) $\dfrac{100}{1+j\omega}$

(4) $\dfrac{100}{1+j0.005\omega}$ (5) $\dfrac{100}{1+j0.5\omega}$

(b) 図のゲイン特性を示すブロック線図として，最も適切なものを次の (1) ～ (5) のうちから一つ選べ．ただし，入力 $R(j\omega)$，出力を $C(j\omega)$ として，図のゲイン特性を示しているものとする．

(1)

$R(j\omega) \longrightarrow \boxed{+ \atop -} \bigcirc \longrightarrow \boxed{\dfrac{1}{j\omega}} \longrightarrow \boxed{40} \longrightarrow C(j\omega)$

(2)

$R(j\omega) \longrightarrow \boxed{+ \atop -} \bigcirc \longrightarrow \boxed{\dfrac{1}{j\omega}} \longrightarrow \boxed{100} \longrightarrow C(j\omega)$

(3)

$R(j\omega) \longrightarrow \boxed{+ \atop -} \bigcirc \longrightarrow \boxed{\dfrac{1}{j0.005\omega}} \longrightarrow \boxed{100} \longrightarrow C(j\omega)$

(4)

$R(j\omega) \longrightarrow \boxed{+ \atop -} \bigcirc \longrightarrow \boxed{\dfrac{1}{j\omega}} \longrightarrow \boxed{200} \longrightarrow C(j\omega)$

$\boxed{2}$

(5)

解説 (a) ゲイン $g = 20 \log_{10} |G(j\omega)|$ となる．ただし，このボード線図は一時遅れ要素なので，$W(j\omega) = K/(1+j\omega T)$ となる．折れ点角周波数 $\omega = 2$ なので，$T = 1/\omega = 0.5$ となる．また，$\omega = 0$ でゲインが $40\,\mathrm{dB}$ より

$$40 = 20 \log_{10} |K| \qquad \therefore \quad |K| = 10^2 = 100$$

$K > 0$ より，$K = 100$ となる．よって，$W(j\omega)$ は

$$W(j\omega) = \frac{100}{1+j0.5\omega}$$

(b) 表 10·3 を用いてマイナーループを変換すると解図のようになる．

●解図

解図を用いて各選択肢の周波数伝達関数を求めると

(1) $\dfrac{40}{1+j\omega}$ (2) $\dfrac{100}{1+j\omega}$ (3) $\dfrac{100}{1+j\,0.005\omega}$

(4) $\dfrac{\dfrac{1}{j\omega}}{1+\dfrac{1}{j\omega}\times 2} \times 200 = \dfrac{200}{2+j\omega} = \dfrac{100}{1+j\,0.5\omega}$

(5) $\dfrac{\dfrac{1}{j\omega}}{1+\dfrac{1}{j\omega}\times 0.5} \times 200 = \dfrac{200}{0.5+j\omega} = \dfrac{400}{1+j\,2\omega}$

よって(4)となる．

解答 ▶ (a)‐(5)，(b)‐(4)

問題⑬ ☑ ☑ ☑

次式で表される二次振動要素の周波数伝達関数の系がある.

$$G(j\omega) = \frac{4}{(j\omega)^2 + 1.6(j\omega) + 4}$$

この周波数伝達関数について, 次の (a) および (b) に答えよ.

(a) 位相が 90° 遅れるときの角周波数 ω 〔rad/s〕の値として, 正しいものを次のうちから一つ選べ.

(1) 1   (2) 2   (3) 3   (4) 4   (5) 5

(b) ベクトル軌跡が虚軸を切る点のゲイン $= |G(j\omega)|$ の値として, 正しいものを次のうちから一つ選べ.

(1) 0.5   (2) 0.75   (3) 1.00   (4) 1.25   (5) 2.5

 周波数伝達関数の式中で複素数部分 ($a + jb$ の形) に注目し, それぞれの値が複素平面上のどのような位置になるかを図 10・16 で理解する. (本シリーズ『電気数学 6 章』参照)

解説 $G(j\omega)$ を展開して実数部と虚数部に分けると

$$G(j\omega) = \frac{4}{(4 - \omega^2) + j1.6\omega} \quad \cdots\cdots\cdots① $$

位相が 90° 遅れるには, 式①の分母の実数部が 0 になればよいので

$$4 - \omega^2 = 0 \quad \therefore \quad \omega = \sqrt{4} = \textbf{2 rad/s}$$

ベクトル軌跡が虚軸を切るときは, 位相が 90° 遅れるときであるから, そのときの ω は, 上で求めた $\omega = 2\,\mathrm{rad/s}$ である. よって

$$|G(j\omega)|_{\omega=2} = \frac{4}{1.6 \times 2} = \textbf{1.25}$$

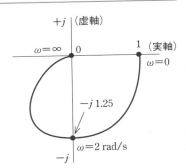

●解図

(参考) この周波数伝達関数のベクトル軌跡は, 解図のようになる.

解答 ▶ (a)-(2), (b)-(4)

Chapter 10

問題⑭ ☑ ☑ ☑   H16 B-17

開ループ周波数伝達関数が

$$G(j\omega) = \frac{10}{j\omega(1+j0.2\omega)}$$

で表される制御系がある.

変数 ω を 0 から ∞ まで変化させたとき，$G(j\omega)$ の値は図のようなベクトル軌跡となる．次の (a) および (b) に答えよ.

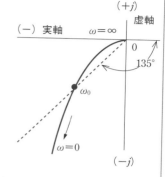

(a) この系の位相角が $-135°$ となる角周波数 ω_0 〔rad/s〕の値として，正しいものを次のうちから一つ選べ.

(1) 1   (2) 2   (3) 5   (4) 8   (5) 10

(b) この ω_0 〔rad/s〕におけるゲイン $|G(j\omega)|$ の値として，最も近いものを次のうちから一つ選べ.

(1) 0.45   (2) 1.41   (3) 3.53   (4) 4.62   (5) 9.78

 前問と同様に，周波数伝達関数の分子は実数であるから分母に注目する.

解説 (a) 問題図から，$135° = 90° + 45°$ なので，角周波数 ω_0 では $G(j\omega)$ の実数部と虚数部の大きさが等しくなる．分子は実数なので，分母に注目して分母を変形すると

$$j\omega(1+j0.2\omega) = j\omega - 0.2\omega^2$$

となる．したがって，$45°$ となる ω を ω_0 〔rad/s〕とすれば次のようになる.

$$\omega_0 = 0.2\omega_0^2 \ (ただし，\omega_0 \neq 0) \rightarrow 1 = 0.2\omega_0 \quad \therefore \quad \omega_0 = \mathbf{5\,rad/s}$$

(b) $\omega = 5\,rad/s$ を $G(j\omega)$ の式へ代入して，大きさ（ゲイン）を求める.

$$|G(j\omega)| = \left| \frac{10}{j5 - 0.2 \times 5^2} \right| = \left| \frac{10}{-5+j5} \right| = \frac{10}{5} \left| \frac{1}{\sqrt{(-1)^2+1^2}} \right| = 2 \times \frac{1}{\sqrt{1^2+1^2}}$$
$$= \sqrt{2} \fallingdotseq \mathbf{1.41}$$

解答 ▶ (a)-(3)，(b)-(2)

問題⓯ ✓ ✓ ✓

　図に示すように，フィードバック接続を含んだブロック線図がある．このブロック線図において，$T = 0.2\,\text{s}$，$K = 10$ としたとき，次の (a) および (b) の問に答えよ．ただし，ω は角周波数 〔rad/s〕を表す．

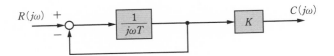

(a) 入力を $R(j\omega)$，出力を $C(j\omega)$ とする全体の周波数伝達関数 $W(j\omega)$ として，正しいものを次の (1) ～ (5) のうちから一つ選べ．

(1) $\dfrac{10}{1+j0.2\omega}$　　(2) $\dfrac{1}{1+j\,0.2\omega}$　　(3) $\dfrac{1}{1+j\,5\omega}$　　(4) $\dfrac{50\omega}{1+j\,5\omega}$

(5) $\dfrac{j\,2\omega}{1+j\,0.2\omega}$

(b) 次のボード線図には，正確なゲイン特性を実線で，その折線近似ゲイン特性を破線で示し，横軸には特に折れ点角周波数の数値を示している．上記 (a) の周波数伝達関数 $W(j\omega)$ のボード線図のゲイン特性として，正しいものを次の (1) ～ (5) のうちから一つ選べ．ただし，横軸は角周波数 ω の対数軸であり，-20 〔dB/dec〕とは，ω が 10 倍大きくなるに従って $|W(j\omega)|$ が $-20\,\text{dB}$ 変化する傾きを表している．

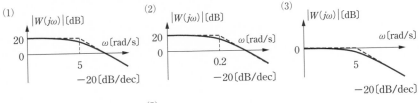

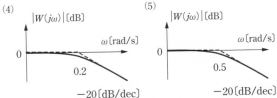

ボード線図のゲイン特性は，$\omega \to 0$ の場合と $\omega \to \infty$ の場合の近似線を求めて，交点から折れ点周波数を求める.

解説 （a）問題図の周波数伝達関数 $W(j\omega)$ は，表 10·3 のフィードバック結合（ブロックなし）の変換式を用いて

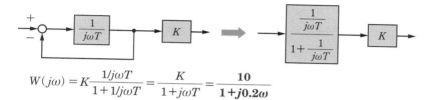

$$W(j\omega) = K\frac{1/j\omega T}{1+1/j\omega T} = \frac{K}{1+j\omega T} = \frac{10}{1+j0.2\omega}$$

（b）ボード線図のゲイン g は，$|W(j\omega)|$ の常用対数の 20 倍であり

$$g = 20\log_{10}|W(j\omega)| = 20\log_{10}\left|\frac{10}{1+j0.2\omega}\right|$$

$$= 20\log_{10}\left\{\frac{10}{\sqrt{1+(0.2\omega)^2}}\right\} = 20\log_{10}10 - 20\times\frac{1}{2}\log_{10}\{1+(0.2\omega)^2\}$$

$$= 20 - 10\log_{10}\{1+(0.2\omega)^2\}$$

$\omega \to 0$ の場合，$1 \gg (0.2\omega)^2$ とみなせるため

$g_0 = 20 - 10\log_{10}1 = 20\,\text{dB}$　←縦軸との交点

折れ点角周波数は，$0.2\,\omega = 1$ のときなので，$\omega = 5\,\text{rad/s}$

解答 ▶ （a）-（1），（b）-（1）

10-4

自動制御系の応答と安定判別

[★★]

1 自動制御系の応答とは

フィードバック制御系の目標値を変えた場合や外乱が加わった場合などには,制御系はそれまでの平衡状態が乱され,過渡状態を経て新たな平衡状態に達する.この間の応動状況を**応答**という.

2 入力信号の種類と応答

制御系への外乱や目標値の変化は,一般に時間的に不規則である.そこで,制御系や各要素の調整,周波数伝達関数の実測,安定性などを知るために,図10・17

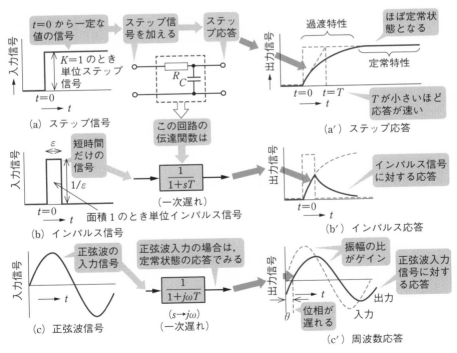

●図 10・17　制御系や要素の応答に用いられる入力信号とその応答例

に示すような入力信号を加えて応答を見るという方法がとられる.

なお, ステップ応答において, 単位ステップ信号に対する応答をインディシャル応答ということもある.

3 遅れ要素の応答例とベクトル軌跡, 伝達関数

フィードバック制御系は, 目標値の変化に対して制御量が忠実に応答せず, 時間的に遅れて応答する. 表 10・4 に代表的な遅れ要素の応答例などを示す.

●表 10・4 代表的な遅れ要素のステップ応答とベクトル軌跡, 伝達関数

遅れ要素	ステップ応答	例	ベクトル軌跡	伝達関数 周波数伝達関数
一次遅れ				$\dfrac{K}{1+sT}$ $\dfrac{K}{1+j\omega T}$
二次遅れ				$\dfrac{K}{1+sT_1+s^2T_2}$ $\dfrac{K}{1+j\omega T_1+(j\omega)^2T_2}$
高次遅れ				$\dfrac{K}{1+sT_1+s^2T_2+\cdots}$ $\dfrac{K}{1+j\omega T_1+(j\omega)^2T_2+\cdots}$
むだ時間				Ke^{-sL} $Ke^{-j\omega L}$ ただし, L:むだ時間 e:自然対数の底

4 ステップ応答の特性値

二次振動系や自動制御系の応答の速さの度合い（速応度）を知るために, 図 10・18 に示す特性値が利用される.

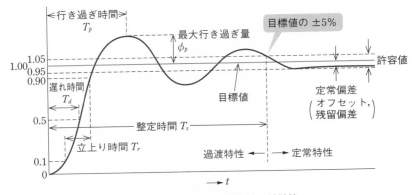

●図 10・18 ステップ応答の特性値

5 フィードバック制御系の良好な運転状態

フィードバック制御系が良好に運転されているときの系は，以下に示すような状態のときである．

- ・安定であること
- ・定常偏差（オフセット）が小さいこと
- ・振動が速やかに減衰すること
- ・外乱の影響を受けにくいこと

6 フィードバック制御系の安定判別法

フィードバック制御系が安定に運転できるか否かを判別する方法には，ナイキストの安定判別法，伝達関数から数学的に求めるフルビッツの安定判別法やラウスの安定判別法などがある．

図 10·19 のように開ループ周波数伝達関数（一巡周波数伝達関数）$G(j\omega) \cdot H(j\omega)$ のナイキスト線図を描き，安定・限界・不安定を判別する．なお，安定と判別されても安定限界に近づくと，系が振動的となり減衰しにくくなるので良好な運転はできなくなる．

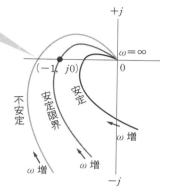

- 開ループ周波数伝達関数のベクトル軌跡が実軸上の（−1, j0）の左側で交差すれば不安定な系となる
- 説明：図10·7(b) において，正弦波の入力信号が系を一巡して加え合わせ点までフィードバックしたとき，この信号が加え合わせ点で差し引かれるから，位相が 180° 遅れていると入力信号と逆位相の信号となる．このとき，振幅が増大（ゲインが 1 を超過）していると，信号が一巡するごとに増大し，不安定になる（いわゆる発振状態になる）．

●図 10・19　ナイキスト線図による安定判別

問題16　H16 A-13

あるフィードバック制御系にステップ入力を加えたとき，出力の過渡応答は図のようになった．図中の過渡応答の時間に関する諸量（ア），（イ）および（ウ）に記入する語句として，正しいものを組み合わせたのは次のうちどれか．

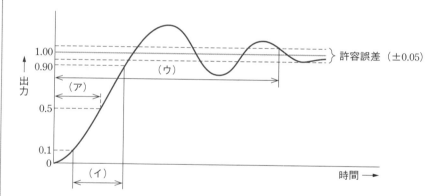

	（ア）	（イ）	（ウ）
(1)	遅れ時間	立上り時間	減衰時間
(2)	むだ時間	応答時間	減衰時間
(3)	むだ時間	立上り時間	整定時間
(4)	遅れ時間	立上り時間	整定時間
(5)	むだ時間	応答時間	整定時間

図 10・18「ステップ応答の特性値」を参照.

解答 ▶ (4)

　自動制御において，一次遅れ要素は最も基本的な要素であり，その特性はゲイン K と時定数 T で記述できる． (ア) 応答において，ゲイン K は応答の定常値から求められ，また，時定数 T は応答曲線の初期傾斜の接線が (イ) を表す直線と交わるまでの時間として求められる．

　電気系のみならず機械系，圧力系，熱系などのシステムにも，電気系の抵抗と静電容量に相当する量が存在する．それらが一つの抵抗に相当するものと一つの静電容量に相当するものから成るとき，これらは一次遅れ要素として働き，両者の (ウ) は時定数 T （単位は 〔 (エ) 〕）に等しい．

　上記の記述中の空白箇所（ア），（イ），（ウ）および（エ）に当てはまる組合せとして，正しいものを次のうちから一つ選べ．

	(ア)	(イ)	(ウ)	(エ)
(1)	ステップ	定常値	積	s
(2)	インパルス	定常値	積	s^{-1}
(3)	ステップ	定常値	比	s^{-1}
(4)	ステップ	入力値	比	s^{-1}
(5)	インパルス	入力値	積	s

 問題文の設定を図示すると，解図のようになる．
　解図の周波数伝達関数 $G(j\omega)$ は

$$G(j\omega) = \frac{\dfrac{1}{j\omega C}}{R+\dfrac{1}{j\omega C}} = \frac{1}{1+j\omega CR}$$

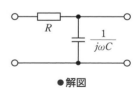

●解図

となり，伝達関数 $G(s)$ は

$$G(s) = \frac{1}{1+sT} \quad \therefore T = CR$$

よって，時定数 T は R と C の積となる．

解答 ▶ (1)

問題18 ✓ ✓ ✓

自動制御系における ［(ア)］ は，一般に負になっているので，不安定になることはないように思われる．しかし，一般に制御系は，周波数が増大するにつれて位相が遅れる特性をもっており，一巡周波数伝達関数の位相の遅れが ［(イ)］ になる周波数に対しては ［(ア)］ は正になる．制御系にはあらゆる周波数成分をもった雑音が存在するので，その周波数における一巡周波数伝達関数のゲインが ［(ウ)］ になるとその周波数成分の振幅が増大していって，ついには不安定になる．これがナイキスト安定判別法の大まかな解釈である．

上記の記述中の空白箇所（ア），（イ）および（ウ）に記入する字句または数値として，正しいものを組み合わせたのは次のうちどれか．

	(ア)	(イ)	(ウ)
(1)	フィードバック	90°	2以上
(2)	フィードフォワード	90°	1以上
(3)	フィードバック	180°	1以上
(4)	フィードフォワード	180°	1以上
(5)	フィードバック	90°	2以上

解説 **フィードバック**では負になり，位相遅れが **180°** で正となる．一巡伝達関数のゲインは **1以上** で不安定となる．

解答 ▶ (3)

シーケンス制御

[★]

1 シーケンス制御用機器の図記号

　シーケンス制御に用いられる制御用機器とその接点記号について，代表例を表10·5，表10·6，図10·20，図10·21に示す.

●表 10 · 5　スイッチの図記号

名　称	メーク接点（a 接点）	ブレーク接点（b 接点）	動作の概要
押しボタンスイッチ 手動操作自動復帰接点（押し形）	BS　　　　　BS E- 押している間だけ閉	BS　　　　　BS E- 押している間だけ開	操作している間だけ接点が開閉，手を離すと，ばねの力で接点と操作部分は元の状態に復帰する．
リミットスイッチ 機械的接点	LS　　　　　LS 外力により閉	LS　　　　　LS 外力により開	スイッチの動作片に加えられた外力により，スイッチ内部の接点の開閉を行う．

●表 10 · 6　電磁リレーの図記号

名称	リレーの形状	図記号 縦描き	図記号 横描き	説　明
メーク接点（a 接点）	固定接点→コイル 可動接点 鉄心 ばね 鉄片	コイル　メーク接点		常開接点．NO 接点（Normally-Opencontact）．平常は接点が開．コイルを励磁（付勢）すると接点が閉じる．
ブレーク接点（b 接点）		コイル　ブレーク接点		常閉接点．NC 接点（normally-closecontact）．平常は接点が閉．コイルを励磁すると接点が開く．
ブレーク・メーク接点（c 接点）		NC NO C コイル　ブレーク メーク接点	NO C NC	切換接点．平常は C-NC 間が閉．C-NO 間が開．コイルを付勢すると C-NC 間が開き，C-NO 間が閉じる． C：common（共通端子）

434

右方向は限時動作
（設定時間後に閉）
左方向は瞬時動作

●図 10・20　限時動作瞬時復帰形タイマ

右方向は瞬時動作
（付勢と同時に閉）
左方向は限時動作

●図 10・21　瞬時動作限時復帰形タイマ

2　リレーシーケンス回路とシーケンス制御装置

【1】自己保持回路

　自己保持回路は図 10・22（a）に示すように，押しボタンスイッチ BS$_1$ とリレー R の a 接点を並列に接続し，動作を記憶（保持）させるようにした回路である．同図（b）に動作のタイムチャートを示す．

【2】インタロック回路

　インタロック回路は図 10・23 に示すように，片方のリレーが動作しているとき，もう一方のリレーを動作させないようにする回路である．

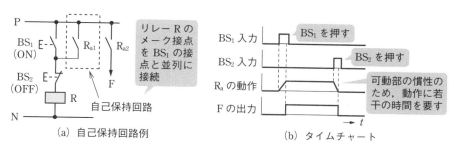

リレー R の
メーク接点
を BS$_1$ の接
点と並列に
接続

自己保持回路

（a）自己保持回路例

BS$_1$ 入力　BS$_1$ を押す

BS$_2$ 入力　BS$_2$ を押す

R$_a$ の動作

F の出力

可動部の慣性の
ため，動作に若
干の時間を要す

（b）タイムチャート

●図 10・22　自己保持回路と動作のタイムチャート

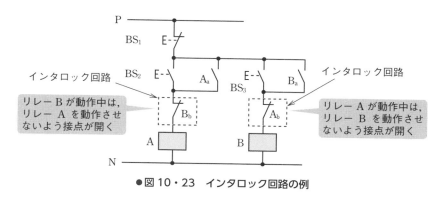

インタロック回路

インタロック回路

リレー B が動作中は，
リレー A を動作させ
ないよう接点が開く

リレー A が動作中は，
リレー B を動作させ
ないよう接点が開く

●図 10・23　インタロック回路の例

Chapter 10

●【3】 シーケンス制御装置

自動制御の方式の１つであるシーケンス制御を行う装置であり，マイクロプロセッサにより演算処理する **PLC**（Programable Logic Controller）が主流となっている．**シーケンスコントローラ**ともいう．PLC では，スイッチ，リレー，タイマなどをソフトウェアで書くことで，変更が容易なシーケンス制御を実現できる．

問題⓱ ✓ ✓ ✓   H23 A-13

次の文章は，自動制御に関する記述である．

機械，装置および製造ラインの運転や調整などを制御装置によって行うことを自動制御という．自動制御は，シーケンス制御と ⎡(ア)⎤ 制御とに大別される．

シーケンス制御は，あらかじめ定められた手順や判断によって制御の各段階を順に進めていく制御である．この制御を行うための機器として電磁リレーがある．電磁リレーを用いた ⎡(イ)⎤ シーケンス制御をリレーシーケンスという．

リレーシーケンスにおいて，２個の電磁リレーのそれぞれのコイルに，相手のb接点を直列に接続して，両者が決して同時に働かないようにすることを ⎡(ウ)⎤ という．

シーケンス制御の動作内容の確認や，制御回路設計の手助けのために，横軸に時間を表し，縦軸にコイルや接点の動作状態を表したものを ⎡(エ)⎤ という．

上記の記述中の空白箇所（ア），（イ），（ウ）および（エ）に当てはまる組合せとして，正しいものを次の（1）～（5）のうちから一つ選べ．

	（ア）	（イ）	（ウ）	（エ）
(1)	フィードバック	有接点	インタロック	フローチャート
(2)	フィードフォワード	無接点	ブロック	タイムチャート
(3)	フィードフォワード	有接点	ブロック	フローチャート
(4)	フィードバック	有接点	インタロック	タイムチャート
(5)	フィードバック	無接点	ブロック	タイムチャート

 「10-1-1 自動制御の分類」と図 10·22，図 10·23 を参照．

解答 ▶ (4)

問題⑳ ☑ ☑ ☑ H30 B-18

　一般的な水力発電所の概略構成を図1に，発電機始動から遮断器投入までの順序だけを考慮したシーケンスを図2に示す．図2において，SWは始動スイッチ，GOVはガバナ動作，AVRは自動電圧調整器動作，CBCは遮断器投入指令である．

　GOVがオンの状態では，ガイドベーンの操作によって水車の回転速度が所定の時間内に所定の値に自動的に調整される．AVRがオンの状態では，励磁装置の動作によって発電機の出力電圧が所定の時間内に所定の値に自動的に調整される．水車の回転速度および発電機の出力電圧が所定の値になると，自動的に外部との同期がとれるものとする．

　この始動シーケンスについて，次の（a）および（b）の問に答えよ．なお，シーケンス記号はJISC0617-7（電気用図記号－第7部：開閉装置，制御装置および保護装置）に従っている．

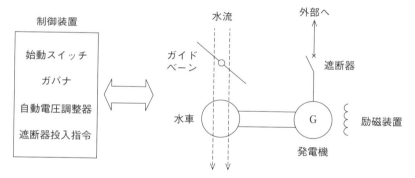

●図1　水力発電所の構成

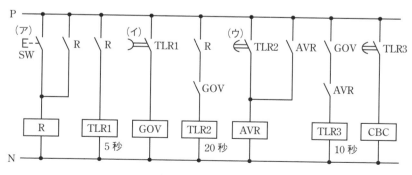

●図2　始動シーケンス

(a) 図 2 の（ア）～（ウ）に示したシンボルの器具名称の組合せとして，正しいものを次の（1）～（5）のうちから一つ選べ.

	（ア）	（イ）	（ウ）
(1)	押しボタンスイッチ	自動復帰接点	手動復帰接点
(2)	ひねり操作スイッチ	瞬時動作限時復帰接点	限時動作瞬時復帰接点
(3)	押しボタンスイッチ	瞬時動作限時復帰接点	限時動作瞬時復帰接点
(4)	ひねり操作スイッチ	自動復帰接点	手動復帰接点
(5)	押しボタンスイッチ	限時動作瞬時復帰接点	瞬時動作限時復帰接点

(b) 始動スイッチをオンさせてから遮断器の投入指令までの時間の値 [秒] として，最も近いものを次の（1）～（5）のうちから一つ選べ. なお，リレーの動作遅れはないものとする.

(1) 5 　　(2) 10 　　(3) 20 　　(4) 30 　　(5) 35

> シーケンス制御用機器の図記号を正しく理解しよう.

解説

（a）　押しボタンスイッチ　　瞬時動作限時復帰接点　　限時動作瞬時復帰接点
　　　　　　　　　　　　　　　（すぐ動くが，戻るのに時　　（動くのに時間がかかるが，
　　　　　　　　　　　　　　　間がかかる）　　　　　　　すぐに戻る）

（b）　始動シーケンスの全体は以下の通りとなる.

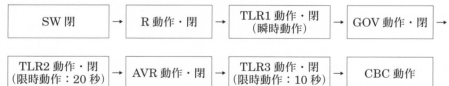

　時間遅れを生む接点は限時動作瞬時復帰接点のみで，投入指令までの時間は TLR2（20 秒）＋TLR3（10 秒）の **30 秒**である.

解答 ▶ (a)-(3)，(b)-(4)

練 習 問 題

■ 1 (H15 A-13)

一般のフィードバック制御系において，制御系の安定が要求され，制御系を評価するものとして，   (ア)   特性と過渡特性がある.

サーボ制御系では，目標値の変化に対する追従性が重要であり，過渡特性を評価するものとして，   (イ)   応答の遅れ時間，立上り時間，   (ウ)   ，   (エ)   などが用いられる.

上記の記述中の空白箇所（ア），（イ），（ウ）および（エ）に当てはまる組合せとして，正しいものを次のうちから一つ選べ.

	（ア）	（イ）	（ウ）	（エ）
(1)	定常	ステップ	定常偏差	減衰時間
(2)	追従	ステップ	定常偏差	減衰時間
(3)	追従	インパルス	行過ぎ量	整定時間
(4)	定常	ステップ	行過ぎ量	整定時間
(5)	定常	インパルス	定常偏差	整定時間

■ 2 (R1 A-13)

図 1 に示す R-L 回路において，端子 a-a′ 間に 5 V の階段状のステップ電圧 $v_1(t)$ 〔V〕を加えたとき，抵抗 R_1〔Ω〕，R_2〔Ω〕および L〔H〕の値と，入力を $v_1(t)$，出力を $v_2(t)$ としたときの周波数伝達関数 $G(j\omega)$ の式として，正しいものを次の（1）〜（5）のうちから一つ選べ.

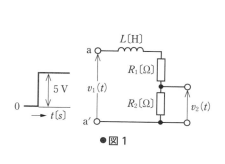

●図 1

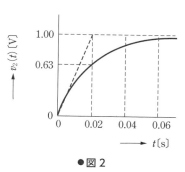

●図 2

	R_1	R_2	L	$G(j\omega)$
(1)	80	20	0.2	$\dfrac{0.5}{1+j0.2\omega}$
(2)	40	10	1.0	$\dfrac{0.5}{1+j0.02\omega}$
(3)	8	2	0.1	$\dfrac{0.2}{1+j0.2\omega}$
(4)	4	1	0.1	$\dfrac{0.2}{1+j0.02\omega}$
(5)	0.8	0.2	1.0	$\dfrac{0.2}{1+j0.2\omega}$

■ 3 (H18 A-13)

図1に示す R–L 回路において，端子 a–a′ 間に単位階段状のステップ電圧 $v(t)$〔V〕を加えたとき，抵抗 R〔Ω〕に流れる電流を $i(t)$〔A〕とすると，$i(t)$ は図2のようになった．この回路の R〔Ω〕，L〔H〕の値および入力を a，a′ 間の電圧とし，出力を R〔Ω〕に流れる電流としたときの周波数伝達関数 $G(j\omega)$ の式の組合せとして，正しいものを次のうちから一つ選べ．

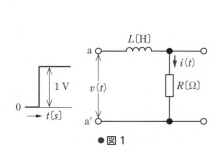

●図1

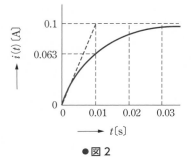

●図2

	R〔Ω〕	L〔H〕	$G(j\omega)$
(1)	10	0.1	$0.1/(1+j0.01\omega)$
(2)	10	0	$0.1/(1+j0.1\omega)$
(3)	100	0.01	$1/(10+j0.01\omega)$
(4)	10	0.1	$1/(10+j0.01\omega)$
(5)	100	0.01	$1/(100+j0.01\omega)$

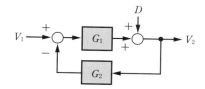

■ 4 （H25 A-13）

図は，フィードバック制御系におけるブロック線図を示している．この線図において，出力 V_2 を，入力 V_1 および外乱 D を使って表現した場合，正しいものを次の (1)～(5) のうちから一つ選べ．

(1) $V_2 = \dfrac{1}{1+G_1G_2}V_1 + \dfrac{G_2}{1+G_1G_2}D$

(2) $V_2 = \dfrac{G_2}{1+G_1G_2}V_1 + \dfrac{1}{1+G_1G_2}D$

(3) $V_2 = \dfrac{G_2}{1+G_1G_2}V_1 - \dfrac{1}{1+G_1G_2}D$

(4) $V_2 = \dfrac{G_1}{1+G_1G_2}V_1 - \dfrac{1}{1+G_1G_2}D$

(5) $V_2 = \dfrac{G_1}{1+G_1G_2}V_1 + \dfrac{1}{1+G_1G_2}D$

■ 5 （H17 A-13）

ある一次遅れ要素のゲインが

$$20\log_{10}\frac{1}{\sqrt{1+(\omega T)^2}} = -10\log_{10}(1+\omega^2 T^2) \ \text{〔dB〕}$$

で与えられるとき，その特性をボード線図で表す場合を考える．

角周波数 ω〔rad/s〕が時定数 T〔s〕の逆数に等しいとき，これを $\boxed{\text{（ア）}}$ 角周波数という．

ゲイン特性は $\omega \ll 1/T$ の範囲では $0\,\text{dB}$，$\omega \gg 1/T$ の範囲では角周波数が 10 倍になるごとに $\boxed{\text{（イ）}}$〔dB〕減少する直線となる．また，$\omega = 1/T$ におけるゲインは約 $-3\,\text{dB}$ であり，その点における位相は $\boxed{\text{（ウ）}}$〔°〕の遅れである．

上記の記述中の空白箇所（ア），（イ）および（ウ）に当てはまる組合せとして，正しいものを次のうちから一つ選べ．

	（ア）	（イ）	（ウ）
(1)	折れ点	10	45
(2)	固有	10	90
(3)	折れ点	20	45
(4)	固有	10	45
(5)	折れ点	20	90

■ 6 (H28 A-13)

次の文章は，フィードバック制御における三つの基本的な制御動作に関する記述である.

目標値と制御量の差である偏差に ［（ア）］ して操作量を変化させる制御動作を ［（ア）］ 動作という．この動作の場合，制御動作が働いて目標値と制御量の偏差が小さくなると操作量も小さくなるため，制御量を目標値に完全に一致させることができず， ［（イ）］ が生じる欠点がある.

一方，偏差の ［（ウ）］ 値に応じて操作量を変化させる制御動作を ［（ウ）］ 動作という．この動作は偏差の起こり始めに大きな操作量を与える動作をするので，偏差を早く減衰させる効果があるが，制御のタイミング（位相）によっては偏差を増幅し不安定になることがある.

また，偏差の ［（エ）］ 値に応じて操作量を変化させる制御動作を ［（エ）］ 動作という．この動作は偏差が零になるまで制御動作が行われるので， ［（イ）］ を無くすことができる.

上記の記述中の空白箇所（ア），（イ），（ウ）および（エ）に当てはまる組合せとして，正しいものを次の (1) ～ (5) のうちから一つ選べ.

	（ア）	（イ）	（ウ）	（エ）
(1)	積分	目標偏差	微分	比例
(2)	比例	定常偏差	微分	積分
(3)	微分	目標偏差	積分	比例
(4)	比例	定常偏差	積分	微分
(5)	微分	定常偏差	比例	積分

■ 7 (R4上 B-15)

図は，出力信号 y を入力信号 x に一致させるように動作するフィードバック制御系のブロック線図である．次の (a) および (b) の問に答えよ.

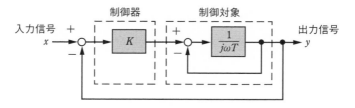

(a) 図において，$K = 5$，$T = 0.1$ として，入力信号からフィードバック信号までの一巡伝達関数（開ループ伝達関数）を表す式を計算し，正しいものを次の (1) ～ (5)

から一つ選べ.

(1) $\dfrac{5}{1-j\omega 0.1}$ (2) $\dfrac{5}{1+j\omega 0.1}$ (3) $\dfrac{1}{6+j\omega 0.1}$ (4) $\dfrac{5}{6-j\omega 0.1}$ (5) $\dfrac{5}{6+j\omega 0.1}$

(b)（a）で求めた一巡伝達関数において，ωを変化させることで得られるベクトル軌跡
はどのような曲線を描くか，最も近いものを次の（1）〜（5）のうちから一つ選べ.

(1)

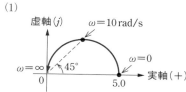

(2)

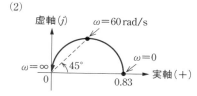

(3)

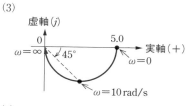

(4)

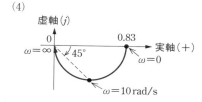

(5)

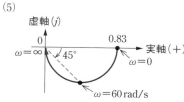

Chapter

11

情　　　報

学習のポイント

　この分野の出題傾向としては，論理回路に関する問題が毎年 1～2 問程度出題されており，プログラムに関する問題は B 問題として 2 年に 1 回程度の割合で出題されていたが，最近はさらに少なくなっている．コンピュータ関係のハードに関する問題は 3 年に 1 回程度の割合で出題されている．

　出題傾向としては以下のとおりである．

1.　論理回路
　(1)　ロジック回路と真理値表や論理式との対応に関するもの．
　(2)　フリップフロップ回路に関する問題．
　(3)　ロジック回路とタイムチャートとの対応．
　(4)　10 進数，2 進数，8 進・16 進数の変換．
2.　プログラム
　(1)　プログラムの空白箇所へ記入する処理条件（式や比較など）を問う問題．
　(2)　流れ図（フローチャート）を読み取り，空白箇所へ記入する処理条件を問う問題．
3.　コンピュータ関係のハードウェア
　(1)　マイクロプロセッサの動作や各種メモリの特性に関するもの．
　(2)　D-A 変換器の入出力値の計算に関するもの．

論理回路，コンピュータのハードウェア

[★★★]

1 論理回路（ロジック回路）

　入力に応じて一定の論理により出力する回路で，入力信号 1，0 の組合せで出力信号を表現できる．基本的回路に AND 回路，OR 回路，NOT 回路がある．

　なお，論理式や 2 進法は，本シリーズ『電気数学』8 章も参照されたい．

2 AND 回路

　図 11·1 (a) に示すようなスイッチの直列回路では，二つのスイッチがともに押されてオンになったときに LED が点灯する．このように，入力信号がすべて 1（オン）になったときに出力信号の出る回路を **AND 回路**（**論理積回路**）といい，同図 (b) の図記号で表す．なお，試験問題には，MIL 記号が用いられている．

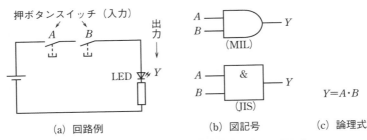

(a) 回路例　　　　　　(b) 図記号　　　　(c) 論理式

●図 11・1　AND 回路の回路例と図記号と論理式

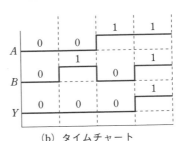

入力 A	入力 B	出力 Y
0	0	0
0	1	0
1	0	0
1	1	1

(a) 真理値表　　　　　　(b) タイムチャート

●図 11・2　AND 回路の真理値表とタイムチャート

論理式は，同図（c）となる．入力信号と出力信号の関係を表にしたものを**真理値表**，時間的変化で表したものを**タイムチャート**といい，図 11・2 のようになる．

3 OR 回路

図 11・3（a）に示すようなスイッチの並列回路では，二つのスイッチのうちどちらか一つでもオンになれば LED が点灯する．このように，入力信号が一つでも 1 になれば出力信号の出る回路を **OR 回路（論理和回路）**といい，同図（b）に図記号，（c）に論理式を示す．図 11・4 に真理値表，タイムチャートを示す．

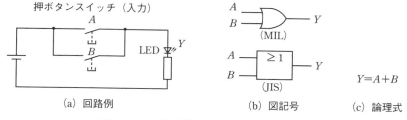

（a）回路例　　　　　　　　（b）図記号　　　（c）論理式

●図 11・3　OR 回路の回路例と図記号と論理式

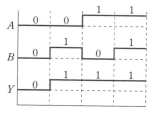

$$Y=A+B$$

入力 A	入力 B	出力 Y
0	0	0
0	1	1
1	0	1
1	1	1

（a）真理値表　　　　　　　　（b）タイムチャート

●図 11・4　OR 回路の真理値表とタイムチャート

4 NOT 回路

図 11・5（a）に示すようなスイッチの回路では，スイッチが押されない（入力がない）ときに LED が点灯する．このように，入力信号が 0 のときに出力信号の出る回路を **NOT 回路（否定論理回路）**といい，同図（b）に図記号，（c）に論理式を示す．図 11・6 に真理値表，タイムチャートを示す．

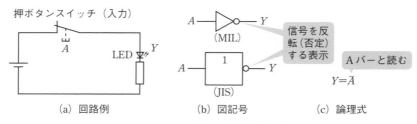

（a）回路例

（b）図記号

Aバーと読む

$Y=\overline{A}$

（c）論理式

●図 11・5　NOT 回路の回路例と図記号と論理式

入力 A	出力 Y
0	1
1	0

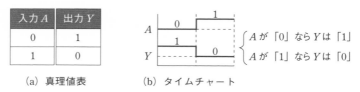

（a）真理値表

（b）タイムチャート

●図 11・6　NOT 回路の真理値表とタイムチャート

5 NAND 回路

AND 回路の出力を否定させた回路を **NAND**（ナンド） **回路**（**否定論理積回路**）という．

図 11･7 に NAND 回路の図記号，論理式，真理値表およびタイムチャートを示す．

（a）図記号

$Y=\overline{A \cdot B}$

（b）論理式

入力 A	入力 B	出力 Y
0	0	1
0	1	1
1	0	1
1	1	0

（c）真理値表

（d）タイムチャート

●図 11・7　NAND 回路

6 NOR 回路

OR 回路の出力を否定させた回路を **NOR**（ノア） **回路**（**否定論理和回路**）という．

図 11･8 に NOR 回路の図記号, 論理式, 真理値表およびタイムチャートを示す．

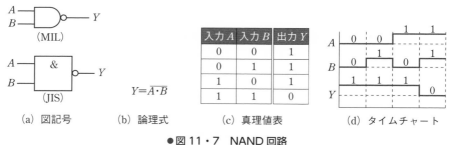

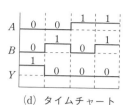

(a) 図記号 　　(b) 論理式 　　(c) 真理値表 　　(d) タイムチャート

●図11・8　NOR回路

7　EX-OR回路

　入力信号が等しくないときに出力信号が出て，入力信号が等しいときには出力が0になる回路を**EX-OR回路**（**排他的論理和回路**）という.

　図11・9にEX-OR回路の図記号，論理式，真理値表およびタイムチャートを示す.

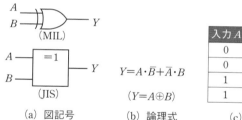

入力A	入力B	出力Y
0	0	0
0	1	1
1	0	1
1	1	0

(a) 図記号 　　(b) 論理式 　　(c) 真理値表 　　(d) タイムチャート

●図11・9　EX-OR回路

8　真理値表から論理式を求める方法

　真理値表から論理式を求めるには，**主加法標準展開**（**主加法標準形**）や主乗法標準展開（主乗法標準形）の2方法があり，主加法標準展開の方法を説明する.

（1）主加法標準展開

　真理値表で出力が1となるものを**入力の論理積が1となるように論理式で表し**，すべてを加え合わせたものが出力の論理式となる.

（2）計算例

　EX-OR回路の場合，図11・9（c）で$Y=1$は2通りあり，それぞれの出力が

1となるように入力 A, B の記号を用いて論理積で表し，その和を求めると $\overline{A}\cdot B + A\cdot\overline{B}$ となる．これが出力の論理式（同図 (b)）である．

■【3】 カルノー図 ■

主加法標準展開では，出力 1 の数が多いと式が複雑になる．そこで，複数の出力 1 をグループ化することで式を簡略化する方法がカルノー図である．

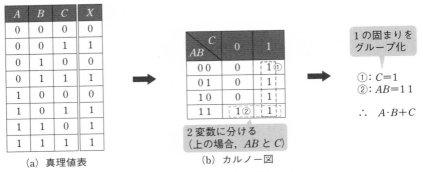

(a) 真理値表　　　　　(b) カルノー図

● 図 11・10　カルノー図による式の簡略化

9 ブール代数

ディジタル回路の設計において，複雑な変数間の関係を，真理値表のような冗長な形ではなく，簡単な式の形式で表すと便利である．このための 2 進法の算術ともいうべきものが**ブール代数**（論理代数）である．表 11・1 にブール代数の基本演算を示す．また，表 11・2 に 1 変数のブール代数則を示す．さらに，表 11・3 に 2 変数以上のブール代数則を示す．これらの表を確認するためには，各変数に "1"，"0" を割り当てた真理値表を書けばよい．

● 表 11・1　ブール代数の基本演算

AND	OR	NOT	
$A\cdot B = Y$	$A+B = Y$	$\overline{A} = Y$	$\overline{\overline{A}} = Y$
$0\cdot 0 = 0$	$0+0 = 0$	$\overline{0} = 1$	$\overline{\overline{0}} = 0$
$0\cdot 1 = 0$	$0+1 = 1$	$\overline{1} = 0$	$\overline{\overline{1}} = 1$
$1\cdot 0 = 0$	$1+0 = 1$		
$1\cdot 1 = 1$	$1+1 = 1$		

● 表 11・2　1 変数のブール代数則

AND	OR	NOT
$A\cdot 0 = 0$	$A+0 = A$	$\overline{\overline{A}} = A$
$A\cdot 1 = A$	$A+1 = 1$	
$A\cdot A = A$	$A+A = A$	
$A\cdot\overline{A} = 0$	$A+\overline{A} = 1$	

●表 11・3　2 変数以上のブール代数則

交　換　則	結　合　則
$A+B=B+A$ $A \cdot B=B \cdot A$	$A+(B+C)=(A+B)+C$ $A \cdot (B \cdot C)=(A \cdot B) \cdot C$
分　配　則	吸　収　則
$A \cdot (B+C)=A \cdot B+A \cdot C$ $A+(B \cdot C)=(A+B) \cdot (A+C)$	$A+(A \cdot B)=A$ $A \cdot (A+B)=A$ $A+\bar{A} \cdot B=A+B$
ド・モルガンの定理	
$\overline{A+B}=\bar{A} \cdot \bar{B}$　　$\overline{A+B+C}=(\overline{A+B}) \cdot \bar{C}=\bar{A} \cdot \bar{B} \cdot \bar{C}$ $\overline{A \cdot B}=\bar{A}+\bar{B}$　　$\overline{A \cdot B \cdot C}=(\overline{A \cdot B})+\bar{C}=\bar{A}+\bar{B}+\bar{C}$	

 Point　吸収則は，ベン図でイメージをつかもう

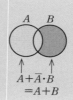

$A+A \cdot B=A$　　　$A+\bar{A} \cdot B$
$=A+B$

　なお，2 変数以上のブール代数則は，論理式の簡単化などによく用いられるので，例題などにより使い方に慣れてほしい．

　表 11・3 の**ド・モルガンの定理**を図解すると，図 11・11 のようになる．これらの左辺と右辺の関係は，□ と ▷ を入れ替え，○がついていないところすべてに○をつけ，○がついているところはすべて取った形になっている．

(a)　$Y=\overline{A+B}=\bar{A} \cdot \bar{B}$　　　（NOR）

(b)　$Y=\overline{A \cdot B}=\bar{A}+\bar{B}$　　　（NAND）

(c)　$Y=A+B=\overline{\bar{A} \cdot \bar{B}}$　　　（OR）

(d)　$Y=A \cdot B=\overline{\bar{A}+\bar{B}}$　　　（AND）

●図 11・11　ド・モルガンの定理の図解（式の覚え方）

10 半 加 算 器

半加算器（Half Adder）は，図 11・12（a）に示すように，2 進数の同じ桁どうしの加算を行い，桁上がりは桁上げ出力を出す論理回路を加えた構成となっている．

図 11・12（b）に論理式，（c）に真理値表，（d）にブロック図を示す．

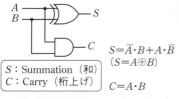

$S = \overline{A} \cdot B + A \cdot \overline{B}$
$(S = A \oplus B)$

$C = A \cdot B$

S : Summation（和）
C : Carry（桁上げ）

入力 A（被加数）	入力 B（加数）	出力 S（和）	出力 C（桁上げ）
0	0	0	0
0	1	1	0
1	0	1	0
1	1	0	1

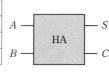

(a) 回路構成例　　　(b) 論理式　　　　(c) 真理値表　　　　(d) ブロック図

●図 11・12　半加算器

11 全 加 算 器

二桁以上の加算は，下位からの桁上げを考える必要がある．**全加算器**（Full Adder）は，図 11・13（a）に示すように，入力 A_n と B_n，下位からの桁上げの入力 C_{n-1} を加えた回路から構成されている．

図 11・13 に論理式，真理値表，ブロック図を示す．

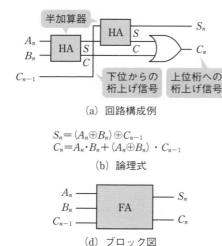

半加算器

下位からの桁上げ信号　　上位桁への桁上げ信号

(a) 回路構成例

$S_n = (A_n \oplus B_n) \oplus C_{n-1}$
$C_n = A_n \cdot B_n + (A_n \oplus B_n) \cdot C_{n-1}$

(b) 論理式

(d) ブロック図

入力			出力	
A_n	B_n	C_{n-1}	S_n	C_n
0	0	0	0	0
0	0	1	1	0
0	1	0	1	0
0	1	1	0	1
1	0	0	1	0
1	0	1	0	1
1	1	0	0	1
1	1	1	1	1

(c) 真理値表

●図 11・13　全加算器

12 フリップフロップ回路

フリップフロップ回路は，次の入力信号が来るまで出力状態を保持する記憶回路である．ロジック素子で構成され，**ディジタル計算機の基本となる回路の一つ**で，用途に応じてさまざまな回路構成がある．

【1】 RS フリップフロップ（RS-FF）

フリップフロップの基本となる回路で，図 11・14（a）に示すように，入力端子に R 端子と S 端子，出力端子に Q 端子と $\overline{Q}$ 端子をもつ．同図（b）に図記号，（c）に真理値表，（d）にタイムチャートを示す．ここで，$R = S = 1$ とすると Q と $\overline{Q}$ が不定となるため，この使用方法は禁止される．

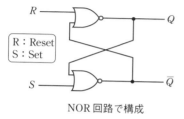

NOR 回路で構成

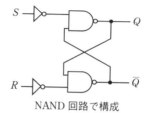

NAND 回路で構成

（a）回路構成

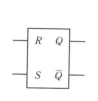

（b）図記号

入力		出力	
R	S	Q	$\overline{Q}$
0	0	状態保持	
0	1	1	0
1	0	0	1
1	1	禁止 (不定)	

（c）真理値表

（d）タイムチャート

● 図 11・14　RS フリップフロップ

【2】 同期式フリップフロップ

CK 端子（クロック）に入力される信号により，入力の読込みと出力のタイミングが同期して動作するフリップフロップである．

CK 端子に入力されるクロック信号のうち，立上りのエッジでデータを取り込む（ポジティブエッジトリガ）ものは，⎍ のように表記し，立下りのエッジでデータを取り込む（ネガティブエッジトリガ）ものは ⎍ のように表記する．

●【3】JKフリップフロップ（JK-FF）

図11・15（a）に示すように，入力端子に CK（クロック），J，K 端子をもち，CK 端子に入力された信号のタイミングで Q 端子に出力されるフリップフロップである．同図（b）に真理値表，（c）にタイムチャートを示す．

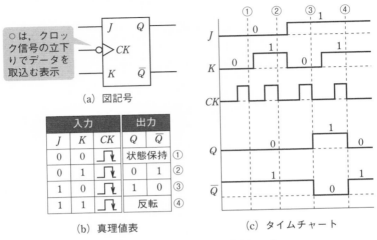

（a）図記号

○は，クロック信号の立下りでデータを取込む表示

入力			出力	
J	K	CK	Q	$\overline{Q}$
0	0	⏷	状態保持 ①	
0	1	⏷	0	1 ②
1	0	⏷	1	0 ③
1	1	⏷	反転 ④	

（b）真理値表

（c）タイムチャート

●図11・15　JKフリップフロップ

●【4】Tフリップフロップ（T-FF）

図11・16（a）に示すように，入力端子 T（トグル）に信号が加えられると出力 Q が反転するフリップフロップである．同図（b）に真理値表，（c）にタイムチャートを示す．

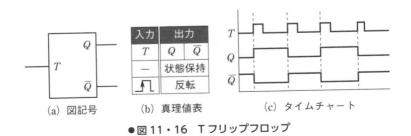

（a）図記号

入力	出力	
T	Q	$\overline{Q}$
―	状態保持	
⏶	反転	

（b）真理値表

（c）タイムチャート

●図11・16　Tフリップフロップ

【5】 D フリップフロップ （D-FF）

図 11・17 （a）に示すように，CK 端子に入力された信号のタイミングで D 端子に入力された信号が Q 端子に出力されるフリップフロップである．同図（b）に真理値表，（c）にタイムチャートを示す．

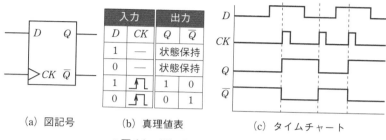

| （a）図記号 | （b）真理値表 | （c）タイムチャート |

●図 11・17　D フリップフロップ

13　コンピュータのハードウェア

【1】 構成と機能

（ディジタル形）コンピュータのハードウェア構成と処理の大まかな順序（通常のデータ処理は④ ～ ⑫）を図 11・18 に，機能を表 11・4 に示す．

CPU が 1 個の LSI で実現されたものは（**マイクロ**）**プロセッサ**と呼ばれる．

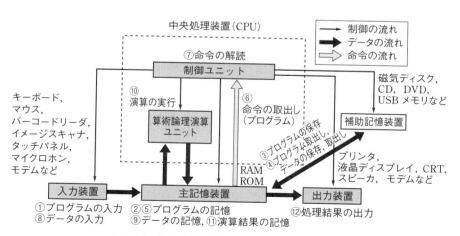

●図 11・18　（ディジタル形）コンピュータの構成

●表11・4　コンピュータの構成要素と機能

構　成　要　素	機　　　　能
中央処理装置（CPU）	制御ユニット，論理演算ユニット，レジスタからなる (Central Processing Unit)
制御ユニット	コンピュータの中枢で，主記憶装置から取り出した命令を解読し，その命令にしたがい計算機全体を制御する
論理演算ユニット	四則演算などの算術演算や大小比較，論理演算を行う
レジスタ	CPU 内部で種々の作業に使うためにアドレス，データ，演算結果などを一時的に記憶する装置
記憶装置（メモリ）	プログラム，データなどを格納しておく装置，実行するプログラムやデータを格納する主記憶装置と，その容量を補う補助記憶装置がある
入力装置	文字，数字，図形，音声などのデータをコンピュータに読み込む装置（キーボード，バーコード読取り装置など）
出力装置	コンピュータで処理したデータを文字，数字，図形，音声などの形で出力する装置（プリンタ，ディスプレイなど）

【2】用語と意味

主な用語と意味を表 11·5 に示す.

●表11・5　主な用語と意味

用　　語	意　　　　味
レジスタ	1語または数語の情報を一時的に記憶する小規模な記憶装置
プログラムカウンタ	命令を取り出すごとに 1 カウント増加するようなレジスタ
エンコーダ（符号器）	データなどを別のデータなどに変換する装置やソフトウェア
デコーダ（解読器）	エンコード前のデータや情報に戻す装置やソフトウェア
キャッシュメモリ	高速アクセスが可能な小容量メモリ
補助記憶装置	磁気ディスク，フロッピーディスク，USB メモリ，磁気テープなど
アクセス時間	読込み命令が出てから，CPU がその内容を取り出すまでの時間
動作周波数 （クロック周波数）	CPU が同期して動作する一定周期のパルス信号（クロック）の周波数．1 クロックの周期（時間）をサイクルタイムという
CPI	1命令を実行するのに必要なクロック数
バイト（byte）	8 ビットを 1 単位として表現したもの（1 バイト＝8 ビット）
A-D 変換器	アナログ信号をディジタル信号に変換する装置
D-A 変換器	ディジタル信号をアナログ信号に変換する装置
インタフェース	異なった機器間でデータのやりとりを可能にする装置

■3■ CPU の動作周波数と CPI との関係

図 11・19 に**動作周波数**と **CPI** (Clock cycles Per Instruction) の関係を示す．これらの値は，CPU の性能指標の一つである．

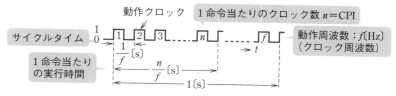

●図 11・19　CPU の動作周波数と CPI との関係

■4■ IC メモリ

主記憶装置などに用いられる IC メモリを表 11.6 に示す．

●表 11・6　IC メモリ

名　称	特　徴
RAM (Random Access Memory)	任意のアドレスにデータの読み書きができるが，電源を切るとデータが失われる（揮発性）．
DRAM 　(Daynamic RAM)	コンデンサに電荷を蓄えてデータを記憶するため，自然放電によりデータが失われる前にリフレッシュ（再書き込み）する必要がある．アクセス速度がやや遅いが，構造が簡単でコストが安いため，大容量のメインメモリなどに用いられる．
SRAM 　(Static RAM)	フリップフロップ回路を用いてデータを記憶するため，リフレッシュが不要で高速．回路が複雑で，コストが高く小容量であるためキャッシュメモリなどに用いられる．
ROM(Read Only Memory)	通常時は読み出し専用で，電源を切ってもデータが失われない（不揮発性）．
マスク ROM	集積回路の配線によってデータが書き込まれており，ユーザーの書き込み不可．
ワンタイム PROM 　(Programmable ROM)	一度だけ書き込み可能で消去できない．
EPROM 　(Erasable PROM)	読み取りよりも高い電圧を加える専用機器でデータを書き込むことができる．強い紫外線を照射することで消去するため UV-EPROM ともいう．
EEPROM 　(Electrically EPROM)	電気的に消去できるようにしたもので，読み取りよりも高い電圧を加えることで，何回もデータの消去・再書き込みができる．
フラッシュメモリ	EEPROM の一種で，ブロック単位で消去でき，大容量・高速な読み書きが可能．

14 10進数，2進数と16進数

　計算機内部で用いる信号は，電圧の高低を組み合わせて構成しているので，2進数の1，0を対応させることができる．しかし，2進数は，1と0の2つの数字のみで数値を表現するため，数値が大きくなるほど桁数が大きくなり扱いにくい．

　16進数は10〜15の値をA〜Fで表すことにより，4桁の2進数を1桁で表すことができるため扱いやすくなる．このため，計算機の入出力表示の方法として16進数がよく使われる．

【1】 10進数から2進数への変換

　10進数を2で割って，その商をさらに2で割って余りを出しながら割り切れなくなるまで繰り返す．

　例：10進数の11を2進数に変換

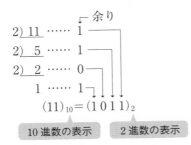

【2】 10進数から16進数への変換

　10進数を16で割って，その商をさらに16で割って余りを出しながら割り切れなくなるまで繰り返す．

　例：10進数の1000を16進数に変換

$$
\begin{array}{r}
16)\underline{\ 1000\ } \cdots\cdots\ 8 \\
16)\underline{\quad 62\ } \cdots\cdots\ 14 \to E \\
3 \cdots\cdots\ 3
\end{array}
$$

$(1000)_{10}=(3\,E\,8)_{16}=3\times16^2+\underset{(14)}{E}\times16^1+8\times16^0$

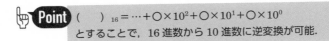

Point　$(\quad)_{16}=\cdots+\bigcirc\times10^2+\bigcirc\times10^1+\bigcirc\times10^0$
とすることで，16進数から10進数に逆変換が可能．

10 進数，2 進数，16 進数の対応を表 11·7 に示す．

●表 11·7 10 進数，2 進数，16 進数の対応

10 進数	2 進数	16 進数
0	0	0
1	1	1
2	10	2
3	11	3
4	100	4
5	101	5

10 進数	2 進数	16 進数
6	110	6
7	111	7
8	1 000	8
9	1 001	9
10	1 010	A
11	1 011	B

10 進数	2 進数	16 進数
12	1 100	C
13	1 101	D
14	1 110	E
15	1 111	F
16	10 000	10

【3】 2 進数から 16 進数へ，16 進数から 2 進数への変換

2 進数の数値を下位の桁から，4 桁ごとに区切り，各桁を 16 進数に変換する．

16 進数を 2 進数に変換する場合は，表 11·7 の対応より図 11·20 のようになる．

すなわち，10 進数の $(1000)_{10}$ は，16 進数では $(3E8)_{16}$ となり，2 進数では $(001111101000)_2$ となる．

16 進数	3				E				8			
2 進数	0	0	1	1	1	1	1	0	1	0	0	0

●図 11·20 16 進数の $(3E8)_{16}$ を 2 進数に変換

問題1

　図のように，入力信号 A，B および C，出力信号 Z の論理回路がある．この論理回路には排他的論理和（EX-OR）を構成する部分と排他的否定論理和（EX-NOR）を構成する部分が含まれている．この論理回路の真理値表として，正しいものを次の（1）～（5）のうちから一つ選べ．

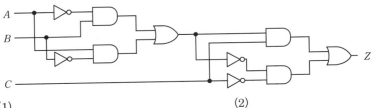

(1)

入力信号			出力信号
A	B	C	Z
0	0	0	1
0	0	1	0
0	1	0	0
0	1	1	1
1	0	0	0
1	0	1	1
1	1	0	1
1	1	1	0

(2)

入力信号			出力信号
A	B	C	Z
0	0	0	0
0	0	1	1
0	1	0	1
0	1	1	0
1	0	0	1
1	0	1	0
1	1	0	0
1	1	1	1

(3)

入力信号			出力信号
A	B	C	Z
0	0	0	0
0	0	1	0
0	1	0	0
0	1	1	0
1	0	0	0
1	0	1	0
1	1	0	1
1	1	1	0

(4)

入力信号			出力信号
A	B	C	Z
0	0	0	1
0	0	1	0
0	1	0	1
0	1	1	0
1	0	0	1
1	0	1	0
1	1	0	0
1	1	1	1

(5)

入力信号			出力信号
A	B	C	Z
0	0	0	1
0	0	1	0
0	1	0	1
0	1	1	1
1	0	0	1
1	0	1	1
1	1	0	1
1	1	1	1

Chapter
11

 排他的論理和（EX-OR）は，2つの入力信号が等しくない時に出力「1」，排他的否定論理和（EX-NOR）は，2つの入力信号が等しい時に出力「1」となる.

 解説 問題の回路図は，まずAとBの排他的論理和$S = A \oplus B$を出力し，次にSとCの排他的否定論理和を出力する回路となっている.

AとBの排他的論理和およびSとCの排他的否定論理和の真理値表は以下の通りとなる.

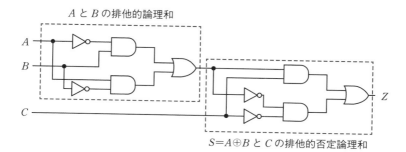

AとBの排他的論理和

$S = A \oplus B$とCの排他的否定論理和

A	B	$S = A \oplus B$
0	0	0
0	1	1
1	0	1
1	1	0

S	C	$\overline{Z = S \oplus C}$
0	0	1
0	1	0
1	0	0
1	1	1

これをA，B，C，Zの真理値表で表すと，以下の通りとなる.

A	B	C	$Z = \overline{(A \oplus B) \oplus C}$
0	0	0	1
0	0	1	0
0	1	0	0
0	1	1	1
1	0	0	0
1	0	1	1
1	1	0	1
1	1	1	0

解答 ▶ (1)

問題2 ✓ ✓ ✓　　　　　　　　　　　　　　　R2 A-14

　　入力信号 A, B および C, 出力信号 X の論理回路の真理値表が次のように示されたとき, X の論理式として, 正しいものを次の (1)〜(5) のうちから一つ選べ.

(1) $A \cdot B + A \cdot \overline{C} + B \cdot C$
(2) $A \cdot \overline{B} + A \cdot \overline{C} + B \cdot \overline{C}$
(3) $A \cdot \overline{B} + C + \overline{A} \cdot B$
(4) $B \cdot \overline{C} + \overline{A} \cdot B + \overline{B} \cdot C$
(5) $A \cdot B + C$

A	B	C	X
0	0	0	0
0	0	1	1
0	1	0	0
0	1	1	1
1	0	0	0
1	0	1	1
1	1	0	1
1	1	1	1

カルノー図により複数の出力 1 をグループ化して論理式を求める.

 出力 $X = 1$ となる AB, C のパターンを以下のようにカルノー図で表す.

C AB	0	1	
00	0	1	グループ②
01	0	1	
10	0	1	
11	1	1	

グループ①

グループ①は，C の値に関わらず，$AB=11$ なら $X=1$

グループ②は，AB の値に関わらず，$C=1$ なら $X=1$

よって，$X=A \cdot B+C$ となる．

解答 ▶ (5)

問題3 ✓ ✓ ✓　　　　　　　　　　　　　　　　　　　　R1 B-18

　論理関数について，次の (a) および (b) の問に答えよ．

(a) 論理式 $X \cdot Y \cdot Z+X \cdot \overline{Y} \cdot \overline{Z}+\overline{X} \cdot Y \cdot Z+X \cdot \overline{Y} \cdot Z$ を積和形式で簡単化したものとして，正しいものを次の (1)～(5) のうちから一つ選べ．

(1) $X \cdot Y+X \cdot Z$　　(2) $X \cdot \overline{Y}+Y \cdot Z$　　(3) $\overline{X} \cdot Y+X \cdot Z$

(4) $X \cdot Y+\overline{Y} \cdot Z$　　(5) $X \cdot Y+\overline{X} \cdot Z$

(b) 論理式 $(X+Y+Z) \cdot (X+Y+\overline{Z}) \cdot (X+\overline{Y}+Z)$ を和積形式で簡単化したものとして，正しいものを次の (1)～(5) のうちから一つ選べ．

(1) $(X+Y) \cdot (X+Z)$　　(2) $(X+\overline{Y}) \cdot (X \cdot Z)$　　(3) $(X+Y) \cdot (\overline{Y}+Z)$

(4) $(X+\overline{Y}) \cdot (Y+Z)$　　(5) $(X+Z) \cdot (Y+\overline{Z})$

表 11·3 を使って論理式を簡略化する

(a) は $A \cdot B+A \cdot \overline{B}=A$

(b) は $A=A \cdot A$ と

$(A+B) \cdot (A+\overline{B})=A \cdot A+A \cdot \overline{B}+A \cdot B+B \cdot \overline{B}=A+A \cdot (B+\overline{B})=A$

 (a) $X \cdot Y \cdot Z+X \cdot \overline{Y} \cdot \overline{Z}+\overline{X} \cdot Y \cdot Z+X \cdot \overline{Y} \cdot Z$

$=\underline{X \cdot Y \cdot Z+\overline{X} \cdot Y \cdot Z}\quad +\underline{X \cdot \overline{Y} \cdot \overline{Z}+X \cdot \overline{Y} \cdot Z}$

$\qquad\quad \boldsymbol{Y \cdot Z}\qquad\qquad\qquad \boldsymbol{X \cdot Y}$

$=X \cdot Y+Y \cdot Z$

(b) $\underline{(X+Y+Z) \cdot (X+Y+\overline{Z}) \cdot (X+\overline{Y}+Z)}$

$\qquad\qquad\qquad\qquad\qquad\qquad\qquad (A=A \cdot A \text{ より})$

$=((X+Y+Z) \cdot (X+Y+\overline{Z})) \cdot ((X+Y+Z) \cdot (X+\overline{Y}+Z))$

$=(X+Y) \cdot (X+Z)$

解答 ▶ (a)-(2)，(b)-(1)

問題4

図のように，入力 A，B および C，出力 X の論理回路がある．X を示す論理式として，正しいものを次のうちから一つ選べ．

(1) $X = A + \overline{B}$

(2) $X = A \cdot \overline{B} \cdot C$

(3) $X = A \cdot \overline{B} \cdot C + \overline{B} \cdot C$

(4) $X = A \cdot \overline{B} \cdot C + \overline{A} \cdot \overline{B} \cdot \overline{C}$

(5) $X = \overline{(\overline{A} \cdot C) + (B + \overline{C}) + (A \cdot \overline{C})}$

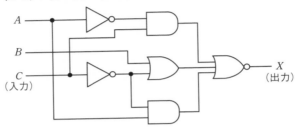

 解図のように，論理回路へ論理式を記入する．表 11·3 を活用して，式を簡略化する．

 出力 X の論理式は

$$X = \overline{\overline{A} \cdot C + (B + \overline{C}) + A \cdot \overline{C}}$$

これに表 11·3 の吸収則とド・モルガンの法則を使って，整理すれば

$$X = \overline{\overline{A} \cdot C + B + \overline{C} \cdot (\mathbf{1 + A})} \qquad 1 + A = 1$$

$$= \overline{\overline{A} \cdot C + B + \overline{C}} = \overline{\overline{A} \cdot \overline{C} + \overline{C} + B} \qquad \overline{A} \cdot C + \overline{C} = \overline{A} + \overline{C}$$

$$= \overline{\overline{A} + \overline{C} + B} = \overline{\overline{A} + B + \overline{C}} \qquad \overline{A + B + C} = \overline{(A + B) \cdot \overline{C}} = \overline{A} \cdot \overline{B} \cdot \overline{C}$$

$$= \overline{\overline{A}} \cdot \overline{B} \cdot \overline{\overline{C}} = \mathbf{A \cdot \overline{B} \cdot C}$$

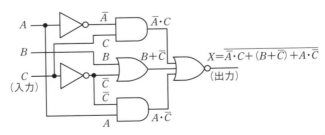

●解図

解答 ▶ (2)

問題5 ✓ ✓ ✓   H24 A-14

図のような論理回路において，入力 A，B および C に対する出力 X の論理式，ならびに入力を $A=0$，$B=1$，$C=1$ としたときの出力 Y の値として，正しい組合せを次の (1) 〜 (5) のうちから一つ選べ．

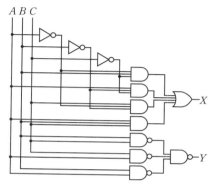

(1) $X=\overline{A}\cdot B\cdot\overline{C}+A\cdot\overline{B}\cdot\overline{C}+\overline{A}\cdot\overline{B}\cdot C+A\cdot B\cdot C$, $Y=1$

(2) $X=\overline{A}\cdot B\cdot C+A\cdot\overline{B}\cdot\overline{C}+\overline{A}\cdot\overline{B}\cdot C+A\cdot B\cdot C$, $Y=0$

(3) $X=\overline{A}\cdot B\cdot\overline{C}+A\cdot\overline{B}\cdot\overline{C}+\overline{A}\cdot\overline{B}\cdot C+A\cdot B\cdot\overline{C}$, $Y=1$

(4) $X=\overline{A}\cdot B\cdot\overline{C}+A\cdot\overline{B}\cdot\overline{C}+\overline{A}\cdot\overline{B}\cdot C+A\cdot B\cdot C$, $Y=0$

(5) $X=\overline{A}\cdot B\cdot C+\overline{A}\cdot B\cdot C+\overline{A}\cdot\overline{B}\cdot\overline{C}+A\cdot B\cdot C$, $Y=1$

解説 解図のように $D\sim J$ を定める．X は $D\sim G$ の OR で，$D\sim F$ は二つの NOT と一つの AND で，G は三つの AND であるから

$$X=D+E+F+G$$
$$=\overline{A}\cdot B\cdot\overline{C}+A\cdot\overline{B}\cdot\overline{C}+\overline{A}\cdot\overline{B}\cdot C+$$
$$A\cdot B\cdot C$$

Y は $H\sim J$ の NAND で，$H\sim J$ は二つの NAND であるから

$$Y=\overline{H\cdot I\cdot J}$$
$$=\overline{(\overline{B\cdot C})\cdot(\overline{A\cdot C})\cdot(\overline{A\cdot B})}$$

これに題意の $A=0$，$B=1$，$C=1$ を代入すると

$$Y=\overline{\overline{1\cdot1}\cdot\overline{0\cdot1}\cdot\overline{0\cdot1}}=\overline{\overline{1}\cdot\overline{0}\cdot\overline{0}}=\overline{0\cdot1\cdot1}=\overline{0}=1$$

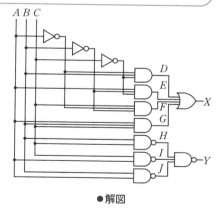

●解図

解答 ▶ (1)

問題6　✓ ✓ ✓

図に示す論理回路の真理値表として，正しいものを次の（1）〜（5）のうちから一つ選べ．

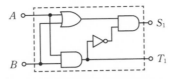

(1)

入力		出力	
A	B	S_1	T_1
0	0	0	0
0	1	0	0
1	0	0	0
1	1	0	1

(2)

入力		出力	
A	B	S_1	T_1
0	0	0	1
0	1	0	0
1	0	0	0
1	1	0	1

(3)

入力		出力	
A	B	S_1	T_1
0	0	0	0
0	1	1	0
1	0		
1	1	0	1

(4)

入力		出力	
A	B	S_1	T_1
0	0	0	0
0	1	1	0
1	0	1	0
1	1	0	1

(5)

入力		出力	
A	B	S_1	T_1
0	0	0	1
0	1	1	0
1	0	1	0
1	1	0	1

 論理式を簡単にする方法と各素子の出力を順番に求めていく方法があり，簡単な回路であれば各素子の出力を順番に求める方が早い．

解説　T_1 の出力は A と B の（AND 回路）であるため，（2）（5）が誤り．$A=1$，$B=0$ および $A=0$，$B=1$ のどちらの場合も，OR 回路の出力は 1，A と B の（AND 回路）と NOT 回路を通した出力は 1 となるため，S_1 の出力は 1 となる．

なお，S_1 の論理式は次のように図 11・9 の EX–OR 回路となり，本回路は，図 11・12 の半加算器となる．

$$S_1 = (A+B)\cdot(\overline{A\cdot B}) = (A+B)\cdot(\overline{A}+\overline{B})$$
$$= A\cdot\overline{A} + A\cdot\overline{B} + B\cdot\overline{A} + B\cdot\overline{B} = A\cdot\overline{B} + B\cdot\overline{A}$$

$$T_1 = A\cdot B$$

解答 ▶（4）

問題**7** ✓ ✓ ✓ H27 A-14

次の真理値表の出力を表す論理式として，正しい式を次の (1) ～ (5) のうちから一つ選べ．

(1) $X = \overline{A} \cdot \overline{B} + \overline{A} \cdot \overline{D} + B \cdot C \cdot D$

(2) $X = \overline{A} \cdot B + \overline{A} \cdot \overline{D} + A \cdot B \cdot C$

(3) $X = \overline{A} \cdot \overline{B} + \overline{A} \cdot \overline{D} + A \cdot B \cdot C$

(4) $X = \overline{A} \cdot \overline{B} + \overline{A} \cdot \overline{C} + B \cdot C \cdot D$

(5) $X = \overline{A} \cdot \overline{B} + \overline{A} \cdot \overline{C} + A \cdot B \cdot D$

A	B	C	D	X
0	0	0	0	1
0	0	0	1	1
0	0	1	0	1
0	0	1	1	1
0	1	0	0	1
0	1	0	1	0
0	1	1	0	1
0	1	1	1	0
1	0	0	0	0
1	0	0	1	0
1	0	1	0	0
1	0	1	1	0
1	1	0	0	0
1	1	0	1	0
1	1	1	0	1
1	1	1	1	1

真理値表で出力が 1 となるものを論理積として表し，すべて加えた論理式を表 11・3 のブール代数則で簡単化する．

解説 X が 1 となる 8 通りを論理和とすると次のようになる．下線部を分配則でまとめて，$A + \overline{A} = 1$ の関係を使用して簡単化する．

$X = \underline{\overline{A} \cdot \overline{B} \cdot \overline{C} \cdot \overline{D}} + \underline{\overline{A} \cdot \overline{B} \cdot \overline{C} \cdot D} + \underline{\overline{A} \cdot \overline{B} \cdot C \cdot \overline{D}} + \underline{\overline{A} \cdot \overline{B} \cdot C \cdot D} + \underline{\overline{A} \cdot B \cdot \overline{C} \cdot \overline{D}} + \underline{\overline{A} \cdot B \cdot C \cdot \overline{D}} + \underline{A \cdot B \cdot C \cdot \overline{D}} + \underline{A \cdot B \cdot C \cdot D}$

$= \quad \overline{A} \cdot \overline{B} \cdot \overline{C} \quad + \quad \overline{A} \cdot \overline{B} \cdot C \quad + \quad \overline{A} \cdot B \cdot \overline{D} \quad + \quad A \cdot B \cdot C$

$= \quad \overline{A} \cdot \overline{B} \quad + \quad \overline{A} \cdot B \cdot \overline{D} \quad + \quad A \cdot B \cdot C$

さらに，波線部を分配則でまとめて，吸収則を使用する．

$X = \overline{A} (\overline{B} + B \cdot \overline{D}) + A \cdot B \cdot C$

$= \overline{A} (\overline{B} + \overline{D}) + A \cdot B \cdot C$

$= \overline{A} \cdot \overline{B} + \overline{A} \cdot \overline{D} + A \cdot B \cdot C$

【別解】 カルノー図を使用して，次のように求めることもできる．

$A \cdot B$ \ $C \cdot D$	00	01	10	11	
00	(1	1	1	1)	→ $\overline{A} \cdot \overline{B}$
01	(1	0	1)	0	→ $\overline{A} \cdot \overline{D}$
10	0	0	0	0	
11	0	0	(1	1)	→ $A \cdot B \cdot C$

$\left. \right\} \overline{A} \cdot \overline{B} + \overline{A} \cdot \overline{D} + A \cdot B \cdot C$

解答 ▶ (3)

問題8　☑ ☑ ☑　　　　　　　　　　　　　　　　　　H22 A-14

入力信号が A, B および C, 出力信号が X の論理回路として, 次の真理値表を満たす論理回路を次の (1) ～ (5) のうちから一つ選べ.

真理値表

入力信号			出力信号
A	B	C	X
0	0	0	1
0	0	1	0
0	1	0	1
0	1	1	1
1	0	0	1
1	0	1	1
1	1	0	0
1	1	1	0

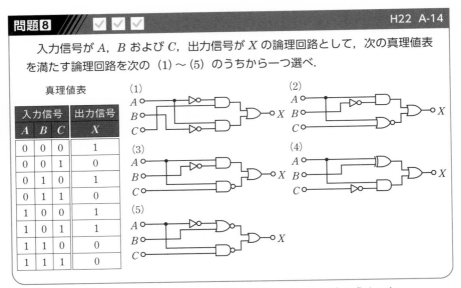

解説　真理値表で, 出力 $X = 1$ となる条件に着目して, 論理式を求めると

$X = \overline{A} \cdot \overline{B} \cdot \overline{C} + \overline{A} \cdot B \cdot \overline{C} + A \cdot \overline{B} \cdot \overline{C} + A \cdot \overline{B} \cdot C$

$= \overline{A} \cdot \overline{C}(\overline{B} + B) + A \cdot \overline{B}(\overline{C} + C) = \overline{A} \cdot \overline{C} + A \cdot \overline{B}$ ◀ ド・モルガンの定理を適用

$= \overline{\overline{A} + C} + A \cdot \overline{B}$

となるから, $\overline{\overline{A} + C}$ は A と C の NOR, $A \cdot \overline{B}$ は A と $\overline{B}$ の AND, X は両者の OR である.

解答 ▶ (2)

問題9　☑ ☑ ☑　　　　　　　　　　　　　　　　　　R3 B-18

情報の一時的な記憶回路として用いられるフリップフロップ (FF) 回路について, 次の (a) および (b) の問に答えよ.

(a) FF 回路に関する記述として，誤っているものを次の (1) ～ (5) のうちから一つ選べ．ただし，(1) ～ (4) における出力とは，反転しない Q のことである．

(1) RS-FF においては，クロックパルスの動作タイミングで入力 R と S がそれぞれ 1 と 0 の場合に 0 を，入力 R と S がそれぞれ 0 と 1 の場合に 1 を出力する．入力 R と S を共に 1 とすることは禁止されている．

(2) JK-FF においては，クロックパルスの動作タイミングで入力 J と K がそれぞれ 1 と 0 の場合に 1 を，入力 J と K がそれぞれ 0 と 1 の場合に 0 を出力し，入力 J と K が共に 1 の場合には出力を保持する．

(3) T-FF は，クロックパルスの動作タイミングにおいて，出力を反転する．

(4) D-FF は，クロックパルスの動作タイミングにおいて，入力 D と一致した出力を行う．

(5) FF の用途として，カウンタの回路やレジスタ回路などがある．

(b) クロックパルスの立ち下がりで動作する二つの T-FF を用いた図の回路を考える．この回路において，クロックパルス C に対する回路の出力 Q_1 および Q_2 のタイムチャートとして，正しいものを次の (1) ～ (5) のうちから一つ選べ．

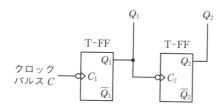

(1)
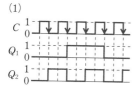

(2)
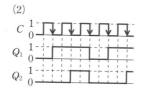

(3)
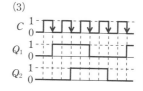

(4)
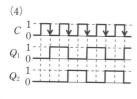

(5)
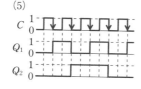

解説 (a) JK-FF では，入力が共に 1 の場合は出力を保持するのではなく，反転する．

(b) 問題図のタイムチャートは下記のようになる．

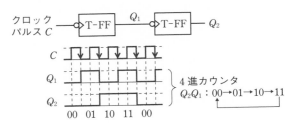

解答 ▶ **(a)-(2)**，**(b)-(5)**

図 1 の論理回路の動作を表すタイムチャートが図 2 である．図 3 は図 1 と同じ働きをするリレーシーケンス回路である．次の (a) および (b) に答えよ．

(a) 図 1 の回路において，スイッチ A, B, C に図 2 の入力スイッチ A, B, C 信号を加えたとき，LED 出力 D の出力信号を図 2 の出力 D 信号 (ア)，(イ) または (ウ) より選び，また，LED 出力 E の出力信号を図 2 の出力 E 信号 (エ)，(オ) または (カ) より選ぶとすれば，その正しい組合せを次の (a) の選択肢のうちから一つ選べ．ただし，スイッチ C はリセット信号であり，出力 D および E の初期値は "0" であるとする．

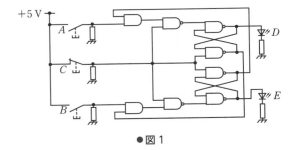

●図 1

（a）の選択肢

	D	E
（1）	（ア）	（カ）
（2）	（イ）	（エ）
（3）	（ア）	（エ）
（4）	（ウ）	（オ）
（5）	（イ）	（カ）

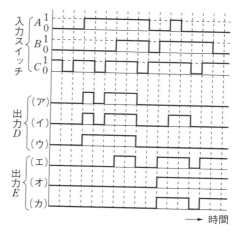

●図 2

（b）図 3 は，図 1 と同じ働きをするリレーシーケンス回路である．図 3 の破線の部分（A）に当てはまるシーケンス回路として，正しいものを次の（b）の選択肢のうちから一つ選べ．ただし，図 3 で R1, R2 [コイル記号] はリレーコイル，D, E [⊗] は出力表示ランプ，V [電源記号] はシーケンス回路の電源である．また，シーケンス回路中のスイッチ A および B を押すとそれぞれの信号は "1" になり，スイッチ C を押すとその信号は "0" になる．

また，選択肢（1）から（5）で R1, R2 [接点記号] はそれぞれのリレー接点である．

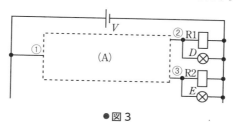

●図 3

(b)　の選択肢

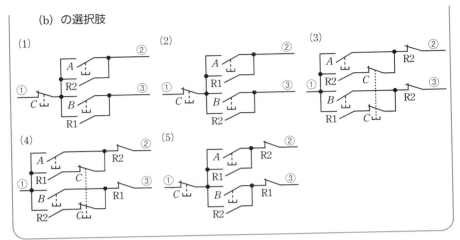

解説　(a)　この論理回路は二つのフリップフロップの組合せで

・$C=0$（スイッチ C を押した状態）で，D と E はリセットされて0となる

・$D=1$ になるためには，$A=1$，$\overline{E}=1$（$E=0$），$C=1$

・$E=1$ になるためには，$B=1$，$\overline{D}=1$（$D=0$），$C=1$

　入力スイッチ A，B，C の状態による出力 D，E の状態を，出力が異なる部分に着目してタイムチャートの各マス目ごとに確認していく．

　5番目のタイミングでスイッチ C が0となり，出力 D はリセットされるので（ウ）は誤り．

　7番目のタイミングでスイッチ B が1となるが，出力 D も1のため出力 E はセットされず（エ）は誤り．

　12番目のタイミングでスイッチ A が1となるが，出力 E も1のため出力 D はセットされず（イ）は誤り．

　14番目のタイミングでスイッチ C が0となり，出力 E はリセットされるため（オ）は誤り．

　以上より正解は（ア）（カ）となる．

(b)　・$C=0$（スイッチ C を押した状態）で，D と E はリセットされる ⇒ C は，D と E の回路と直列．

・$C=1$（スイッチ C を押さない状態），$A=1$（スイッチ A を押した状態），$\overline{E}=1$（$E=0$，R2 不動作）⇒ $D=1$，R1 動作

・R1 動作で $D=1$（自己保持）⇒ A と R1 が並列

・$C=1$（スイッチ C を押さない状態），$B=1$（スイッチ B を押した状態），$\overline{D}=1$（$D=0$，R1 不動作）⇒ $E=1$，R2 動作

・R2 動作で $E=1$（自己保持）⇒ B と R2 が並列

解答 ▶ (a)-(1)，(b)-(5)

問題⑪ ✓ ✓ ✓ H14 A-11

図1のようなタイムチャートがある．図2の論理回路（ア），（イ），（ウ），（エ）および（オ）のうち，図1の動作を行うことができる回路が二つある．正しい組合せを次のうちから一つ選べ．ただし，Y の初期値は 0 であるとする．

(1) （ア）と（イ）　　(2) （イ）と（ウ）
(3) （ウ）と（エ）　　(4) （エ）と（オ）　(5) （ア）と（オ）

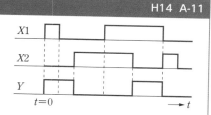

●図1

Chapter 11

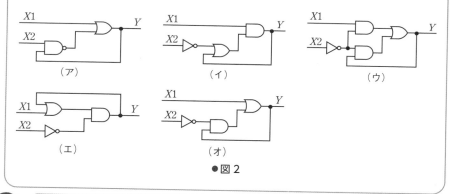

（ア）　　　　（イ）　　　　（ウ）

（エ）　　　　（オ）

●図2

 タイムチャートとロジック回路の論理式を求め，両者が一致するものをさがす．

 図2の（ア）〜（オ）の各論理式は
（ア）　$Y = X_1 + \overline{X_2} \cdot \overline{Y}$
（イ）　$Y = X_1 \cdot (\overline{X_2} + Y) = X_1 \cdot \overline{X_2} + X_1 \cdot Y$
（ウ）　$Y = X_1 \cdot \overline{X_2} + \overline{X_2} \cdot Y$
（エ）　$Y = (Y + X_1) \cdot \overline{X_2} = X_1 \cdot \overline{X_2} + \overline{X_2} \cdot Y$
（オ）　$Y = X_1 + \overline{X_2} \cdot Y$

> 左辺と右辺で Y の意味が異なる

左辺：Y_t，右辺：Y_{t-1} $\Rightarrow$ Y_t は前値 Y_{t-1} の影響を受ける．（ウ）（エ）の式は以下となる．

$$Y_t = (\underline{X_1 + Y_{t-1}}) \cdot \underline{\overline{X_2}}$$

> $X_2 = 0$

> $X_1 = 1$ または Y_{t-1}（Y の前値）

$Y_t = 1$ となっているのは解図において，「① $X_1 = 1$ かつ $X_2 = 0$」または「② $X_1 = X_2 = 0$ かつ $Y_{t-1} = 1$」である.

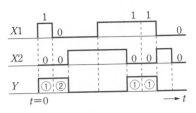

●解図

解答 ▶ (3)

JK-FF（JK フリップフロップ）の動作とそれを用いた回路について，次の（a）および（b）に答えよ.

(a) 図 1 の JK-FF の状態遷移について考える. JK-FF の J, K の入力時における出力を Q（現状態），J, K の入力とクロックパルスの立下がりによって変化する Q の変化後の状態（次状態）の出力を Q' として，その状態遷移を表のようにまとめる. 表中の空白箇所（ア），（イ），（ウ），（エ）および（オ）に当てはまる真理値の組合せとして，正しいものを次の(1)～(5)のうちから一つ選べ.

●図 1

	(ア)	(イ)	(ウ)	(エ)	(オ)
(1)	0	0	0	1	1
(2)	0	1	0	0	0
(3)	1	1	0	1	1
(4)	1	0	1	1	0
(5)	1	0	1	0	1

入力		現状態	次状態
J	K	Q	Q'
0	0	0	0
0	0	1	(ア)
0	1	0	0
0	1	1	(イ)
1	0	0	1
1	0	1	(ウ)
1	1	0	(エ)
1	1	1	(オ)

(b) 2個の JK-FF を用いた図2の回路を考える．この回路において，+5〔V〕を "1"，0〔V〕を "0" と考えたとき，クロックパルス C に対する回路の出力 Q_1 および Q_2 のタイムチャートとして，正しいものを次の (1)〜(5) のうちから一つ選べ．

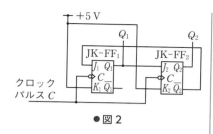

●図2

(1)

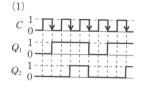

(2)

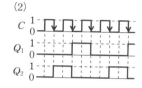

(3)

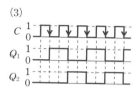

(4)

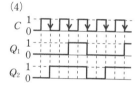

(5)

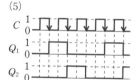

(a) 図11・15 (b) の真理値表を用いて，クロックパルスが入った（題意では立下り）時点の入力 J，K の状態を当てはめ，次の状態を求める．
(b) $K_1 = K_2 = 1$（+5V）を，真理値表に当てはめ，$J = 0$ なら $Q' = 0$，$J = 1$ なら $Q' =$ 反転となる．

 解説 (a) 真理値表を用いて，入力 J，K の状態を当てはめ，出力 Q を求めると
（ア）は，$J = K = 0$ より，$Q' = Q = 1$（状態保持）
（イ）は，$J = 0$，$K = 1$ より，$Q' = 0$
（ウ）は，$J = 1$，$K = 0$ より，$Q' = 1$
（エ）は，$J = K = 1$ より，$Q' = 1$（反転 $0 \to 1$）
（オ）は，$J = K = 1$ より，$Q' = 0$（反転 $1 \to 0$）

(b) $K_1 = K_2 = 1$ とおくと，真理値表から，$J = 0$ なら $Q' = 0$，$J = 1$ なら $Q' =$ 反転となる．すなわち，J の状態によりクロックの立下り後の出力 Q が決まり，Q が決まることで，Q に接続された J が決まる．この J が次のクロックの立下り後の Q を決める．また，次のように求めることもできる．

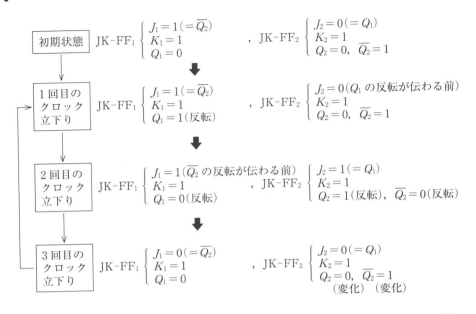

よって，クロックの立下りのタイミングで $Q_1 : 1 \to 0 \to 0$，$Q_2 : 0 \to 1 \to 0$ を繰り返す(5)の波形が正解となる．

解答 ▶ (a)-(4)，(b)-(5)

問題⑬ ☑ ☑ ☑　　　　　　　　　　　　　　　　　　　H20 A-14

　　コンピュータの記憶装置には，読取り専用として作られた ROM[※1] と読み書きができる RAM[※2] がある．ROM には，製造過程においてデータを書き込んでしまう　(ア)　ROM，電気的にデータの書き込みと消去ができる　(イ)　ROM などがある．また，RAM には，電源を切らない限りフリップフロップ回路などでデータを保持する　(ウ)　RAM と，データを保持するために一定時間内にデータを再書き込みする必要のある　(エ)　RAM がある．

　　上記の記述中の空白箇所（ア），（イ），（ウ）および（エ）に当てはまる組合せとして，正しいものを次の (1) ～ (5) のうちから一つ選べ．

	（ア）	（イ）	（ウ）	（エ）
(1)	マスク	EEP[※3]	ダイナミック	スタティック
(2)	マスク	EEP	スタティック	ダイナミック
(3)	マスク	EP[※4]	ダイナミック	スタティック
(4)	プログラマブル	EP	スタティック	ダイナミック
(5)	プログラマブル	EEP	ダイナミック	スタティック

※1 「ROM」は，「Read Only Memory」の略

※2 「RAM」は，「Random Access Memory」の略

※3 「EEP」は，「Electrically Erasable and Programable」の略

※4 「EP」は，「Erasable Programable」の略

Chapter 11

 表 11·6 を参照.

解答 ▶ (2)

問題⓮ ✓ ✓ ✓ H27 B-18

次の文章は，コンピュータの構成および IC メモリ（半導体メモリ）について記述したものである．次の (a) および (b) の問に答えよ.

(a) コンピュータを構成するハードウェアは，コンピュータの機能面から概念的に入力装置，出力装置，記憶装置（主記憶装置および補助記憶装置）および中央処理装置（制御装置および演算装置）に分類される．これらに関する記述として，誤っているものを次の (1) ～ (5) のうちから一つ選べ.

(1) コンピュータのシステムの内部では，情報は特定の形式の電気信号として表現されており，入力装置では，外部から入力されたいろいろな形式の信号を，そのコンピュータの処理に適した形式に変換した後に主記憶装置に送る.

(2) コンピュータが内部に記憶しているデータを外部に伝える働きを出力機能といい，ハードウェアのうちで出力機能を担う部分を出力装置という．出力されたデータを人間が認識できる出力装置には，プリンタ，ディスプレイ，スピーカなどがある.

(3) コンピュータ内の中央処理装置のクロック周波数は，LAN（ローカルエリアネットワーク）の通信速度を変化させる．クロック周波数が高くなるほど LAN の通信速度が向上する．また，クロック周波数によって磁気ディスクの回転数が変化する．クロック周波数が高くなるほど回転数が高くなる.

(4) 制御装置は，主記憶装置に記憶されている命令を一つ一つ順序よく取り出してその意味を解読し，それに応じて各装置に向けて必要な指示信号を出す．制御装置から信号を受けた各装置は，それぞれの機能に応じた適切な動作を行う．

(5) 算術演算，論理判断，論理演算などの機能を総称して演算機能と呼び，これらを行う装置が演算装置である．算術演算は数値データに対する四則演算である．また，論理判断は二つのデータを比較してその大小を判定したり，等しいか否かを識別したりする．論理演算は，与えられた論理値に対して論理和，論理積，否定および排他論理和などを求める演算である．

(b) 主記憶装置等に用いられる IC メモリに関する記述として，誤っているものを次の (1)～(5) のうちから一つ選べ．

(1) RAM（Random Access Memory）は，アドレス（番地）によってデータの保存位置を指定し，データの読み書きを行う．RAM は，DRAM（Dynamic RAM）と SRAM（Static RAM）とに大別される．

(2) ROM（Read Only Memory）は，読み出し専用であり，ROM に記録されている内容は基本的に書き換えることができない．

(3) EPROM（Erasable Programmable ROM）は，半導体メモリの一種で，デバイスの利用者が書き込み・消去可能な ROM である．データやプログラムの書き込みを行った EPROM は，強い紫外線を照射することでその記憶内容を消去できる．

(4) EEPROM（Electrically EPROM）は，利用者が内容を書換え可能な ROM であり，印加する電圧を読み取りのときよりも低くすることで何回も記憶内容の消去・再書き込みが可能である．

(5) DRAM は，キャパシタ（コンデンサ）に電荷を蓄えることによって情報を記憶し，電源供給が無くなると記憶情報も失われる．長期記録の用途には向かず，情報処理過程の一時的な作業記憶の用途に用いられる．

コンピュータの 5 大装置（入力装置，出力装置，制御装置，演算装置，記憶装置（メモリ））に関する出題である．

解説 (a) (3) コンピュータ内部の中央処理（演算）装置のクロック周波数は，コンピュータの外部に存在する LAN の通信速度との間に関連性はない．また，中央処理（演算）装置のクロック周波数と，記憶装置の一つである磁気ディスクの回転数との間に関連性はない．

(b) (4) EEPROM は，印加する電圧を読み取り時よりも高くすることで，何回でも

記憶内容の消去・再書き込みが可能な記憶装置である．

解答 ▶ (a)-(3)，(b)-(4)

問題⓯ ✓ ✓ ✓　　　　　　　　　　　　　　　H24 B-18

　図は，マイクロプロセッサの動作クロックを示す．マイクロプロセッサは動作クロックと呼ばれるパルス信号に同期して処理を行う．また，マイクロプロセッサが1命令当たりに使用する平均クロック数をCPIと呼ぶ．1クロックの周期 T 〔s〕をサイクルタイム，1秒当たりの動作クロック数 f を動作周波数と呼ぶ．

　次の (a) および (b) の問に答えよ．

(a) 2.5 GHz の動作クロックを使用するマイクロプロセッサのサイクルタイム 〔ns〕の値として，正しいものを次の (1) ～ (5) のうちから一つ選べ．
　　(1)　0.0004　　(2)　0.25　　(3)　0.4　　(4)　250　　(5)　400

(b) CPI = 4 のマイクロプロセッサにおいて，1命令当たりの平均実行時間が 0.005 µs であった．このマイクロプロセッサの動作周波数〔MHz〕の値として，正しいものを次の (1) ～ (5) のうちから一つ選べ．
　　(1)　50　　(2)　200　　(3)　500　　(4)　800　　(5)　2 000

図 11·19 を参照．

　（a）サイクルタイム T 〔s〕は動作周波数を f [Hz] とすれば

$$T = \frac{1}{f} = \frac{1}{2.5 \times 10^9} = 0.4 \times 10^{-9}\,\text{s} = \textbf{0.4 ns}$$

（b）図 11·19 から，$T =$ 平均実行時間/CPI $= 1/f$ となり，この式から動作周波数 f は

$$f = \frac{\text{CPI}}{\text{平均実行時間 [s]}} = \frac{4}{0.005 \times 10^{-6}} = 800 \times 10^6\,\text{Hz} = \textbf{800 MHz}$$

解答 ▶ (a)-(3)，(b)-(4)

問題⓰ ✓ ✓ ✓　　　　　　　　　　　　　　　R1 B-16

　2進数 A と B がある．それらの和が $A+B = (101010)_2$，差が $A-B = (1100)_2$ であるとき，B の値として，正しいものを次の (1) ～ (5) のうちから一つ選べ．
　　(1)　$(1110)_2$　　(2)　$(1111)_2$　　(3)　$(10011)_2$　　(4)　$(10101)_2$　　(5)　$(11110)_2$

解説　$A+B = (101010)_2 = 2^5+2^3+2^1 = 42$
$A-B = (1100)_2 = 2^3+2^2 = 12$

$$\therefore \quad B = \frac{(A+B)-(A-B)}{2} = \frac{42-12}{2} = 15 = (1111)_2$$

解答 ▶ (2)

問題⑰ ✓ ✓ ✓　　　　　　　　　　　　　　　　H19 B-18

　図に示すようなコードを有する分解能 $2\,\mathrm{mV}$ の D-A 変換器がある．

　12 ビットのディジタル入力量の $(000)_{16}$ を $0\,\mathrm{V}$ の出力電圧として，正の電圧のみを扱うユニポーラ・コードによる D-A 変換器の場合，ディジタル入力量の $(9C4)_{16}$ は，　(ア)　V の出力電圧になる．

　ディジタル入力量の $(000)_{16}$ から $(FFF)_{16}$ の範囲で，$(800)_{16}$ を $0\,\mathrm{V}$ の出力電圧とし，$(000)_{16}$ 側を負，$(FFF)_{16}$ 側を正とするオフセット・バイナリ・コードによる D-A 変換器の場合，出力電圧の範囲は，　(イ)　V となる．

　2 の補数を用いて正負の電圧を扱うバイポーラ・コードによる D-A 変換器では，ディジタル入力量の $(A24)_{16}$ は，　(ウ)　V の出力電圧になる．

　この D-A 変換器がオフセット・バイナリ・コードの D-A 変換器の場合，出力電圧が $1.250\,\mathrm{V}$ のときのディジタル入力量は，　(エ)　である．

　この D-A 変換器が 2 の補数によるバイポーラ・コードの D-A 変換器の場合，出力電圧が $-1.250\,\mathrm{V}$ のときのディジタル入力量は，　(オ)　となる．

　上記の記述中の空白箇所（ア），（イ），（ウ），（エ）および（オ）に当てはまる数値の組合せとして，正しいものを次の（1）～（5）のうちから一つ選べ．

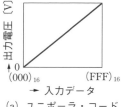

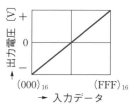

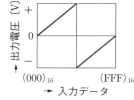

（a）ユニポーラ・コード　　（b）オフセット・バイナリ・　　（c）バイポーラ・コード
　　　　　　　　　　　　　　　　　 コード　　　　　　　　　　　 （2 の補数）

	（ア）	（イ）	（ウ）	（エ）	（オ）
(1)	4.968	$-4.094 \sim 4.096$	-3.000	$(A71)_{16}$	$(D8F)_{16}$
(2)	4.968	$-4.094 \sim 4.096$	-2.998	$(271)_{16}$	$(D8F)_{16}$
(3)	5.000	$-4.096 \sim 4.096$	-3.000	$(A71)_{16}$	$(58F)_{16}$
(4)	5.000	$-4.096 \sim 4.094$	-2.998	$(271)_{16}$	$(58F)_{16}$
(5)	5.000	$-4.096 \sim 4.094$	-3.000	$(A71)_{16}$	$(D8F)_{16}$

2 進数の 2 の補数は 1 の補数に 1 を加えたものである．1 の補数は 2 進数の 1 と 0 をすべて反転させたものである．分解能とは，最小単位の変換能力である．

（ア）　$(9C4)_{16} = 9 \times 16^2 + 12 \times 16 + 4 = 2500$

分解能 $2\,\mathrm{mV}$（$= 2 \times 10^{-3}\,\mathrm{V}$）であるから，$2 \times 10^{-3} \times 2500 = \mathbf{5.000\,V}$

（イ）　（正側）$(FFF)_{16} - (800)_{16} = (7FF)_{16} = 7 \times 16^2 + 15 \times 16 + 15 = 2047$

となるから，$(FFF)_{16}$ の電圧は

$$2 \times 10^{-3} \times 2047 = 4.094\,\mathrm{V}$$

（負側）$(800)_{16} - (000)_{16} = (800)_{16} = 8 \times 16^2 = 2048$

となり，$(000)_{16}$ はマイナスの電圧であるから，出力電圧は

$$-2 \times 10^{-3} \times 2048 = -4.096\,\mathrm{V}$$

したがって，出力範囲は，$\mathbf{-4.096 \sim 4.094\,V}$ となる．

（ウ）　$(A24)_{16} = (1010\ 0010\ 0100)_2$　←最上位ビットが 1 なので負を表す 2 の補数は，1 の補数へ 1 を加えたものであるから

$$(0101\ 1101\ 1011)_2 + 1 = (0101\ 1101\ 1100)_2$$

最上位ビット（MSB）は正負を表し，'0' は正，'1' は負であるから，

$$-(0101\ 1101\ 1100)_2 = -(5DC)_{16} = -(5 \times 16^2 + 13 \times 16 + 12) = -1500$$

したがって，$(A24)_{16}$ の出力電圧は

$$-2 \times 10^{-3} \times 1500 = \mathbf{-3.000\,V}$$

（エ）　出力電圧が $1.25\,\mathrm{V}$ となるディジタル入力を求めると

$$\frac{1.25}{2 \times 10^{-3}} = 625$$

これを 16 進数に変換すると

$$625 = 39 \times 16 + 1 = (2 \times 16 + 7) \times 16 + 1 = 2 \times 16^2 + 7 \times 16 + 1 = (271)_{16}$$

オフセットがかかり $(800)_{16}$ が $0\,\mathrm{V}$ であるから，ディジタル入力量は

$$(271)_{16} + (800)_{16} = \mathbf{(A71)_{16}}$$

（オ）　＋1.25 V は，ディジタル量で $(271)_{16}$ なので，この値の 2 の補数を求めると

$(271)_{16} = (0010\ 0111\ 0001)_2 \to$　（1 と 0 を全部反転させると補数となる）

（補数）$= (1101\ 1000\ 1110)_2 \to$　（これに 1 を加えると 2 の補数となる）

（2 の補数）$= (1101\ 1000\ 1111)_2 \to$　**(D8F)₁₆**

なお，これらの変換計算に慣れるためにも，上記の逆変換や他の値で試してほしい．

（参考）MSB：最上位ビット（Maximum Significant Bit）

LSB：最下位ビット（Last Significant Bit）

解答 ▶ (5)

問題⓲ ✓✓✓ H21 A-14

2 進数 A, B が，$A = (11000011)_2$, $B = (10100101)_2$ であるとき，A と B のビットごとの論理演算を考える．A と B の論理積（AND）を 16 進数で表すと　(ア)　，A と B の論理和（OR）を 16 進数で表すと　(イ)　，A と B の排他的論理和（EX-OR）を 16 進数で表すと　(ウ)　，A と B の否定的論理積（NAND）を 16 進数で表すと　(エ)　となる．

上記の記述中の空白箇所（ア），（イ），（ウ）および（エ）に当てはまる数値の組合せとして，正しいものを次の（1）～（5）のうちから一つ選べ．

	（ア）	（イ）	（ウ）	（エ）
(1)	$(81)_{16}$	$(E7)_{16}$	$(66)_{16}$	$(18)_{16}$
(2)	$(81)_{16}$	$(E7)_{16}$	$(66)_{16}$	$(7E)_{16}$
(3)	$(81)_{16}$	$(E7)_{16}$	$(99)_{16}$	$(18)_{16}$
(4)	$(E7)_{16}$	$(81)_{16}$	$(66)_{16}$	$(7E)_{16}$
(5)	$(E7)_{16}$	$(81)_{16}$	$(99)_{16}$	$(18)_{16}$

「11-2-14-(3) 2 進数から 16 進数への変換」を参照．

解説 ビット単位に論理演算（加減算ではない）を行い，その結果を 16 進数に変換（表 11・7 参照）すると

・論理積　　　　　$A = 11000011$

（AND）　　　$\underline{B = 10100101}$　　　　（参考）

$(10000001)_2 = \textbf{(81)}_{16} = (129)_{10}$

・論理和　　　　　$A = 11000011$

（OR）　　　　$\underline{B = 10100101}$

$(11100111)_2 = \textbf{(E7)}_{16} = (231)_{10}$

・排他的論理和　　　$A =$ 11000011
　（EX-OR）　　　　$B =$ 10100101
　　　　　　　　　　$(01100110)_2 = \mathbf{(66)}_{16} = (102)_{10}$

・否定的論理積　　　$A =$ 11000011
　（NAND）　　　　　$B =$ 10100101
　　　　　　　　　　$(01111110)_2 = \mathbf{(7E)}_{16} = (126)_{10}$

解答 ▶ (2)

11-2

流れ図とコンピュータのプログラム

[★★]

1 流れ図

　仕事や問題の処理手順（**アルゴリズム**）を特定の記号を使って図式的に表現した線図（ダイヤグラム）を**流れ図**という.

　図 11・21 に流れ図で使用する主な図記号を，図 11・22 に流れ図の例を示す.

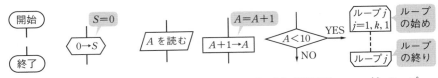

(a) 端子記号　(b) 準備記号　(c) 入出力記号　(d) 処理記号　(e) 判断記号　　(f) ループ

●図 11・21　流れ図の主な図記号

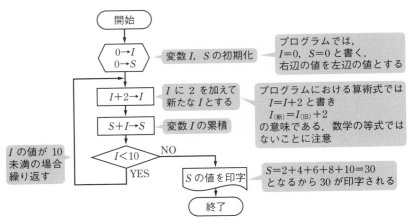

●図 11・22　流れ図の例（2 から 10 までの偶数の合計を求めプリントするアルゴリズム）

2 プログラム言語

　図 11・23 に主なプログラム言語を示す.

機械向き言語(低水準言語) ← コンピュータ固有の命令

- 機械語……………コンピュータが直接解読できる言語. 0と1の2進数の組合せ
- アセンブリ言語……機械語をプログラムに書きやすくした言語. 命令は機械語と1対1に対応

問題向き言語(高水準言語) ← 人間が理解しやすい表現の言語. 翻訳・解析プログラムで機械語へ翻訳

- FORTRAN……科学技術計算に適する
- COBOL, ALGOL, PL/I, C } コンパイラで機械語へ翻訳し実行
- BASIC…………パソコンで普及 インタプリタで機械語に解析し実行 コンパイラで機械語へ翻訳し実行するものもある

機械語へ翻訳・解析するプログラム

- インタプリタ……1文ずつ解析し実行する. 会話形実行に適する
- コンパイラ………一連のプログラムを一括して翻訳する. 会話形実行に不向き

● 図 11・23 主なプログラム言語

Chapter 11

3 BASIC 言語

表 11·8 に BASIC 言語の主な例を示す.

プログラムは,すべての文に行番号を付け,行番号の小さいほうから大きいほうへ順に実行される. なお,行番号の省略など独自拡張された BASIC もある.

● 表 11·8 BASIC 言語の主な例

命 令 文	解 説
入出力・代入	
READ A\$,B	文字列を A\$, 数字を B という変数名で読み込む(入力する)
PRINT A\$,B	A\$, B の内容をプリント(出力)する
DIM C(10)	変数 C(1)〜C(10) まで 10 個のデータ格納場所を確保する. C(0)〜C(10) まで 11 個のデータを扱う BASIC 言語もある.
LET D=5	変数 D に 5 という数値(初期値)を設定する
命令・制御	
FOR I=1 TO 5 STEP2 ⋮ NEXT I	変数 I を 1 から順に 2 ずつ増して 5 まで,NEXT までの処理を繰り返す. STEP を省略すると,I を 1 刻みで実行する
IF 条件 THEN,GO TO n ⋮	条件が満たされたとき,行番号 n へ飛び越す. n は算術式でも可
GOTO n	無条件に行番号 n へ飛び越す
算術・比較	
A=B+C−D	B+C−D の値を A の値とする
A=B*C/D	B×C÷D の値を A の値とする
A=B^I	B の I 乗を A の値とする（四則演算の順序は,通常の計算と同じ順序で行われる. カッコ付も同様）
=, >, <	大小比較の記号で,等しい,より大きい,より小さいの意味
>=, <=, <>	大小比較の記号で,≧,≦,≠ の意味

4　C 言 語

表 11·9 に C 言語の主な例を示す.

C 言語には行という概念はなく，一部を除き，英字や記号は半角文字を使用し，英字は小文字とする.

●表 11・9　C 言語の主な例

	命 令 文	解　　　説
入出力・代入	scanf("%d",&a);	キーボードから入力した整数を変数 a に読み込む
	scanf("%f",&b);	キーボードから入力した実数（小数点付の数値）を変数 b に読み込む
	printf("%d",&a);	変数 a を整数で出力する
	printf("%f",&b);	変数 b を実数で出力する
	int d[5]={1,2,3,4,5};	1, 2, 3, 4, 5, の 5 個の整数型のデータを格納場所に確保する．格納場所は，d(0)＝1，～，d (4)＝5 と 0 から数える
命令・制御	for(i=0;i<=10;i++){ 文;}	0 から 10 まで文の実行を繰り返す 一般に「何回処理を繰り返す」ときに使用する

	if(a=1){
	　　　　文 1;}
	else
	　　　　文 2;}
		変数 a=1 のとき文 1 を実行する
		変数 a≠1 のとき文 2 を実行する

	int i=1 While(i <=5){ 文; i++;}	変数 i が 1～5 まで文の実行を繰り返す 一般に「～の間処理を繰り返す」ときに使用する
	break;	処理の流れを強制的に終了する
算術	a++;　または　a=a+1;	変数 a の値を 1 増やす
	b--;　または　b=b-1;	変数 b の値を 1 減らす
	a+=b;	変数 a+b の値を a に代入する
	a==1,a!=1	変数 a の値は 1 である，1 ではない
比較	a<1,a>1	変数 a の値は 1 より小さい，1 より大きい
	a<=1	変数 a の値は 1 より小さいか等しい
	a>=1	変数 a の値は 1 より大きいか等しい

5 プログラム（ソフトウェア）の例

コンピュータを動作させるプログラムには，大きく分けて①コンピュータ全体をコントロールするための **OS**（Operating System，**基本ソフトウェア**ともいい，Windows，MacOS，Linux など）と②特定の処理を目的としたプログラム（**アプリケーションソフトウェア（応用ソフトウェア）**といい，工場の自動化やプロセス制御用，表計算ソフトやワープロソフトなど多種多様）の二つがある．

②のプログラムは，①のプログラムの下で動作する．以下に②の例を示す．

◀ 1 ▶ 簡 単 な 例

前述の図 11・22 に示す流れ図をプログラムに表すと図 11・24 のようになる．

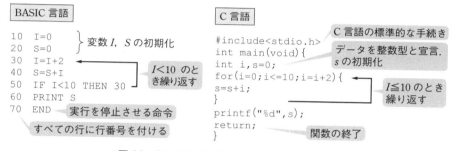

●図 11・24　図 11・22 の流れ図のプログラム例

◀ 2 ▶ データを小さい順に並べ換える方法の例

図 11・25 は，20 個のデータ（整数）を入力し，これを小さい順（昇順）に並べ換えるプログラムである．

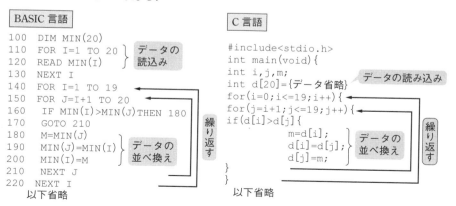

●図 11・25　20 個のデータを読み込み，小さい順に並べ換えるプログラムの例

　データの並べ換えは，図 11・26 に示すように，並べ換え用のデータを一時的に記憶する領域（M）を設け，①②③の順に実行し，I 番目のデータと J（＝I＋1）番目のデータを入れ換える．この処理を図 11・25，BASIC 言語のプログラムでは，内側ループの 150 行～210 行の間で，(I＋1) 番目以降の全データについて I 番目のデータと大小を比較し，条件に合う（小さい）ものを並べ換えている．

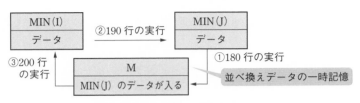

●図 11・26　データの並べ換え方法

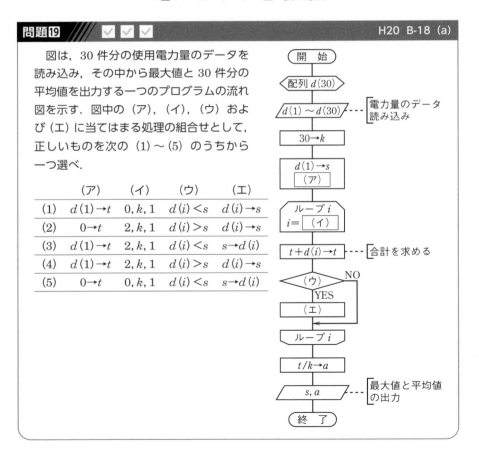

問題⑲　　　　　　　　　　　　　　　　　　　　　　H20　B-18（a）

　図は，30 件分の使用電力量のデータを読み込み，その中から最大値と 30 件分の平均値を出力する一つのプログラムの流れ図を示す．図中の（ア），（イ），（ウ）および（エ）に当てはまる処理の組合せとして，正しいものを次の（1）～（5）のうちから一つ選べ．

	（ア）	（イ）	（ウ）	（エ）
(1)	$d(1) \to t$	$0, k, 1$	$d(i) < s$	$d(i) \to s$
(2)	$0 \to t$	$2, k, 1$	$d(i) > s$	$d(i) \to s$
(3)	$d(1) \to t$	$2, k, 1$	$d(i) < s$	$s \to d(i)$
(4)	$d(1) \to t$	$2, k, 1$	$d(i) > s$	$d(i) \to s$
(5)	$0 \to t$	$0, k, 1$	$d(i) < s$	$s \to d(i)$

図11・21, 表11・8, 表11・9を参照しながら①流れ図のコメントから変数名(d：元データなど）を把握し，全体の処理の流れを理解②どのような処理（演算や判断）を求められているかを自分なりに工夫して流れ図へ記入する．③正しく処理できるか流れ図に沿って確かめる．

解説　①変数名は，コメントから d：元データ，t：合計，s：最大値，a：平均値となる②平均値は $t/$（データ数）で求まるので，ループ処理では，合計値の計算と最大値の抽出を行うことになる．

ループ処理の準備として，$d(1) \to s$ を行っており，この $d(1)$ を仮に最大値としていることになる．したがって，ループ処理の中では，$d(2)$ 以降と比較して最大値を更新することとなる．合計値 t もループ処理の中で行われているので，その準備として（ア）$d(1) \to t$ とする必要がある．

ループ処理の実行（ループ i）は，$d(1)$ の処理が終わっているので，$d(2) \sim d(30)$ まで，1データずつ連続して行えばよいことになる（イ）．

（ウ）は今回のデータ $d(i)$ と s との大小比較で，$d(i)$ が大きければ s を更新（エ）する．

解答 ▶ （4）

問題⓴ ✓ ✓ ✓

図は，20 件の使用電力量を大きい順（降順）に並べ替える一つのプログラムの流れ図を示す.

図中の（ア），（イ）および（ウ）に当てはまる処理の組合せとして，正しいものを次の（1）～（5）のうちから一つ選べ.

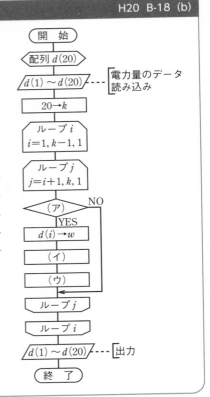

	（ア）	（イ）	（ウ）
(1)	$d(i)<d(j)$	$d(i) \rightarrow d(j)$	$w \rightarrow d(j)$
(2)	$d(i)<d(j)$	$d(j) \rightarrow d(i)$	$w \rightarrow d(j)$
(3)	$d(i)<d(j)$	$d(i) \rightarrow d(j)$	$w \rightarrow d(i)$
(4)	$d(i)>d(j)$	$d(j) \rightarrow d(i)$	$w \rightarrow d(j)$
(5)	$d(i)>d(j)$	$d(i) \rightarrow d(j)$	$w \rightarrow d(i)$

 データの並べ替え方法は，図 11・25，図 11・26 を参照.

解説 読み込んだデータは，$d(1) \sim d(20)$ で，出力データも同じく $d(1) \sim d(20)$ であるから，処理結果の $d(i)$ は，降順に並べ替えられたデータと考えられる.

したがって，並べ替えは，ループ j（$2 \sim 20$）で判断して処理していることとなる.

（ア）～（ウ）は，i 番目のデータと j 番目（$(i+1) \sim 20$）のデータの大小比較を行い，（ア）j 番目が大きければ，データを入れ替える. データの入替方法は，図 11・26 のように，一時的にデータを待避させて行う. 問題図では待避先を w としており，$d(i) \rightarrow w$，（イ）$d(j) \rightarrow d(i)$，（ウ）$w \rightarrow d(j)$ の処理を行えば，データを並べ替えられる.

解答 ▶ (2)

問題㉑ ✓ ✓ ✓

図は，n 個の配列の数値を大きい順（降順）に並べ替えるプログラムのフローチャートである．次の (a) および (b) の問に答えよ．

(a) 図中の（ア）〜（ウ）に当てはまる処理の組合せとして，正しいものを次の (1)〜(5) のうちから一つ選べ．

	（ア）	（イ）	（ウ）
(1)	$a[i]>a[j]$	$a[j]\leftarrow a[i]$	$a[i]\leftarrow m$
(2)	$a[i]>a[j]$	$a[i]\leftarrow a[j]$	$a[j]\leftarrow m$
(3)	$a[i]<a[j]$	$a[j]\leftarrow a[i]$	$a[i]\leftarrow m$
(4)	$a[i]<a[j]$	$a[j]\leftarrow a[i]$	$a[j]\leftarrow m$
(5)	$a[i]<a[j]$	$a[i]\leftarrow a[j]$	$a[j]\leftarrow m$

(b) このプログラム実行時の読込み処理において，$n=5$ とし，$a[1]=3$，$a[2]=1$，$a[3]=2$，$a[4]=5$，$a[5]=4$ とする．フローチャート中の X で示される部分の処理は何回行われるか，正しいものを次の (1)〜(5) のうちから一つ選べ．

(1) 3 　(2) 5 　(3) 7
(4) 8 　(5) 10

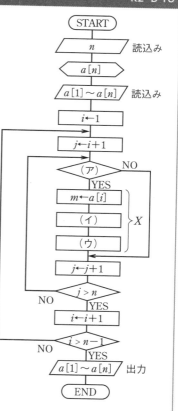

解説　(a) は，$a[i]$ と $a[j]$ の大小比較を行い，$a[i]$ より $a[j]$ が大きい場合は，$a[i]$ と $a[j]$ を入れ替える．$a[i]$ を一時的に m へ退避し，$a[i]$ へ $a[j]$ のデータを入れ，最後に退避していた m を $a[j]$ へ入れる．よって(5)となる．

(b) は，3，1，2，5，4（$n=5$）を，X（$a[i]$ と $a[j]$ の大小比較で，$a[i]<a[j]$ なら $a[i]$ と $a[j]$ を入れ替える処理）を何回やれば降順になるかを求めればよい．

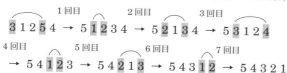

解答 ▶ (a)-(5)，(b)-(3)

メカトロニクス

[★]

1　メカトロニクスの構成

メカトロニクスとは，機械（メカニズム），電子（エレクトロニクス），情報処理の各技術を組み合わせてシステム化したものである（図 11・27）．

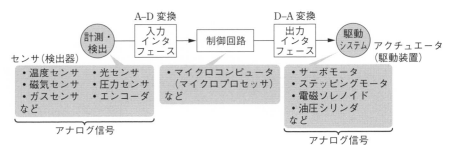

● 図 11・27　メカトロニクスの構成

2　センサの種類

メカトロニクスの構成要素である計測・検出に用いられるセンサの主なものを表 11・10 に示す．

3　アクチュエータ

制御信号により機械的な動きに変える機器を**アクチュエータ**といい，次のようなものがある．

1　電磁ソレノイド

鉄心に巻いたコイルに電流を流したときの電磁力を利用して，可動鉄心を移動させるアクチュエータである．

2　サーボモータ

原理は一般のモータと同じで，DC サーボモータと AC サーボモータがある．追従特性向上のため，高出力化や慣性を小さくする．

●表11・10 主なセンサ

センサ		機能など	形状例
温度センサ	熱電対	ゼーベック効果による熱起電力を利用する.	熱電対保護管 端子
	サーミスタ	温度変化により電気抵抗が敏感に変化する抵抗体をサーミスタという. 抵抗温度係数は, 正特性 (PTC) と負特性 (NTC) のものがある.	
	半導体温度センサ	半導体の pn 接合間電圧が温度変化で変わることを利用する. IC センサが普及	
	測温抵抗体	白金やニッケルの金属線の抵抗が温度で変化するのを利用する.	抵抗体保護管 端子
圧力センサ	ひずみゲージ形圧力センサ	ダイヤフラムの表面にひずみゲージを貼り付け, 圧力の変化でダイヤフラムが変形するので, その変化をひずみゲージの抵抗変化からひずみ量をブリッジ回路で検出する.	ひずみゲージ ゲージ箔 リード線 紙やシリコンチップ 力の方向
光センサ（光電センサ）	CdS セル	硫化カドミウムでできており, 光が強くなると電気抵抗が小さくなる.	光 CdS セル
	フォトカプラ	発光ダイオード(LED)とフォトトランジスタを一つのパッケージの中に納めたもの. 入出力間の電気的な絶縁をしたいときに利用する.	入力 光 出力 LED フォトトランジスタ
	フォトインタラプタ	原理はフォトカプラと同じ. 右図のように, 被検出体が光を断続させるのを検出する.	LED フォトトランジスタ
	光電スイッチ	投光器と受光器および増幅部とスイッチ部から構成され, 物体が光を遮断することにより検出する.	投光器 受光器
磁気センサ	リードスイッチ	接点をもつ磁性体のリード片をガラス管へ封入したもので, 磁石が接近すると接点が閉路する.	磁石 不活性ガス ガラス管
	ホール素子	ホール素子に電流を流し, 磁界を加えるとホール効果でホール電圧が発生するのを利用する.	磁束 ホール電圧 i i ホール素子
位置センサ	ロータリエンコーダ	回転体の変位と角度をディジタル信号で出力	
	リニアエンコーダ	直線方向の変位と位置をディジタル信号で出力	

◀3▶ ステッピングモータ（パルスモータ）

パルス信号により回転するモータで，パルス数と回転角が比例する．1 パルスの回転角を**ステップ角**といい，ステップ角 1.8° のモータは，200 個のパルス信号を加えると 1 回転（1.8°×200 = 360°）する．

4　NC 制御（数値制御：Numerical Control）

情報処理部のマイクロプロセッサに入力された数値情報によりサーボ機構を駆動し，正確に物を加工する制御．代表的な機械は，**NC 工作機械**である．

5　産業用ロボット

汎用性に特徴があり，プログラムを入れ換えたり，あらかじめ人間がロボットの腕や手を動かして教示（ティーチング）することによりさまざまな作業が実行できるものや，ある程度自律的な動作が可能なものもある．

表 11・11 に産業用ロボットの分類と機能を示す．

●表 11・11　入力情報・教示方法による産業用ロボットの分類

マニュアル・マニピュレータ	人間が操作するマニピュレータ（ロボットの腕や手に当たる部分）
固定シーケンス・ロボット	あらかじめ設定された順序と条件などに従って，動作の各段階を進めるマニピュレータで，設定情報の変更が容易にできないもの
可変シーケンス・ロボット	あらかじめ設定された順序と条件などに従って，動作の各段階を進めるマニピュレータで，設定情報の変更が容易にできるもの
プレイバック・ロボット	あらかじめ人間がマニピュレータを動かして教示することにより，作業の順序や位置などを記憶させ，その作業をさせるマニピュレータ
数値制御ロボット	順序，位置などを数値で記憶させ，指令された作業を行うマニピュレータ
知能ロボット	感覚機能および認識機能によって行動決定できるロボット

問題22　✓ ✓ ✓　R4 上 A-14

次の文章は，電子機械の構成と基礎技術に関する記述である．

ディジタルカメラや自動洗濯機など我々が日常で使う機器，ロボット，生産工場の工作機械など，多くの電子機械はメカトロニクス技術によって設計・製造され，運用されている．機械にマイクロコンピュータを取り入れるようになり，メカトロニクス技術は発展してきた．

電子機械では，外界の情報や機械内部の運動状態を各種センサにより取得する．

大部分のセンサ出力は電圧または電流の信号であり時間的に連続に変化する (ア) 信号である．電気，油圧，空気圧などのエネルギーを機械的な動きに変換するアクチュエータも (ア) 信号で動作するものが多い．これらの信号はコンピュータで構成される制御装置で (イ) 信号として処理するため，信号の変換器が必要となる． (ア) 信号から (イ) 信号への変換器を (ウ) 変換器，その逆の変換器を (エ) 変換器という．センサの出力信号は (ウ) 変換器を介してコンピュータに取り込まれ，コンピュータで生成されたアクチュエータへの指令は (エ) 変換器を介してアクチュエータに送られる．その間必要に応じて信号レベルを変換する．このような，センサやアクチュエータとコンピュータとの橋渡しの機能をもつものを (オ) という．

上記の記述中の空白箇所（ア）〜（オ）に当てはまる組合せとして，正しいものを次の（1）〜（5）のうちから一つ選べ．

	（ア）	（イ）	（ウ）	（エ）	（オ）
(1)	ディジタル	アナログ	D-A	A-D	インタフェース
(2)	アナログ	ディジタル	A-D	D-A	インタフェース
(3)	アナログ	ディジタル	A-D	D-A	ネットワーク
(4)	ディジタル	アナログ	D-A	A-D	ネットワーク
(5)	アナログ	ディジタル	D-A	A-D	インタフェース

解説 図 11・27（メカトロニクスの構成）を参照．

解答 ▶ （2）

練 習 問 題

■ 1 (H29 A-14)

二つのビットパターン 1011 と 0101 のビットごとの論理演算を行う．排他的論理和 (EX-OR) は ┃(ア)┃，否定論理和 (NOR) は ┃(イ)┃であり，┃(ア)┃と ┃(イ)┃との論理和 (OR) は ┃(ウ)┃である．0101 と ┃(ウ)┃との排他的論理和 (EX-OR) の結果を 2 進数と考え，その数値を 16 進数で表すと ┃(エ)┃である．

上記の記述中の空白箇所（ア），（イ），（ウ）および（エ）に当てはまる組合せとして，正しいものを次の (1) ～ (5) のうちから一つ選べ．

	（ア）	（イ）	（ウ）	（エ）
(1)	1010	0010	1010	9
(2)	1110	0000	1111	B
(3)	1110	0000	1110	9
(4)	1010	0100	1111	9
(5)	1110	0000	1110	B

■ 2 (H25 A-14)

図に示す論理回路に，図に示す入力 A，B および C を加えたとき，出力 X として正しいものを次の (1) ～ (5) のうちから一つ選べ．

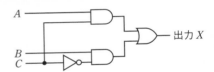

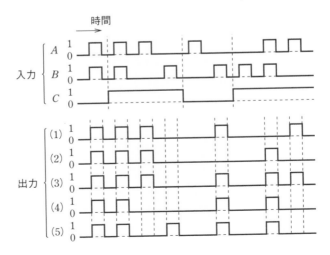

■ **3** (H25 B-18(a))

論理関数として，論理式 $X \cdot Y \cdot \overline{Z} + X \cdot Y \cdot Z + \overline{X} \cdot Y \cdot Z + \overline{X} \cdot \overline{Y} \cdot Z$ を積和形式で簡単化したものを次のうちから一つ選べ．

(1) $X \cdot Y + X \cdot Z$ (2) $X \cdot \overline{Y} + Y \cdot Z$ (3) $\overline{X} \cdot Y + X \cdot Z$

(4) $X \cdot Y + \overline{Y} \cdot Z$ (5) $X \cdot Y + \overline{X} \cdot Z$

■ **4** (H25 B-18(b))

論理関数として，論理式 $(X + Y + Z) \cdot (X + \overline{Y} + Z) \cdot (\overline{X} + Y + Z)$ の和積形式で簡単化したものを次の (1) ～ (5) のうちから一つ選べ．

(1) $(X + Z) \cdot (\overline{Y} + Z)$ (2) $(\overline{X} + Y) \cdot (X + Z)$ (3) $(X + Y) \cdot (Y + Z)$

(4) $(X + Z) \cdot (Y + Z)$ (5) $(X + Y) \cdot (\overline{X} + Z)$

■ **5** (R3 A-14)

2 進数，10 進数，16 進数に関する記述として，誤っているものを次の (1) ～ (5) のうちから一つ選べ．

(1) 16 進数の $(6)_{16}$ を 16 倍すると $(60)_{16}$ になる．

(2) 2 進数の $(1010101)_2$ と 16 進数の $(57)_{16}$ を比較すると $(57)_{16}$ の方が大きい．

(3) 2 進数の $(1011)_2$ を 10 進数に変換すると $(11)_{10}$ になる．

(4) 10 進数の $(12)_{10}$ を 16 進数に変換すると $(C)_{16}$ になる．

(5) 16 進数の $(3D)_{16}$ を 2 進数に変換すると $(111011)_2$ になる．

■ **6** (H26 A-14)

次のフローチャートに従って作成したプログラムを実行したとき，印字される A, B の値として，正しい組合せを次の (1) ～ (5) のうちから一つ選べ．

	A	B
(1)	43	288
(2)	43	677
(3)	43	26
(4)	720	26
(5)	720	677

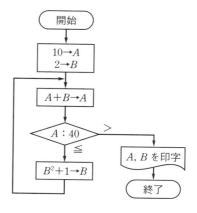

■7 (H29 B-18)

図のフローチャートで表されるアルゴリズムについて，次の (a) および (b) の問に答えよ．変数はすべて整数型とする．

このアルゴリズム実行時の読込み処理において，$n = 5$ とし，$a[1] = 2$，$a[2] = 3$，$a[3] = 8$，$a[4] = 6$，$a[5] = 5$ とする．

(a) 図のフローチャートで表されるアルゴリズムの機能を考えて，出力される $a[5]$ の値を求めよ．その値として正しいものを次の (1) ～ (5) のうちから一つ選べ．

　(1) 2　　(2) 3　　(3) 5　　(4) 6　　(5) 8

(b) フローチャート中の X で示される部分の処理は何回行われるか，正しいものを次の (1) ～ (5) のうちから一つ選べ．

　(1) 3　　(2) 4　　(3) 5　　(4) 8　　(5) 10

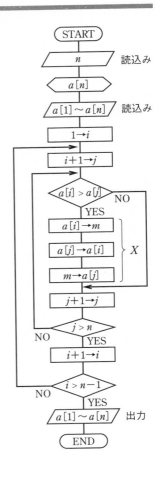

練習問題略解

▶ **1.** 解答 (5)

二次側の電流 I_2 は，負荷のインピーダンスを Z_L とすると，$I_2 = E_2/Z_L$ であり，また，一次・二次の電圧と電流の式 (1・4) より $E_1 I_1 = E_2 I_2$ であることから

$$I_1 = \frac{E_2 I_2}{E_1} = \frac{E_2}{E_1} \cdot \frac{E_2}{Z_L} = \frac{220^2}{6\,600 \times 2.5} ≒ 2.93\,\text{A}$$

定格運転時の一次電流 I_{1n} は，定格容量 $P_n\,[\text{V·A}] = E_{1n} \cdot I_{1n}$ から求める．

$$I_{1n} = \frac{P_n}{E_{1n}} = \frac{20 \times 10^3}{6\,600} ≒ 3.03\,\text{A}$$

$$\frac{I_1}{I_{1n}} = \frac{2.93}{3.03} ≒ 0.967 \rightarrow \mathbf{97\,\%}$$

▶ **2.** 解答 (2)

この変圧器の百分率抵抗降下電圧 p および百分率リアクタンス降下電圧 q は式 (1・15) から

$$p = \frac{I_{2n}r}{V_{2n}} \times 100 = \frac{100 \times 0.03}{200} \times 100 = 1.5\,\%$$

$$q = \frac{I_{2n}x}{V_{2n}} \times 100 = \frac{100 \times 0.05}{200} \times 100 = 2.5\,\%$$

ゆえに，力率 $\cos\theta = 0.8$ のときの電圧変動率 ε は，式 (1・14) から

$$\varepsilon = p\cos\theta + q\sin\theta = 1.5 \times 0.8 + 2.5 \times \sqrt{1 - 0.8^2}$$
$$= 1.2 + 1.5 = \mathbf{2.7\,\%}$$

▶ **3.** 解答 (3)

定格容量 $P_{3n}\,[\text{V·A}]$ と全負荷銅損 $W_{3s}\,[\text{W}]$ が与えられているため，式 (1・17) に示すように百分率抵抗降下 $p\,[\%]$ が求まる．三相変圧器の 1 相分の定格容量 P_n および全負荷銅損 W_s は，どちらも 3 相分の 1/3 となるため

$$p = \frac{I_{1n}r}{V_{1n}} \times 100 = \frac{I_{1n}{}^2 r}{V_{1n} I_{1n}} \times 100 = \frac{W_s}{P_n} \times 100 = \frac{6 \times 10^3/3}{500 \times 10^3/3} \times 100 = 1.2\,\%$$

負荷力率 1 ($\cos\theta = 1$, $\sin\theta = 0$) であるため，電圧変動率は，式 (1・14) より

$$\varepsilon = p\cos\theta + q\sin\theta = 1.2 \times 1 + q \times 0 = \mathbf{1.2\,\%}$$

▶ **4.** 解答 (a) - (2)，(b) - (4)

(a) 短絡試験でインピーダンス電圧を加えて，定格一次電流を流したとき，電力計は負荷損 p_c（銅損）の値を示す．また，$I_1{}^2 a^2 r_2 = \left(\dfrac{I_2}{a}\right)^2 \times a^2 r_2 = I_2{}^2 r_2$ より一次側換算しても銅損の値は変わらない．

$$p_c = I_1{}^2 r_1{}' = I_1{}^2 (r_1 + a^2 r_2) = 120\,\text{W}$$

$$I_1 = \frac{P_n}{V_1} = \frac{10 \times 10^3}{1\,000} = 10\,\text{A}$$

$$r_1{}' = \frac{p_c}{I_1^2} = \frac{120}{10^2} = \textbf{1.2}\,\boldsymbol{\Omega}$$

（b）無負荷試験で得られる電力計の指示は無負荷損 p_i を示す．変圧器の効率 η は，式 (1·25) より

$$\eta = \frac{P \cos \theta}{P \cos \theta + p_i + p_c} \times 100 = \frac{10 \times 10^3 \times 1.0 \times 100}{10 \times 10^3 \times 1.0 + 80 + 120} \fallingdotseq \textbf{98\,\%}$$

▶ **5.　解答 (2)**

変圧器の全負荷における効率の式 (1·25) に与えられた数値を入れると

$$\eta_n = \frac{P_n \cos \theta}{P_n \cos \theta + p_i + p_{cn}} \times 100 = \frac{10 \times 10^3 \times 1}{10 \times 10^3 \times 1 + p_i + p_{cn}} \times 100 = 97$$

$$p_i + p_{cn} = 10 \times 10^3 / 0.97 - 10 \times 10^3 \fallingdotseq 309.2\,\text{W}$$

銅損 p_{cn}：鉄損 $p_i = 2 : 1$ から，$p_i = 0.5\,p_{cn}$ であり

$$0.5\,p_{cn} + p_{cn} = 309.2 \rightarrow p_{cn} = 309.2 \div 1.5 \fallingdotseq \textbf{206\,W}$$

▶ **6.　解答 (4)**

変圧器の最大効率となる条件は，負荷率 α としたときの銅損 $\alpha^2\,p_{cn}$ と鉄損 p_i が等しくなるときであり，α は式 (1·27) で求められる．

$$\alpha = \sqrt{\frac{p_i}{p_{cn}}} = \sqrt{\frac{250}{1\,000}} = 0.5$$

変圧器の効率の式 (1·26) より

$$\eta_\alpha = \frac{\alpha P_n \cos \theta}{\alpha P_n \cos \theta + p_i + \alpha^2\,p_{cn}} \times 100$$

$$= \frac{0.5 \times 50 \times 10^3 \times 1}{0.5 \times 50 \times 10^3 \times 1 + 250 + 0.5^2 \times 1\,000} = \frac{25\,000}{25\,500} \fallingdotseq \textbf{98\,\%}$$

▶ **7.　解答 (a)–(3)，(b)–(4)**

（a）最大効率を生じるのは銅損と鉄損が等しいときであるため，式 (1·26) より

$$\eta = \frac{\alpha P_n \cos \theta}{\alpha P_n \cos \theta + p_i + \alpha^2 p_{cn}} = \frac{0.5 \times 100 \times 10^3 \times 1}{0.5 \times 100 \times 10^3 \times 1 + 2p_i} = 0.985$$

$$\therefore\quad p_i = \frac{1}{2}\left\{\left(\frac{1}{0.985} - 1\right) \times 0.5 \times 100 \times 10^3\right\} \fallingdotseq \textbf{381\,W}$$

（b）変圧器の全負荷銅損 p_{cn} は，（a）の条件より

$$p_i = \alpha^2 p_{cn} \quad \therefore\quad p_{cn} = \frac{p_i}{\alpha^2} = \frac{381}{0.5^2} \fallingdotseq 1\,524\,\text{W}$$

変圧器の全日効率は，式 (1·28) において出力および銅損が 8 時間，鉄損は 24 時間となることから

$$\eta_d = \frac{\alpha P_n \cos\theta \times T}{\alpha P_n \cos\theta \times T + p_i \times 24 + \alpha^2 p_{cn} \times T}$$

$$= \frac{1\times100\times10^3\times0.8\times8}{1\times100\times10^3\times0.8\times8+381\times24+1^2\times1\,524\times8} \fallingdotseq \mathbf{96.8\%}$$

▶ 8. 解答(2)

一次側の巻線電圧 E_1 は，$\triangle$ 結線のため一次線間電圧と同じ 440 V となる．変圧器の損失を無視できることから，二次側の出力は，100 kW となる．二次側の線間電圧を V_2，二次電流を I_2，力率を $\cos\theta$ とすると，三相電力の式 $P = \sqrt{3}\,V_2 I_2 \cos\theta$ および Y 結線の巻線電圧 E_2 と線間電圧の関係から

$$E_2 = \frac{V_2}{\sqrt3} = \frac{1}{\sqrt3}\times\frac{P}{\sqrt3 I_2\cos\theta} = \frac{100\times10^3}{3\times17.5\times1.0} \fallingdotseq 1\,905\,\text{V}$$

変圧器の巻数比は

$$\frac{N_1}{N_2} = \frac{E_1}{E_2} = \frac{440}{1\,905} \fallingdotseq \mathbf{0.23}$$

▶ 9. 解答(4)

単相変圧器 1 台の定格容量 P_n〔kV・A〕，定格一次電圧 V_n〔kV〕，定格一次電流 I_n〔A〕とおくと，$P_n = V_n \times I_n$ となる．

単相変圧器 2 台で V-V 結線したときの出力 P_v は，負荷電流を I_v〔A〕，負荷力率 1 とすると，$P_v = \sqrt3 V_n \times I_v$ となり，単相変圧器 1 台に流れる電流の定格電流に対する比率 α は

$$\alpha = \frac{I_v}{I_n} = \frac{P_v}{\sqrt3 V_n}\cdot\frac{1}{I_n} = \frac{P_v}{\sqrt3 P_n}$$

変圧器の負荷損は，電流の 2 乗に比例するため，定格時の負荷損 p_c〔W〕に対して，電流が α 倍となったときの負荷損は，$p_{c\alpha} = \alpha^2 p_c$ となるため，2 台の負荷損の合計は

$$2\times p_{c\alpha} = 2\times\alpha^2 p_c = 2\times\left(\frac{P_v}{\sqrt3 P_n}\right)^2\times p_c$$

$$= 2\times\left(\frac{90}{\sqrt3\times100}\right)^2\times1\,600 = \mathbf{864\,W}$$

▶ 10. 解答(2)

負荷が消費電力と力率で与えられているため，負荷電流は $P = V_2 I_2 \cos\theta$ から求める．

$$I_2 = \frac{P}{V_2\cos\theta} = \frac{100\times10^3}{6\,600\times0.75} \fallingdotseq 20.2\,\text{A}$$

単巻変圧器の自己容量 P_s は，直列巻線（線路と直列部分）の容量であり，二次側が高電圧側であるため，一次と二次の差の電圧 (V_2-V_1) と二次電流 I_2 の積となる．

$$P_s = (V_2-V_1)\times I_2 = (6\,600-6\,000)\times20.2 = 12\,120\,\text{V・A} \rightarrow \mathbf{12.1\,kV・A}$$

Chapter **2** 誘導機

▶ **1.** 解答(2)

トルクが与えられて，出力を求めるため，$P = \omega T$ を活用する．2 つの運転状態での
トルクが与えられており，まずは，トルクの比例推移から回転速度を求める．

同期速度 N_s は，式 (2・1) から

$$N_s = \frac{120f}{p} = \frac{120 \times 50}{4} = 1\,500\,\text{min}^{-1}$$

すべり s は，式 (2・2) から

$$s = \frac{N_s - N}{N_s} = \frac{1\,500 - 1\,440}{1\,500} = 0.04$$

題意より，すべりとトルクが比例するため，負荷トルクが $T = 100\,\text{N·m}$ から $T' = 50\,\text{N·m}$ になったときのすべり s' は

$$\frac{s'}{s} = \frac{T'}{T} \;\rightarrow\; s' = s \times \frac{T'}{T} = 0.04 \times \frac{50}{100} = 0.02$$

トルク $T' = 50\,\text{N·m}$ の運転状態の回転速度は

$$N' = N_s(1 - s') = 1\,500 \times (1 - 0.02) = 1\,470\,\text{min}^{-1}$$

このときの電動機出力 P_k は，式 (2・16) より

$$P_k = \omega'T' = 2\pi \frac{N'}{60} \times T' = 2\pi \times \frac{1\,470}{60} \times 50 \fallingdotseq 7\,697\,\text{W} \rightarrow \mathbf{7.7\,kW}$$

▶ **2.** 解答(a)−(4)，(b)−(1)

(a) 誘導電動機の機械出力である定格出力 P_k が与えられており，二次入力 P_2 は式
(2・15) の比率 $P_{21} : P_{k1} = 1 : (1-s)$ から求められる．

$$P_2 = \frac{1}{1-s} P_k = \frac{45 \times 10^2}{1 - 0.02} \fallingdotseq 45\,918\,\text{W} \rightarrow \mathbf{46\,kW}$$

(b) $50\,\text{Hz}$ と $60\,\text{Hz}$ で 2 つの運転状態があり，同じトルクであるため，まずは
$60\,\text{Hz}$ での定格出力トルクを求める．$60\,\text{Hz}$ における同期速度は，極数 4 から

$$N_s = \frac{120f_1}{p} = \frac{120 \times 60}{4} = 1\,800\,\text{min}^{-1}$$

同期速度と二次入力の関係式 (2・18) から

$$T = 3P_{21} \frac{60}{2\pi N_s} = 45\,918 \times \frac{60}{2\pi \times 1\,800} \fallingdotseq 243.6\,\text{N·m}$$

次に，$50\,\text{Hz}$，すべり $s' = 0.05$ のときの回転速度 N' は

$$N' = N_s(1 - s') = \frac{120f_1}{p}(1 - s') = \frac{120 \times 50}{4} \times (1 - 0.05) = 1\,425\text{min}^{-1}$$

$50\,\text{Hz}$ での運転状態でも出力トルク T で運転するため，回転速度と機械出力の関係
式 (2・17) から

$$T = \frac{60}{2\pi N} P_k \quad \rightarrow P_k = \frac{2\pi N}{60} T = \frac{2\pi \times 1\,425}{60} \times 243.6 \fallingdotseq 36\,351\,\text{W} \rightarrow \mathbf{36\,kW}$$

▶ **3.** 解答(1)

巻線は運転中の温度上昇によって抵抗値が増加し，二次抵抗の増加は比例推移によって回転速度に影響を及ぼす．この電動機の同期速度 N_s〔min^{-1}〕は式 (2・1) から $N_s = 120 \times 50/4 = 1\,500\,\text{min}^{-1}$ であるので，始動直後のすべり s_1 は

$$s_1 = \frac{1\,500 - 1\,470}{1\,500} = 0.02$$

2 時間後のすべり s_2 は

$$s_2 = \frac{1\,500 - 1\,460}{1\,500} = \frac{4}{150}$$

すべり s_1 のときの二次抵抗を r_2〔Ω〕，s_2 のとき $r_2{}'$〔Ω〕とすると，トルクが一定であるから式 (2・27) より $r_2/s_1 = r_2{}'/s_2$ となり

$$\frac{r_2{}'}{r_2} = \frac{s_2}{s_1} = \frac{4}{150} \times \frac{1}{0.02} = \frac{4}{3} \fallingdotseq \mathbf{1.33}$$

▶ **4.** 解答(a)‑(3)，(b)‑(4)

(a) 回転速度は，同期速度とすべりがわかれば，式 (2・3) から求められる．

図 2・12 のとおり，二次入力＝出力(軸出力)＋機械損(軸受損)＋二次銅損であるから

電動機の二次入力＝200＋4＋6＝210 kW

すべり s は式 (2・11) の関係から

$$s = \frac{二次銅損}{二次入力} = \frac{6}{210} = \frac{1}{35}$$

同期速度 N_s は式 (2・1) から

$$N_s = \frac{120 f_1}{p} = \frac{120 \times 50}{8} = 750\,\text{min}^{-1}$$

$$\therefore \quad N = N_s(1 - s) = 750 \times \left(1 - \frac{1}{35}\right) \fallingdotseq \mathbf{729\,min^{-1}}$$

(b) このときの二次効率 η_2 は，式 (2・13) から

$$\eta_2 = 1 - s = 1 - \frac{1}{35} \fallingdotseq 0.9714 \rightarrow \mathbf{97.1\,\%}$$

▶ **5.** 解答(3)

一次抵抗と漏れリアクタンスを無視できることから，二次入力は $P_2 = \sqrt{3}\,VI_2$ となる．電圧 V と周波数 f を変化させたときの電流 I' は，式 (2・1) と式 (2・18) よりトルク一定の条件であることから

$$T = \frac{60 P_2}{2\pi N_s} = \frac{\sqrt{3}\,VI_2 p}{4\pi f_1} = \frac{\sqrt{3}\,V' I_2{}' p}{4\pi f_1{}'}$$

$$I_2' = \frac{V}{V'} \cdot \frac{f_1'}{f_1} \cdot I_2 = \frac{V}{0.9\,V} \cdot \frac{0.9f_1}{f_1} \cdot 100 = \mathbf{100\,A}$$

▶ **6.　解答(4)**

定格運転状態と電源電圧の低下後の 2 つの運転状態があり，すべりの変化とトルクが同じという条件が与えられている．二次電流の変化が求められているため，二次入力 P_2 と二次電流 I_2 の関係式，トルク T と二次入力 P_2 の関係式から，トルク T と二次電流 I_2 の関係式を求め，2 つの運転状態の関係を求める．

二次入力 P_2（三相分）は，式 (2·10) を二次電流に換算して表すと次式となる．

$$P_2 = 3 \times \frac{I_2{}^2 r_2}{s}$$

トルクと二次入力の式 (2·18) に代入すると

$$T = \frac{P_2}{\omega_s} = \frac{3I_2{}^2 r_2}{s\omega_s}$$

定格運転状態の二次電流を I_2，すべりを s，電圧低下後の状態の二次電流を I_2'，すべりを s' とすると，両者のトルクが同じであるため

$$T = \frac{3I_2{}^2 r_2}{s\omega_s} = \frac{3I_2'^2 r_2}{s'\omega_s}$$

電源周波数が変わらないので同期角速度 ω_s も変わらず，二次側抵抗も変わらないので，次式のように変形できる．

$$\frac{I_2{}^2}{s} = \frac{I_2'^2}{s'} \rightarrow \frac{I_2'^2}{I_2{}^2} = \frac{s'}{s} \rightarrow \frac{I_2'}{I_2} = \sqrt{\frac{s'}{s}} = \sqrt{\frac{0.06}{0.03}} = \sqrt{2} \fallingdotseq \mathbf{1.41}$$

▶ **7.　解答(a)-(3), (b)-(3)**

(a) 電動機の効率 η は，一次入力 P_1 に対する軸出力（電動機出力）P_k の比であることから，$\eta = P_k/P_1$ で表せる．

三相誘導電動機の一次入力 P_1 は，三相電力であり，一次電圧 V_1（線間）を用いると $P_1 = \sqrt{3}\,V_1 I_1 \cos\theta$ で表せるため，一次電流 I_1 は

$$I_1 = \frac{P_1}{\sqrt{3}\,V_1 \cos\theta} = \frac{P_k/\eta}{\sqrt{3}\,V_1 \cos\theta} = \frac{15 \times 10^3/0.9}{\sqrt{3} \times 400 \times 0.9} \fallingdotseq \mathbf{27\,A}$$

(b) 同期速度 N_s は，式 (2·1) より

$$N_s = \frac{120f}{p} = \frac{120 \times 60}{4} = 1\,800\,\mathrm{min}^{-1}$$

回転速度 $1\,746\,\mathrm{min}^{-1}$ のときのすべり s_1，回転速度 $1\,455\,\mathrm{min}^{-1}$ のときのすべり s_2 は

$$s_1 = \frac{1\,800 - 1\,746}{1\,800} = 0.03 \qquad s_2 = \frac{1\,800 - 1\,455}{1\,800} = 0.1917$$

最初の二次抵抗 r，挿入した抵抗 R は，式 (2·27) の比例推移の関係から

$$\frac{r}{s_1} = \frac{r+R}{s_2}$$

$$R = \frac{s_2}{s_1}r - r = \frac{s_2 - s_1}{s_1}r = \frac{0.03 - 0.1917}{0.03}r = \mathbf{5.4r}$$

▶ **8.** 解答(a)-(4), (b)-(2)

(a) トルクの比例推移の式 (2·27) より二次抵抗 r_2 に外部抵抗 R を加えたときのすべり s' は

$$\frac{r_2}{s_n} = \frac{r_2 + R}{s'}$$

$$s' = s_n \times \frac{r_2 + R}{r_2} = 0.05 \times \frac{0.5 + 0.2}{0.5} = 0.07 \rightarrow \mathbf{7\%}$$

(b) (a) の題意にあるとおり，抵抗の挿入前後でトルクは変わらないため，定格出力で運転しているときの回転速度 N，トルク T_n は，式 (2·1)，式 (2·3)，式 (2·17) より

$$N = \frac{120f_1}{p}(1-s) = \frac{120 \times 60}{6}(1 - 0.05) = 1\,140\,\text{min}^{-1}$$

$$T_n = \frac{60}{2\pi N}P_k = \frac{60 \times 15 \times 10^3}{2\pi \times 1\,140} \fallingdotseq 125.6\,\text{N·m}$$

式 (2·24) から二次抵抗やすべりを変えない場合，トルクは電圧の 2 乗に比例するため，200 V のときのトルク T' は

$$T' = \left(\frac{V'}{V_n}\right)^2 T = \left(\frac{200}{220}\right)^2 \times 125.6 \fallingdotseq \mathbf{104\,N·m}$$

Chapter 3 直流機

▶ **1.** 解答(4)

電機子巻線が波巻の場合，並列回路数 $a = 2$ であるため，直流電動機の誘導起電力は，式 (3·2) より

$$E = p\phi \frac{N}{60} \cdot \frac{z}{a} = 4 \times 0.02 \times \frac{1\,200}{60} \times \frac{258}{2} = 206.4\,\text{V}$$

直流電動機の機械的出力は，式 (3·9) より

$$P = EI_a = 206.4 \times 250 = 51\,600\,\text{W} = \mathbf{51.6\,kW}$$

▶ **2.** 解答(2)

直流分巻電動機の等価回路は，ブラシの電圧降下，電機子反作用の影響を無視できることから解図のようになる．電機子逆起電力 E 〔V〕は

$$E = V - I_a r_a = 100 - 25 \times 0.2 = 95\,\text{V}$$

トルク T は，式 (3·9) より

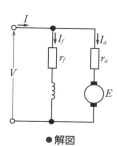

●解図

$$T = \frac{60}{2\pi N} P = \frac{60}{2\pi N} \times E I_a$$

$$= \frac{60}{2\pi \times 1\,500} \times 95 \times 25 \fallingdotseq \mathbf{15.1\,N\cdot m}$$

▶ **3. 解答(2)**

題意の等価回路は解図となる．式 (3·10) より

$$K_v \phi = \frac{V - I_a r_a}{N} = \frac{110 - 50 \times 0.2}{1\,200} = \frac{1}{12}$$

励磁電流が一定で磁束 ϕ が変わらないため，入力電圧が $80\,V$ のときの回転速度 N' は

$$N' = \frac{V - I_a r_a}{K_v \phi} = \frac{80 - 50 \times 0.2}{1/12} = \mathbf{840\,min^{-1}}$$

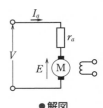

●解図

▶ **4. 解答(a)-(3)，(b)-(3)**

（a）直流分巻電動機の始動時の等価回路は，図 3·30 (a) のとおりである．
全負荷時の電機子電流 I_a は

$$I_a = I - I_f = \frac{P}{V \cdot \eta} - I_f = \frac{2\,200}{100 \times 0.85} - 2 \fallingdotseq 23.9\,A$$

始動時の電機子電流 I_s を全負荷時の 1.5 倍とするための抵抗を R_s とすると

$$I_s = 1.5 \times I_a = \frac{V}{r_a + R_s}$$

$$R_s = \frac{V}{1.5 I_a} - r_a = \frac{100}{1.5 \times 23.9} - 0.15 \fallingdotseq \mathbf{2.64\,\Omega}$$

（b）始動抵抗 R_s を入れて電機子電流が全負荷時と同じになった時の電機子逆起電力 E_s は

$$E_s = V - I_a(r_a + R_s) = 100 - 23.9 \times (2.64 + 0.15) \fallingdotseq 33.3\,V$$

始動抵抗を R_s' とした直後の電機子電流を $1.5 I_a$ とすると

$$E_s = V - 1.5 I_a(r_a + R_s')$$

$$R_s' = \frac{V - E_s}{1.5 I_a} - r_a = \frac{100 - 33.3}{1.5 \times 23.9} - 0.15 = \mathbf{1.71\,\Omega}$$

▶ **5. 解答(1)**

直流分巻発電機の等価回路は解図のようになる．
電機子電流 I_a は，負荷電流 $I = P/V$，界磁電流 $I_f = V/r_f$ より

$$I_a = I + I_f = \frac{P}{V} + \frac{V}{r_f} = \frac{100 \times 10^3}{220} + \frac{220}{57.5} \fallingdotseq 458\,A$$

電機子巻線および界磁巻線における損失をそれぞれ p_a，p_f とすると

$$p_a = I_a^2 r_a = 458^2 \times 0.05 \fallingdotseq 10.5 \times 10^3\,W$$

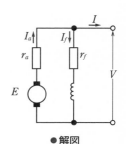

●解図

$$p_f = I_f^2 r_f = \left(\frac{220}{57.5}\right)^2 \times 57.5 \fallingdotseq 840\,\text{W}$$

効率 η は，鉄損を無視できることから

$$\eta = \frac{P}{P + p_a + p_f + p_k} \times 100$$

$$= \frac{100 \times 10^3}{100 \times 10^3 + 10.5 \times 10^3 + 840 + 1.8 \times 10^3} \times 100 \fallingdotseq \mathbf{88\,\%}$$

▶ **6.** 解答(4)

始動時には直流電動機の逆起電力 $E = 0$ であるため，電機子巻線の抵抗 r_a は

$$r_a = \frac{V}{I_s} = \frac{12}{4} = 3\,\Omega$$

定格運転時の銅損 p_c は

$$p_c = r_a I_a^2 = 3 \times 1^2 = 3\,\text{W}$$

電機子入力 VI に対して，p_c 以外の損失は無視できるため，効率 η は

$$\eta = \frac{VI - p_c}{VI} \times 100 = \frac{12 \times 1 - 3}{12 \times 1} \times 100 = \mathbf{75\,\%}$$

▶ **7.** 解答(4)

他励発電機と他励電動機の等価回路は解図のようになる．

発電機の電機子電流 I_a は，出力 P，端子電圧 V_g から

$$I_a = \frac{P}{V_g} = \frac{20 \times 10^3}{100} = 200\,\text{A}$$

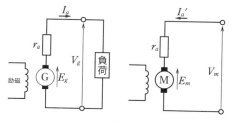

発電機の誘導電力 E_g は

●解図

$$E_g = V_g + I_a r_a = 100 + 200 \times 0.05 = 110\,\text{V}$$

発電機の回転速度を N_g，電動機の回転速度を N_m とすると，界磁磁束 ϕ が一定のため，式 (3·2) から電動機の誘導起電力 E_m は

$$K_v \phi = \frac{E_m}{N_m} = \frac{E_g}{N_g}$$

$$E_m = E_g \times \frac{N_m}{N_g} = 110 \times \frac{1\,200}{1\,500} = 88\,\text{V}$$

電動機の負荷電流 I_a' は，$E_m = V_m - I_a r_a$ より

$$I_a' = \frac{V_m - E_m}{r_a} = \frac{100 - 88}{0.05} = \mathbf{240\,A}$$

▶ **8.** 解答(2)

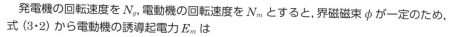

直流電動機が発生するトルク T は，式 (3·6) の関係から界磁磁束 ϕ と電機子電流 I_a の積に比例する．直巻電動機の場合，界磁巻線に電機子電流が流れるので ϕ は I_a に比

例し，結局発生するトルク T は電機子電流 I_a の 2 乗に比例することとなる（図 3・28 参照）．なお，題意から電動機の磁気回路の飽和は無視してよい．直巻電動機では，電機子電流 I_a はそのまま負荷電流 I であるから，$T \propto I^2$ で表せる．

よって，$I = 40\,\mathrm{A}$ から $I' = 20\,\mathrm{A}$ に減少したときの負荷トルク T'（発生するトルクと等しい）の値は

$$\frac{T'}{T} = \frac{I'^2}{I^2} \qquad \therefore \quad T' = T \times \left(\frac{I'}{I}\right)^2 = 500 \times \left(\frac{20}{40}\right)^2 = \frac{500}{4} = \mathbf{125\,N \cdot m}$$

▶ 9.　解答(2)

最初の運転状態では，直流電動機の端子電力 V と電機子電流 I_a，出力 P が与えられているため，電動機の出力 $P = EI_a$ から逆起電力 E は

$$E = P/I_a = 18\,500 \div 100 = 185\,\mathrm{V}$$

等価回路の式 $E = V - I_a r_a$ から，電機子抵抗 r_a は

$$r_a = (V - E)/I_a = (220 - 185) \div 100 = 0.35\,\Omega$$

調整後の運転状態では，端子電圧 V' と電機子電流 $I_a{}'$ が与えられているから，上記の電機子抵抗 r_a を用いて逆起電力 E' と出力 P' を求める．

$$E' = V' - I_a{}' r_a = 200 - 110 \times 0.35 = 161.5\,\mathrm{V}$$

$$P' = E'I_a{}' = 161.5 \times 110 = 17\,765\,\mathrm{W}$$

出力と回転速度がわかっているときのトルク T は式 (3・9) から求まる．

$$T = \frac{P}{\omega} = \frac{P}{2\pi N/60} = \frac{17\,765 \times 60}{2\pi \times 720} \fallingdotseq \mathbf{236\,N \cdot m}$$

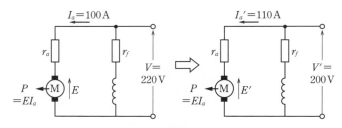

●解図

▶ 10.　解答(2)

直巻発電機は，電機子と界磁巻線が直列であるため，磁気飽和しない領域では，負荷電流の増加に伴って界磁電流が増加して磁束が増え，端子電圧が上昇するため，出力電圧は安定しない．図 3・16 のように，界磁回路による無負荷飽和曲線から負荷電流による電圧降下を差し引いたものが端子電圧となるため，界磁磁極が磁気飽和すると電圧上昇が抑えられ，さらに負荷が増えると電圧が降下する．

▶ **1.** 解答(3)

定格電流 I_n〔A〕は，定格電圧 V_n〔V〕，定格出力 P_n〔kV·A〕とすると

$$I_n = \frac{P_n \times 10^3}{\sqrt{3}\,V_n} = \frac{10\,000 \times 10^3}{\sqrt{3} \times 6\,600} \fallingdotseq 874.8\,\text{A}$$

短絡比 K_s は，短絡電流を I_s〔A〕として式 (4·7) から

$$K_s = \frac{I_s}{I_n} = \frac{1\,000}{874.8} \fallingdotseq \mathbf{1.14}$$

▶ **2.** 解答(3)

発電機の定格電流 I_n〔A〕は，定格出力 P_n〔kV·A〕，定格電圧 V_n〔kV〕とすると

$$I_n = \frac{P_n \times 10^3}{\sqrt{3}\,V_n \times 10^3} = \frac{5\,000 \times 10^3}{\sqrt{3} \times 6.6 \times 10^3} \fallingdotseq 437\,\text{A}$$

無負荷で定格電圧を発生しているときに端子を三相短絡したときの短絡電流 I_s〔A〕は，$I_s = K_s I_n = 1.1 \times 437 \fallingdotseq 481\,\text{A}$ であるから，同期インピーダンス Z_s〔Ω〕は

$$Z_s = \frac{V_n \times 10^3/\sqrt{3}}{I_s} = \frac{6\,600/\sqrt{3}}{481} = \mathbf{7.92\,\Omega}$$

▶ **3.** 解答(3)

同期速度は

$$N_s = \frac{120f}{p} = \frac{120 \times 60}{6} = 1\,200\,\text{min}^{-1}$$

角速度は $\omega = 2\pi N_s/60$〔rad/s〕より

$$\omega = \frac{2\pi \times 1\,200}{60} \fallingdotseq 125.7\,\text{rad/s}$$

三相同期電動機の出力は，式 (4·14) より

$$P_3 = \frac{V_l \cdot E_l}{x_s}\sin\delta_M = \frac{440 \times 400}{3.52} \times \sin 60° \fallingdotseq 43\,300\,\text{W}$$

トルクと出力の関係は，式 (4·15) より

$$T = \frac{P}{\omega} = \frac{43\,300}{125.7} \fallingdotseq 344.5 \rightarrow \mathbf{345\,N\cdot m}$$

▶ **4.** 解答(3)

発電機の定格電流 I_n は，定格出力 P_n，定格電圧 V_n から

$$I_n = \frac{P_n}{\sqrt{3}\,V_n} = \frac{10 \times 10^6}{\sqrt{3} \times 6\,600} \fallingdotseq 874.8\,\text{A}$$

式 (4·7) と式 (4·11) より，%Z は定格電圧を発生しているときの短絡電流 I_s と定格電流 I_n から，次のように表せる.

$$K_s = \frac{1}{\%Z} \times 100 = \frac{I_s}{I_n}$$

$$\therefore \quad I_s = \frac{I_n}{\%Z} \times 100 = \frac{874.8}{80} \times 100 \fallingdotseq 1\,093.5\,\mathrm{A}$$

三相短絡電流と界磁電流は比例関係にあるから

$$I_s : I_f = 1\,093.5 : I_f = 700 : 50$$

$$I_f = \frac{1\,093.5 \times 50}{700} \fallingdotseq \mathbf{78.1\,A}$$

▶ **5.** 解答 $(\mathbf{a}) - (\mathbf{2})$, $(\mathbf{b}) - (\mathbf{1})$

(a) 三相同期発電機の有効電力 P および無効電力 Q は，三相電力の式より端子電圧 V および負荷電流 I，力率 $\cos\theta$ により，次のように表せる．

$$P = \sqrt{3}\,VI\cos\theta, \quad Q = \sqrt{3}\,VI\sin\theta = \sqrt{3}\,VI\sqrt{(1-\cos\theta^2)}$$

$$\cos\theta = \frac{P_A}{\sqrt{3}\,VI_A} = \frac{7\,300 \times 10^3}{\sqrt{3} \times 6\,600 \times 1\,000} \fallingdotseq 0.639 \rightarrow \mathbf{64\,\%}$$

(b) 最初の状態における発電機 A，B の有効電力を P_{A1}，P_{B1}，無効電力を Q_{A1}，Q_{B1} とし，励磁および駆動機の出力調整後の発電機 A，B の有効電力を P_{A2}，P_{B2}，無効電力を Q_{A2}，Q_{B2} とすると，調整前後で 2 台合計の負荷が変わらないため，次式が成り立つ．

$$P_{A1} + P_{B1} = P_{A2} + P_{B2}, \quad Q_{A1} + Q_{B1} = Q_{A2} + Q_{B2}$$

最初の状態における発電機 A の有効電力 P_{A1} は $7\,300\,\mathrm{kW}$，無効電力 Q_{A1} は

$$Q_{A1} = \sqrt{3} \times 6\,600 \times 1\,000 \times \sqrt{1-0.639^2} \fallingdotseq 8\,793 \times 10^3\,\mathrm{var} \rightarrow 8\,793\,\mathrm{kvar}$$

最初の状態における発電機 B の有効電力 P_{B1} は $7\,300\,\mathrm{kW}$，これから力率 $\cos\theta_{B1}$ を計算すると

$$\cos\theta_{B1} = \frac{P_B}{\sqrt{3}\,VI_B} = \frac{7\,300 \times 10^3}{\sqrt{3} \times 6\,600 \times 800} \fallingdotseq 0.798$$

無効電力 Q_{B1} は

$$Q_{B1} = \sqrt{3} \times 6\,600 \times 800 \times \sqrt{1-0.798^2} \fallingdotseq 5\,511 \times 10^3\,\mathrm{var} \rightarrow 5\,511\,\mathrm{kvar}$$

調整後における発電機 A の有効電力 P_{A2} および無効電力 Q_{A2} は

$$P_{A2} = \sqrt{3} \times 6\,600 \times 1\,000 \times 1 \fallingdotseq 11\,432 \times 10^3\,\mathrm{W} \rightarrow 11\,432\,\mathrm{kW}$$

$$Q_{A2} = \sqrt{3} \times 6\,600 \times 1\,000 \times \sqrt{1-1^2} \fallingdotseq 0\,\mathrm{var} \rightarrow 0\,\mathrm{kvar}$$

調整後における発電機 B の有効電力 P_{B2} および無効電力 Q_{B2} は

$$P_{B2} = P_{A1} + P_{B1} - P_{A2} = 7\,300 + 7\,300 - 11\,432 = 3\,168\,\mathrm{kW}$$

$$Q_{B2} = Q_{A1} + Q_{B1} - Q_{A2} = 8\,793 + 5\,511 - 0 = 14\,304\,\mathrm{kvar}$$

皮相電力を $S = \sqrt{3}\,VI$ とすると，$P = S\cos\theta$，$Q = S\sin\theta \rightarrow P^2 + Q^2 = S^2$ であるため，調整後における発電機 B の力率 $\cos\theta_{B2}$ は

$$\cos\theta_{B2} = \frac{P_{B2}}{S_{B2}} = \frac{P_{B2}}{\sqrt{P^2_{B2} + Q^2_{B2}}} = \frac{3\,168}{\sqrt{3\,168^2 + 14\,304^2}} \fallingdotseq 0.216 \rightarrow \mathbf{22\,\%}$$

▶ **6.　解答(4)**

百分率同期インピーダンスの式 (4·10) より，x_s（$=Z_s$）を求める.

$$\%Z_s = \frac{Z_s I_n}{V_n/\sqrt{3}} \times 100 \quad \rightarrow \quad x_s = \frac{\%Z_s V_n}{\sqrt{3} I_n \times 100}$$

力率 1 のときの誘導起電力 E と端子電圧 V（相電圧）の関係は，式 (4·3) で $\theta = 0$ とおく. 定格電圧 V_n（線間電圧）は相電圧の $\sqrt{3}$ 倍である.

$$E = \sqrt{\left(\frac{V_n}{\sqrt{3}}\right)^2 + I_n^2 x_s^2}$$

無負荷にしたときの端子電圧（線間電圧）は $\sqrt{3}E$ となるため, 定格電圧 V_n との比は, 次式となる.

$$\frac{\sqrt{3}E}{V_n} = \sqrt{\left(\frac{\sqrt{3}}{V_n}\right)^2 \times \left(\frac{V_n}{\sqrt{3}}\right)^2 + \left(\frac{\sqrt{3}}{V_n}\right)^2 \times I_n^2 x_s^2}$$

$$= \sqrt{1 + \frac{3I_n^2}{V_n^2} \times \left(\frac{\%Z_s V_n}{\sqrt{3} I_n \times 100}\right)^2}$$

$$= \sqrt{1 + \left(\frac{\%Z_s}{100}\right)^2} = \sqrt{1 + 0.85^2} \fallingdotseq \mathbf{1.3}$$

▶ **7.　解答(a)-(3), (b)-(5)**

(a) 発電機の定格電流 I_n は，定格出力 P_n，定格電圧 V_n から

$$I_n = \frac{P_n}{\sqrt{3} V_n} = \frac{3\,300 \times 10^3}{\sqrt{3} \times 6\,600} \fallingdotseq 288.7\,\mathrm{A}$$

内部誘導起電力 E は式 (4·3) から求める. 式 (4·3) の端子電圧は相電圧を示しており, $V = V_n/\sqrt{3}$ である.

$$E = \sqrt{\left(\frac{V_n}{\sqrt{3}} + I_n x_s \sin\theta\right)^2 + (I_n x_s \cos\theta)^2}$$

$$= \sqrt{\left(\frac{6\,600}{\sqrt{3}} + 288.7 \times 12 \times \sqrt{1 - 0.9^2}\right)^2 + (288.7 \times 12 \times 0.9)^2}$$

$$\fallingdotseq 6\,167 \rightarrow \mathbf{6\,170\,V}$$

(b) 励磁一定のため, 誘導起電力 E は (a) と同じとなる.

電機子電流を I とおいて，次の E および V の式を整理すると

$$\dot{E} = (\dot{x}_s + \dot{Z}_L)\dot{I} \qquad \frac{\dot{V}}{\sqrt{3}} = \dot{Z}_L \dot{I}$$

$$\therefore \quad \frac{\dot{E}}{\dot{x}_s + \dot{Z}_L} = \frac{\dot{V}}{\sqrt{3}\dot{Z}_L} \quad \rightarrow \quad \dot{V} = \frac{\sqrt{3}\dot{Z}_L}{\dot{x}_s + \dot{Z}_L}\dot{E}$$

$$V = \sqrt{3} \times \left|\frac{\dot{Z}_L}{\dot{Z}_L + \dot{x}_s}\right|\dot{E} = \sqrt{3} \times \frac{|13 + j5|}{|13 + j5 + j12|}E$$

$$= \sqrt{3} \times \frac{\sqrt{13^2 + 5^2}}{\sqrt{13^2 + 17^2}} \times 6\,167 \fallingdotseq 6\,952 \rightarrow \mathbf{6\,950\,V}$$

▶ **8.　解答 (3)**

同期電動機の界磁電流を調整して，界磁電流と電機子電流の関係を示したものが図 4・24 の V 曲線で，力率 1（100 %）で電機子電流が**最小**となる.

▶ **1.　解答 (2)**

サイリスタは，ゲート電流を流して順方向電圧がブレークオーバ電圧を超えるとオン状態となり，ゲート電流を取り去っても順方向電流は流れ続けるが，逆電圧を加えると**逆方向の電流は流れず**ターンオフとなる.

▶ **2.　解答 (a) - (4)，(b) - (2)**

(a) Q_2 がオフの状態では，Q_1 がオンのときリアクトルを介して直流機に電源供給され（$V_1 = E$），Q_1 がオフのとき電源供給されない（$V_1 = 0$）ため，図 5・22 と同じ降圧チョッパとして動作する.

1 周期の時間 T は，スイッチング周波数 500 Hz の逆数であり

$$T = \frac{1}{500} = 2 \times 10^{-3}\,\text{s} \rightarrow 2\,\text{ms}$$

オンの時間 T_{ON} とすると，V_1 の平均電圧は次式となる.

$$V_1 = \frac{T_{\text{ON}}}{T} E$$

$$T_{\text{ON}} = \frac{T V_1}{E} = \frac{2 \times 150}{200} = \textbf{1.5\,ms}$$

(b) Q_1 がオフの状態では，発電動作する直流機が電源側とみたとき図 5・23 の昇圧チョッパと同じ形となり，回制制動により電流が逆向きに流れる.

リアクトルに蓄えるエネルギーは電圧×時間の積に比例し，Q_2 がオンのとき，直流機とリアクトルのループとなり，リアクトルに電圧 V がかかり $V T_{\text{ON}}$ のエネルギーが蓄積される．Q_2 がオフのとき，リアクトルに逆起電力が生じて，電源側にエネルギーが返還される．このとき，Q_2 の両端は電源電圧と同じで $V_1 = E$ となり，$(E - V) T_{\text{OFF}}$ のエネルギーが放出される．定常状態では蓄積と放出されるエネルギーが一致する.

$$V T_{\text{ON}} = (E - V) T_{\text{OFF}}$$

$$V = \frac{T_{\text{OFF}}}{T_{\text{ON}} + T_{\text{OFF}}} E = \frac{2 - 0.4}{2} \times 100 = \textbf{160\,V}$$

▶ **3.　解答 (a) - (2)，(b) - (1)**

(a) 十分大きな平滑リアクトルが設置された全波整流回路では，制御遅れ角 $\pi/3$ でサイリスタ A_1，A_2 がオンして電圧が立ち上がり，電源電圧が負になってもオフとならず，リアクトルに蓄積された電磁エネルギーが放出され，次の制御遅れ角 $4\pi/3$ で B_1，B_2 がオンするまで電流 i_T が流れる．（B_1，B_2 がオンすると A_1，A_2 に逆電圧が加わってオフとなる）

このため, $\pi/3$ から $4\pi/3$ まで電圧 e_d が連続し, 電流が i_T が流れる（**2**）が正しい.

（**b**）e_d の波形は解図のように $\pi/2$ で立ち上がり $3\pi/2$ まで流れるので, 正の $\pi/2 \sim \pi$ の波形の面積と負の $\pi \sim 3\pi/2$ の波形の面積が等しいため瞬時値波形の平均値（絶対値としない）は **0** となる.

誘導性負荷の全波整流回路の平均電力 $E_d = 0.9E \cos \alpha$ に $\pi/2$ を入れても求まる.

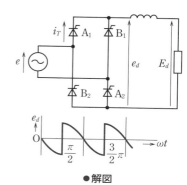

●解図

▶ **4.** 解答（**a**）－（**4**）, （**b**）－（**3**）

（**a**）$t < T/2$ で Q_1, Q_2 がオンのとき, $Q_1 \rightarrow$ 負荷 $L \rightarrow Q_2$ の経路で電流 I_a が流れている.

$t = T/2$ で Q_1, Q_2 をオフにして, Q_3, Q_4 をオンにして, 負荷に印加する電圧を反転させても, 誘導性負荷のインダクタンスに流れる電流は急に変わることはない. 負荷に流れる方向が直前と同じであるため, $D_3 \rightarrow$ 負荷 $L \rightarrow D_4$ の経路で還流ダイオードを通してインダクタンスに蓄積された電磁エネルギーが放出されて電流が流れる.

$t = t_r$ でインダクタンスの電磁エネルギーが 0 になると $Q_4 \rightarrow$ 負荷 $L \rightarrow Q_3$ の経路で電流 I_a が流れる.

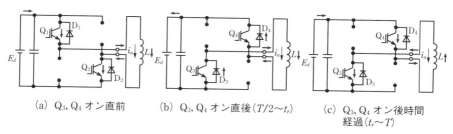

（a）Q_3, Q_4 オン直前　（b）Q_3, Q_4 オン直後（$T/2 \sim t_r$）　（c）Q_3, Q_4 オン後時間経過（$t_r \sim T$）

●解図

（**b**）インダクタンス L の自己誘導による起電力 E は, $E = -L \dfrac{\Delta I}{\Delta t}$ となる. 電流 i_a のグラフから電流変化の傾きは, $0 \sim T/2$ の間に $-I_p \sim I_p$ まで変化するため

$$E = L \times \frac{2I_p}{T/2} = \frac{4LI_p}{T}$$

$$I_p = \frac{ET}{4L} = \frac{100 \times 0.02}{4 \times 10 \times 10^{-3}} = \mathbf{50\,A}$$

▶ **1.** 解答(3)

慣性モーメント J 〔kg·m³〕，角速度 $\omega = 2\pi N/60$ とすると，回転速度が N_1 から N_2 に下がったときに放出されるはずみ車の運動エネルギー E 〔J〕は

$$E = \frac{1}{2}J\omega_1{}^2 - \frac{1}{2}J\omega_2{}^2 = \frac{J}{2} \times \left(\frac{2\pi N_1}{60}\right)^2 - \frac{J}{2} \times \left(\frac{2\pi N_2}{60}\right)^2$$

$$= \frac{50}{2} \times \frac{4\pi^2}{3\,600} \times (1\,500^2 - 1\,000^2) \fallingdotseq 342\,694\,\mathrm{J}$$

平均出力 P は，1秒当たりのエネルギーとなるため

$P = E/s = 342\,694 \div 2 = 171\,347\,\mathrm{W} \rightarrow \mathbf{171\,kW}$

▶ **2.** 解答(2)

式 (6·16) から毎秒の揚水量を求め，$50\,\mathrm{m}^3$ を揚水する時間を求める.

$$q = \frac{P\eta_p}{9.8kH_0} = \frac{7.5 \times 0.7}{9.8 \times 1 \times (10 \times 1.1)} \fallingdotseq 0.0487\,\mathrm{m^3/s}$$

$$t = \frac{50}{0.0487} \fallingdotseq 1\,027\,\mathrm{s} \rightarrow \mathbf{17\,min}$$

▶ **3.** 解答(4)

余裕係数 k，ポンプ効率 η を考慮した電動機の所要出力は，揚水量 q 〔m³/s〕，全揚程 H 〔m〕とすると，次式となる.

$$P = \frac{9.8\,kqH}{\eta} = \frac{9.8 \times 1.1 \times (300 \div 60) \times 10}{0.8} \fallingdotseq 674\,\mathrm{kW}$$

電動機が1台 $100\,\mathrm{kW}$ であるため，**7台**必要となる.

▶ **4.** 解答(4)

電動機にかかる質量 M_0 は，かごと定格積載質量から釣合いおもりを引いた

$M_0 = 1\,800 - 800 = 1\,000\,\mathrm{kg}$

電動機の出力 P は

$$P = \frac{9.8M_0v}{\eta} \times 10^{-3} = \frac{9.8 \times 1\,000 \times 2.5}{0.7} \times 10^{-3} = \mathbf{35\,kW}$$

▶ **5.** 解答(3)

釣合いおもりの質量 M_b が，かごの質量 $M_\mathrm{c}\,250\,\mathrm{kg}$ に定格積載質量 M_n の 50% を加えた値であるため，定格積載質量を積載したときの巻上加重 F 〔N〕は

$F = 9.8(M_\mathrm{n} + M_\mathrm{c} - M_\mathrm{b}) = 9.8(1\,500 + 250 - 250 - 1\,500 \times 0.5) = 9.8 \times 750\,\mathrm{N}$

巻上速度 v 〔m/s〕，機械効率を η としたときの電動機の出力 〔kW〕は次式であり，1分当たりの速度 V 〔m/min〕について整理すると

$$P = \frac{Fv}{\eta} \times 10^{-3}\,\text{〔kW〕} \quad \rightarrow V = 60v = 60 \times \frac{P\eta}{F \times 10^{-3}}\,\text{〔m/min〕}$$

$$V = 60 \times \frac{22 \times 0.7}{9.8 \times 750 \times 10^{-3}} \fallingdotseq \mathbf{126\,m/min}$$

Chapter 7 照明

▶ **1.** 解答 (3)

式 (7・24) から平均照度 E を求める.

$$E = \frac{NFUM}{S} = \frac{(20 \times 400 \times 55 + 25 \times 220 \times 120) \times 0.60 \times 0.70}{20 \times 60} \fallingdotseq \mathbf{385\,lx}$$

▶ **2.** 解答 (2)

光源 1 灯の光束 F は

$$F = 400\,W \times 50\,lm/W = 20\,000\,lm$$

1 灯当たりの被照面の面積 S は, 解図のアミかけ部
分であるから, $S = 16L\ [\mathrm{m^2}]$

式 (7・26) を用いて, 灯柱間隔 L を求めると

$$FUM = ES = E \times 16L$$

$$\therefore\ L = \frac{FUM}{16E} = \frac{20\,000 \times 0.3 \times 0.8}{16 \times 20} = \mathbf{15\,m}$$

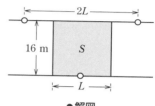

●解図

練習問題略解

▶ **3.** 解答 (a)-(4), (b)-(3)

(a) 式 (7・14) から光度 $I\ (\theta)$ は, A 点までの距離を l_A, B 点までの距離を l_B とすると

$$I(\theta_A) = \frac{E_h \times l_A{}^2}{\cos \theta} = \frac{E_h \times l_A{}^2}{l_B/l_A} = \frac{20 \times (\sqrt{2.4^2 + 1.2^2})^3}{2.4} \fallingdotseq 161 \rightarrow \mathbf{160\,cd}$$

(b) B 点方向の光度は, 示された配光特性より

$$I(0) = \frac{I(\theta_A)}{\cos \theta} = 161 \times \frac{\sqrt{2.4^2 + 1.2^2}}{2.4} \fallingdotseq 180\,cd$$

B 点の水平面照度 E_B は

$$E_B = \frac{I(0)}{l_B{}^2} = \frac{180}{2.4^2} \fallingdotseq \mathbf{31\,lx}$$

▶ **4.** 解答 (a)-(2), (b)-(3)

(a) 照度 E は, 半径 3 m の球面における単位面積当たりの光束の量であるため, 式
(7・5) より

$$E = \frac{F}{S} = \frac{F}{4\pi r^2} = \frac{12\,000}{4\pi \times 3^2} \fallingdotseq \mathbf{106\,lx}$$

(b) 光度 I は, 式 (7・1) で球の立体角が 4π であるため

$$I = \frac{F}{\omega} = \frac{F}{4\pi} = \frac{12\,000}{4\pi} \fallingdotseq \mathbf{955\,cd}$$

輝度 L は, 式 (7・8) より

$$L = \frac{I}{S'} = \frac{955}{\pi \times 0.15^2} \fallingdotseq \mathbf{13\,500\,cd/m^2}$$

▶ **5.** 解答(a) - (2), (b) - (3)

(a) 均等放射の点光源は全方位(立体角 4π)へ均等に光束を放射するため,単位立体角当たりの光束である光度は $I = F/4\pi$ となる. A' 点における法線照度 $E_{A'}$ は,式 (7·7) より

$$E_{A'} = \frac{I}{l^2} = \frac{F}{4\pi l^2} = \frac{15\,000}{4\pi \times 4^2} = 74.6 \rightarrow \mathbf{75\,lx}$$

(b) C 点における水平面照度 E_C は,光源 A と光源 B の水平面照度の和であり,光源からの距離は $AC = BC = \sqrt{3^2 + 4^2} = 5$,入射角 θ ($\angle A'AC$),θ' ($\angle B'BC$)の余弦は,$\cos\theta = AA'/AC = 0.8$,$\cos\theta' = BB'/BC = 0.8$ であるため

$$E_c = \frac{I}{\overline{AC}^2}\cos\theta + \frac{I}{\overline{BC}^2}\cos\theta' = \frac{F}{4\pi \times \overline{AC}^2}\cos\theta + \frac{F}{4\pi \times \overline{BC}^2}\cos\theta'$$

$$= \frac{15\,000}{4\pi \times 5^2} \times 0.8 + \frac{15\,000}{4\pi \times 5^2} \times 0.8 \fallingdotseq 76.4 \rightarrow \mathbf{76\,lx}$$

Chapter **8** 電気加熱

▶ **1.** 解答(3)

熱放射は,**ステファン・ボルツマンの法則**にしたがい**電磁波**で伝わる.

▶ **2.** 解答(3)

式 (8·1) の熱回路のオームの法則により,熱抵抗 R を求める.

$$R = \frac{温度差\ \theta}{熱流\ I} = \frac{高温側\ t_2 - 低温側\ t_1}{熱量\ Q/時間\ T} = \frac{200-100}{200 \times 10^3/3\,600} = 1.8\,\text{K/W}$$

熱伝導率 λ は,式 (8·2) より熱抵抗 R と長さ l,断面積 S から求める.

$$\lambda = \frac{長さ\ l}{断面積\ S \times 熱抵抗\ R} = \frac{3}{\pi \times (0.2/2)^2 \times 1.8} \fallingdotseq \mathbf{53.1\,W/(m \cdot K)}$$

▶ **3.** 解答(4)

式 (8·10) から,電熱線の長さ l は

$$l = \frac{P}{\pi d P_s} = \frac{600}{\pi \times (0.7 \times 10^{-3}) \times (5 \times 10^4)} \fallingdotseq \mathbf{5.46\,m}$$

▶ **4.** 解答(4)

誘導加熱では,周波数が高いほど表皮効果が大きくなり,電流が表面を流れて,内部が**加熱されにくい**.

▶ **5.** 解答(3)

(1) ○ 誘電加熱の等価回路はコンデンサと抵抗の並列回路で表され,流れる電流が $2\pi fCV$ となる.発熱量は,電圧と同相成分の電流の積 ($P = 2\pi fCV^2 \tan\delta$)となり,周波数に比例し,高周波の電源が用いられる.

(2) ○　被加熱物自身が発熱するので，厚さに関係なく均一に加熱することができる．

(3) ×　誘電損失と熱伝導率は関係がない．誘電率（誘電分極のしやすさ）および誘電正接（$\tan \delta$）が大きい物質は誘電損失が大きく，誘電加熱に適する．

(4) ○　誘電損失係数の違いを利用して選択的に加熱することができる．

(5) ○　発熱量（$P = 2\pi f C V^2 \tan \delta$）は，電圧の 2 乗に比例するため，電圧を制御することで温度上昇速度を簡単に調整することができる．

▶ **6.**　解答$(\mathbf{a})$‑$(\mathbf{2})$，$(\mathbf{b})$‑$(\mathbf{2})$

(a)　式 (8・5) から昇温に要する熱量を求める．
$$Q = cm\,(t_2 - t_1) = 4.18 \times 460 \times (88 - 71) \fallingdotseq 137 \times 10^3\,\mathrm{kJ} = \mathbf{137\,MJ}$$

(b)　COP は消費電力による熱量に対する得られる熱量の比であることから
$$\mathrm{COP} = \frac{Q}{3\,600\,PT} = 4$$

$$T = \frac{137 \times 10^3}{3\,600 \times 1.34 \times 4} \fallingdotseq \mathbf{7.1\,h}$$

Chapter 9　電気化学

▶ **1.**　解答$(\mathbf{3})$

式 (9・1) から電流 I〔A〕を求める．
$$I = \frac{96\,500\,w}{\eta t} \cdot \frac{n}{m} = \frac{96\,500 \times 35}{1 \times (2 \times 3\,600)} \times \frac{2}{210} \fallingdotseq \mathbf{4.5\,A}$$

▶ **2.**　解答$(\mathbf{a})$‑$(\mathbf{4})$，$(\mathbf{b})$‑$(\mathbf{3})$

式 (10・1) から電気量 Q〔A・h〕を求めると
$$電気量\ Q = \frac{96\,500\,w}{\eta} \cdot \frac{n}{m} = \frac{96\,500 \times (30 \times 10^3)}{1} \cdot \frac{1}{1}$$
$$= 289.5 \times 10^6\,\mathrm{C} \rightarrow 804\,\mathrm{kA \cdot h}$$

したがって，実際に得られる電気量は，電流効率が 90 ％ であるから
$$804 \times 0.9 \fallingdotseq \mathbf{720\,kA \cdot h}$$

∴　電気エネルギー＝電圧〔V〕×電気量〔kA・h〕＝$0.8 \times 724 \fallingdotseq \mathbf{580\,kW \cdot h}$

（注）　題意の電流効率は，電気分解での電流効率と混同しないこと．

▶ **3.**　解答$(\mathbf{4})$

出力インピーダンスが大きいと，負荷電流による電圧低下が大きいため，**大きな電流を出力できない**．

▶ **4.**　解答$(\mathbf{2})$

(1) ○　放電して硫酸鉛（$PbSO_4$）を長時間放置しておくと，サルフェーション（白色硫酸鉛化）して，充放電サイクルに使えなくなり容量が減少する．

(2) ×　過充電すると電解液中の水が電気分解し，**正極では**電子を放出する酸化反

応により**酸素**が，**負極では**電子を吸収する還元反応により**水素**が発生する．

正極：　$2H_2O \quad \rightarrow O_2 + 4H^+ + 4e^-$

負極：　$4H^+ + 4e^- \rightarrow 2H_2$

(3) ○　放電により硫酸が正極の過酸化鉛（PbO_2），負極の鉛（Pb）と反応し水が生成され，比重が 1.3 程度から 1.1 程度に小さくなる．

(4) ○　充電初期は端子電圧 2.2 V 程度でゆるやかに高くなっていき，2.35 V を超えると水の電気分解が進むとともに，端子電圧も急増する．

(5) ○　放電により電解液中の硫酸濃度が減少し，電池電圧が徐々に低下する．

▶ **5.　解答(5)**

(1) ○　ナトリウム硫黄電池は，常温では動作せず，充放電の抵抗により発熱し，300℃ に維持しなければならない．

(2) ○　ニッケル水素 1.2 V，鉛蓄電池 2.0 V，リチウムイオン電池 3.7 V．

(3) ○　リチウムイオン電池は，満充電状態を続けると劣化が急激に進む．

(4) ○　リチウムイオン電池は，現在実用化されている二次電池の中では最もエネルギー密度が高い（鉛蓄電池の 5 倍程度）．

(5) ×　メモリ効果とは，容量が残っている状態で充放電（つぎ足し充電）を繰り返すと，充電を繰り返した付近での電圧が一時的に低下する現象である．リチウムイオン電池では**ほとんどなく**，ニッケルカドミウム電池で生じる（ニッケル水素電池でも多少は生じる）．

Chapter 10　自動制御

▶ **1.　解答(4)**

図 10·18 にある過度特性の評価指標を参照する．

▶ **2.　解答(4)**

$v_1(t)$ と $v_2(t)$ を $j\omega$ の関数に変換した電圧を $V_1(j\omega)$，$V_2(j\omega)$ とすると

$$G(j\omega) = \frac{V_2(j\omega)}{V_1(j\omega)} = \frac{R_2}{(R_1+R_2)+j\omega L} = \frac{\dfrac{R_2}{R_1+R_2}}{1+j\omega\left(\dfrac{L}{R_1+R_2}\right)} = \frac{0.2}{1+j0.02\omega}$$

$$\therefore \quad \frac{R_2}{R_1+R_2} = 0.2, \quad \frac{L}{R_1+R_2} = 0.02$$

よって（4）となる．

▶ **3.　解答(1)**

問題図 2 から，電流は t の経過とともに，0.1 A に近づいていくので，抵抗 R は

$$R = \frac{V}{I} = \frac{1}{0.1} = 10\,\Omega$$

問題図 1 に示された回路の入力電圧を $v(j\omega)$，抵抗 R に流れる電流（出力）を $i(j\omega)$

とすると，周波数伝達関数 $G(j\omega)$ は，式 (10·6) を用いて求めると

$$G(j\omega) = \frac{I(j\omega)}{(j\omega L + R)I(j\omega)} = \frac{1}{j\omega L + R} = \frac{1}{R(1+j\omega L/R)} = \frac{1/R}{1+j\omega T}$$

$$= \frac{K}{1+j\omega T} : 一次遅れ系$$

ここで，$T = L/R$〔s〕が時定数で，この値は問題図2（表 10·4 参照）から 0.01 s である.

したがって，L と $G(j\omega)$ は，次のようになる.

$$T = \frac{L}{R} = \frac{L}{10} = 0.01 \rightarrow L = 0.01 \times 10 = \mathbf{0.1\,H}$$

$$G(j\omega) = \frac{1/R}{1+j\omega T} = \frac{\mathbf{0.1}}{\mathbf{1+j\omega \cdot 0.01}}$$

▶ **4. 解答(5)**

$$V_2 = (V_1 - G_2 V_2)G_1 + D$$

となる. 式を整理して，V_2 を求める.

$$V_2(1+G_1 G_2) = G_1 V_1 + D$$

$$V_2 = \frac{G_1}{1+G_1 G_2}V_1 + \frac{1}{1+G_1 G_2}D$$

●解図

▶ **5. 解答(3)**

図 10·15 を利用する.

$\omega T = 1$ のときの ω を **折れ点角周波数** という．$\omega T \gg 1$ の領域（ボード線図の右側）では ω 10 倍で $-10\log_{10}(\omega T)^2 = -20\log_{10}(\omega T) \Rightarrow \omega T = 10$ 倍で **$-20\,dB$**．$\omega T = 1$ のとき，$\dfrac{K}{1+j\cdot 1} = \dfrac{K}{\sqrt{2}\angle 45°} = \dfrac{K}{\sqrt{2}}\angle(-45°) \Rightarrow \mathbf{45°\,遅れ}$ の伝達関数となる.

▶ **6. 解答(2)**

定常状態における目標値と制御量の偏差を **定常偏差（オフセット）** といい，**比例動作** では偏差に応じて操作量が小さくなるため 0 にならないが，**積分動作** では偏差を 0 にするまで制御が行われる．**微分動作** は，変化率に応じて制御するため，定常偏差を早く 0 に近づけることができる.

▶ **7. 解答(a)‐(2)，(b)‐(3)**

(a)

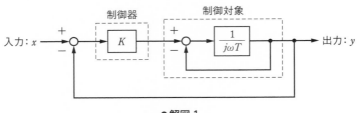

●解図 1

$K = 0.5$，$T = 0.1$ として，表 10・3 を用いて制御対象のフィードバック回路を次のように変更することで，$G(j\omega)$ は，K と $\dfrac{1}{1+j\omega T}$ の直列回路となる．

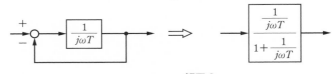

●解図 2

$$\therefore \quad G(j\omega) = K \times \frac{1}{1+j\omega T} = \frac{5}{1+j\omega \cdot 0.1}$$

(b) $\omega = 0$ で $G(j\omega) \to 5\angle 0°$

$\omega = 10$ で $G(j\omega) \to \dfrac{5}{1+j} \Rightarrow \dfrac{5}{\sqrt{2}} \angle(-45°)$

$\omega = \infty$ で $G(j\omega) \to \dfrac{5}{j\omega \cdot 0.1} \Rightarrow 0\angle(-90°)$

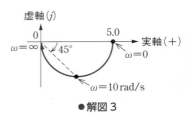

●解図 3

Chapter 11　情　報

▶ **1.**　解答(5)

図 11・14，11・13，11・9 の真理値表より，ビットごとの論理演算を行う．

EX-OR　$A = 1011$　$B = 0101$　→　$X = \mathbf{1110}$

NOR　　$A = 1011$　$B = 0101$　→　$Y = \mathbf{0000}$

OR　　　$X = 1110$　$Y = 0000$　→　$Z = \mathbf{1110}$

EX-OR　$B = 0101$　$Z = 1110$　→　$(1011)_2$　→　$(\mathbf{B})_{16}$

▶ **2.**　解答(3)

この回路の論理式は

$$X = A \cdot C + B \cdot \overline{C}$$

この式から，$A = 1$ かつ $C = 1$，または，$B = 1$ かつ $C = 0$ で出力 1 となるのは （3）である.

▶ **3.** 解答(5)

$$X \cdot Y \cdot \overline{Z} + X \cdot Y \cdot Z + \overline{X} \cdot Y \cdot Z + \overline{X} \cdot \overline{Y} \cdot Z$$
$$= X \cdot Y \cdot (\overline{Z} + Z) + \overline{X} \cdot Z \cdot (Y + \overline{Y}) = \boldsymbol{X \cdot Y + \overline{X} \cdot Z}$$

▶ **4.** 解答(4)

ド・モルガンの定理を用いて変換していく.

$$(X + Y + Z) \cdot (X + \overline{Y} + Z) \cdot (\overline{X} + Y + Z)$$
$$= \overline{\overline{(X + Y + Z) \cdot (X + \overline{Y} + Z) \cdot (\overline{X} + Y + Z)}}$$
$$= \overline{\overline{X + Y + Z} + \overline{X + \overline{Y} + Z} + \overline{\overline{X} + Y + Z}}$$
$$= \overline{\overline{X} \cdot \overline{Y} \cdot \overline{Z} + \overline{X} \cdot Y \cdot \overline{Z} + X \cdot \overline{Y} \cdot \overline{Z}}$$
$$= \overline{(\overline{X} \cdot \overline{Y} + \overline{X} \cdot Y + X \cdot \overline{Y}) \cdot \overline{Z}}$$
$$= \overline{(\overline{X} + X \cdot \overline{Y}) \cdot \overline{Z}}$$
$$= \overline{(\overline{X} + \overline{Y}) \cdot \overline{Z}}$$
$$= \overline{\overline{X \cdot Y} \cdot \overline{Z}}$$
$$= X \cdot Y + Z$$
$$= X \cdot Y + (X + Y + 1) \cdot Z$$
$$= X \cdot Y + X \cdot Z + Y \cdot Z + Z \cdot Z$$
$$= \boldsymbol{(X + Z) \cdot (Y + Z)}$$

【別解】

$$(A + B) \cdot (A + \overline{B}) = \underbrace{A \cdot A}_{A} + \underbrace{A \cdot \overline{B} + A \cdot B}_{A \cdot (\overline{B} + B) = A} + \underbrace{B \cdot \overline{B}}_{0} = A \text{ を利用して計算量を減らす.}$$

$$(X + Y + Z) \cdot (X + \overline{Y} + Z) \cdot (\overline{X} + Y + Z) = \{(X + Z) + Y\} \cdot \{(X + Z) + \overline{Y}\} \cdot \{(Y + Z) + X\} \cdot \{(Y + Z) + \overline{X}\}$$

複製

$(\because A = A \cdot A)$

$$= (X + Z) \cdot (Y + Z)$$

▶ **5.** 解答(5)

(1) $(6)_{16}$ の 16 倍は $(60)_{16}$ → ○

(2) $(1010101)_2 = 2^6 + 2^4 + 2^2 + 2^0 = 85$，$(57)_{16} = 16^1 \times 5 + 16^0 \times 7 = 87$ → ○

(3) $(1011)_2 = 2^3 + 2^1 + 2^0 = 11$ → ○

(4) $12 = C \,(10 = A,\ 11 = B,\ 12 = C,\ 13 = D,\ 14 = E,\ 15 = F)$ → ○

(5) $(3D)_{16} = 3 \times 16 + 13 = 61$，$(111011)_2 = 2^5 + 2^4 + 2^3 + 2^1 + 2^0 = 59 = (3B)_{16}$
→ ×

▶ **6.** 解答(3)

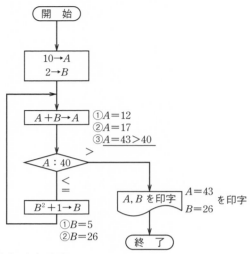

▶ **7.** 解答(a)‐(5), (b)‐(1)

$a[i] > a[j]$ のときに $a[i]$ の値と $a[j]$ の値を入れ替えることで，数字の小さな順に並び替える処理となっており，$a[5]$ には一番大きな値（8）が入る．その過程で，8↔6，6↔5，8↔6 の **3** 回の X の処理が行われる．

Index of Fomulas

数式索引

Chapter **1** 変圧器

変圧比	p.4 (1・2)

$$\frac{E_1}{E_2} = \frac{n_1}{n_2} = a$$

変流比	p.5 (1・3)

$$-\frac{\dot{I}_1}{\dot{I}_2} = \frac{n_2}{n_1} = \frac{1}{a}$$

百分率短絡インピーダンス %Z	p.15 (1・10)

$$\%Z = \frac{I_{1n}z'}{V_{1n}} \times 100 = \frac{z'}{z_{1n}} \times 100 \ [\%]$$

電圧変動率 ε	p.16, 17 (1・13)〜(1・15)

$$\varepsilon = \frac{V_{20} - V_{2n}}{V_{2n}} \times 100 \fallingdotseq p\cos\theta + q\sin\theta \ [\%]$$

$$p = \frac{I_{2n}r}{V_{2n}} \times 100 = \frac{I_{1n}r'}{V_{1n}} \times 100 \ [\%]$$

$$q = \frac{I_{2n}x}{V_{2n}} \times 100 = \frac{I_{1n}x'}{V_{1n}} \times 100 \ [\%]$$

変圧器効率 η_α	p.27 (1・26)

$$\eta_\alpha = \frac{\alpha P_n \cos\theta}{\alpha P_n \cos\theta + p_i + \alpha^2 p_{cn}} \times 100 \ [\%]$$

変圧器の最大効率条件	p.27 (1・27)

$$p_i = \alpha^2 p_{cn} \qquad \alpha = \sqrt{\frac{p_i}{p_{cn}}}$$

Chapter **2** 誘導機

同期速度 N_s	p.62 (2・1)

$$N_s = \frac{120f_1}{p} \ [\text{min}^{-1}]$$

すべり s	p.64 (2・2)

$$s = \frac{N_s - N}{N_s}$$

回転速度 N	p.64 (2・3)

$$N = N_s(1-s) \ [\text{min}^{-1}]$$

すべり周波数 f_{2s}	p.65 (2・5)

$$f_{2s} = sf_1 \ [\text{Hz}]$$

等価抵抗負荷 R	p.71 (2・7)

$$R = r_2\left(\frac{1-s}{s}\right) \ [\Omega]$$

機械的出力	p.71 (2・8)

$$P_{k1} = I_2^2 r_2\left(\frac{1-s}{s}\right) \ (1\,相分)$$

| 二次入力（同期ワット）P_{21} | p.73 （2・10） | 二次銅損 P_{c2} | p.73 （2・11） |

$$P_{21} = I_1^2 \frac{r_2'}{s} \text{ [W]}$$

$$P_{c2} = I_1^2 r_2' = s P_{21} \text{ [W]（1 相分）}$$

| 入出力・損失の関係式 | p.73 （2・15） |

二次入力（P_{21}）：機械的出力（P_{k1}）：二次銅損（P_{c2}）$= 1 : (1-s) : s$

| トルクと機械的出力 | p.74 （2・17） | トルクと同期ワット | p.74 （2・18） |

$$T = \frac{P_k}{\omega} = \frac{60}{2\pi N} P_k \text{ [N·m]}$$

$$T = 3P_{21} \frac{60}{2\pi N_s} = \frac{3P_{21}}{\omega_s} = \frac{P_2}{\omega_s} \text{ [N·m]}$$

| トルクの比例推移 | p.87 （2・27） |

$$\frac{r_2}{s} = \frac{nr_2}{ns} = 一定$$

Chapter ❸ 直流機

| 直流機の誘導起電力 E | p.125 （3・2） | 直流発電機の端子電圧 V | p.138 （3・3） |

$$E = \frac{e \cdot z}{a} = p\phi \frac{N}{60} \cdot \frac{z}{a} = K_v \phi N \text{ [V]}$$

重ね巻：$a = p$，波巻：$a = 2$

$$V = E - I_a r_a \text{ [V]（他励，分巻）}$$
$$V = E - I_a (r_a + r_f) \text{ [V]（直巻）}$$

| 直流電動機のトルク T | p.147 （3・6） | 直流電動機の回転速度 N | p.149 （3・10） |

$$T = \frac{pz}{2\pi a} \phi I_a = K_t \phi I_a \text{ [N·m]}$$

$$N = \frac{E}{K_v \phi} = \frac{V - I_a r_a}{K_v \phi} \text{ [min}^{-1}\text{]（他励，分巻）}$$

Chapter ❹ 同期機

| 同期速度 N_s | p.174 （4・1） | 同期機の誘導起電力 E | p.182 （4・3） |

$$N_s = \frac{120f}{p} \text{ [min}^{-1}\text{]}$$

$$E = \sqrt{(V + I x_s \sin\theta)^2 + (I x_s \cos\theta)^2} \text{ [V]}$$

| 同期発電機の出力 P | p.183 （4・6） | 短絡比 K_s p.190, 191 （4・7）（4・11） |

$$P = \frac{E_l V_l}{x_s} \sin\delta \text{ [W]}$$

$$K_s = \frac{I_s}{I_n} = \frac{100}{\%Z}$$

Chapter **7** 照 明

光度 I　　　　p.305（7・1）	照度 E　　　　p.306（7・5）
$I = \dfrac{F}{\omega}$ 〔cd〕	$E = \dfrac{F}{S}$ 〔lx〕

法線照度 E_n　　　p.306（7・7）	輝度 L　　　　p.306（7・8）
$E_n = \dfrac{I}{l^2}$ 〔lx〕	$L = \dfrac{I}{S'}$ 〔cd/m²〕

光束発散度 M　　　p.307（7・9）	放射束 Φ　　　p.308（7・12）
$M = \dfrac{F}{S}$ 〔lm/m²〕	$\Phi = \varepsilon \sigma S T^4$ 〔W〕

水平面照度 E_h　　p.313（7・14）	鉛直面照度 E_v　　p.313（7・15）
$E_h = \dfrac{I}{l^2} \cos\theta$ 〔lx〕	$E_v = \dfrac{I}{l^2} \sin\theta$ 〔lx〕

被照面の平均照度 E　p.315（7・24）
$E = \dfrac{NFUM}{S}$ 〔lx〕

Chapter **8** 電気加熱

加熱・融解に必要な電力 P　　p.347（8・9）	ヒートポンプの成績係数 COP　　p.350（8・17）
$P = \dfrac{cm(t_2-t_1)+\beta m}{3\,600\,T\eta \times 10^3}$ 〔kW〕	加熱 $\mathrm{COP} = 1 + \dfrac{Q}{P}$　　冷却 $\mathrm{COP} = \dfrac{Q}{P}$

Chapter **9** 電気化学

析出量（ファラデーの法則）　　p.370（9・1）
$w = KQ\eta = \dfrac{1}{F} \times \dfrac{m}{n} \times It \times \eta$ 〔g〕

用語索引

Index

サ　行

タ 行

ナ 行

ハ　行

マ 行

〈著者略歴〉

伊佐治圭介（いさじ　けいすけ）
　　平成 16 年　第一種電気主任技術者試験合格
　　現　　　在　中部電力パワーグリッド株式会社

吉 山 総 志（よしやま　そうし）
　　平成 19 年　第一種電気主任技術者試験合格
　　現　　　在　中部電力パワーグリッド株式会社

完全マスター電験三種受験テキスト
機　　械（改訂 4 版）

2008 年 4 月 20 日	第 1 版第 1 刷発行
2014 年 5 月 15 日	改訂 2 版第 1 刷発行
2019 年 4 月 25 日	改訂 3 版第 1 刷発行
2023 年 11 月 30 日	改訂 4 版第 1 刷発行

著　　　者　　伊佐治圭介
　　　　　　　吉 山 総 志
発 行 者　　村 上 和 夫
発 行 所　　株式会社　オーム社
　　　　　　　郵便番号　101-8460
　　　　　　　東京都千代田区神田錦町 3-1
　　　　　　　電話　03(3233)0641(代表)
　　　　　　　URL　https://www.ohmsha.co.jp/

© 伊佐治圭介・吉山総志 2023

印刷　中央印刷　　製本　協栄製本
ISBN978-4-274-23132-2　Printed in Japan

本書の感想募集　https://www.ohmsha.co.jp/kansou/

本書をお読みになった感想を上記サイトまでお寄せください．
お寄せいただいた方には，抽選でプレゼントを差し上げます．